国内外石油技术进展（十一五）

——采油工程

张绍东　等主编

中国石化出版社

图书在版编目（CIP）数据

国内外石油技术进展："十一五" 采油工程/张绍东等
主编. —北京：中国石化出版社，2012.3
ISBN 978 - 7 - 5114 - 1474 - 8

I . ①国… II . ①张… III . ①石油开采－世界－文集
Ⅳ . ①TE35 - 53

中国版本图书馆 CIP 数据核字（2012）第 036438 号

中国石化出版社出版发行
地址：北京市东城区安定门外大街 58 号
邮编：100011　电话：(010)84271850
读者服务部电话：(010)84289974
http://www.sinopec-press.com
E-mail：press@sinopec.com
河北天普润印刷厂印刷
全国各地新华书店经销
＊
787×1092 毫米 16 开本 17.75 印张 446 千字
2012 年 6 月第 1 版　2012 年 6 月第 1 次印刷
定价：78.00 元

前　　言

　　《国内外石油技术进展(十一五)》是在对"十一五"期间国内外石油专业技术研究动态、前沿技术以及发展趋势进行了系统性地跟踪调研，并结合国内油田勘探开发的难点、热点问题进行总结编写的一部反映国内外石油技术现状和进展的图书。该书以国内外六大石油技术系列为主，有所侧重地介绍了"十一五"期间石油物探、石油地质、石油测井、石油钻井、采油工程、地面工程等专业的技术现状和发展趋势。

　　全套书分为《国内外石油技术进展(十一五)——石油物探》、《国内外石油技术进展(十一五)——地质与开发》、《国内外石油技术进展(十一五)——钻井与测井》、《国内外石油技术进展(十一五)——采油工程》和《国内外石油技术进展(十一五)——地面工程》五册。

　　该套书涉及面广，技术内容丰富。希望本书能为油田企业今后的科技工作和生产发展提供参考依据，为广大石油科技工作者及高校师生了解和掌握最新石油技术和动态提供借鉴和参考。

　　出版本书的目的是希望通过交流学习，实现信息共享、资源共享、成果共享，从而有效避免重复研究，提高研究起点，整体提升我国油气开采技术水平。石油开采技术日新月异，书中涉及内容及观点或许有不当之处，敬请广大科技工作者提出宝贵意见。

目　　录

第一章　注水工艺技术进展

一、国外分层注水工艺技术

国外的注入水水质处理工艺较为先进，注入水基本上不堵塞地层，洗井解堵周期比较长，注水过程中没有不动管柱洗井的要求，因此注水封隔器没有洗井通道，结构简单，减少了烦琐的定期洗井工序，大大延长了管柱的使用寿命。分层注水工艺相对简单，主要是分层注水完井工艺，配水主要采用井口流量调节器和井下流量调节器进行定量配水，一般不需要进行井下流量测试，不配套专门的井下流量测试技术，管柱寿命可达 3 年以上。

（一）分层注水工艺管柱

分层注水管柱多为锚定式结构，按井下管柱数量与相对位置可分为单管注水完井工艺、同心管注水完井工艺、平行管注水完井工艺、混合分注完井工艺等管柱。

1. 单管注水完井工艺管柱

单管注水就是在套管内只有一条注水管柱。主要有单管同心注水工艺、单管偏心分注工艺两种类型。单管注水工艺管柱具有结构简单、易于操作等特点。从国外目前的应用情况看，该类管柱的注水层数都在 1～3 层之间，3 层以上的分注井则比较少见，管柱图见图 1-1～图 1-5。

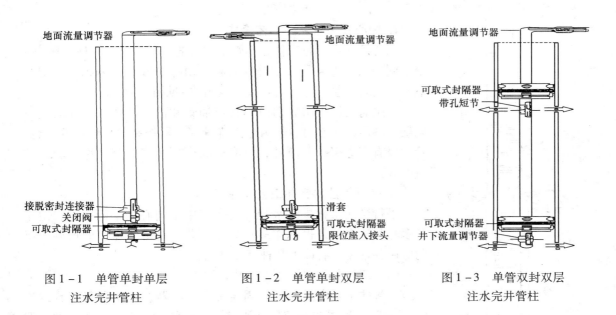

图 1-1　单管单封单层　　　　图 1-2　单管单封双层　　　　图 1-3　单管双封双层
　　注水完井管柱　　　　　　　　注水完井管柱　　　　　　　　注水完井管柱

管柱结构形式采用锚定支撑式，主要由卡瓦式封隔器、流量调节器、伸缩短节等组成。封隔器用于分层和锚定管柱，有效克服管柱的蠕动对封隔器密封性能的影响，密封压力较高，工作寿命较长。

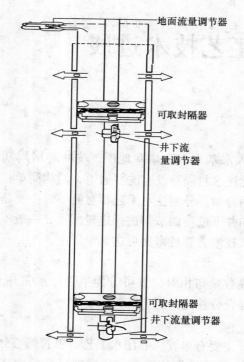

图1-4 单管双封三层注水完井管柱

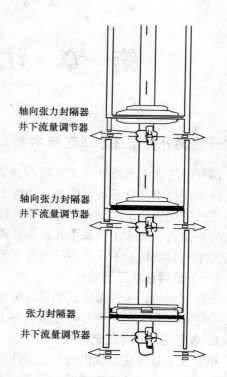

图1-5 单管三封三层注水完井管柱

伸缩短节一般装在第一级封隔器的上方,用于补偿注水过程中温度和压力效应引起的管柱长度变化,改善封隔器的受力条件,因而管柱的寿命较长。

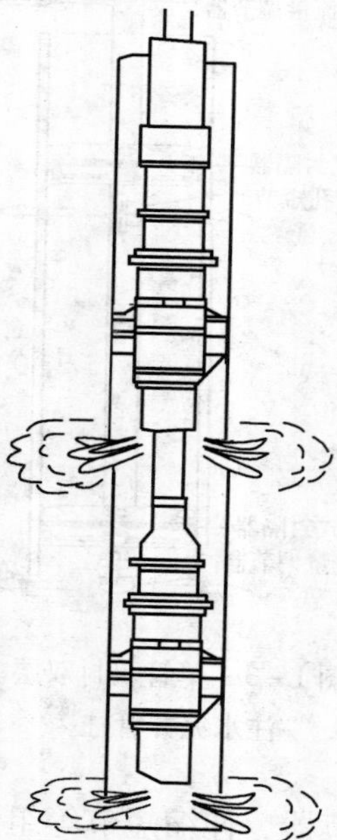

2. 同心管注水完井工艺管柱

同心管注水就是管柱在套管中同心的平行排列,管柱一般由2根不同径的油管套装形成分注管柱。由保护套管封隔器、分层封隔器、内外油管、地面流量调节器组成(见图1-6)。

注水时,注入水分别由小直径油管和油管间的环空注入上下两层,各层注入水可直接由地面流量调节器控制,调配简便易行。管柱设有套管保护封隔器,可实现无套压生产,起到保护套管的目的。

3. 平行管注水完井工艺管柱

平行管注水就是注水管柱在套管中不同心的平行排列,由于是多管分注多层,也称作多管分注工艺。该工艺在美国得到广泛的应用,常见的有以下几种管柱结构:

(1)双管单封双层注水完井管柱

该管柱主要由平行管柱固定锚、封隔器及配水器等工具构成(图1-7)。双管单封双层注水完井管柱结构简单,施工方便,但由于油套环空敞开,容易腐蚀、损坏套管。

(2)双管双封双层注水完井管柱

该管柱主要由双管水力封隔器、永久封隔器、配水器等工具

图1-6 同心管注水
完井工艺管

组成(图1-8)。双管双封双层注水完井管柱结构较为复杂,施工烦琐;管柱中的永久封隔器采用钢丝绳坐封,长管柱在地面与双管封隔器配接好,下入时尾管穿过永久封隔器的密封筒,与永久封隔器形成串联密封。由于隔绝了油套环空,因而能实现无套压生产,保护油层以上套管。

(3) 三管三封三层注水管柱

该完井管柱结构复杂,施工麻烦,但工作性能可靠(图1-9)。

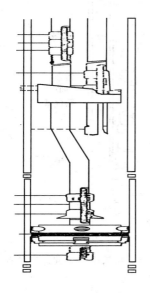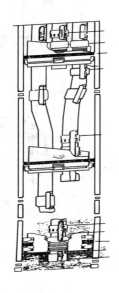

图1-7　双管单封注水　　　图1-8　双管双封注水　　　图1-9　三管三封三层
完井管柱　　　　　　　完井管柱　　　　　　注水完井管柱

4. 混合分注工艺

在分层注水中,国外目前还经常采用以下两种完井管柱:

(1) 双管四封四层注水完井管柱(图1-10)

(2) 单管电潜泵回注完井管柱(图1-11)

该管柱有铠装电缆、开孔坐入接头、电缆密封头、双管水力可取式封隔器、滑套、短节、限位坐入接头及潜流泵总成等工具组成。工作时,铠装电缆经由双管水力封隔器与短管相连,驱动潜流泵工作,潜流泵汲取下层水直接注入上层。利用该管柱可以充分利用下层水源,简化了地面注水流程,但完井管柱结构复杂,同时也不能实现无套压注水。

该管柱适用于地面配套性较差的小区块油田的注水井。

(二)国外分层注水配套工具

1. 封隔器

国外注水井常用封隔器一般采用可取式封隔器,耐温可达150℃,耐压50MPa,由于没有不动管柱洗井的要求,封隔器上无洗井通道,结构比较简单;管柱能有效防止地层反吐,工作寿命达3年以上,可适用于深井和高压注水井,能够满足各类油藏分层注水开发的需要。主要有以下几种形式:

3

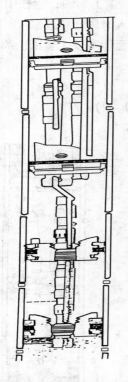

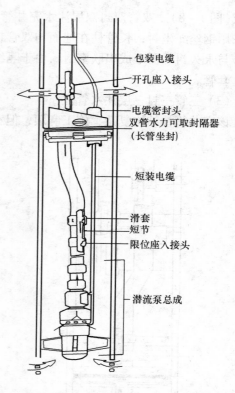

包装电缆

开孔座入接头

电缆密封头
双管水力可取封隔器
(长管坐封)

短装电缆

滑套
短节
限位座入接头

潜流泵总成

图1-10　双管四封四层注水管柱　　　　图1-11　单管电潜泵回注完井管柱

（1）卡瓦式张力封隔器（图1-12）

该封隔器是理想的张力单管注水封隔器，有较大的内通径，操作简单可靠。通过油管受拉的张力坐封，用于不能使用重力坐封的井中或者封隔器下部压差较大不能提供足够封隔器坐封所需的重力。下放油管或者正转油管1/4圈解封，此外还有紧急切断解封的特点。

国外因为注水水质较好，注入水对管柱的腐蚀较小，一般多采用卡瓦封隔器，它既可以实现分层，又能起到锚定注水管柱，消除管柱的蠕动，延长管柱的工作寿命，既可以单独使用，也可与串联封隔器配套应用，因而应用较广。

（2）串联张力封隔器（图1-13）

该封隔器用于单管注水，作为上封隔器使用，但不能单独使用，需要与其他封隔器（如卡瓦式张力封隔器等）串联使用。

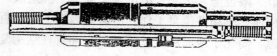

图1-12　卡瓦式张力封隔器　　　　　　图1-13　串联张力封隔器

（3）双管水力封隔器（图1-14）

该封隔器多用于大斜度井的双管分层注水，施工简单可靠，是理想的双管水力坐封封隔器。

（4）G6（Y422）封隔器

能够解决普通封隔器蠕动失效问题，内径大，测试方便，耐压差耐温好。但外径大，必

4

须选用正确的通井规，保证工具可以通过最小的套管内径。

图 1 – 14 T 型双管水力封隔器

主要技术参数：

最大外径：117mm；最小内径：62mm；总长度：1400mm；承受压差：35MPa；适用井温：≤170℃；适用套管内径：121～124mm；两端连接螺纹：$2^7/_8$TBG。

（5）可钻可取式封隔器

坐封方式：从中心管加液压坐封。解封方式有三种：上提解封（上提解封）；憋压解封（投放 ϕ50.8mm 钢球，再从油管内加液压 4～5MPa 实现解封）；钻磨解封（下入钻具钻掉锚定部分，可使封隔器解封）。

主要技术参数：

工作压力：35MPa；工作温度：120℃；坐封压力：12～15MPa；锁定压力：6～8MPa；上提解封力：60～80kN；憋压解封压力：4～5MPa；总长：1450mm；最大外径：115mm；最小内径：48mm。

（6）RTTS 封隔器（Halliburton RTTS80）

具有锚定、扶正、密封的功能，胶筒采用丙烯聚四氟乙烯材料，耐温 145℃。

主要技术参数：

最大钢体外径：115mm；最小钢体内径：62mm；适应套管内径：121～124mm；总长：1200mm；耐压：80MPa；适应井温：≤145℃。

2. 智能井井下阀门流量控制调节

所谓智能井是指一个系统具备了收集、传输、分析完井数据、生产数据和油藏数据以及采取更好的方式控制井和生产过程。

（1）智能井流控

智能井能够用于限制或排除一口井非设计区域的产水或产气影响，也可以用来控制同一口井中不同层位、不同部件或不同油藏的注水和注气控制。操作者可以管理水往哪里注或在哪些非波及层位进行采油。这些能力极大提高了二次水驱和三次提高采收率项目的效果。

流量控制阀是两极性的，只有开和关两个状态，通过有限的不连续设计进行节流或无限变化的节流。对于无限变化的节流或多重不连续的节流，控制微调方案可以标准化或者可以根据油藏需求具体设计。

（2）单层控制

通过节点分析与流体节流动态分析相结合进行流量控制阀设计。图 1 – 15 展示了单层完井情况。油管 $3\frac{1}{2}$in，在 7000ft 处射孔。流量控制阀安装在生产管柱射孔上方，封隔器下方。油藏压力是 3000psi，原油 API 相对密度为 33，气油比为 400ft³/bbl，泡点压力为 3000psi。使用 Vogel 流入特性关系（IPR）对流入动态建模，同时垂直管柱方向流动建模基于 Duns 和 Ros 的受知识产权保护的计算机软件。

（3）多层控制

多层控制微调设计与单层设计相似。在多层控制的情况下，管柱井径 $5\frac{1}{2}$in，以满足多层更大的混合流量。最大流动井口压力减少到 150psi，原油的泡点压力是 1600psi。假设有 4 层（图 1 – 16）。所有油藏压力假设相等，每个油藏中流动的组分相同。

（4）注水

假设每个层具有稍微差异的油藏压力，如图 1 - 17 所示。在关井条件下，存在层间窜流的可能性。考虑所有的层位都是完全打开的，最大井口压力也是可行的。最大注水压力受限于最大注水泵极限、管柱、井口或者完井压力极限。假设最大的管柱注水压力为 1000psi。在这种条件下，总共有 18750bbl/d 水可以注入，井下压力能够达到 3923psi。注入特征曲线是随速率提升而压力提升，而管柱特征曲线是随速率提升而下降。

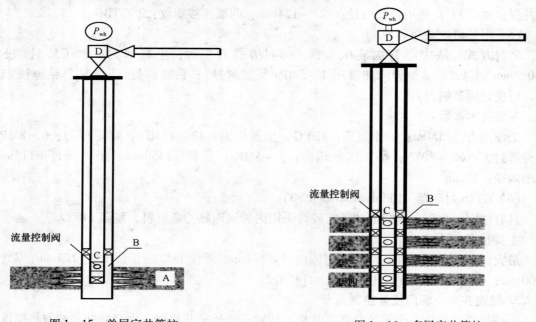

图 1 - 15　单层完井管柱　　　　　　　　　　　图 1 - 16　多层完井管柱

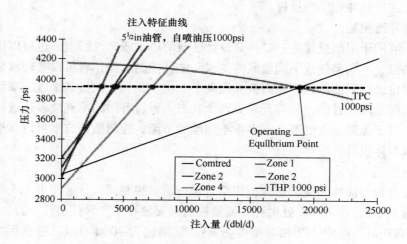

图 1 - 17　多层注水 IPC 曲线和 TPC 曲线

将常压方法应用到层 4 得到 Cv 曲线，如图 1 - 18 所示。图 1 - 19 显示了该层减弱的 RPC 曲线。

综上所述，设计智能井下阀门用于调节井下流量，是建立在节点分析概念基础上的系统方法。设计过程建立了一整套所需要的 Cv 曲线用于优化流量范围内的控制敏感度。但是必须认识到这种设计过程通常是在对油藏原始特征不完全了解的情况下，并且对油藏的未来特征也缺乏了解的基础上进行的。另外，垂直流相关关系也远称不上完善。多相流流动特征只

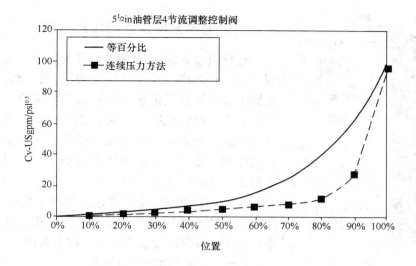

图 1 - 18　注水层 4 节流控制阀曲线

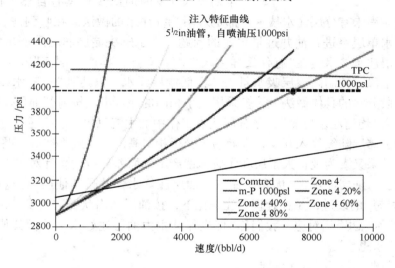

图 1 - 19　注水层 4 的衰减工业过程控制曲线

能被粗略预测，对于复杂结构和轨迹井必须作出许多简单的假设以建模，在井下变流量控阀门设计和制造过程中也存在许多技术和经济上的限制，极限的 Cv 取值情况通常是不能满足的。

（三）毛细管防腐技术（见图1-20）

防腐剂通过毛细管注入。防腐剂是化学品，从溶液中被吸收到金属表面保护金属防止腐蚀。保护膜通过提高阳极与阴极之间的极化作用、降低传播到金属表面的离子数量和提高金属电解液表面的电阻来降低腐蚀，通过提高过电压氢含量——电压需要移走氢，防止组合来抑制腐蚀的进程。防腐剂的选择依靠被保护的金属和周围的环境条件，采用何种方法注入同样重要。效果较好的是一个连续的保护油管的注入方法：防腐剂被泵入到绑在油管外面的毛细管内，进入旁边的环形空间中，在这里防腐剂与保护液相混合，形成金属表面的分配保护膜，达到防腐的目的。

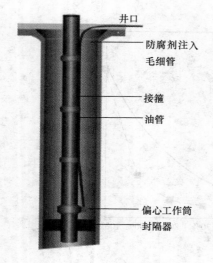

井口
防腐剂注入
毛细管
接箍
油管

偏心工作筒
封隔器

图1-20　毛细管防腐技术

二、国内分层注水技术新进展

随着国内各油田相继进入开发后期，含水升高，层间矛盾不断加剧，注水井况日益恶化，同时受注水水质达标率较低等问题的影响，注水管柱寿命普遍较短。近几年，随着对管柱蠕动危害认识的提高，为适应油田开发状况发展的需要，提高注水效果，降低生产成本和延长管柱的工作寿命，各油田都开展了对管柱结构、锚定支撑技术和补偿技术、细分技术、斜井分注技术的研究。尤其在"十五"期间，分层注水工艺技术取得了丰硕成果，注水工艺技术系列日臻完善，逐步形成了适应不同油藏条件、不同井况的分层注水工艺技术系列。

（一）分层注水思想的进步

早期投入开发的油田多是具有自然产能的中、高渗透性油藏，当时尚未有分层注水技术，都是采用笼统注水的做法。在收到注水效果的同时，也产生了注入水单层突进，油井过早水淹的问题。为了解决储层非均质产生的这一突出矛盾，催生了分层注水技术。在"有什么样注入剖面就有什么样产出剖面"理论指导下，利用分层注水这一手段，控制高渗层吸水量、加强低渗层注水，以达到"拉齐水线，均匀开采"的目的，在层段分水的具体做法上，多采用近乎相同的注水强度按射开油层厚度配水，将这种注水做法称为"均衡注水思想"，是分层注水工作中的主流思想。

随着低渗透储层陆续投入开发，人们为了获得相对高产，一般都选好一些的层段压裂投产的方式，其结果又人为地扩大了层间矛盾，使产出剖面差异拉大。针对主力油层注水不足的状况，加大主力油层注水，"优先保证主力油层注好水，兼顾其他层"，这种注水思想是对"均衡注水思想"的改进，是在合理的注采比下，按油层产出状况需要实行配水的新方法，为了与"均衡注水思想"相对应，我们称"优先保证主力油层注好水，兼顾其他层"的注水思想为"非均衡注水思想"。

均衡注水与非均衡注水的相同点：

（1）采用的技术手段相同；

（2）针对的矛盾相同，二者都是针对储层普遍存在的非均质特性；

（3）目的性相同：二者都是（也都能够）改善水驱效果，提高水驱采收率。

均衡注水与非均衡注水的异同点：

（1）分层配水工艺不同：均衡注水采用相同（或相近）的注水强度，按射开厚度配水，非均衡注水则按产出剖面的差异非均衡配水。

（2）技术途径不同：均衡注水是通过控制或改造层段的非均质性，使注入水齐头并进，实现各层均匀开采。而非均衡注水则是顺应储层的非均质，优先保证不同开发阶段的主要出油层注好水，同时兼顾其他层，实现分层次接替开采。

（3）着眼点不同：均衡注水是从水井出发，让油井随水井而变；非均衡注水是从油井出发，让水井随油井而变。

（4）追求的最终目标不同：均衡注水思想最终追求的是：各层尽可能实现均衡开采；而非均衡注水思想最终追求的是：各尽所能，各尽其力。

（5）评价油层动用状况的标准不同：如果测得对应的油水井的产油剖面、吸水剖面较均匀，并能注采对应，从均衡注水角度来评价，会认为这是最理想（或较理想）的状况；而从非均衡注水角度出发则认为是主力油层受到了限制，没有充分发挥作用的反映。非均衡注水思想评价分层动用状况好的标准，是主力层作用得到充分发挥，接替层的准备工作充分，高含水层得到控制。一句话，就是该加强的得到加强，该控制的得到控制，而且这种"加强"或"控制"都应在合理的限度内。

以上几点不同，集中体现出两种思想的差异，均衡注水思想，是在"有什么样注水剖面就有什么样产出剖面"的理念指导下，试图利用分注手段人为地控制或改善储层的非均质状况，使注入水按照人的意愿实现各层段齐头并进、均衡开采；非均衡注水思想则是顺应储层非均质的现实，因势利导，利用分注手段满足治理产出状况差异的需要，实现分层次开采接替稳产。

正是二者存在上述不同，可以说非均衡注水是对均衡注水的改进。非均衡注水的核心思想是"优先保证主力油层注好水"，这符合方法论中工作要突出重点、抓住主要矛盾的思想，非均衡注水思想的实质是按产出剖面实际需要注水，这符合认识论中客观实际是第一性的，人的主观意识是第二性的思想。追求均衡开采思想的本身并没错，问题是由于人们对储层非均质的控制和改善是很有限的，均衡开采的目标不仅开采过程中达不到，而且是最终也达不到。比如，到油田废弃的时候，有的层采出程度可达 40% 以上，有的层可能不到 20%。这是由它们的先天差异造成的，人们只能在有限的范围内改善它。正是基于此，非均衡注水思想追求的是各层都能各尽所能，各尽其力。

非均衡注水的技术主张和相应做法：

在非均衡注水思想指导下，形成了一套有别于均衡注水的技术主张和相应做法，主要有：

（1）按照非均衡注水的思路，提出了"合理、有效注水的内涵、标志及必要条件"；

（2）强调必须"优先保证主力油层注好水"，并建立了不同开发阶段，主力油层的识别方法；

（3）注水层段卡分时，尽可能将主力层单卡单注。不能单注的就尽量细分，并保证按分注方案测、调试成功；

（4）主张"早期实施带有换向驱作用的间歇注水"；

（5）主张"坚持不懈地开展注水技术政策研究"。研究不同地质条件、不同井网井距、不同开发阶段合理有效注水的技术参数；

（6）主张"油水井对应整体治理"，以充分发挥注水、压裂相协同的进攻性作用；

（7）主张不论混注井或分注井，都应大力开展调整吸水剖面的工作。认为"调剖"是对分注技术的补充与完善；

（8）提出了"油层分层动用状况评价思想及具体评价方法"；

（9）建立了"井网加密调整效果技术性评价内容、指标体系及评价方法"；

（10）建立了"注水效果技术性评价内容、指标体系及评价方法"等。

非均衡注水思想认为，一个好的分层注水方案，必须解决好"两个关键问题"，体现出"六个合理"。

非均衡注水的两个关键问题：

（1）优先保证主力油层注好水，从配水思想、配水量、层段卡分、测调试工作安排等方面，都要有利于主力油层注好水。

（2）准确识别所处开发阶段的主力出油层。利用一定数量（代表性强）的分层试油、试采、分层测试、分层措施效果等资料，采用动静结合、定量评价方法等准确判断出主力出油层。

非均衡注水的六个合理：

（1）注水压力控制合理。也就是说要在油层破裂压力以下注水。

（2）注水方式选择合理。该分注的分注，该细分的细分，该间注的间注，该换向驱的换向驱等（由井网确定的注水方式不在此内）。

（3）注入水总量控制合理。使油田注水速度和年压升速度处在合理界限。

（4）层段水量分配合理。在合理注采比下，该加强的层段得到加强；该减弱的层段得到减弱。而且这种"加强"或"减弱"也应在合理限度内。

（5）平面关系处理合理。依据分层认识成果，该加强的方向得到加强；该控制的方向得到控制。这种"加强"或"控制"也应在合理范围内。

（6）整体与局部关系处理合理。注入水单层、单向突进的现象是不可避免的，处理这种矛盾要整体评价，不可顾少弃多，顾轻弃重。

如何实现"六个合理"，建议按照"分层配水研究工作流程图"（图1－21）严格做下来就可以实现。

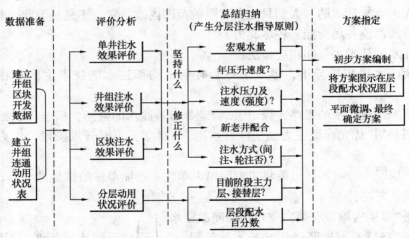

图1－21　分层配水研究工作流程图

从流程图中看出：注水效果评价分析阶段是基础、是核心。有了这个阶段充分细致的分析，才能进入总结归纳阶段，弄清楚应该坚持什么、修正什么，进而得出指导下一步分层注水的有关参数——即产生分层配水指导原则。有了"指导原则"就可进行具体方案编制工作。在这个阶段里，将"初步配水方案图示在层段配水状况图上，进行平面微调"的环节，往往被忽略，那是很不可取的。因为有了这个环节才能尽可能将平面关系处理得合理。

非均衡注水的效果：

非均衡注水思想首先产生于吉林油区红岗油田，红岗油田也是应用最好的一例。1975年至1977年初采用均衡注水方法，油田产量递减大。自1977年初以来全面推行非均衡注水方法，油田开发形势一直很好，见表1－1。

表1-1 红岗油田开发初期老井产量递减率变化表

年份\项目	1975	1976	1977	1978	1979	1980	1981	1982	1983	备注
年注采比	1.06	1.11	1.21	1.30	1.56	1.62	1.44	1.46	1.43	
年末含水率/%	6.8	8.8	9.7	12.1	18.9	23.1	29.1	33.9	40.2	
自然递减率/%	28.1	18.6	3.6	6.0	7.7	7.5	14.1	13.0	7.5	直线回归
综合递减率/%	21.5	13.4	-1.75	-1.98	4.5	4.9	11.5	8.4	4.3	
备注	1975年至1977年2月为均衡配水，以后为非均衡配水；1981年至1982年因井网加密调整，注水井大面积停注									

1984年以后，由于含水率升高，递减率虽有所增大，但仍属稳产状况最好的油田之一，其开发指标居国内同类油田先进水平，曾连续三次被授予全国高效开发油田称号。当然这不是分层注水单一因素形成的，但可以说，非均衡分层注水效果好是重要因素。总结这期间红岗油田分层注水的基本做法，就是"在合理注采比下，将一半以上水量注给主力油层"。

吉林油区的新立油田属构造——岩性油藏。开采的目的层为下白垩系泉4、3段的扶余、杨大城子油层，岩性以粉砂岩为主；物性差，空隙度一般为14.5%，空气渗透率平均为6.7$\times10^{-3}\mu m^2$，地层原油粘度8.7mPa·s；储层中近东西向裂缝较发育。5号区块是新立油田的主体区块，于1983年以300m井距正方形反九点面积注采井网投入开发，因受裂缝影响，注水效果不理想。于1997~1999年按134米注采排距、不规则的近东西向线状注水方式分期调整完毕。2001年末区块综合含水率70.8%，采出程度25.3%。但稳产状况仍不好，产量递减较大，见表1-2。

表1-2 新立油田5区1995~2001年自然递减表

年份	1995	1996	1997	1998	1999	2000	2001
自然递减率/%	28.90	14.49	18.11	34.77	21.91	13.81	23.80
备注	此表为回归法计算的递减率						

2002年初与采油厂技术人员一起分析了该区块降产大的原因，并利用分层测试资料、单层措施挖潜等资料，采用动、静结合，定量评价分析了当前阶段的主要出油层。分析认为该区降产较大的主要原因是主力油层注水不足。于是在保持总水量大体不变情况下，编制了主要层段水量调整的新分层配水方案，见表1-3。

表1-3 新立油田5区块分注井配水变化表

	主力层			接替层			差层			合计		
	层数	原配	新配	层数	原配	新配	层数	原配	新配	层数	原配	新配
配水/(m³/d)	39	510	710	41	500	525	28	280	130	108	1290	1365
水量百分数/%		39.5	52.0		38.8	38.5		21.7	9.5			

新方案于2002年7月交付实施，9月份就初见成效，年末区块老井产量自然递减率由上一年的23.8%降为11.4%，实施半年自然递减率就下降12.4个百分点（回归法计算）。老爷府油田的2区，通过调整层段水量也取得了很好效果。老爷府油田2区采用分注技术，同时开采高台子油层和扶余油层。在采用1.2左右注采比的情况下，将70%以上的水注给了

高台子油层，2002 年区块日产油量 95 吨~100 吨左右，属低水平稳产。2003 年初与采油厂技术人员共同采用动静态结合、定量分析，认为主力出油层应是扶余油层，于是编制了总水量大体不变，而将 70% 以上水量注给扶余油层的新方案，于 8 月份组织实施新方案，2 个月后区块产量出现回升趋势，到 2003 年末已由年初的 100t/d，连续回升到 110t/d 以上。

综上所述，非均衡注水思想首先在吉林油区红岗油田的不同地质条件、不同井网、井距、不同开发阶段的油田上得到广泛应用，取得了令人满意的效果，该加强的层段得到加强，该减弱的层段得到减弱，该加强的方向得到加强，该控制的方向得到控制，实施半年自然递减下降 12.4 个百分点（回归法计算）。可以说非均衡注水法是油田注水技术在思想和方法上的一种创新、一种进步。

（二）分层注水管柱理论研究新进展

1. 注水管柱工作行为动态仿真研究

国内外专家学者坚持不懈地对管柱进行研究和探讨，以便更好地指导油田生产工作。以下是国内外对管柱力学分析的研究现状。

在国外，对管柱力学研究有重大影响的有以下两位学者，一位是 Lubinski，在 1962 年与 Althouse 和 Logan 一起率先对带封隔器管柱的螺旋弯曲进行了研究，研究了鼓胀效应、活塞效应、温度效应以及螺旋弯曲效应这四个基本效应所引起注水管柱轴向位移的计算以及轴向载荷的计算。提出了注水管柱内外流体压力对注水管柱弯曲的等效作用力——"虚构力"的概念，并利用能量法导出了注水管柱发生螺旋弯曲后的螺距与所承受等效轴向压缩力（包括内外压差产生的"虚构力"）之间的关系以及管柱轴向位移的计算公式。

另一位是 Hammwelindle，在 1980 年，在 Lubinski 螺旋弯曲理论基础上进一步研究了带封隔器多级组合管柱的受力、应力、位移以及作用于管柱上的液压力的作用效应和"中性点"的计算问题。

以上两人的管柱力学理论为以后的管柱力学分析提供了重要指导作用，这之后，国外许多学者继续在管柱力学方面做了许多工作。

同国外相比，国内在这一方面的研究起步较晚，20 世纪 80 年代初才开始这方面的工作。80 年代初，曾宪平、张宁生、孙爱军、江汉采油工艺所等结合 A. Lubinski、D. J. Hammerlindl 等人的文献对封隔器管柱的受力、应力及变形作了系统的介绍。此后，国内一些研究机构及学者相继开展了这方面的研究工作，代表性的研究成果有以下一些：

中国石油大学对高压注水管柱受力情况进行深入地研究。他们考虑管柱自重、液柱浮力，管柱内外压力差、温差以及流体的摩阻作用等因素产生的浮重、活塞、横向、摩阻、温差等基本效应，在高温、高压注水条件下，分析注水管柱的受力，研究注水管柱的应力和轴向变形情况。

长江大学通过对分层注水管柱在上顶力、温度效应诱发力、鼓胀效应诱发力和摩擦力进行研究，得出这四种力使封隔器产生的理论位移，并与实际测定进行对比，引入位移因子得到了修正的虎克定律公式，使理论计算与实际误差小于 15%。

胜利油田从注水管柱在各种工作状态时的温度分布和工作状态变化时所引起的温度变化研究入手，通过井筒的热传导方程和管柱的热效应方程，推导出一套比较精确的注水管柱温度效应求解方法，为合理设计注水管柱提供一定的理论依据。

采用力学分析和数值求解相结合的方法，从系统角度建立井下管柱有限元分析模型及各种工况下的仿真模型，利用仿真分析软件，进一步准确分析在不同工况下，井下工具的动态工作性能。主要包括：

（1）对注水管柱及井下工具的工作机理进行理论分析

注水管柱产生的蠕动是由多方面因素产生的：包括自重、温度、压力等，其中影响最大的是压力和温度的变化。综合考虑各种因素，利用鲁宾斯基理论，建立了数学模型，编制软件对分注管柱的受力进行全面分析和计算，来指导分注管柱设计。

注水系统数学模型的建立：

①注入动态模型：

井筒中的流动温度计算模型：

井筒中，注入水向下流，选取一长度微元控制体，假定为定常流，控制体不对外做功，且地温按线性分布，忽略水的 Thomson 效应，可以得出下列微分方程：

注入水井底流压计算模型：

$$\frac{\mathrm{d}T}{\mathrm{d}l} + \frac{T}{A} = B + \frac{g_t}{A} \cdot l$$

而：

$$A = \frac{C_{pw} \cdot w_w}{2\pi \cdot r_t \cdot U_0}$$

$$B = -\frac{g}{C_{pw}J} + \frac{1}{A}T_0$$

注水井从井口通过油管或套管到达井底，属于地下垂直管流。在此部分中，能量损失包括沿程压力损失和静液柱压力损失，但静液柱压力损失是负的。因此，注入水井底流压等于井口压力加上静液柱重量减去沿程摩阻损失，数学表达式为：

$$P_{jwf} = P_{jwh} + \Delta P\alpha - \Delta P_f$$

②管柱力学分析（见图 1 - 22）：

注水管柱各种效应的计算：

温度效应：

$$\Delta L_w = 1.59 \times 10^{-4} \times L_t \times \Delta \overline{T}$$

$$F_w = 26.25 \times A_{rw} \times \Delta \overline{T}$$

活塞效应：

$$F_h = [\Delta p_t (A_{pi} - A_{ti}) - \Delta p_{an} (A_{pi} - A_{to})] \times 10^{-4}$$

$$\Delta L_h = \frac{L_t}{EA_{tw}} [\Delta p_t (A_{pi} - A_{ti}) - \Delta p_{an} (A_{PI} - A_{to})]$$

鼓胀和反鼓胀效应：

$$\Delta L_g = \frac{2v_t}{E} \times \frac{\Delta \overline{p_t} - R^2 \Delta \overline{p_{an}}}{R^2 - 1}$$

$$F_g = 6.1 \times 10^{-6} (\Delta \overline{p_t} A_{ti} - \Delta p_{an} A_{to})$$

螺旋弯曲效应：

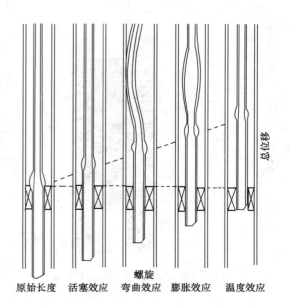

原始长度　活塞效应　弯曲效应　膨胀效应　温度效应

图 1 - 22　管柱力学效应图

$$\Delta L_e = \frac{1.25 \times 10^{-3} r^2 A_{pi}^2 (\Delta p_t - \Delta p_{an})^2}{EI(W_t + W_{ft} - W_{fd})}$$

③管柱强度校核:

管柱在井内主要受三大力作用:

（a）轴向拉力:垂直井段的计算;弯曲井段的计算;稳斜井段的计算。

三向应力状态下油管强度校核:

$$
\begin{cases}
\sigma_r = \dfrac{P_i r_i^2 - P_o r_o^2}{r_i^2 - r_i^2} - \dfrac{(P_i - P_0) r_i^2 r_0^2}{r_i^2 - r_i^2} \cdot \dfrac{1}{r^2} \\[3mm]
\sigma_\theta = \dfrac{P_i r_i^2 - P_o r_o^2}{r_0^2 - r_i^2} + \dfrac{(P_i - P_0) r_i^2 r_0^2}{r_0^2 - r_i^2} \cdot \dfrac{1}{r^2} \\[3mm]
\sigma_\varepsilon = \dfrac{T_e}{\pi(r_0^2 - r_i^2)}
\end{cases}
$$

（b）外挤压力:

三轴抗挤强度:

$$P_{ca} = P_{co}\left\{\left[1 - \frac{3}{4}\left(\frac{\sigma_z + P_i}{\sigma_y}\right)^{0.5} - \frac{(\sigma_z + P_i)}{2\sigma_y}\right]\right\}$$

（c）内压力:三轴抗内压强度:

$$P_{ba} = P_{bo}\left\{\frac{r_i^2}{(3r_0^4 + r_i^4)^{0.5}} \cdot \frac{(\sigma_z + P_0)}{\sigma_y} + \left[1 - \frac{3r_0^4}{3r_0^4 + r_i^4}\left(\frac{\sigma_z + P_0}{\sigma_y}\right)^2\right]^{0.5}\right\}$$

通过定量描述管柱系统轴向变化规律。为合理、有效配置工具提供了依据;特别是为锚定补偿管柱设计提供了理论依据。定量的计算受力,保证了管柱安全、长效工作。据此研制了锚定、补偿类工具,形成了锚定补偿式分注管柱,解决了层间差异大、管柱蠕动严重的分层注水井的分注问题。

（2）建立注水管柱接触有限元分析模型及各种工况的仿真模拟

研究温度场、压力场、摩擦、内外压、粘滞摩阻、井斜角、井眼轨迹、井下工具各种因素对注水管柱的综合影响。计算管柱上各节点处的应力、封隔器蠕动位移、管柱的变形量及单一、组合油管的强度（包括抗内压、抗外压、抗拉伸、抗滑扣、抗弯曲）。

① 利用有限元分析软件,对胶筒受力情况进行仿真模拟

从图 1-23 中应力分布定量描述可以看出:胶筒各点应力呈非均态分布,应力最大

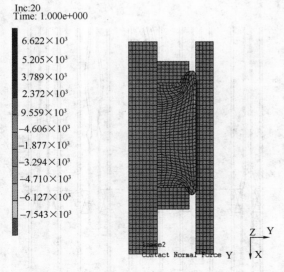

Inc:20
Time: 1.000e+000

6.622×10³
5.205×10³
3.789×10³
2.372×10³
9.559×10³
-4.606×10³
-1.877×10³
-3.294×10³
-4.710×10³
-6.127×10³
-7.543×10³

Stage2
Contact Normal Force Y

坐封力 120.13kN 下胶筒接触力分布图

图 1-23　5½in 套管内胶筒
坐封后应力的分布情况

值在肩部。

从高度、端部倾角和外径与接触应力的关系曲线（图1-24～图1-26）可以得出外径114mm胶筒参数：

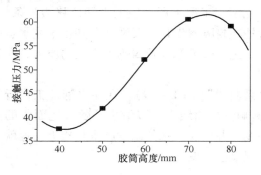

图1-24　高度与接触应力的关系

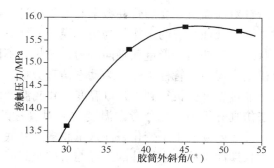

图1-25　端部倾角与接触应力的关系

（a）在胶筒的高度为73～80mm时，接触应力随着胶筒高度的增加而减小。选择73mm高度可以使胶筒获得最大的接触应力。

（b）在一定的工作压差下获得高的接触，端部倾角的取值最好在35°～45°的范围内。

（c）增大胶筒的外径可以有效提高耐压差性能。在外径不能增大的条件下，可以通过采用增加"防突"等手段变相增大胶筒外径。

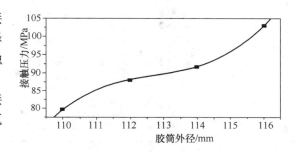

图1-26　胶筒外径与接触应力的关系曲线

② 利用有限元分析软件，对锚定工具受力进行仿真模拟（见图1-27、图1-28）

采用ANSYS有限元分析法，通过建模、锚爪弧面优化分析等，研究了锚定装置在压差作用下对套管的应力与变形规律，根据此规律进行了结构优化。

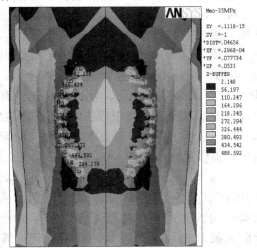

图1-27　锚对套管接触等效应力图

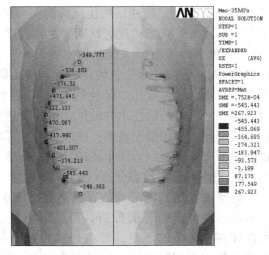

图1-28　锚对套管径向应力图

通过有限元软件分析，对锚定工具的结构进行了优化设计，实现了接触应力的均匀分布，最大限度地减少了对套管的伤害，保证管柱的安全性能。

（3）井下注水管柱系统仿真模型

针对前面所建立的管柱数学和力学模型，研究不同工况下所对应的力和位移边界条件，建立井下管柱系统的工作行为仿真模型，计算管柱在封隔器坐封、反洗井及其正常注水、停注状态时的伸缩变形量和轴向应力，分析在不同工况下造成管柱及封隔器失效的原因，在计算机上实现注水管柱工作行为动态仿真分析。

通过软件分析得到"井口温度与井底温度关系曲线"（图1-29）。在注水管柱工作行为动态仿真分析中，充分考虑温度效应对管柱的影响。从曲线中可以看出，随着地面水的注入，井底温度发生了变化，注入量越多，井底温度与井口注入水的温度越来越接近。也就是说，长期注水后注水管柱的工况与管柱坐封时工况发生了变化。

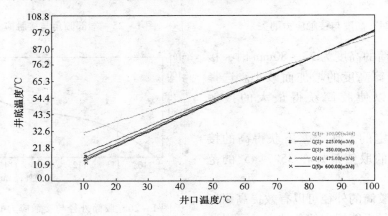

图1-29 井口温度与井底温度关系曲线

2. 分层注水优化设计软件

根据注水井的生产实际需要，进行了分层注水工艺优化设计软件的研究，通过建立"地层渗流的压力降落模型"、"根据注水量及地层条件求取井口注水压力模型"、"注水动态分析及调配模型"、"管柱结构优化模型"等模型，同时采用节点分析方法对工况类型进行对应用的分层注水管柱结构进行判别，达到程序上的优选。形成的软件包括："基础数据管理"、"压力温度剖面预测"、"配水器水嘴设计"、"管柱结构分析及优化"、"注水井工艺方案设计"等内容。分层注水工艺优化设计软件在研制成功以后，根据不同的油田情况，挑选了史深100断块、渤南等几个区块的典型井进行了优化设计，试验结果表明，软件能快速、有效、准确地进行分层注水井的优化设计，达到了设计的要求，在现场应用后获得了采油厂的认可与赞同。应用情况表明：该软件实现了对注水井生产过程中的动、静态参数求取及决策过程中的有效管理，为注水井的科学、合理、高效生产提供了技术支持。

3. 注水井分层动态分析（图1-30）

分层注水是二次采油的普遍措施。注水井问题已经成为各个油田关注的焦点问题。通过对注水井分层动态的分析，可以得到分层注水指示曲线。这不但克服了多层合采时指示曲线斜率为负的不足，而且还能根据分层指示曲线反演地层动态参数，利用现代计算机技术作出不同时期不同层位的吸水剖面图。注水井的分层动态分析结果有助于采油工程师采取及时准确的措施，控制高渗透层的注水量，增加中、低渗透层的注水量，进行

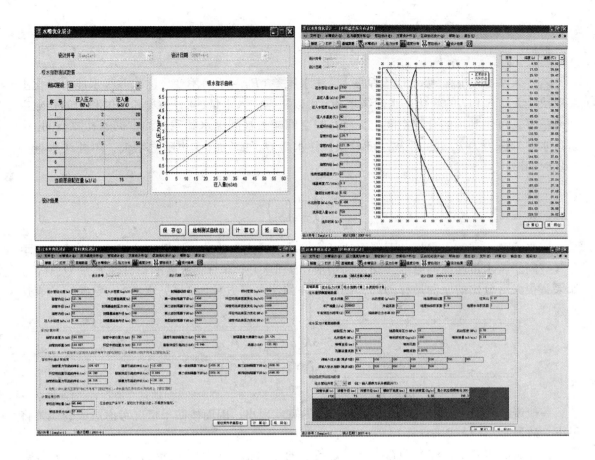

图 1 - 30 注水井分层动态图

注水量分配调整。

（1）注入动态分析

注入水从井筒通过多孔介质（含裂缝）到注水油层的渗流是注水井注入系统的最后一个流动过程，也是最复杂、最重要的一个流动过程。这一渗流过程的特性是进行注水井注入系统工艺设计调整和动态分析的基础。注入水量主要取决于地层性质、完井条件和井底流动压力。注水井的注入动态是指在一定的地层压力下，注入水量与井底流压的关系，类似于油井流入动态。

就单井单层而言，注入动态曲线反映了井向注水油层的供给能力，即是注水油层的吸水能力。一口注水井的注水量取决于油层的有效渗透率、油和水的黏度、砂层厚度、井的有效半径、油藏压力，砂层（井底）面的注水压力和注水井的完井效率。随着水注入油层，影响注水井动态的其他因素就起作用了。注水水质影响、地层油——水系统物理化学的变化导致储层性质变化、水向油藏中扩展渗流阻力的增加等都将影响注水井动态。在单井系统（径向流，圆形封闭地层）条件下：

$$Q_w = \frac{0.543 K_w h \left(P_{iwf} - \overline{P_r} \right)}{\mu_w B_w \left(\ln \frac{r_i}{r_w} - \frac{3}{4} + s \right)}$$

此时，$\dfrac{\mu_w B_w \left(\ln \dfrac{r_e}{r_w} - \dfrac{3}{4} + s \right)}{K_w h} = m$（斜率）

若注入水黏度 μ_w，吸水层段厚度 h，注水压差（$P_{iwf} - \overline{P_r}$）不变，注水井吸水能力变化主要取决于 k_w、S 和 r_i 的变化。水前缘半径 r_i 可以根据注入水量（累计）Q_{iw} 和可供利用的孔隙空间来估算，可供利用的孔隙空间定义总孔隙空间减去被间隙水和残余油占据的孔隙空间。r_i 是注水井到压力为 $\overline{P_r}$ 处的距离。随着累计注水量 Q_{iw} 的增加，r_i 也随之增大，单井注水量必然随时间减少。

$$r_i \approx \left(\frac{Q_{iw}}{\pi h \phi S_g} \right)^{1/2}$$

应当注意，在注入水推动下，原油可能移动也可能不移动。如果原油不移动，水将充填含气空间。若水带前面的原油移动，则由液（油和水）充填油层所需的累计注水量 Q_{iw} 体积。如果有很大百分比的原油是移动的，则注水井的注水量方程（油井见水前），更确切的表达式为：

$$Q_w = \frac{0.543 K_w h \left(P_{iwf} - \overline{P_r} \right)}{\dfrac{\mu_w}{K_{wr}} \ln \left(\dfrac{r_i}{r_w} \right) + \dfrac{\mu_o}{K_{or}} \left(\dfrac{r_e}{r_i} \right)}$$

一般说来，同侵入水的半径相比，油带的宽度很小，因而按简单情况考虑造成的误差将很小。故通常用（1）式来计算。

在分层注水井中，注入动态曲线就是各层的注水指示曲线。指示曲线的斜率 m 即是吸水指数，截距 d 即是对应层位的地层压力。可根据指示曲线的斜率和截距进行参数反演，得到注水油层的地层压力 $\overline{P_r}$、表皮系数 S、污染带渗透率 k。

一般认为 $\mu_w = 1\,\text{mPa} \cdot \text{s}$，$B_w = 1$。污染集中考虑表皮系数 S。

$$S = K_w h m - \ln \frac{r_e}{r_w} + \frac{3}{4}$$

由几何关系可知：

$$r_s = \left(\frac{Q_{iw}}{\pi h \phi S_w} \right)^{1/2}$$

故

$$K_s = K \cdot \frac{\ln \dfrac{r_s}{r_w}}{S + \ln \dfrac{r_s}{r_w}}$$

式中符号说明：

Q_w——各层注水量或吸水量，m^3/d；

K——地层渗透率，$10^{-3}\mu m^2$；

k_s——污染带渗透率，$10^{-3}\mu m^2$；

K_w——水相的有效渗透率，$10^{-3}\mu m^2$；

h——吸水层有效厚度，m；

μ_w——注入水的黏度，$mPa \cdot s$；

$P_{iwf} - \overline{P_r}$——注水压差，kPa；

Bw——注入水的体积系数，无因次；

r_e——注水波及半径，m；

r_w——井筒半径，m；

r_i——水前缘半径，m；

r_s——污染带半径，m；

s——注水井综合表皮系数，无因次；

S_w——地层含水饱和度，无因次；

Q_{iw}——各层累计注水量，m^3；

Φ——地层孔隙度，无因次。

各层的累计注入水量 Q_{iw}，可由累计总注水量和各层的相对吸水量计算得到，也可根据累计总注水量各层的吸水指数比来求得。相对吸水量定义为小层吸水量与全井吸水量之比。吸水指数表示注水井在单位井底压差下的日注水量。但应注意，吸水指数是一个随时间、井底压力等参数变化的量，在计算时，应该用注水时期内各层的平均吸水指数。

（2）分层注水分析软件

注水井的动态分析，借助了现代计算机分析技术，使分析更快捷，更准确。分层注水动态分析软件在 Windows XP 环境下，采用 Visual Basic 语言编写，由五部分组成。

基本数据：不同时间、层位的原始压力和流量数据、对应层位的地层参数数据、对应时间的井口压力等。

数据整理：包括原始整理和精确整理。

指示曲线：同一层位，不同时间的指示曲线；同一时间，不同层位的指示曲线。

吸水剖面图：所有时间、所有层位的吸水剖面略图。

参数反演：输入地层和注入情况的相关数据，得到对应时间和层位的地层压力、表皮系数和污染带渗透率。

自动调剖和故障判断程序：还在开发中。

程序框图如图 1 - 31。

（3）实例计算

以胜利油田某采油厂 1 口注水井为例，进行实例分析测试。输入的原始数据和其他地层数据如表 1 - 4、表 1 - 5。指示曲线和吸水剖面图与现场测试方法非常吻合。反演的地层参数比较接近实际，给进一步的注水开发和油层改造提供了准确的资料。

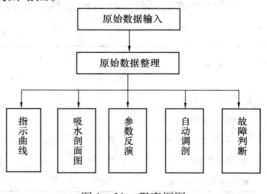

图 1 - 31　程序框图

表1-4　胜利油田某采油厂候选注水井原始数据

层　位	2002 年 12 月		2003 年 12 月	
	井口压力/MPa	流量/(m³/d)	井口压力/MPa	流量/(m³/d)
	19.5	23	21.3	16.8
	19	22.4	20.7	16.1
	18.4	21.3	20	15.5
2013~2036m	17.5	20.5	19.3	15.2
（第 2 层）	16.7	19.8	18.8	14.3
	16.3	19.3	18	13.8
	16	18.9	17.8	13.7
	21	22	22.1	17
	20.6	21.5	21.3	15.9
	20	20.9	20.9	15.5
2153~2171m	19.7	20.3	20.3	14.8
（第 1 层）	18.9	19.5	20	14.5
	18	18.4	19	13.7
	17.6	17.7	18.5	13.5
稳定井口压力/MPa	18		20	
泵注流量/(m³/d)	21		15	

表1-5　注水井原始数据

层位	2013~2036m（第 2 层）	2153~2171m（第 1 层）
孔眼直径/m	0.15	0.13
水咀直径/m	0.1	0.09
孔眼流量系数	0.85	0.8

在进行参数反演时，输入的参数值如表1-6。

表1-6　油层实时参数值

参数	2002 年 12 月		2003 年 12 月	
	2013~2036m	2153~2171m	2013~2036m	2153~2171m
层位渗透率/mD	5	4	2	1.5
井控半径/m	50	65	85	95
孔隙度	0.18	0.13	0.18	0.13
束缚水饱和度	0.15	0.1	0.2	0.18
累计注水量/m³	850	1200	3000	4500

（4）结论

根据注水量方程，采用室内研究分析与现代计算机技术相结合的方法来分析注水井动态，可方便管理人员根据分层指示曲线、吸水剖面图及反演所得到的地层参数及时地了解注水动态，有利于采油工程采取措施，控制高渗透层的注水量，加强中、低渗透层的注水量，进行分层注水和注水量调整，扩大注入水波及面积，减少无效注水，达到稳油控水的目的。

（三）水平井注水技术新发展

1. 水平井注水的发展

目前水平井已经成为开发油气田、提高采收率的一项先进的重要技术。截至2006年底，世界上的水平井井数已超过20000口，其中以美国和加拿大钻水平井数最多。可以这样说，水平井已成为新油田开发、老油田挖潜以及提高采收率的重要技术。

水平井开发的油田，随着地层压力的衰竭，产量的降低以及含水率的上升，使得水平生产井必然要转换为注水井，从而增大地层能量，驱替产层中残留的大量原油。目前，美国已有9%的水平井用于水驱采油，加拿大的水平井水驱开发占5%。

2. 水平井注水优势分析

油田开发采用的常规水驱模式是直井注水，直井采油，每口井周围产生明显的压力降，迫使油水界面变形，水转向生产井后被采出。由于注水井和生产井存在径向流，使大量压力损耗，采收率受到影响。使径向流转为线性流的办法可以有垂直压裂和水平井。过去由于水平井技术尚未成熟，钻井成本十分昂贵，因此人们多采用压裂。随着水平井成本降低到直井的1.5到2倍左右，人们又逐渐将注意力集中在水平井水驱研究上。

水平井水驱采油具有的优势是：

① 和直井相比，水平井注水时的压力降不会集中在某一点，而是分散在比较长的泄油井段上，压力降较小，油水界面变形也小，井到达油水界面的距离大，所以可以推迟井的突破或使含水量增加缓慢；

② 水平井与井之间的泄油均匀性可使前缘均匀推进，因此当有多相同时流动时，流度比条件越不利，水平井的优势就越明显；

③ 在低渗透油藏或低渗透层钻水平井，可以提高注水能力及产油能力，减少油藏注入水的补充时间，注水见效早；

④ 在开发中后期老区油田时，钻加密井是改善直井水驱后波及效率的一项有效措施，水平井可以通过侧钻，分支钻井等取得比钻加密井更好的效果；

⑤ 在薄层油藏中，水平井注入速度接近于线性注水速度。当地层3m厚时，水平井流体流动速度是直井的8倍到10倍。这一优势随地层厚度逐渐削弱，当地层厚度超出90m后，水平井的波及效率将低于直井；

水平井注水采油可分为水平井注水直井采油和水平井注水水平井采油，细分下去，又可以分为不同的井网布局情况。并非所有的水平井注水效果都优于直井注水。水平井注水效果与油藏特性、井网分布、水平井长度、流度比等因素都有密切的关系。

3. 水平井注水新进展

水平井在水驱开发时可以有四种注采结构：水平井注-直井采、水平井注-水平井采、直井注-直井采、直井注-水平井采。

（1）水平井注水直井采油

2005年，M. Algharaih 和 R. B. C. Gharhi 等人通过数值模拟方法，考虑压力在水平井筒中的降低，研究了水平井注水及分支井注水直井采油情况下的注水效果与直井注水直井采油的注水效果对比。井网分布考虑了四种情况：水平井直井交错分布线性注水、双分支井直井交错分布线性注水、直井水平井法线分布线性注水及双分支井九点法注水，其中考虑到形状因子、水平井段长以及流度比对注水效果的影响。四种井网分布示意图如图 1 - 32 所示。

① 水平井直井交错分布线性注水

数值模拟研究发现,水平井直井交错分布线性注水系统如图 1 - 32(a),在所有考虑到的形状因子,水平井长度及流度比情况下,其注水效果均远差于直井注水直井采油。并且,随着水平井段的增大,效果变得更差。随着形状因子的增大,注水效果也愈差(图 1 - 33)。

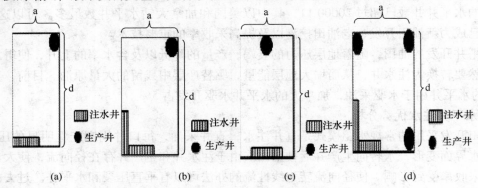

图 1 - 32　水平井注水直井采油井网分布图

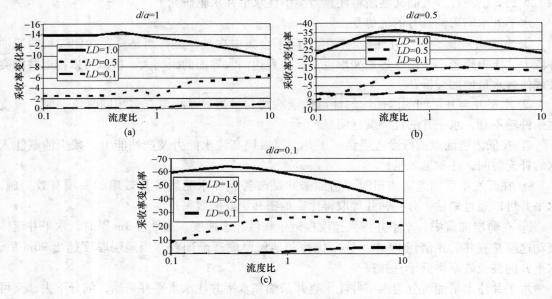

图 1 - 33　水平井直井交错分布井网下的注水效果图

② 双分支井直井交错分布线性注水

一口双分支井注水,一口直井生产,如图 1 - 32(b)所示。在大形状因子,低流度比情况下,使用长水平分支井注水,其效果优于直井注水。当流度比大于 0.8 时,即使长分支井其效果也不及直井注水。

随着形状因子的减小,由于注水水平井和生产井距离减小,双分支井注水效果在任何流度比和分支井段长度上都不及直井注水(图 1 - 34)。

③ 直井水平井法线分布线性注水

该注水布局是,水平井注水,法线正对的方向上直井生产如图 1 - 32(c)。该注水布局方式下,所有的形状因子,流度比及水平井长度下,注水效果都优于直井注水。但是,当形

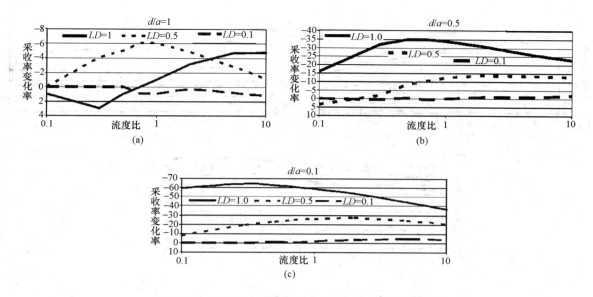

图 1 – 34　双分支井直井交错分布井网下的注水效果图

状因子减小时，随着流度比的增大，长水平井注水的优势逐渐降低，趋近于直井注水（图 1 – 35）。

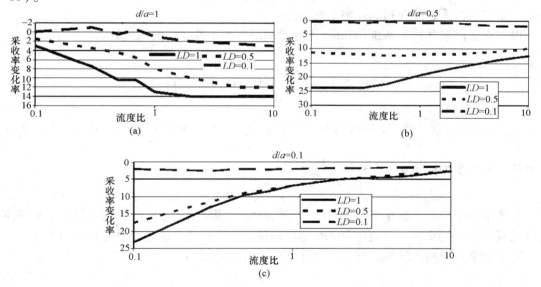

图 1 – 35　直井水平井法线分布井网下的注水效果图

④ 双分支井九点法注水

双分支井九点法注水如图 1 – 32（d）所示，一口双分支井注水，三口直井生产。该注水方式下，当形状因子较大时，所有研究的水平井长度及流度比范围内，多分支井注水效果均不如直井注水。但随着形状因子的减小，多分支井九点法注水效果越来越好，对于短分支井，当形状因子较小时，其注水效果优于直井注水。因此，九点法驱油对形状因子敏感性强，高形状因子时，直井驱油效果较好（图 1 – 36）。另外，长水平井并不能保证较好的驱油效果。

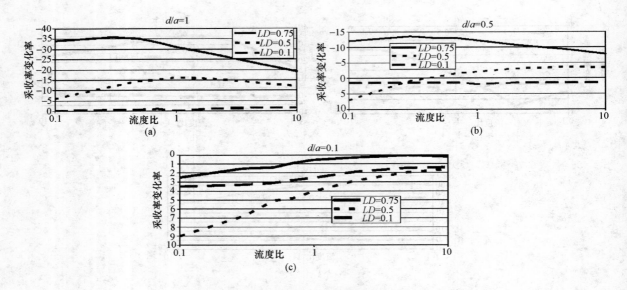

图 1-36　双分支井九点法井网下的注水效果图

（2）水平井注水平井采油

1992 年，J. J. Taber 和 R. S. Seright 第一次通过理论推导，阐明水平井注采系统相对于直井注采系统在注入速度和扫油效率上的优势。

以五点法注采井网为基础，Taber 推导薄油层中水平井注水的流速为：

$$q_{HW} = q_{L(5)} \left[\frac{\pi L}{\pi L + 4.6 h \log \left(\frac{1/2h}{r_w} \right)} \right]$$

式中，$q_{L(5)}$ 为五点法注采系统中最大理论线性流速 $q_{1(5)} = 2.93 q_5 \left(\log \frac{W}{r_w} - 0.420 \right)$，$q_5$ 为五点法直井注水系统的流速 $q_5 = \dfrac{1.54 kh \Delta p}{\mu \left(\log_{10} \dfrac{W}{r_w} - 0.420 \right)}$

在薄油层中，五点法水平井注水速度与线性流速相接近。在 10ft 厚的油层，水平井注水速度是直井的 8～10 倍。即使在 1000ft 厚的油层，水平井注水的速度也是直井的 2 倍。

对于水平井的扫油效率，与油层厚度具有很大的关系。

$$E_h = 1 - \frac{0.441 h}{2L}$$

对于 100ft 厚的油层，水平井注水的扫油效率超过 90%，但是随着油层厚度的增大，水平井注水的扫油效率优势下降，当油藏厚度 300ft 时，水平井注水扫油效率低于直井扫油效率。

指出水平井注水相对直井注水可以提高面积扫油效率 25%～40%，水平井注水对薄地层、大井距具有较大的优势，随着油层厚度的增大和井距的减小，水平井注水的优势减弱。水平井注采系统的扫油效率与水平井注采井的布局具有很大的关系。

下面讨论四种水平井注采系统的井网布局方式：平行对应正向井网、平行对应反向井网、水平交错分布井网、L 型井网布局。

① 平行对应正向井网

如图 1-37 所示，水平对应正向井网为注入井和生产井相同方向水平井，注水流向与采油流向相反。

G. Popa 等人应用数值模拟方法，考虑到水平段压力损失的情况下，以水平井长 300m，注入速度 300m³/d 为例进行模拟。结果注入水在第 1050 天，从生产井的根部突破，此时驱油效率 64.81%，采收率 32.32%。

② 平行对应反向井网

如图 1-38 所示，水平对应反向井网，注入井采油井为两相对平行水平井，注入流向与采油流向相同。

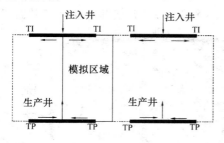

图 1-37　平行对应正向井网

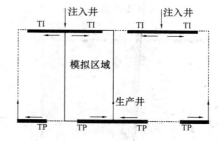

图 1-38　平行对应反向井网

考虑到水平段压力损失的情况下，以水平井长 300m，注入速度 300m³/d 为例，注入水在第 1560 天，从生产井根部突破，此时驱油效率 97.84%，采收率 48.02%。可以看出仅仅因为方向的改变，驱替效率和采收率都大大增加。

通过比较发现，平行对应反向井网推迟了注入水突破时间，提高了突破时的采出程度。因此平行对应反向井网注采效果好于平行对应正向井网（图 1-39）。

③ 水平交错分布井网

水平交错分布井网可以分为正向趾趾、正向根趾、反向根趾和反向趾趾四种情况。

G. Popa 等人对反向趾趾水平交错井网进行了研究（图 1-40）。

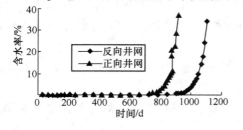

图 1-39　平行对应正向、反向
井网水突破时间对比

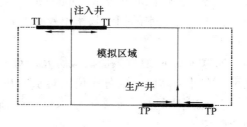

图 1-40　平行交错反向趾趾井网

考虑到水平段压力损失的情况下，水平井长 250m，注入速度 300m³/d 时，第 2250 天，水在根部突破，驱油效率 95.09%，采收率 48%。

凌宗发等人在土哈油田建立研究区，对平行对应反向井网以及平行交错趾趾井网的效果进行了研究。

平行交错趾趾井网开发效果优于平行对应反向井网，其注入水突破时间晚，油井含水率低，油藏最终采出程度高（图 1-41）。

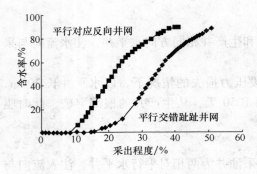

图 1-41　平行对应反向、交错趾
趾水突破时间对比

④ L 型井网布局

L 型布局，就是注水井与生产井垂直呈 L 型垂直分布，注水井的趾部与生产井的趾部接近。

G. Popa 等人以注采井水平段长均为 700m 进行模拟，注水一年后，水饱和度及压力分布如图 1-42。其压力分布与五点法直井注水相似。可以预测注入水仍会从生产井的根部处突破。

为了获得更大的采收率，需要注入水在趾部突破。采用短注水井，长生产井组合。注水井 200m，生产 850m，水突破发生在生产井趾部。水

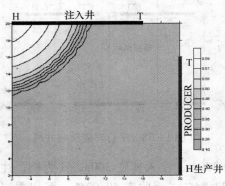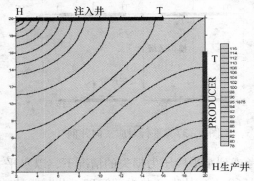

图 1-42　正方形 L 型布局注水饱和度及压力图

突破后，水锥进没有加剧，随着注水的进行，水前沿垂直于生产井。

短注入，长生产 L 型布局，为二次采油中，趾部泄油能力不足提供了能量。

（3）水平井注水敏感性因素分析

J. J. Taber 等人指出，水平井注水系统在薄油层，高流度比条件下相对直井注水具有较大的优势。但他同时也指出，随着油层厚度的增大，水平井注水效果变差，当油层厚度大 300ft，水平井注水的扫油效率不及直井注水的扫油效率。实际上水平井注水受很多因素的影响。

M. Algharaib 通过数值模拟研究，对流度比、油藏非均质性、垂向渗透率、井距和水平注采井在油层高度上的分布位置对水平井注水效果进行了分析。

① 流度比越高，水平井注水增产峰值降低，但是随着流度比的增大，水平井注水稳定增产期变长。

② 在非均质油藏，水平注水井和生产井在同一个方向上效果最好。在不同的方向上效果最差。

③ 垂向渗透率越大，水平井注采效果越好。低垂向渗透率下，最好采用直井组合，高垂向渗透率下，采用水平井组合最好。

④ 在所有井距下，水平井方案均比直井方案好。所有井距下的，增油峰值不差上下，随着井距的增大，增油期更长。

⑤ 水平井在油层中位置的变化对开发效果的影响不是很明显，考虑到非均质性各方面的影响水平注采井在厚度方向分布上有最优位置。

（4）水平井注水完井技术

很多有关水平井注水的文献都分析了非均质性以及摩擦压力损失而带来的水平井注水剖面不均匀的问题。美国和加拿大水平井注水现场也反映了该问题对注水效果的影响。

较长的水平井段很有可能穿过几个不同性质的油层，由于非均质性的影响水平井段各处的渗透率等参数并不相同。另外，由于摩擦压力损失，水平井注水井从根部到趾部，沿着水平井段压力逐渐降低。这些都会导致压力剖面的不均匀推进。但目前尚未有文献报道对这方面的解决方法。

限流射孔技术在分层压裂以及 SAGD 水平井注水蒸气方面有着广泛的应用。它通过限制不同目的层的射孔数目和孔径来控制各层实际吸入排量，保证各层同时得到有效处理。其中 SAGD 水平井注汽过程与水平井注水方式及原理较为相似，可以把限流射孔技术（Limited Entry Perforation）引入到对水平井注水剖面调整中来。

（5）结论与建议

① 并非所有的水平井注水都比直井注水有效。它与注采井型、井网分布及油藏参数有很大的关系。

② 水平井注直井采系统中，以法线注水方式最为有效。

③ 水平井注采系统中 L 型短注水井长生产井组合效果最优，水平交错分布井网优于平行对应反向井网，而平行对应反向井网又优于平行对应正向井网。

④ 随流度比的增大，所有注水系统的注水效果都下降。高流度比时，水平井注水系统效果最好。

⑤ 在非均质油藏，水平井注采井在同一方向上取得较好的效果。

⑥ 水平井注采系统适合大井距采油；水平井在油层高度分布上的影响不大。

4. 水平井注水在塔里木哈得薄砂层油藏的应用

（1）哈得油田的储层特征

塔里木哈得薄砂层"双层、超深、超薄"油藏的埋深为 5000 ~ 5023m、含油面积 66.6km² 、地质储量 1194 × 10⁴t、储量丰度为 18 × 10⁴t/km² ，是一个油层超深、超薄、大面坝、储量丰度特低的边水层状油藏；主要有两个分布广而薄的储油层系，钻遇频率 100% ；上部储油层厚度的主要分布范围在 1.0 ~ 1.4m，平均厚度 1m，平均孔隙度为 13.67% ，平均渗透率为 98.68 × 10⁻³ μm² ；下部储油层厚度的主要分布范围在 1.4 ~ 1.8m，平均厚度 1.6m，平均孔隙度为 15% ，平均渗透率 111.36 × 10⁻³ μm² ；上部与下部储油层系的泥岩隔层厚度为 3.8m。

显然，传统的注水工艺技术在"双层、超薄、超深"的哈得油田上是不经济、不现实的。针对该油田的地质特征和塔里木油田在水平井定向钻井技术水平，提出了利用双台阶水平井注水的新思路，该井不仅能够在超薄的油层中有较长的注水井段，也能够同时实现对两个开发层系的注水。实践证明：双台阶水平井不仅实现了对两套井网同时注水，还具有注水量大、注水压力低、波及系数大、驱油效率高的特点。

（2）双台阶水平注水井的成井技术

双台阶水平注水井是针对哈得薄砂层油藏有两套超薄的开发层系而设计的。通过反复实践，利用"MWD"定向钻井技术，不仅满足了在垂直深度 5000 ~ 5023m，厚度分别为 1m 和 1.6m 的两个开发层系中的目的层水平段的穿透率均在 80% ~ 98% 之间，同时也保证了水平段的走向全部达到了设计要求。使双台阶水平井的成井技术最大程度的满足"双层、超薄、超深"的哈得薄砂层油藏注水开发的需要。

① 双台阶水平井的井身结构

为了便于对双台阶水平井的清晰描述，定义进入第一个水平段的起点为 A 点，结束点为 B 点，第一个水平段为 AB 段，进入第二个水平段的起点为 C 点，结束点为 D 点，第二个水平段为 CD 段。直井采用径向射孔完井，普通水平井采用定向射孔完井，双台阶水平井的 AB 段采用定向射孔完井而 CD 段采用筛管完井；哈得油田目前共有注水井 8 口，其中直井 1 口、普通水平井（双台阶水平井封堵到 B 点以上）1 口，双台阶水平井 6 口；双台阶注水井、普通水平井和直井的井深结构和完井特点见表 1-7。

表 1-7　三种注水井的井身结构与特点对比表

类型	水平井		直井
	双台阶水平井	水平井	
井身结构示意图			
完井方式	AB 段定向射孔，CD 段筛管射孔	AB 定向射孔	径向射孔
控制参数	井点位置、水平段的长度和方位	井点位置、水平段的长度和方位	井点位置
目的层数	2	1	多个
哈得油田注水井的分类	HD1-5H、HD1-11H、HD1-16H、HD1-22H、HD1-25H、HD-27H	HD1-18H	HD1-10H

② 布井原则

油层在平面上构造与岩性的非均质性的发育情况，对水驱波及系数和注采关系都有着较大的影响，最大程度的减少水平井注水的井数少形成井网不完善和水平井楼阁式的隔挡造成的死油区，注水的双台阶水平井的布井是在对含油构造特征有了较为清楚认识，充分照顾两个开发层系的前提下，按照以下几个原则来布井的。

井点的布置：依据构造和开发要求进行常规点状布井，哈得薄砂层油藏采用局部高点和边外注水相结合的点状布井方式

水平段走向：与局部构造（次级构造）长轴方向垂直

水平段长度：取局部构造（次级构造）长轴 $1/2 \sim 1/3$ 作为水平段的长度

实践证明：这种将构造特性与布井方式相结合思路，对面积一般 0.5km^2，幅度 10m 左右的微背斜、微断块、微鼻等构造有较高的钻遇率，使注采井网和注采关系趋于完善、波及系数、水驱面积和储量的动用程度都有了较大幅度的提高。

③ 完井技术

水平井的完井方式一般为：AB 段定向射孔完井，CD 段筛管完井。

塔里木油田水平井射孔工艺与常规的射孔技术有较大的差异，其突出的优势在于把射孔技术、定向技术、目的层地质特征和开发井的性质联系起来，大大地改善了近井地区的渗流特性，也能充分地利用了重力场的驱油效应。通常的做法是：在油田开发早期地质情况认识不太清楚时，一般采用垂直向上的定向射孔，后期一般根据油、水井的性质和构造特征来确定定向射孔的不同相位，如：垂直向上射孔、水平射孔及水平相位以下 30° 交叉排布射孔等。

水平井的定向射孔技术改善了近井地区的流场分布，充分地利用了重力场的驱油效应，提高了水驱波及系数。垂直向上射孔、水平射孔及水平相位以下 30° 交叉排布射孔等三种定向射孔形式、构造位置与近井地区的流场分布示意图见图 1 – 43。

图 1 – 43　不同定向射孔方式与近井地区的流场分布示意图

（3）水平井注水的渗流特点

① 水平井注水提高了油藏的水驱波及系数

水驱波及系数不仅与油、水井的结构（水平井和直井）、井网组合、直井段的方位和长度相关，也与油层所受的构造与岩性控制的非均质性在平面上的分布差异相关，平面渗流关系相当复杂；为了简化模型，假定一个在极薄的均匀分布的五点法注水井组内，四口油井均为直井，注水井为直井的经典水驱波及系数试验的模型与水平注水井进行对比，水平井的水平井段为井距的 1/2，走向与油井井排平行。用计算机的 2D 图形的任意变形工具进行粗略处理的对比结果见图 1 – 44。

由图 1 – 44 可知，水平井注水与直井注水相比渗流特性有了明显的变化，直井为单纯的径向渗流，波及系数较小；水平井注水为以平行活塞水驱渗流为主，兼具径向渗流的特点；波及系数提高了 15% ~ 30%。

② 水平井注水降低了沿程吸水强度提高了油藏的局部驱油效率

塔里木哈得薄砂层油藏的普通水平注水井和双台阶水平注水井的打开井段长度与直井相比一般高 60 ~ 130倍，而注水量一般仅为 7 ~ 10 倍，仍然使用为直井定义

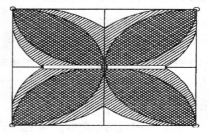

图 1 – 44　水平井五点法注水井组水驱波及系数对比图

的吸水强度的概念不能表明其真实的意义，为此我们将水平井的吸水强度定义为沿程吸水强度，即：每米射开油层的日注水量。双台阶水平井注水的平均沿程吸水强度不足直井的 3%。大大降低了水驱波及范围内的水驱速度，降低水驱速度可以大幅度的提高驱油效率。水驱速度和残余油的分布见表 1 – 8。

表 1-8 水驱速度与残余油分布情况对比表

驱替速度	高速水驱	中速水驱	低速水驱
天然岩心不同驱替速度下残余油分布			
剩余油的分布描述	大孔道的原油顺利产出，受毛管效应控制的原油基本上和束缚油一起形成了高饱和度的残余油，靠水驱已基本上无法开采出来，水驱采收率极低	受大孔道和毛管效应控制的可采部分的原油，通过水驱开采，残余油饱和度较低，取得了较高的水驱采收率	低速水驱几乎可以将全部大孔道和毛管效应控制的可采部分采出，取得的水驱采收率最高

用 2005 年 3 月哈得薄砂层油藏的 1 口直井和 6 口的注水生产数据，计算了各井的沿程吸水强度的数据，对比见表 1-9。直井的沿程吸水强度为 23.4m²/d，水平井的沿程吸水强度平均为 0.69m²/d，直井的沿程吸水强度是水平井的 34 倍，大大降低了水驱速度，为提高水驱效率打下了良好的基础。

表 1-9 哈得薄砂层油藏的吸水强度

井别	井号	井段/m	厚度/层数/（m/层）	2005 年 3 月		日注水/m³	沿程吸水强度/（m³/d）
				油压/MPa	套压/MPa		
直井	HD1-10	5016.8~5023.4	3.2/2	18.88	24.56	75	23.4
水平井	HD1-11H	5055.5~5503.0	221.5/7	17.84	22.95	137	0.62
	HD1-16H	5105.0~5450.0	218.0/6	13.64	13.15	153	0.70
	HD1-18H	5079.5~5461.0	157.015	4.43	0	88	0.56
	HD1-22H	5075.0~5583.5	248.5/6	11.55	10.66	180	0.72
	HD1-25H	5167.0~5526.0	234.0/6	20.03	21.01	281	1.20
	HD1-27H	5124.0~5471.0	285.41/3	21.68	24.31	96	0.34

③ 吸水能力的对比测试

为了对比直井和水平井的吸水能力的差异、为整体油田注水提供依据，从 2001 年 11 月和 2002 年 8 月对直井 HD1-10H 和双台阶水平井 HD1-27H 分别进行了试注。直井 HD1-10 井，2001 年 11 月 24 日至 2002 年 6 月 22 日累积注水 202337m³。该井的吸水指示曲线见图 1-45。

从指示曲线的形态看：为上凸渐变型，吸水指数随压力增大而增大，说明压开了新的微裂缝逐渐增大了吸水能力；该井启动压力约 17MPa，吸水指数为 2.28m³/d·MPa 正常试注日注水量 130m³，井口压力约 28MPa。表明薄砂层油藏直井注水启动压力和正常注水压力均较高。

双台阶水平井 HD1-27H，2002 年 8 月进行双台阶水平井进行试注，录取了 1 次吸水指示曲线、1 次稳定试井及压降试井等资料。该井的指示曲线见图 1-46。

该井的吸水指示曲线明显呈折线型而且吸水压力极低，反映了多层吸水和非均质地层吸水的特征，平面的非均质性远远大于垂直方向。稳定试井时视吸水指数为 24.31m³/d·MPa，高于初期吸水指数 16.63m³/d·MPa，吸水启动压力约 3.6MPa。

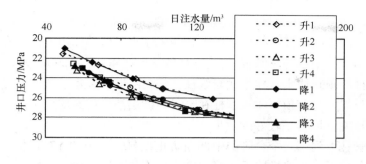

图 1 – 45　HD1 – 10H 井吸水指示曲线

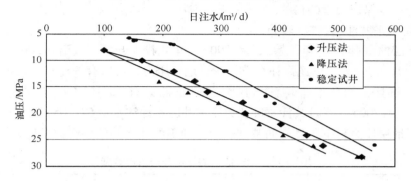

图 1 – 46　HD1 – 27H 井注水指示曲线图

双台阶水平井和直井注水的吸水状况有较大的差异：双台阶水平井的吸水能力为直井的 7 ~ 10 倍，双台阶水平井的吸水压力比直井降低了 13.4MPa，随着注水压力的提高吸水能力均有较大幅度的提高。双台阶水平井与直井注水的吸水能力对比表 1 – 10。

表 1 – 10　双台阶水平井与直井注水的吸水能力对比表

注水井的类别	直井	双台阶水平井	备注
井号	HD1 – 10	HD1 – 27H	
吸水指数	2.28m³/d·MPa	16.63 ~ 24.31m³/d·MPa	提高 7.3 – 10.7 倍
吸水压力	17MPa	3.6MPa	降低 13.4MPa
指示曲线形态	上凸渐变型	折线型	

双台阶水平井和直井注水在吸水指数和吸水压力及指示曲线上的存在的巨大差异也证明：哈得油田构造与岩性控制储层的非均质性在平面上的分布差异远远大于纵向上的非均质。取得这一认识，对中高含水期在水平井进行"稳油控水"和"调 – 堵 – 增注"等措施有重要的指导意义。

（4）双台阶水平井注水工艺技术

① 双台阶水平井的注水工艺管柱

双台阶水平井注水工艺管柱结构受油管本身材料性质和结构的影响，无法下到注水井段中部或下部，只能下到第一个造斜点和 A 点之间。主要采用了两种工艺管柱：

光管柱：$2\frac{7}{8}$in 油管 + $\phi62$mm 喇叭口

顶封管柱：$2\frac{7}{8}$in 油管 + 水力锚 + Y211 封隔器 + $2\frac{7}{8}$in 油管 + $\phi62$mm 喇叭口

对于垂直井深超过 5050m，套管长度超过 5500m 的双台阶水平注水井，套管的内压接近 80MPa，长期在围岩的高温、径向挤压力和高压注水内压的作用下，使套管的受力更加复杂，套管漏失、损坏、变形等事故较多，在大多发生在 4000～5000m 处。为了进一步保护深井套管，逐步推广顶封注水管柱替代光管柱，将封隔器和锚定装置的卡点置于油层套管的水泥返高以下的位置。目前顶封注水管柱在哈得薄砂层油藏已经应用了两口井，即：HD1 - 11H 和 HD1 - 27H 井，取得了较好的效果。

为了把注水管柱下到第二个台阶的中部和防止顶封管柱中的 Y211 卡瓦封隔器与水力锚卡在井内造成事故，下一步将推广无接箍油管、小直径油管、水力压缩式封隔器和管柱防蠕动器，达到进一步保护套管的目的。

② 双台阶水平井注水的投（转）注

哈得薄砂层油藏自 1998 年开始试采，2002 年正式投入开发，截至到 2003 年 9 月累积亏空已达近 $50 \times 10^4 \mathrm{m}^3$。为了迅速弥补亏空，恢复地层压力，对所有的注水井在投（转）注前普遍进行了酸化解堵，初期的平均注水压力普遍较低只有 10.16MPa，注水量较大平均为 $161\mathrm{m}^3/\mathrm{d}$，截至到 2005 年 3 月共计 8 口各类注水井已累计注水达 $57.2856 \times 10^4 \mathrm{m}^3$，为迅速弥补亏空，恢复地层压力打下了良好的基础。哈得油田的注水井的生产数据见表 1 - 11。

表 1 - 11　哈得油田的注水井的生产数据

类别	井号	投产日期	投产初期			2005 年 3 月			累注水量/ ($\times 10^4 \mathrm{m}^3$)	备注
			油压/ MPa	套压/ MPa	日注水量/ m^3	油压/ MPa	套压/ MPa	日注水量/ m^3		
直井	HD1 - 10H	2003 - 02 - 93	13.8	14	80	18.88	24.56	75	6.2233	投注前已试注 20233m³
单台阶	HD1 - 18H	2003 - 10 - 02	0.68	0.45	91	4.43	0	88	4.7475	观察井
双台阶注水井	HD1 - 5H	2003 - 10 - 06	4.87	5.17	231	16.35	15.06	294	13.9429	投注前已试注 17215m³
	HD1 - 11H	2003 - 10 - 04	13.8	13.32	242	17.84	22.95	137	7.7023	
	HD1 - 16H	2003 - 10 - 09	14.44	10.93	131	13.64	13.15	153	8.7300	
	HD1 - 22H	2003 - 1013	6.72	5.87	177	11.55	10.66	180	9.8762	
	HD1 - 25H	2003 - 10 - 08	6.75	6.75	163	20.03	21.01	281	7.4773	
	HD - 27H	2005 - 01 - 16	20.23	25.58	172	21.68	24.31	96	2.5861	
合计			10.16		1287	15.55		1304	57.2856	

③ 增注工艺技术

双台阶水平井在注水生产过程中，由于地层压力的迅速回升、注水井近井地区的污染程度的加剧，吸水能力普遍下降。在注水量基本稳定的条件下，平均注水压力由投注时的 10.16MPa 上升到 2005 年 3 月 15.55MPa。在进行大量室内试验和总结其他类似区块经验教训的基础上，针对地层钙质含量低的特点筛选出以土酸为主的"深穿透基岩缓速酸"的酸液配方，其主体酸液的配方为 10% HCl + 2.5% HF + 2% GS - 1 + 2% DJ - 07 + 1% GNW - 4，单井主体酸液的用量一般在 200～300m³。先后对完不成地质配注的注水井 HD1 - 11H 和 HD1

－25H 等井开展了酸化解堵增注试验，增注效果明显。HD1－11H 井的酸化施工曲线见图 1－47。该井酸化解堵取得了较好的"降压增注"效果，注水压力由酸化前的 21.8MPa，下降到 19.7MPa，下降了 2.1MPa，日注水量由酸化前的 135m³/d，上升到酸后的 182m³/d，日增注水量 47m³/d。

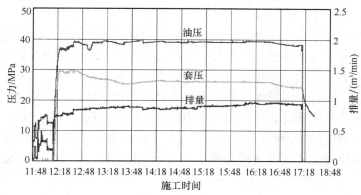

图 1－47　HD1－11H 井的酸化施工曲线图

④ 双台阶水平井的吸水剖面测试技术

双台阶水平井的两个水平井段的长度一般不低于 250～300m，给上、下两个相对独立的层系笼统注水，在没有分层注水和分层测试之前，如何确定各层系的吸水量需要吸水剖面测试；为了了解油藏的水驱状况和油藏平面、层间、层内、井间的注采矛盾，以及为油水井措施提供依据，也需要剖面测试。

由于传统的 Ba^{131} 微球放射性同位素注水井剖面测试工艺的仪器串，无法进入水平井段进行剖面测试。经反复研究，利用成熟的水平油井产液剖面测试技术进行双台阶水平注水井的吸水剖面测试试验。于 2004 年 9 月 30 日应用 Schlumberger 公司的 MAXTRAC 系统对 HD1－11H 双台阶水平注水井进行了吸水剖面测试并获得成功，测试成果表明该井在上下两个水平段的吸水量分别为：40.6m³/d 和 84.9m³/d，分别占总注水量的 31% 和 69%。

随着双台阶水平注水井剖面测试技术的不断成熟和完善，不仅为今后油田的日常管理和油水井的措施提供重要依据，而且对今后水平井的设计、完井方式等也有重要的指导意义。

⑤ 满足了哈得油田多层系油田的开发需要

双台阶水平井注水工艺技术满足了哈得"双层、超薄、超深"油藏迅速弥补地下亏空恢复地层压力和恢复产能的开发需要。2003 年 9 月全面注水前的地层压力只有 34.45MPa，注水 3 个月后地层压力上升了 1.39MPa，到 2004 年 12 月上升了 4.18MPa，注水后地层压力的月回升速度为 0.28MPa/月；动液面从最低时的 1951m 上升到 2004 年底的 1453m 上升了 498m；日产油量从 485t/d 上升到 939t/d，见效井的月平均递减率由 5.7% 下降到 0.8%；原油年产量由注水前一年 2002 年的 26.89×10⁴t 上升到 2004 年的 31.26×10⁴t，同比上升了 16.25%。

（四）周期注水技术

周期注水的基本原理是通过改变开发系统中注水井的注水方式，在油藏中人为地造成水动力不稳定状态，以改变驱替液的流动方向，扩大波及体积。在陆上油田，周期注水的效果已被许多矿场实验所证实。该技术突出的特点是，在现有的注入系统上即可实施，无须增加额外的设备。

周期注水可以造成油藏中的压力周期性地波动，这种压力波动在油层中的传导速度远大于油水的流动速度，压力扰动可以很快传到油水的前沿，启动原油流动。另外，在压力波动的降压半周期内，低渗透带中的剩余油流向高渗透带；而在升压半周期内，注入水将高渗透带中的剩余油驱向油井，并促使注入水流向低渗透带，从而扩大注入水的波及体积，提高水驱采收率。

　　均质岩心一维周期注水实验表明，周期性的压力扰动可以改变注水波及区内油水在地层中的分布。在压力波动的波峰处，压力梯度相应增大，可以使油相克服更大些的贾敏效应而流动。这表明，周期注水的压力扰动还有助于提高驱油效率。

　　在非均质油层中，脉冲周期注水改善水驱效果的机理主要是高低渗透区间的油水交渗效应。脉冲周期注水的压力扰动，造成高低渗透区之间的压力梯度，引起液体运动。当高渗透区的压力高于低渗透区的压力时（升压周期），压力扰动促使水甚至一部分油向低渗透区流动；当高渗透区的压力低于低渗透区的压力时（降压周期），压力扰动的能量驱使低渗透区的原油和水向高渗透区流动。在油水交渗的过程中，进入低渗透区的水总有一部分滞留下来，所以宏观统计的结果是原油从低渗透区向高渗透区流动，水由高渗透区向低渗透区流动。在脉冲周期注水过程中，这种油水交渗过程反复进行，便导致了驱油效率和波及效率的提高。

　　周期注水是 20 世纪 50 年代末和 60 年代初开始在前联和美国实施的一种注水方法，由于这种方法在注水油田中改善水驱的效果显著而得到了广泛应用。50 年代末，苏联苏尔古切夫对卡林诺夫油田新斯捷潘诺夫开发区主力油层实施周期注水的开发动态进行了分析，首次证实了周期注水是改善水驱效果的有效方法。此后，周期注水在苏联得到广泛应用，并成为一些注水油田改善开发效果的主要方法，其应用规模非常大。苏联的周期注水主要应用于西西伯利亚、古比雪夫和鞑靼 3 个油区，取得了很好的经济效益。西西伯利亚油区已在 17 个油田中的 23 个油藏应用；古比雪夫油区有 16 个开发层系采用了这一方法；鞑靼 3 个油区实施改变液流方向的周期注水，10 年内，共增产原油 2200 $\times 10^4$ t，在此期间经济效益为 2006 $\times 10^8$ 卢布。

　　美国于 20 世纪 60 年代初在斯普拉伯雷油田德里沃区实施周期注水。该区于 1952 年开始利用自吸水排泊的原理进行小型注水试验，未获得明显效果。1961 年，根据其油藏渗透率低、岩性致密以及裂缝在油层中发育等特点，采用注水井沿主裂缝方向分布、间歇注水的方式，伴以大型水力压裂、酸洗裂缝等工艺措施，在提高原油采收率方面获得明显效果。后来由于周期注水后油层压力下降过大，注水井吸水能力急剧下降，而停止了周期注水。总的来说，周期注水方法在美国没有得到普遍应用。

　　中国 20 世纪 80 年代开始在扶余、葡萄花、太南、克拉玛依等油田开展了周期注水的矿场试验，并取得一定成效。

（五）密封技术新进展

　　在大多数技术领域中都有密封问题，已越来越被人们所重视。随着近代工程的迅速发展，高温密封、低温密封、超低温密封、高压密封、高真空密封、高速密封以及各种易燃、易爆、有毒、强腐蚀性介质、含有泥砂等悬浮性颗粒介质的密封问题相继产生，对相应的密封提出了更高的要求。为了保证密封件具有良好的密封性能及长久的使用寿命，除了应具有合理的密封结构及制造工艺以外，更主要的是应具有良好的密封材料。也就是说，密封材料是保证密封件的密封性能和使用寿命的关键所在，密封水平的进步与密封材料的发展是紧密联系在一起的。

近代工程中，密封材料的许用温度范围可以从超低温直至227℃以上。对于不同的密封材料，其密封性能也有较大的差异。在低温情况下，对密封材料的基本要求是物理力学及热物理性能的稳定性。

对于当前大量采用的聚合物密封材料来说，温度是限制其更广泛应用的主要因素之一。因为低温会使聚合物密封材料硬化、弹性消失以及呈现脆化。而高温则会使聚合物发生蠕变及应力松弛，对于接触型密封来说，这会使密封比压下降，并破坏密封性能的稳定性。

材料的导热性能也是决定密封材料使用性能的主要因素之一。良好的导热性可以带走动密封更多的摩擦热，降低了温度，使温度变形减少，保证密封的可靠性。

对于高温密封材料，应该具有耐热强度高、抗蠕变性好、耐松弛强度高、高持久强度及耐腐蚀性好等优点。在高温下工作的密封装置其工况是比较特殊的，作为高温密封常用的密封材料，发生蠕变以后，温度越高，密封越差。通常，在接触型密封装置中，密封材料许用温度的极值不仅受耐热性的限制，更主要的是受一定温度下许用变形极值的限制。目前常用的高温密封材料金属陶瓷，则具有化学和热力学的综合特性；以石棉为基体的填料密封材料，在770K（493℃）高温下仍具有良好的热稳定性；对于复合密封材料，在高温下的使用关键是热胀系数不能太大，线性尺寸变化太大是导致这类密封材料密封失效的主要原因之一；对于聚合物密封材料，其主要缺点就在于热稳定性差，从20世纪70年代开始，耐热聚合物密封材料的研究开发受到人们的重视，其主要研究方向是在有机硅聚合物和杂链聚合物的基体上进行填充和增强，常用的组分主要有玻璃纤维、碳纤维、硼纤维等；目前所研制的石棉塑料和石墨塑料则可在温度高达570K（229℃）的情况下使用；而氟橡胶的极限工作温度可达600K（327℃），长时间使用的工作温度可达550K（277℃），耐寒性为175~200K（ -102 ~ -73℃）。常用密封材料的许用温度范围见表1-11。

表1-11　常用密封材料的许用温度范围

材料	许用工作温度范围/K	材料	许用工作温度范围/K
真空橡胶	250 ~ 373	铜及铜合金	70 ~ 873
氟塑料	70 ~ 570	硅微晶玻璃	220 ~ 973
铅	70 ~ 440	银	50 ~ 925
铝	70 ~ 473	镍	70 ~ 1025
耐热聚合物（聚硅氧烷、氟橡胶、聚酚醛）	200 ~ 600	蒙乃尔合金	70 ~ 1100
橡胶石棉垫	90 ~ 673	不锈钢	50 ~ 1100
石棉	90 ~ 773	金属陶瓷	<1500

对于油田开发来说，密封材料主要用于封隔器中。封隔器是油田采油工程中广泛使用的井下工具，在原油开采中，很多作业都离不开封隔器，而密封件是封隔器的关键部件，是保证封隔器密封性能和使用寿命的关键所在，密封水平的进步和密封材料的发展一直是紧密联系在一起的，是制约封隔器发展的关键，长期以来封隔器都是以橡胶作为密封件，密封材料的性能直接影响着密封水平，传统的封隔器密封材料主要有丁腈橡胶，耐温能达到120℃，随着油田开发的不断深入，高温、高压、低渗区块不断投入注水开发，对分层注水提出了更高的要求，对封隔器的耐温、耐压要求更高，经试验研究，优选HNBR氢化丁腈橡胶作为

耐高温、耐高压的密封材料，HNBR 氢化丁腈橡胶具有优良的耐温、耐油性能以及较高的强度和耐磨性能，基本满足高温高压油田注水需要见表 1 – 12。

表 1 – 12　丁腈橡胶性能表

橡胶材料	氧化稳定性	热降解温度	耐热性	耐油性	拉伸强度性能	耐磨性能	耐 H_2S（拉伸）
HNBR 橡胶	10 倍 NBR	比 NBR 高 40℃	160℃	4 倍 NBR	40MPa	2 倍 NBR	30MPa
NBR 橡胶			120℃		15MP		10MPa

随着对密封材料的深入研究，一些新型的密封材料也逐步进入到油田开发中，常见的密封新材料有 NiTi 超弹性合金、纳米橡胶复合材料、氟醚橡胶、聚四氟乙烯等，这些材料的应用不但丰富了密封材料的种类，而且提高了密封材料的耐温、耐压性能。

1. 一种超弹性合金密封体

封隔器是油田采油工程中广泛使用的井下工具，长期以来都是以橡胶作为封隔器的密封件。现在将超弹性合金材料引入封隔器领域，解决了橡胶材料密封件所存在的问题。金属密封体是用 NiTi 超弹性合金作为密封件，NiTi 超弹性合金本身具有很好的抗腐蚀性，不存在材料老化问题，因而有较长的使用寿命。同时，由于采用了金属间过盈密封的方式，简化了封隔器的结构，增加了封隔器的内通径，极大提高了封隔器的实用性能。

金属封隔器具有内通径大、耐温耐压高、耐腐蚀性能好等突出优点，使用该封隔器能够满足聚驱层系调整封堵、聚驱注采完井管柱、聚驱采出井不压井作业、聚驱单管多层分注及其他分层工艺的需要，解决套损井完井、低渗透油田分层注水中出现的问题，满足外围不压井作业的需要，克服常规封隔器内通径小、耐温、耐压、耐腐蚀性能差等缺点。

超弹性合金作为功能材料的一个重要分支，越来越受到人们广泛的重视，这不仅在于其丰富的马氏体相变现象和微观组织结构的多样性，更在于它独特的形状记忆效应和超弹性性能而具有巨大的应用潜力。它具有变形后，外部环境改变时即可恢复其原来形状的独特功能、很好的抗腐蚀性能及其他特殊的材料机械性能。

将 NiTi 超弹性合金材料的相变温度设定在 40～70℃ 之间，进行超弹性合金丝的拉伸试验。图 1 – 48 给出了该合金材料在延伸量定为 5% 时，五种环境温度下的弹性恢复情况。在常温下，该合金材料存在残余变形，没有完全恢复原来的形状，在 38～70℃ 温度条件下其恢复情况极为理想，超弹性合金丝在卸载后，恢复到原来的尺寸，恢复率达到 100%，与设定的相变温度十分吻合。也就是说，超弹性合金试件在设定的相变温度环境中，在外力作用下，发生形变，超弹性合金试件被拉长，外力撤除后，能完全恢复到拉伸前的长度。此项试验证明了用超弹性合金作为封隔器的密封体替代橡胶密封体的可行性。

图 1 – 48　超弹性合金材料在不同温度下的应力——应变曲线（拉伸量均为 5%）

为了进一步证明这种可行性，按 4∶1 的比例设计加工了 5 个超弹性合金作为密封件的小样模拟金属密封体，其外径为 ϕ29.5mm。其中对 1 个件进行了裸压试验，目的是要了解该材料制成构件后，在外力作用下发生形变时，其恢复率是否能满足使用的要求。试验结果如表 1-13 所示，表中拉脱力是将锥体与密封体分离所使用的外力。测试该力的目的，是对将要进行的模拟试验中的解封力有个初步认识，但该力与模拟试验中的解封力有所不同，因为密封体和锥体在裸压试验及模拟试验中的受力状况不同。

表 1-13　小样裸压试验结果

次数	挤压力/kN	压后外径/mm	变形率/%	拉脱力/kN	拉脱后外径/mm	恢复率/%
1	25	ϕ31.0	5.08	18.5	ϕ29.5	100
2	30	ϕ31.2	5.76	19.5	ϕ29.7	88.2
3	35	ϕ31.5	6.78	21.0	ϕ29.9	80.0

从表 1-13 中的试验的结果可以看出，该材料制成构件后，材料的超弹性在形变率小于 6.78% 时，都可以满足实际使用的要求。针对内径为 ϕ124.3mm 套管，可将超弹性合金材料制成的密封体外径设定为 ϕ118mm，形变率为 6% 时，密封体外径可以达到 ϕ125.08mm，解封后，恢复率按为 80% 计算，密封体恢复后的外径最大为 ϕ119.416mm，远小于 ϕ124.3mm，因此，金属密封体可以从套管中顺利起出。

另外 4 个小样密封体做了模拟试验，将密封体放入一个内径为 ϕ31mm 的套筒内(是实际套管内径的 1/4)，模拟密封体在井下受力情况。目的在于了解密封体坐封后，作为封隔器的密封件，各项性能指标能否达到使用要求，尤其是要掌握在模拟井下受力情况下，该材料的超弹性能能否达到设计、使用的要求。结果列在表 1-14 中。

表 1-14　小样密封体模拟试验结果

项　目	试件 1	试件 2	试件 3	试件 4	备　注
承内压/MPa	40.0	41.1	41.0	40.0	对密封体内部加压，4 件密封体没有渗漏。
承外压/MPa	42.5	41	42.0	43.0	对密封体与套筒的环型空间加压，4 件密封体没有渗漏。
坐封力/kN	250.0	250.0	250.0	250.0	使密封体向外扩张，贴敷在套筒内壁上所使用的外力。外力达到 240kN 时，锥体已没有位移。
悬挂力/kN	≥102	≥104	≥105	≥102	密封体扩张后，在外力作用下，密封体与套筒之间没有位移。该力为密封体坐封后在套筒内的悬挂力。
解封/kN	107	110	112	108	将锥体从密封体拔出所使用的外力。

注：解封后 4 件密封体均随锥体带出试验套筒。

从表 1-14 的试验结果可以看出，小样模拟密封体能够满足承高压的使用要求，且解封后，4 件密封体均随锥体带出试验套筒，使密封体的解封变得简单可靠，体现出了材料的超弹性能。

通过对金属密封体的原理性试验、结构分析以及性能测试，可得看出：

(1) 将超弹性合金材料作为封隔器密封材料是可行的；

(2) 在设定的与井下实际井温相仿的相变温度区间，超弹性合金的恢复性能最佳，当外力撤除后，密封体外径可恢复至 ϕ119mm，符合现场使用的要求；

(3) 密封体的材料性能满足要求时，结构对其密封性能有较大的影响；

（4）将超弹性合金作为封隔器的密封体，可同时实现封隔器的悬挂和密封，且结构简单，使封隔器中心管内通径达到 ϕ90mm 以上；

（5）对于解封力偏低的问题，可通过改进密封体的结构，增加密封面的长度或在锥体下端设计锁紧机构等措施解决。

2. NiTi 超弹性合金金属密封封隔器

随着油田勘探的不断深入，向深层寻找油气资源是油田持续高产的重要物质基础。深部储层岩性的复杂性对采油工艺提出了更高要求。封隔器作为分层采油、分层注水的主要工具，在采油工程中广泛使用。随着开发井、注水井的加深，油层温度越来越高（＞150℃），处理工艺的承载能力随油层的加深也不断加大，然而，传统的封隔器封隔件均以橡胶为密封材料，适应于温度较低（＜120℃）与压力不高（＜50MPa）的工艺条件下，在高温和高压条件下容易老化，影响封隔器的使用性能与寿命。为此，大庆油田开展了大通径金属密封可取式封隔器的研究。

（1）金属密封材料特性研究

金属密封材料选用 NiTi 合金，NiTi 合金是一种新型密封材料，具有形状记忆与超弹性等特性。能够引起 NiTi 合金特殊功能的主要因素有两方面，一是热变化可以引起 NiTi 合金的形状记忆效应；二是应力能够诱发 NiTi 合金的超弹性。温度与应力二者不是孤立的影响因素，而是彼此相关的。

外力作用下由母相奥氏体直接形成马氏体称为应力诱发马氏体。外加应力对合金的马氏体相变有较大影响，应力对相变起促进作用。应力诱发马氏体发生逆转变时，宏观应变得以恢复，合金呈现出相变超弹性（如图 1-49）。

（2）金属封隔器的原理

金属封隔器的结构如图 1-50。金属封隔器的工作过程是由动力坐封器、坐封封隔系统、丢手总成 3 部分完成，同时，配套系统包括插入管柱和解封打捞工具。封隔器工作系统由合金密封体、锥体、工作筒组成。丢手总成由释放套、夹头体、弹簧爪、拉杆组成。

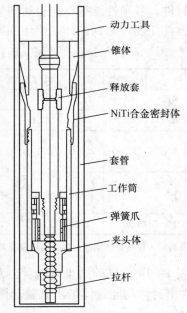

动力工具
锥体
释放套
NiTi合金密封体
套管
工作筒
弹簧爪
夹头体
拉杆

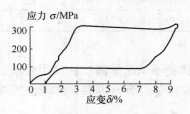

图 1-49　Ni47.5Ti50Fe2.5 合金在
193K 的应力—应变曲线

图 1-50　金属封隔器
结构示意图

动力坐封器将大小相等、方向相反的两个机械力通过坐封套、拉杆的传递，分别作用于锥体和工作筒上，使得锥体相对于合金密封体向下运动，将合金密封体胀大，从而密封在套管上，当机械力达一定值时，释放套被拉断，丢手总成工作，完成丢手。

（3）金属封隔器的设计研究

① 封隔器外径

NiTi 合金具有超弹性，如图 1－51，NiTi 合金受力时发生变形，在 8% 的变形内，撤掉外力，合金能够以线形恢复。应用时形变范围必须在其弹性变形范围内（<8%）。

针对 $\phi114.3mm$（$4\frac{1}{2}in$）的套管，金属封隔器的最大外径应 <$\phi120mm$，以确保封隔器下得去。因此，设计确定金属封隔器外径为 $\phi118mm$，在 $\phi139.7mm$ 套管内使用时，外径变形率为 6%，内径变形率为 6.7%。

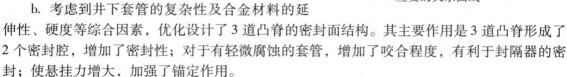

图 1－51　NiTi 合金的回弹应变与应变的关系曲线

② 密封性能

a. 延长封隔器的应力过渡带，减小封隔器密封面的壁厚，使封隔器易于扩张，提高密封性。

b. 考虑到井下套管的复杂性及合金材料的延伸性、硬度等综合因素，优化设计了 3 道凸脊的密封面结构。其主要作用是 3 道凸脊形成了 2 个密封腔，增加了密封性；对于有轻微腐蚀的套管，增加了咬合程度，有利于封隔器的密封；使悬挂力增大，加强了锚定作用。

c. 改变材料的热处理方式，增加合金的延伸性，使金属封隔器达到要求的密封性能（见图 1－52）。

③ 寿命

封隔器的材料为 NiTi 合金，无橡胶成分，具有耐腐蚀、耐高温的特点。

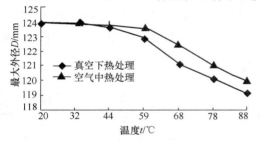

图 1－52　不同热处理方式下的合金恢复曲线

④ 解封性能

改进合金的热处理工艺，降低合金材料的硬度，提高其密封性。同时降低金属封隔器的回收温度，同等条件下提高其恢复率。

合金在真空条件下热处理，以防止合金吸氧，降低合金材料的硬度。通过打捞和井下加热的方法解封，可保证封隔器解封后能够顺利起出。

金属封隔器解封时，需要下入专用工具进行解封。为此，设计了专用一体化解封打捞配套工具。首先，把插入的密封段起出，然后利用油管携带专用一体化解封打捞工具，下入到封隔器固定位置后，上提捞矛将锥套起出，打捞工具将金属封隔器主体整体捞住，待金属封隔器解封收回后，再整体起出。

（4）金属封隔器的试验研究

对结构和热处理工艺作了改进的金属封隔器进行试验，其试验结果如表 1－15。

表 1－15　结构和热处理工艺改进后的试验数据

	坐封力/kN	坐封距/mm	解封力/kN	承压/MPa
试件	330	45	182	36
	330	49	192	40
	350	48	186	35

由表 1－15 知，合金密封体在真空中进行热处理后，其承压 >35 MPa，密封性能得到极

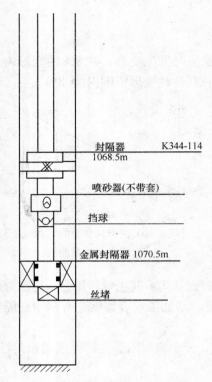

图 1-53 金属封隔器验封管柱示意图

（图中标注：
封隔器 K344-114 1068.5m
喷砂器（不带套）
挡球
金属封隔器 1070.5m
丝堵）

大提高。

2003 年 9 月，在采油一厂北 1－丁 3－P29 井进行金属封隔器底水封堵（如图 1－53），现场验封压力达 14.5MPa。技术指标为耐压≥35MPa；悬挂力≥200 kN；耐腐蚀性能优于套管；耐温不低于 150℃；中心管内通径为 φ90mm。

大通径金属封隔器不同于常规卡瓦类封隔器，密封与卡瓦锚体支撑分步设计，不仅使封隔器结构复杂、长度增加，而且反复使用对套管具有损坏作用。如果密封件改用 NiTi 合金，则可以将二者结合起来。不仅密封件采用了 NiTi 合金，而且突破了传统的封隔器设计模式，集密封与锚体支撑部分为一体，结构大大简化；内通径大；耐温性能高（＞150℃）。

（5）结论

① 室内试验与现场试验研究表明，金属封隔器的工作原理和结构设计较合理，达到了各项技术指标要求，现场试验获得成功。

② NiTi 合金材料在热与外加应力的作用下形成马氏体，具有良好的形状记忆与超弹性功能，封隔器可利用这一特性。集密封件与卡瓦锚体为一体，简化了结构，增大了内通径。

③ NiTi 合金材料研究正处于从基础研究阶段转入应用研究阶段，随着加工工艺水平的提高与成熟，其应用将更为广泛。

3. 新型氟醚橡胶密封材料

目前，应用最为广泛的氟橡胶是 26 型氟橡胶，即美国杜邦公司的 Viton 型氟橡胶，它具有优异的耐高温、耐油及耐化学药品性。但其弹性、耐低温性差。为了满足某些特殊用途的需要，杜邦公司经过系统的研究工作，于 1975 年开始又推出了 Kalrez 全氟醚系列产品，该系列产品具有更为优异的耐高温和化学稳定性。目前，全氟醚生胶的主要品种有美国杜邦公司的 Kalrez 系列，日本大金公司的 GTA 系列和俄罗斯的 $C_K\phi-460$ 系列。为了改善氟橡胶的低温性能，在 Viton 型氟橡胶的分子侧链引入醚键，使其低温性能得到显著改善。目前，低温品级的氟醚橡胶有美国杜邦公司的 Viton GLT，日本大金公司的 LT－300 和俄罗斯的 $C_K\phi\sim-260$ 系列。氟醚橡胶目前已广泛应用于各种工厂的化学反应装置密封以及化学品用衬里、管路配件、半导体制造业用密封件、汽车发动机零件和石油天然气、火箭零件。

表 1－16 列出了新型氟醚橡胶硫化胶的物理机械性能。从中可以看出：该硫化橡胶的低温性能优异，恒定压缩永久变形较小，但其拉断伸长率较小。

表 1-16　新型氟醚橡胶硫化胶的物理机械性能

性　能	实测数据
邵尔 A 硬度/度	80
拉伸强度/MPa	9.92

性　能	实测数据
拉断伸长率/%	112
拉断永久变形/%	1.2
压缩永久变形(70℃×24h，压缩30%)/%	11.6
−40℃压缩耐寒系数	0.36

对新型氟醚橡胶 O 形密封圈进行了高温密封模拟试验。选取典型密封件 φ128×5.0 进行了耐高温密封试验，试验结果见表 1−17。从表 1−17 中可以看出：所有密封装置在350℃保温期间压力不下降。说明在此高温下氟醚橡胶密封圈能保持密封；恢复至室温后密封装置内气体压力与试验开始时充气压力一致，说明高温时密封无泄漏。试验后密封件能保持完好，说明该种密封材料在 350℃高温下无烧蚀破坏。

表 1−17　φ128×5.0 耐 350℃高温密封性能试验

密封装置序号	加温前室温下压力/MPa	350℃恒温压力/MPa	保温期间压力变化情况	恢复温度后压力/MPa	试验结束后密封件的外观
1	0.68	1.20	略升(变化小于0.02MPa)	0.68	完好
2	0.65	1.09	略升(变化小于0.02MPa)	0.65	完好
3	0.66	1.18	略升(变化小于0.02MPa)	0.66	完好

4. 纳米橡胶复合材料

胶筒是封隔器的关键部件，深层低渗油藏的开发，要求封隔器胶筒耐温140℃，耐压40MPa。在这样高的温度下，常用橡胶的拉伸结晶特性事实上已经消失，强度大概是常温强度的25%。如此低的强度无法满足高压密封的需要，导致胶筒肩部出现裂纹、裂纹扩展、最后破裂失效。所以，选择耐温性能更好的橡胶材料，进行配方优化，有效提高橡胶材料的高温强度、抵抗老化的能力是提高胶筒性能的关键。

橡胶的配合剂多数为粉料，其粒径一般在微米级尺度。根据新兴的纳米科学研究，材料尺寸缩小到纳米级范围后其特性和功能往往发生质的变化，表现出大比表面积、高活性等特点。这可以大大提高配合剂在胶料中的分散度，提高其交联、补强、防老化的效果。所以，试验中选用了纳米补强剂、活化剂进行配方优化试验。

材料选择氢化丁腈橡胶(HNBR)，纳米氧化锌(ZnO)作活性剂，甲基丙烯酸锌(ZDMA)为补强剂，原生粒子多呈棒状，直径 4～6μm，棒长 30～40μm。

配方设计变量采用时瑞进行配方设计，根据前面的分析，影响胶筒性能的主要是高温下的强伸性能，尤其是高温强度，配方 NMO_5 采用 MgO_{10}、ZnO_5，$ZDMA_{30}$ 复合补强活化体系，可以使硫化胶的常温及高温下综合性能最佳。

经过混炼工艺，ZDMA 粒子尺寸减小了，大多数在 10μm 以下，这是因为 ZDMA 与 HNBR 有一定的相容性，在剪切力和滚筒温升的作用下，ZDMA 原生粒子溶解变小。硫化胶中 ZDMA 粒子尺寸进一步减小，大部分在 100nm 以内。这是因为在过氧化物交联的过程中，一方面 ZDMA 粒子参与橡胶分子间的化学交联，另一方面，ZDMA 在过氧化物自由基的引发下发生聚合生成聚甲基丙烯酸二次粒子。以上双重效应不断使 ZDMA 单体从粒子表面脱落、扩散、溶解到橡胶基体中，原有的 ZDMA 粒子尺寸逐步减小，生成粒子尺寸 20～30nm 的纳米结构。

NM0$_5$ 配方复合材料与传统炭黑补强材料硫化胶的性能比较见表 1 - 18。它的补强效果远高于高耐磨炭黑等炭黑补强体系，尤其是高温下的强度是其 3 倍以上。

表 1 - 18　补锌剂种类对性能的影响

性能 ＼ 种类	高耐磨炭黑	喷雾炭黑	白炭黑	ZDMA/ZnO
常温拉伸强度/MPa	25.0	17.4	16.4	31.5
150℃拉伸强度/MPa	3.2	2.7	3.5	9.8
扯断伸长率/%	220	260	260	280
150℃扯断伸长率/%	70	80	90	110
硬度（邵 A）	83	65	80	88

研究表明，采用 HNBR，以 ZDMA/ZnO 作为活化补强体系，得到高性能的纳米复合材料，通过优化胶筒结构，技术指标达到耐温 150℃、工作压差 40MPa，满足深层低渗油藏高温分注的需要。

（六）增注技术新发展

为了恢复和提高注水井的注水能力，增强吸水能力差油层的注入量，通过采用酸化、压裂等增注措施来实现，为了提高注水井的增注效果，也可以通过解堵剂解堵，达到解堵增注的效果。

1. 自激波动注水技术

自激波动注水技术是利用新型自振空化射流产生强烈的压力震荡和空化噪声，在注水过程中产生高频水力波和空化燥声波，综合作用于地层，使近井地层堵塞物松动脱落，降低了水中杂质在近井地带的沉积，提高了地层的渗透性，降低了注水能耗，延长了有效注水时间。利用自激波动注水器向地层注水，将传统的持续压力注水改变成波动压力注水，这种注水方式不仅可以减缓机械杂质沉淀，而且还可以部分解除已形成的机械杂质堵塞，从而延长注水周期和提高注水量。

（1）自激波动注水器结构设计

自激波动注水器由壳体、活塞、上接头、喷嘴四部分组成（图 1 - 54），它在井下可产生 1.3KHz 的压力波动，脉动幅度可达 38%，最多可满足三层分注需要。总长 500mm，最大外径 112mm。壳体和上接头采用热处理提高强度，内外表面全部镀铬防腐处理。活塞有三种尺寸分别与 402、403、404 配水芯配合，活塞全部表面采用镀铬防腐处理。喷嘴采用新型渗铌工艺，光洁度高、耐磨性强。可以和 Y341 系列封隔器配合使用，满足现场分注调配施工需要。活塞活动压力小于 0.5MPa，活塞密封压力大于 20MPa，单级最大日注水大于 300m^3/d。

（2）自激波动注水器工作原理

将工具准确下到注水层位中间，打压坐封，注水器的活塞下行至图示位置，水流经喷嘴流到环空和地层，当水流通过注水工具喷嘴时，会产生高频水力振荡和宽频带空化噪声，其中空化噪声振动能量是由以下三种振动源引起的：高速水流低压旋涡区的空化噪声；水流通过喷嘴后由粘滞应力引起的喷嘴出口处机械啸叫；水流冲击到套管壁上产生的机械噪声。这两种作用一方面使得地层孔隙中的堵塞物松动脱落，解除堵塞；另一方面，水中的机械杂质在这两种作用下不容易聚集沉淀，从而形成新的堵塞。因此而提高或稳定注水量，延长注水周期。调配注

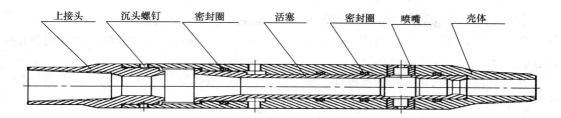

图 1－54　自激波动注水器结构示意图

水量可通过投捞配水芯实现。当需要反洗井时，井筒内环空压力高于管柱压力，活塞在压差作用下向上运动，关闭喷嘴，使洗井液从管柱底部进入管柱，完成洗井工艺。

（3）应用情况

根据该技术的特点及适用条件，在选井过程中注意了以下几个原则：

① 无套变影响的分注井。

② 通过分析认为是机杂、油污造成的后期堵塞井。此类水井特点是地层渗透性较好，注水过程中注水压力不断上升，注水量逐渐下降。

③ 为观察效果，对比层应为放大注水的层位。

④ 尽可能选取不同区块、渗透性及深度的水井进行试验。

现场试验情况：

1999～2001 年在胜利采油厂进行了现场试验。目前该项目已下井试验 13 口，其中坨 28 断块 5 口，坨 7 断块 4 口，坨 11 南 2 口，胜二区 1－2 单元 2 口。这些井井深在 2120～2338m，分注 2～4 层，试验层在 1.2～25.6m 之间，地层渗透率在 0.208～8.39μm^2。13 口井中有 2 口因油套管问题停止试验，在井的 11 口井中，共有 27 个注水层段，其中可对比层段 13 个，从注水指示曲线分析可见 9 口（35944、33199、3647、38059、39178、23204、25/53、35037、36328）井 10 个层见到较好的效果，注水状况随注水时间延长不断得到改善，另外 2 口井，35119 效果待观察，36194 无效。

详细情况见表 1－19。

表 1－19　1999～2001 胜利采油厂注水状况表

序号	井号	注水层位	可对比层位	效果判定	备 注
1	34166	8^1、8^3			已停止试验
2	3253	$1^2－2^4$、$3^1－5^2$、$5^3－6^5$			已停止试验
3	33199	8^2、9^1	8^2	有效	
4	38059	9^1 上、9^1 下	9^1 上	有效	
5	3647	7^{4-6}、8^1、8^{2-3}	8^1	有效	
6	39178	1^1、1^3、2^2	2^2	有效	
7	35944	10^4、11^2、11^{3-4}	11^{3-4}	有效	
8	36194	$4^5－5^2$、$6^5－7^1$、7^{4-8}	$6^5－7^1$、7^{4-8}	无效	
9	35037	1^1、1^2	1^1、1^2	初期有效	因频繁停泵导致地层出砂
10	23204	1^4、2^3	2^3	有效	
11	25/53	1^2、1^{3-4}	1^2	有效	
12	36328	7^{4-5}、8^1、8^{2-3}	8^1	有效	11.20 日调配加一 2＊2.8 水嘴
13	35119	9^1 上－中、9^1 下	9^1 下	待调后观察	

43

在试验过程中，对工具存在的问题进行改进，主要包括以下几方面：

① 工具下井试验后一周内洗井，之后每月洗井一次，通过增加洗井频率，及时排出井下堵塞物质。

② 为确保试验效果分析的准确性，加密了资料的录取频率。由原来的 3~6 个月测试一次改为每月进行一次效果测试。

③ 优选了工具镀铬厂家，提高镀层质量加强工具的抗腐蚀性能。

④ 为便于作业施工操作，将工具下接头部位加工出六角台阶。

结论：

①自激波动注水对因后期堵塞造成的地层吸水变差，具有明显的改善效果，平均注水压力下降 2.1MPa，平均单层日注水量增加 29m³，注水周期延长 4 个月。可实现边注水边改善注水状况，降低注水能耗，对一般注水井可延长注水周期。

②对低渗地层效果处理效果不好，不能用于低渗地层的增注解堵。

③自激波动注水技术不适宜出砂严重的注水井，选井时应慎重考虑。

④因自激波动注水技术具有一定的处理范围，施工时尽可能通过配管柱，将配水器下在处理油层的中部。

2. 聚硅纳米增注新技术

聚硅材料增注技术是纳米技术在油田开发中的一次重要尝试，该技术适合于中、低渗透油藏注水井降压增注，具有效果显著、施工简单、无污染等优点。其作用机理是：通过小尺寸效应、表面效应、量子尺寸效应以及宏观量子隧道效应等多种纳米效应，吸附在油层岩石表面，使岩石表面由水湿变为油湿，从而改善流体与岩石表面的动力学作用，降低摩阻，从微观的层面上根本解决注入压力高或注水困难的问题，促进油田开发过程的注采平衡。

（1）聚硅材料增注机理分析

聚硅材料是 SiO_2 利用 γ 射线放射性激活的添加剂来进行化学改性的产品，它的离散颗粒尺寸在 10~500nm。是具有极强憎水亲油能力的颗粒状白色粉末物质，其憎水率在 99%以上。

聚硅材料与油田水井增注相关的因素包括：油层的渗透率、油层岩石的润湿性、聚硅材料的分散性质和聚硅材料的理化性质等。因此，目前主要从聚硅材料对岩石表面润湿性的影响入手，研究其对油田水井增注的作用机理。

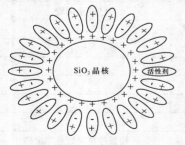

图 1-55 聚硅材料
结构假想图

机理一：

① 聚硅材料结构

聚硅材料能够改善岩石润湿性主要与其化学性质有关，其结果决定其化学性质。根据试验结果和试验现象，提出聚硅材料结构假设。图 1-55 是聚硅材料结构的一种假想图。按假想图，聚硅材料是由 SiO_2 晶核为核心，核外载活性剂的结构体。在合适的溶液中，聚硅材料分散或悬浮。

② 聚硅材料改善岩石润湿性机理推论

聚硅材料改善岩石润湿性的过程如下：

a. 聚硅材料分散或悬浮于合适的溶液，从井口注入到地层并进入到岩石孔隙，如图 1-56 所示。

44

b. 聚硅材料 SiO_2 晶核外载活性剂在条件合适时，从 SiO_2 晶核上脱附，并再吸附到岩石骨架表面和改变岩石的润湿性。聚硅材料改变岩石润湿性的方向取决于聚硅材料 SiO_2 晶核外载活性剂的类型。

c. 从图 1 – 56 和图 1 – 57 可以推测，岩石的孔喉大小对聚硅材料进入岩石孔隙是有影响的；岩石的孔喉大小对聚硅材料 SiO_2 核载活性剂的脱附及其在岩石骨架颗粒上再吸附也有影响。从油层物理的解释，则为岩石的渗透率和孔喉大小相关，因此，岩石的渗透率过大，将会使聚硅材料颗粒无法滞留在岩石孔隙中；岩石的渗透率过小，则使聚硅材料颗粒无法进入岩石孔隙中。所以，聚硅材料对岩石的渗透率是有选择的。

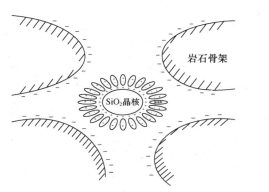 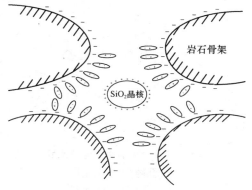

图 1 – 56　聚硅材料在孔隙中　　　　图 1 – 57　聚硅材料 SiO_2 核载活性剂
在岩石骨架颗粒上吸附

机理二：

① 聚硅材料结构

假定聚硅结构如图 1 – 58。SiO_2 纳米级颗粒的结构与常规颗粒不同，原因是颗粒粒径减小到纳米级后，硅离子和氧离子已处于很高的活性状态，部分氧离子极易失去部分电子，因而此时二氧化硅的分子式应该是 SiO_{2-x}，x 在 $0.4 \sim 0.8$ 之间。由于其表面存在不饱和残键以及不同键合状态的羟基，表面因缺氧而偏离了稳定的硅氧结构，因而它的活性很高。

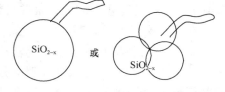

图 1 – 58　聚硅结构假想图

由于实验用颗粒名称简称是聚硅，它是一种 SiO_2 – 聚硅氧烷，γ 射线的作用是为硅氧烷聚合时提供所需的能量，这种辐射聚合法可使纳米颗粒在常温常压下合成，简便有效，并且能使纳米微粒分散均匀。

SiO_2 – 聚硅氧烷是将聚硅烷的柔性机体引入无机 SiO_2 网络，在这种复合材料中，有机组分和无机组分在连续无规的网络中以化学键结合，兼有有机物和无机物的综合性能优势。由于 $-CH_3$ 基的存在，降低了聚硅氧烷的极性，所以如果聚合的 $-CH_3$ 基越多则 SiO_2 – 聚硅氧烷越具有非极性。

② 聚硅材料改善岩石润湿性机理推论

未处理时水滴通过孔隙由于孔径很小，并且孔壁上还有水膜的存在，水滴通过时会与水膜结合（见图 1 – 59 的第二图），由于地层亲水，所以当水滴继续前进时，势必需要更大的能量即压力升高。

图 1-60 是聚硅材料存在时的流动图。由于聚硅颗粒具有很高的活性，极易吸附在孔壁上，并且在水中会发生团聚现象。由于非极性物质的存在，所以颗粒的分布方向应该如图所示。同时发生团聚现象时，水膜中的水也会被排出一部分，使水膜变薄，有效孔径变大。水滴通过时不再与水膜混和，在非极性物质的排斥下，水滴变形通过。这时所消耗的能量是很小的即压力不会有明显的升高。

如图 1-59、1-60 所示，聚硅材料的增注效果是与渗透率大小（孔隙和孔喉的直径）相关的。如果渗透率过大，则水滴通过孔隙时不会形成水膜，也就不会造成阻力；如果渗透率过小，则聚硅颗粒不能进入孔隙中，也无法实现其憎水的功能。

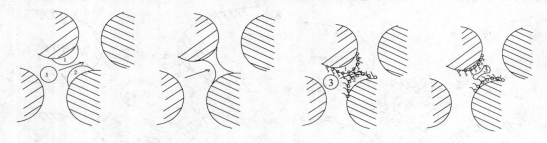

图 1-59　水滴通过含有水膜　　　　　　图 1-60　聚硅材料吸附后水滴通过
　　　　孔隙的状态图　　　　　　　　　　　　　孔隙的状态图
　　　　1，2—水膜；3—水滴　　　　　　　　　1，2—水膜；3—水滴

研究聚硅材料对岩石表面润湿性影响，主要测定聚硅材料溶液处理前后储层岩石的润湿性，通过岩石润湿性变化的对比，分析和认识聚硅材料在油田水井增注中的作用机理。

试验选用沙河街组空气渗透率为 $(0 \sim 50) \times 10^{-3} \mu m^2$ 的天然砂岩岩心，模拟油黏度为 $1.4 mPa \cdot s$，试验温度 $60℃$，聚硅材料用 $0^{\#}$ 柴油分散，浓度为 $1.5 mg/mL$。

润湿性实验结果表明：

a. 聚硅材料均有一定的改变岩石润湿性的作用；

b. 从聚硅材料的分散液处理量分析，用量小于 1PV 时效果变差，但仍有一定作用，处理剂用量最少（0.5Pv）的样品，其润湿性变化最小；

c. 聚硅材料分散液用量大于 1PV 时，岩石润湿性由亲水变化为亲油，其憎水作用可减小注入水在孔隙中的流动阻力，并有利于对残余油的驱替。

（2）现场试验

胜利油田东胜公司、河口采油厂、临盘采油厂和中原油田先后利用俄罗斯生产的聚硅材料处理 12 口注水井，起到了一定的降压增注效果，但有效期均不长，平均只有 40 天，而且其降压效果只表现在开注前的前几天，针对这一问题，在充分研究聚硅纳米增注机理的基础上，应用国产聚硅纳米增注剂开展现场试验，取得好效果。现场共计试验 9 井次，其中 2 口井为中渗注污水井，7 口井为低渗注清水井，除 1 口注污水井效果不明显外，其他均见到好的降压增注效果，其对应油井动液面上升，液量增加，含水有一定程度的降低，到目前累计增注 $56890 m^3$，对应油井增油 4850t。

3. JDJ 注水井解堵增注技术

注水井堵塞使注水量降低甚至注不进去，实质上是一种地层伤害，常规酸化是注水井解堵增注的重要措施之一，它在油田长期的生产过程中发挥了重大的作用。但酸液中盐酸、氢氟酸是强酸，反应快，作用距离短，酸化深度浅，腐蚀性强，而且多次处理会使近井地带过度酸化、胶结疏松、地层出砂等，严重影响酸化效果。为了提高注水井解堵增注效果，使注水井始终达到配注要求，研制了乳液型注水井解堵剂 JDJ 系列。

（1）JDJ 的解堵机理

JDJ 系列解堵剂是水基乳液体系，内相溶解胶质沥青的能力强；外相的无机垢转化剂可将 $CaCO_3$，$CaSO_4$ 和铁质等转化为水溶性物质。复配型表面活性剂具有良好的渗透性、分散性和润湿性，对油包水型乳状液有很强的破乳能力，有一定的缓蚀性能和消泡作用，能显著降低油水界面张力；黏土稳定剂以多点吸附的方式牢固地吸附在黏土和其他微粒晶层表面，削弱黏土晶层和颗粒表面的静电斥力，使黏土矿物不易水化膨胀。JDJ 在一定温度时自动被乳，在井底和地层释放出内相，溶解近井地带的积垢，改善油水通道，从而达到解堵增注目的。

（2）JDJ 的室内试验

① 对不同垢样的溶解能力

准确称取 0.5g 垢样与加有 JDJ 的 25mL 解堵液混合，在 70℃ 下溶解一段时间后，倾倒出上层游离液，过滤，烘干，称重并计算溶解率，结果见表 1-20。从表 1-20 可见，JDJ 对南阳油田垢样、渤海油田垢样和硫酸钙垢都有很强的溶解能力，240min 后的溶解率大于 85%；对碳酸钙的溶解能力稍差，这可以通过增大解堵液中外相元机垢转化剂的比例来加速碳酸钙垢的溶解。

表 1-20 JDJ 系列解堵剂对不同垢样的溶解能力

垢样	不同时间的溶解率/%					
	30min	60min	90min	120min	180min	240min
河南油田垢样	14.15	42.70	65.84	71.68	79.95	87.01
渤海垢样	24.20	68.12	86.56	97.63	98.81	
硫酸钙垢	37.42	51.69	63.86	79.50	88.46	95.67
碳酸钙垢	16.75	39.10	46.51	51.90	58.70	65.34

② 提高岩心渗透率能力试验

在 70℃ 下通过岩心流动试验测定模拟地层条件下饱和原油的岩心在加入 JDJ 系列前后的水相渗透率，以评价解堵剂提高渗透率的能力。试验按下列步骤进行：a. 测定岩心的气相渗透率 K_a；b. 将岩心饱和水，测定孔隙体积和孔隙度（<）；c. 将饱和水后的岩心装入岩心夹持器，测定水通过岩心时的水相渗透率 K_{wo}；d. 用原油驱水测定束缚水饱和度 S_{ew}；e. 水驱油测定残余油饱和度 S_{or}，记录出口端不再出油时的压力，计算此时的水相渗透率 K_{wl}；f. 注入 2.0 倍孔隙体积的解堵剂，浸泡 8h 后测定水相渗透率 K_{w2}（表 1-21）。

表 1-21 JDJ 系列提高渗透率性能的结果

岩心号	解堵剂	φ/%	S_{cw}/%	S_{or}/%	岩心渗透率/（$\times 10^{-3} \mu m^2$）		
					K_a	K_{wl}	K_{w2}
L120	JDJ-1	30.5	22.5	12.6	686.20	50.29	285.58
K6	JDJ-2	36.9	24.9	23.8	998.70	81.24	510.56
F36	JDJ-3	38.7	28.8	25.4	78.75	6.23	39.68
U25	JDJ-4	35.3	24.1	13.8	1001.70	78.27	489.85

从表 1-21 可以看出，岩心的水相渗透率在注入 JDJ 后有很大程度的提高，其大小是原水相渗透率的 5~6 倍，说明 JDJ 系列有很强的解除油堵能力。

③ 动态洗油效果试验

试验方法同上节，注解堵剂前岩心原始含油量记为 V_o，化学剂累积驱出油量记为 ΣO_o，解堵剂动态洗油率则为 $(\Sigma O_o)/V_o$，结果表明，JDJ 的最终洗油率为 25.96%，JDJ 系列的最终洗油率分别为 30.48% 和 32.89%；若将 JDJ 稀释 5 倍，则其最终洗油率只有 14.82%。可见，JDJ 系列的浓度对其动态洗油效果有一定的影响。

④ 对油管钢的腐蚀试验

为了考察 JDJ 系列对管线、设备的腐蚀情况，作挂片腐蚀试验。试验压力为 0.1013MPa，温度为 70℃，试验方法参见"盐酸酸化缓蚀剂性能评价分析方法及评价指标"。试验结果表明，JDJ 对油管钢片的腐蚀速率为 $0.4913g/(m^2 \cdot h)$，油管钢片试件完整，表面略变灰暗，无点蚀痕迹。可见解堵剂的腐蚀性微弱，远远小于部级推荐指标 $2~4g/(m^2 \cdot h)$，不会对施工设备或井下管柱造成腐蚀。这与解堵剂中加有微量缓蚀剂及复配型表面活性剂本身具有缓蚀作用有关。

（3）JDJ 的现场应用

① JDJ 在河南油田 T437 井和 J7-145 井的现场应用

T437 井注水层位为 $IV_1^{1,2}$ 和 IV_2^1，层段为 1611.3~1636.3m，在泵压 13.0MPa、油压 12.5MPa、套压 11.5MPa 下，全井配注量为 70m³/d，实际注水量为 26m³/d。该井现分一级两段注水（$IV_1^{1,2}/IV_2^1$），配注比为 45/25，实注比为 26/0。全井两段均欠注，主要对应油井动液面分别为 1243m 和 976m，地层能量低。J7-145 井注水层位为 V8，9，层段为 1712.4~1721.0m。该井施工前累积 10h 的实际注水量仅为 3m³/d，远远低于配注量 120m³/d。为了满足配注要求，决定对 T437 和 J7-145 井进行解堵施工。

试验结果：

T437 和 J7-145 井解堵作业前后注水状况如表 1-22 所示。

表 1-22　T437 和 J7-145 井解堵前后注水状况

T437 井解堵前后注水状况			J7-145 井解堵前后注水状况		
施工情况	生产时间/h	实际注水量/(m³/d)	施工情况	生产时间/h	实际注水量/(m³/d)
解堵前	24.0	17	解堵前斗	10	3
	23.0	37		24.0	0
解堵后	21.5	244		24.0	0
	24.0	235	解堵后	24.0	31
	24.0	196		24.0	65
	24.0	113		24.0	160
	24.0	148		24.0	159
	24.0	154		24.0	158
	24.0	114		24.0	140
	24.0	125		24.0	163
	24.0	84		24.0	135
	17.0	99		24.0	138
	17.0	99		24.0	138
	20.0	83		24.0	138
				24	139

T437 井解堵前实际注水量最高只有 37m³/d，解堵后迅速增至 200m³/d 左右，后进行作业分注后，能满足配注要求。J7 – 145 井目的层处理前在 l5.5MPa 的压力下根本不吸水，而处理后实际注水量大幅度增加。

② JDJ 解堵剂在渤海油田的现场应用

为了彻底解除绥中 36 – 1 油田 A8 井近井地带存在的堵塞，采用正注方式使用 JDJ 解堵剂进行化学解堵增注试验，处理半径为 1m，共挤入解堵剂 75m³，试验前注水压力为 1.6MPa 时日平均注水 121.50m³，解堵试验后在相同的注水压力下日平均注水 434.25m³，增加了 2.5 倍；试验前注水压力为 5.0MPa 时日平均注水 576.25m³，解堵试验后即使在多次突然停注影响解堵效果的情况下（多次突然停注易引起注水压力波动，造成地层出砂），日平均注水量仍增加至 669.50m³，较解堵试验前增加近 100m³。

4. 层内自生气弱酸解堵增注技术

（1）层内生气降压增注技术

油田开发进入中后期，注水井油层的污染延伸到地层深部，因此必须解决油藏深部污染问题。层内生气降压增注技术集酸化解堵、热解堵、碱解堵、表面活性剂、CO_2 强烈的溶蚀性、解吸性、提取性等多种功效于一身，解除各种油层污染堵塞，而且具有很好的穿透作用，可解除深部污染。

这项技术的核心是注入到地层内的生气化学剂及气体分离化学剂在地层条件下发生热化学反应产生高温高压和大量的 CO_2 气体，如图 1 – 61 所示。

层内生气降压增注作用机理：

a. 解除油层污染作用

处理剂中的低浓度酸液，可以解除近井地带无机颗粒、铁垢和钙垢堵塞，同时与地层岩石反应，增大地层孔隙度。处理剂在地层深部反应生成的弱酸，进一步解除地层深部污染。

b. 热解堵作用

处理剂在油层深部反应生气的同时伴有大量的热量放出，可使地层和井筒温度升高，解除地层中因有机物质污染堵塞。

c. CO_2 的作用

瞬间产生的大量高温 CO_2 气体在油

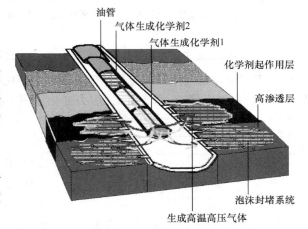

图 1 – 61 层内生气降压增注技术原理示意图

和水中的溶解度都很高，在一定的温压条件下获得"超临界流体"的新特征，即强烈的溶蚀性、解吸性及提取性。在低渗油藏具有很好的穿透作用，可达到解除油藏深部污染的目的。

d. 表面活性剂的作用

溶解在水中的表面活性剂可降低油水界面张力，有利于水驱油。同时表面活性剂能够减缓酸岩反应速度，增加酸处理半径。

层生气降压增注技术通过对污染层解堵、混合气驱和放热等复合效应起到降压增注作用。该技术解决了中低渗高压注水区块近井地带和油层深部污染问题，可实现降压解堵增注目的，具有推广应用价值。

（2）现场试验效果

针对层生气弱酸降压增注技术的作用机理以及在低渗透油藏降压增注的技术优势，优选欠注难点井进行现场试验，包括商河油田商二区中低渗、低渗油藏水井商 8 - 73 井，商 8 - 90 井，商 10 - 4 井、临 10 - 5、临 17 - 8。典型井况如下：

a. 商 8 - 73 井基本情况

该井于 1987 年 10 月新井投注沙二下：2113.1 ~ 2123.9m，5.4m/4 层，配注 30m³/d，投注后注水效果较差，注水压力居高不下，注水达不到配注要求，曾进行过一次土酸酸化，一次碱化处理，两次胶束酸酸化，均未取得效果，1993 ~ 2005 年一直关井，2006 年 1 月开井，注水泵压 20MPa，油压 20MPa，日注 3m³/d，一星期后注不进水。决定采用层生气弱酸降压增注技术解除地层的多种堵塞污染，恢复和提高日注水量。

b. 措施作业情况

2006 年 7 月 14 日，根据该井的试挤情况，设计处理液 48m³，顶替液 20m³，配方见表 1 - 23。

表 1 - 23　商 8 - 73 井增注处理液配方

序　号	段塞名称	型号	设计量/m³	备　注
1	预处理液	复合酸	12	清水配置
2	缓冲引发剂	缓冲引发剂	6	清水配置
3	主体解堵液 I	高效复合解堵剂 I	10	热水配置
4	主体解堵液 II	高效复合解堵剂 II	20	清水配置
5	顶替液		20	清水配置
合计			68	

施工采取段塞式注入，排量控制在 300 ~ 350L/min，注入压力由刚开始的 22MPa 上升至 23.5MPa，后又下降至 15.5MPa，压力变化见图 1 - 62。

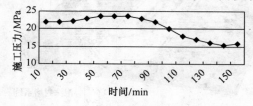

图 1 - 62　商 8 - 73 井施工压力变化图

c. 施工效果

挤注施工完后，关井 30min 开井注水，敞注 12 小时，泵压 18MPa，油压 17.5MPa，注水 233m³，第二天开始转入按正常配注注水，初期泵压 18MPa，油压 8MPa，日注 35m³/d，控制注水，至 2006 年 10 月注水一直正常，已累计注水 3200m³。

（3）结论

① 层内生气弱酸解堵技术是一种具有多种解堵机理、技术集成的降压增注技术，可用于其他解堵措施效果不明显，有效期短的增注难点井，解除多种堵塞伤害，恢复和提高注水量。

② 该技术在现场的成功应用打破了人们认为只能用酸进行解堵的观念，二氧化碳气体的作用、碱的作用等均能在注水井上进行降压解堵，特别是对中、低渗的高压注水区块，解决了近井地带和油层深部污染，实现了降压解堵增注，又达到驱油的双重目的。

5. 矿化度梯度注水工艺新技术

（1）矿化度梯度注水工艺增注机理

对含有敏感性矿物的储层，水敏损害是影响注水井吸水能力的主要因素，水敏效应引起的储层渗透率下降，是由于注入水与地层水矿化度相差太大，注入水进入地层后，打破黏土矿物与地层水的相对平衡，粘土矿物受到注入水矿化度的突变冲击导致其水化膨胀而引起的。如果将矿化度突变冲击减弱，其对岩石渗透率的损害是微弱的，即在进行岩心流动试验时，将试验流体的矿化度逐级降至注入水矿化度（各级矿化度的跨度不大），然后分别测量各级矿化度水通过岩心的渗透率。当试验流体矿化度降至注入水矿化度时，对岩心的损害程度是微弱的、可接受的。由于各级矿化度间距不大，粘土矿物在每降低二个级别矿化度时受到的环境冲击很小，即使有少量的黏土矿物水化膨胀、分散、运移，以后也被该矿化度的注入水推至远离井壁的地方，并逐渐向前推移。因此，对近井地层的渗透率影响很小，同时向前推移的黏土分散微粒粒径非常小、量又少，对远离井壁区的渗透率影响也不大，这样便能起到增注的作用。

通过对该技术进行室内试验、岩心流动试验和现场试验，表明：

① 应用该技术引起的岩心渗透率下降幅度较低。

② 采用该技术并辅以粘土稳定剂所导致的岩心渗透率的下降程度是非常微弱的。

③ 采用该技术能够使注水井增注、油井增产，实施该新技术具有较好的经济效益。

（2）矿化度梯度注水工艺现场应用

荣 14 - 38 井从 1994 年 11 月 - 1995 年 11 月实施梯度注水工艺新技术以来，累积增注 23000m³。到 1996 年 3 月该井日注水 50m³ 左右，井口注入压力为 12MPa。与该井相邻的一口井，采用常规注水方式，仅注水 4000m³（7 个月内），后因注水压力高，注水量下降而停注形成鲜明对比。由于荣 14 - 38 井注水量提高了，其相应产层地层压力和生产井的动液面也有所回升，所以产油量也相应提高。

6. 低渗油藏增注措施

低渗透油藏孔喉细小、渗流阻力大，只有较大的驱替压力液体才能流动。为提高注水开发效果而增加注入压力，但注水压力高，易造成微裂缝开启，水沿裂缝突进，造成驱油效率低，波及体积小，且套损严重。研究表明，合适的表面活性剂能够较好地解决上述问题。

① 黏弹性表面活性剂（VES）

由于表面活性剂的独特性质，其在许多井处理作业中起关键作用。能够用表面活性剂降低表面张力，改变润湿性，使残余油流动和分散抗腐蚀剂。表面活性剂的应用范围广是因为表面活性剂能够吸附在各种表面上，在大量的溶液中缔合并且形成胶束结构。

在表面活性剂技术的最新进展中提出了一种具有特殊性质和有助于在油田中应用的新型表面活性剂。这种新型表面活性剂具有形成黏弹性体系的能力，能够用这种黏弹性体系增加处理液的黏度，而不造成地层损害，在沙特阿拉伯油田上已经用这些表面活性剂增强在基质酸化处理过程中改变方向，减少在酸化压裂过程中的漏失和减小修井过程中的滤失。在低温注海水的注水井和高温酸化压裂中证明，该体系成功地延长了裂缝。这些表面活性剂体系是无损害的并且采用不需要筛分的固体以控制滤失，这就不需要进行补救性酸化处理作业了。

黏弹性表面活性剂流体的主要优点是容易制备，具有无损害性质并且保持支撑剂充填具有高的传导率。通过在盐水中混合足够量的 VES 制备该流体，不需要聚合物水合作用，能够连续计量添加入盐水中的表面活性剂浓度。此外，不需要交联剂、破胶剂或其他添加剂形成凝胶。这种产品使压裂作业变得简单并且可靠。不但在矿场上需要的添加剂的数量少（与瓜尔胶体系相比），而且还减小了作业中的复杂性。VES 流体的其他优点包括减小了裂缝高度的增加，增加了有效裂缝长度并且减小了摩擦。

当通过挠性管进行压裂时，VES 流体大幅度地降低了摩擦阻力。矿场资料证实，与常规聚合物流体相比，VES 流体体系使摩擦阻力降低了 1/3。降低摩擦阻力对于挠性管应用来说是关键的，特别是当把挠性管应用于较深和温度较高的储层时更是如此。

在高含水井实施选择性增产措施中也使用了黏弹性表面活性剂技术。在水力压裂中成功地使用 VES 体系 5 年后，该体系的使用扩大到了许多方面的应用，包括改变方向、基质增产增注、防砂、酸化压裂、防滤失和 CT 洗井。

② 表活剂缓速酸酸液体系

a. 作用机理

对于砂砾岩储层来说，其岩石矿物的成分主要有硅酸盐类颗粒、石英、长石等组成，因此砂岩储层的酸化通常是用酸液溶解胶结物、孔隙中充填的黏土矿物或堵塞物，从而改善储层的渗流能力。砂岩储层的酸化一般采用 HCL、HF、或 HBF 进行。当考虑到深部酸化处理同时又要解除井壁堵塞物时，可采用 HBF4 或其他缓速酸液体系。为此研制了表活剂缓速酸酸液体系：C - 7 缓速酸液体系、EYL 强氧化降解技术。

表活剂缓速酸酸液体系是利用较高浓度的表活剂，形成酸性胶体溶液，这种酸溶胶溶液具有在岩层表面吸附、阻隔酸岩反应的作用。另外，通过胶团压缩双电层，减缓 H^+ 向外的扩散，在酸岩反应生成物作用下可以进一步增强溶胶强度。

表活剂缓速酸的酸作用时间为常规酸的 10 倍以上，是胶凝酸的 3 倍左右，表明表活剂缓速酸具有较好的缓速性能，同时表活剂缓速酸酸液的摩阻很低，可以实施大排量酸压，这样就更有利于酸在地层的深穿透，可以真正意义上实现深部酸化及酸压作业。

EYL 强氧化解堵技术对胍胶、聚丙烯酰胺的降解率达 90% 以上；可将 FeS 中的硫原子直接氧化成硫酸根离子和亚硫酸根离子，而不生成单质硫；对硫化氢的吸附能力达 100%；对聚合物凝胶体的破胶能力达 100%。

b. 应用

2002 年采用 C - 7 缓速酸液体系加 EYL 强氧化降解技术对百口泉采油厂的夏子街油田欠注的 4 口注水井进行了深部缓速酸增注施工，有效率达 100%，5 口注水井均采用不返排的施工工艺。这些注水井通过采用缓速酸酸液体系进行酸化增注施工后均满足了地质配注的要求。

7. 超高压注水井解堵增注技术

在钻井、压井、修井等施工过程中，都要使用钻井液或压井液。配制这些液体一般要用增粘剂、降滤失剂等有机聚合物，这些物质都不同程度地损害地层渗透性；油水井压裂时，一般压裂液也都是聚合物（如胍胶、田菁胶、聚丙烯酰胺等），如果压裂液破胶不彻底或不及时，也会对地层渗透性造成损害；油田注水开发过程中，尤其是污水回注区注入水中细菌的存在和大量繁殖，会造成油层堵塞。硫酸盐还原菌（SRB）还会引起钢材的腐蚀，生成硫化亚铁，进入油层产生堵塞及在管线中沉积堵塞管线。

（1）解堵增注技术原理

资料证明，二氧化氯不但能解除碳酸盐、黏土矿物的堵塞，还可有效解除聚合物、细菌和硫化亚铁等的堵塞。其强氧化特性的原因在于二氧化氯中的氯原子是 +4 价，处于未饱和状态，很容易得到电子和失去电子。其对电子的亲和力达到 3.43eV，得到电子比较容易，氧化能力超出过氧化氢 10 ~ 100 倍，超出次氯酸盐 10000 倍。

（2）主要特点

在碱性条件下处于稳定状态，与酸混合 5～15min 便很快被激活，具有极强的氧化性，能分解多种有机物质，可使硫化氢气体被氧化，具有溶解硫化亚铁的特异功能。利用二氧化氯的强氧化作用，使聚合物和细菌氧化分解，使其黏度大幅度下降，流动性变好而易于从地层中排除，从而解除对地层的堵塞。二氧化氯与硫化铁反应，生成可溶性铁盐，即可清除地层硫化物堵塞，同时也可防止 Fe^{3+} 二次沉淀和硫化氢等有害气体生成。ClO_2 溶于烃类，但不与其反应生成氯化产物。这一选择性使 ClO_2 具有超过过氧化氢的强氧化能力。

（3）现场应用

现场应用强氧化解堵技术，采用多段塞分级处理施工工艺。现河低渗区块油层具有不同程度的酸敏性，加之储层埋藏深，井下温度高，解堵难度大的特点，调整激活剂配方，用低伤害酸代替土酸，优化主酸浓度，由 15% 降至 12%，使该技术在低渗透超高压注水井上具有更强的适应性。2003 年，在超高压注水井上应用强氧化剂技术 12 井次，成功率 100%，有效率 100%，使用解堵剂，平均施工泵压由 35MPa 降为 29MPa。应用后，堵塞井的注水量由 $9m^3/d$ 增至 $43m^3/d$，注水压力由 34MPa 降为 30MPa，累积增加注水量 $56076m^3$，降压增注效果非常明显。

典型井例：史 3-2-5 井，解堵前油压 35MPa，注水量仅 $17m^3/d$，施工用解堵剂 $50m^3$，处理半径 2m，施工压力由 37MPa 降为 31MPa，开井时不开增压泵，油压 29MPa，注水量可达 $4lm^3/d$，增注效果明显。

（4）效益评价

在超高压注水井上应用强氧化解堵技术 12 井次，累积增注 $56076m^3$，对应油井累积增油 l860t，创经济效益 224 万元。应用解堵措施后，预计可增加可采储量约 $15 \times 10^4 t$，不仅补充了地层能量，还提高了区块最终采收率。

8. 注水井 DQ-Ⅲ型复合酸降压增注技术

（1）DQ-Ⅲ型复合酸酸化增注机理

DQ-Ⅲ型复合酸化液以磷酸为主体，配以土酸和高效黏土稳定剂、优质高温表面活性剂、高效螯合剂。强酸（土酸）的存在抑制了主体酸（磷酸）的电离。当土酸反应到一定程度后，主体酸开始电离，并组成缓冲溶液。使酸液中 H^+ 保持低浓度，从而使 HF 也相应保持低浓度，这种低浓度的 HF 大大限制了酸与岩石的反应速度，保证了酸液较长时间的活性、增加了反应有效期及深度。缓冲溶液的 pH 值较长时间保持在较低范围内，有利于对黏土矿物及泥浆等浸入液进行充分溶解，土酸溶蚀砂岩地层中黏土矿物、石英、碳酸岩，机械杂质、无机盐垢，并能溶解引起堵塞作用的钻井泥浆及硅质矿物；磷酸可以解除硫化物、腐蚀产物以碳酸盐之类的污垢，低浓度的 H_3PO_4 还可以分散悬浮泥浆。

（2）特点

DQ-Ⅲ型复合酸酸化液通过溶解孔隙空间内的胶结物、颗粒及其他堵塞物，扩大了孔隙空间，消除由于地层污染引起的近井带地层渗透率降低，恢复或提高地层渗透率。从而可以获得较好的增注效果。

DQ-Ⅲ型复合酸酸化液具有成本低、酸液配制方便、施工工艺简单、能解除地层的综合污染、压力下降明显、增注量大、有效期长的特点。

（3）现场试验及应用

2003～2004 年在吉林油田现场施工 12 口/13 井次，施工成功率 100%，措施有效率

92%，可对比井为 2003 年 5 口井/6 井次，至目前已累计增注量 $4.156 \times 10^4 m^3$；5121 井平均注入压力由施工前的 l5.86MPa 下降至施工后的 9.42MPa，平均下降 6.44MPa，注水量由施工前 $13.6 m^3$/井，增至施工后 $41.6 m^3$/井，平均单井累计增注 $0.831 \times 10^4 m^3$，注采比由施工前 0.22 增至 1.462，5 口增注井至目前已增加水驱可采储量 $4.37 \times 10^4 t$。

9. 振动酸化复合解堵增注技术

（1）工作原理

井下双重震源工具主要由主轴、滑动块、套筒、喷嘴、换向器及振动参数控制系统等部分组成。整套工具由油管连接下入油水井内，对准油层中部，并用水力锚或封隔器固定在套管内壁上，地面水泥车组以高压大排量的最佳工况，通过油管向地层注入防膨液、酸液等油层处理液，井下工具在高速流体推动下，滑块上、下滑动，冲击套筒和中心轴下端外台阶，产生一定频率和能量的位移，由此产生的振动波将通过水力锚或封隔器传给套管，再由套管通过水泥环传递给储层，引起岩层的垂向弹性位移振动，由近及远地向外转播。高压液流下行通过振动工具下端喷嘴间歇性地向油套管环空喷射而出，产生强大的水力振荡波，使环空内的液压发生周期性变化，脉冲压力可达 8~12MPa，迫使储层产生水平方向弹性位移振动，因此，既能使储层骨架同时产生垂向与水平向的弹性位移振动，又能使储层孔隙中的流体产生压力波。在强劲的纵波和横波共同作用下，一方面，炮眼附近岩石抗裂强度较小处产生微裂缝，随着振动波的持续作用，近井地带将产生更多的微裂缝网，并向地层深处延伸，沟通天然裂缝，而酸液的化学溶蚀作用使裂缝壁面形成多条凹凸不平的沟槽，增大了液流面积，工作液中的防膨稳定剂则有效抑制粘土矿物水化膨胀；另一方面，沉积在孔隙喉道中的机械杂质、垢污、蜡质、沥青质等堵塞物瞬时松动、脱落、剥离和分散，并被酸液中的有效成分溶解、乳化，随洗井液排出地面。此外，在振动条件下，酸液活性高，酸、岩反应生成物不易集结，避免了二次沉淀的产生，从而改善了孔隙的连通性，提高了近井地带的导流能力，达到增产、增注的目的。

（2）技术特点

① 井下双重震源振动酸化复合解堵工艺集物理、化学作用于一体，实现技术优势互补，大大提高了工艺的针对性和适应性，解堵效果明显优于单一的油层处理技术。

② 井下双重震源振动与化学复合应用，增强了对油层的作用强度，提高了中、低渗透层的解堵效果。

③ 针对储层特性及堵塞类型，优化振动参数、优选酸液及配方是提高解堵工艺水平的关键。

④ 井下双重震源振动酸化复合解堵工艺施工简单、能量集中、处理深度大，是油层改造工艺技术的配套和完善，在油田开发中具有良好的应用前景。

（3）应用效果分析

2004 年东辛油田应用井下双重震源振动酸化复合解堵工艺施工水井 16 口，有效率 87.5%，平均单井日增注 $109 m^3$，累计增注 $229827 m^3$，取得了明显的经济效益。

（七）防腐、防垢新技术

1. 防腐新技术

注水开发是保持地层压力和油田稳产的重要措施。注水系统的腐蚀与注入水水质密切相关。有些油田因水质腐蚀性强，注水管线、注水井油套管和回水管线腐蚀严重，阻碍了油田开发水平的提高。注水系统腐蚀主要表现在：

① 注水管线的腐蚀 经过污水处理后的油田注入水，一般杂质含量较低，管线承受较高压力。除了存在外腐蚀之外，注水管线的内腐蚀主要受水腐蚀性影响和管道焊接施工质量、注水工艺等影响。

② 注水井油套管的腐蚀 注水井油套管的腐蚀是很严重的，新下油管的使用寿命一般只有 1 年左右，最短的 4 个月就腐蚀穿孔，最大点蚀速率达 11mm/a。胜利油田每年因腐蚀导致的注水井套管穿孔达到 100 多口。

③ 回水管线腐蚀 对采用注水开发的油田，当注水压力升高，注采开发困难时，需要对注水井进行洗井作业，回水管线输送的水质较差，又因洗井间歇作业，不洗井时，管道中的水长期处于死水状态，大量的 SRB 繁殖，产生 H_2S，造成细菌腐蚀和沉积污垢下腐蚀，其中的 SRB 产物进一步加剧腐蚀。

④ 注水泵腐蚀 油田供注水的泵，常采用标准的离心泵。在注水过程中，尤其在污水中，表面发生脱锌作用，造成腐蚀坑或腐蚀洞，使叶轮很快损坏。这种腐蚀将严重影响泵的运行寿命，造成了大量的设备停用。同时，用柱塞泵作注水泵时，由于水的腐蚀和冲刷作用，泵头部位也经常发生腐蚀。

"油气田腐蚀预测及评价系统"可以整合多方面的资源信息，包括实验测试数据、矿场生产数据、专家系统等，软件通过对这些信息进行分析计算，可以提供有效的技术方案来解决生产过程中由于腐蚀而带来的一系列问题，并且能够完成抗腐蚀材料的选择，软件还可以对生产管线的腐蚀问题提供解决方案。"油气田腐蚀预测及评价系统"包括最新的热力学和动力学模型，可以最大程度的仿真系统的腐蚀情况。

"油气田腐蚀预测及评价系统"是以复杂的数字推断模型为基础，对管道内腐蚀进行预测的一种计算机辅助工具。其中包括可供检测出精确的腐蚀特性及流动特性用的复杂数据库模型，能够根据管道运行特性和管内形态测量鉴别管道临界区域。腐蚀预测软件在设计上既可用于陆上管道也可用于近海管道，而且能够对管道全长提供随时可供使用的腐蚀分析能力。此种软件产品能够产生管道剖面图像并示明何处存在潜在的腐蚀危险，从而有助于鉴别导致此类腐蚀进一步发展的诸多因素。

"油气田腐蚀预测及评价系统"，包括三个子系统：Predict4.0（钢材腐蚀预测及评价系统）、Socrates8.0（抗腐蚀材料选择系统）和 PredictPipe3.0（管线腐蚀预测评价系统）。

（1）Predict 4.0（钢材腐蚀预测及评价系统）

Predict 是腐蚀评价领域的新软件，可以用来评价和预测处于在腐蚀环境中的钢材的腐蚀速度。Predict 能够提供精确全面的腐蚀模型，可以准确地计算各种关键参数对腐蚀的影响，这些参数包括：H_2S、CO_2、温度、压力、氯化物、醋酸盐、重碳酸盐含量等。可以计算油气生产过程中的 pH 值、露点温度、腐蚀剖面等。

软件具有以下功能：

① 软件能够基于 pH 值来预测腐蚀速度，并分析预测腐蚀速度是否在指定的允许范围内；

② 可以计算水相状态，并将计算得到的水相状态以柱状图的方式进行显示，从而表明了是否有凝液存在；

③ 能够计算露点温度、液相水量及其在汽、液相中的分布情况。

④ 通过多点敏感性分析模块，用户可以研究多种参数对腐蚀速度或 pH 值的影响。

⑤ 腐蚀剖面预测可使用户看到管线上出现问题的位置，在这些地方很有可能存在冷凝

水，因此这些地方会有很高的腐蚀速度；

⑥ 软件通过对腐蚀指数进行计算和分析，不仅可以计算管线上一个点的腐蚀速度，还可以针对用户指定的点进行腐蚀速度的计算；

⑦ 软件提供了 20 多种常用的工况模板，通过对不同的工况进行分析，用户可以对每种工况计算腐蚀速度、pH 值和露点温度，并可绘制出敏感性分析图。

（2）Socrates 8.0（抗腐蚀材料选择系统）

Socrates 是一款适用于油气开发领域材料选择软件，用户可以利用软件中收录的防腐材料数据库进行防腐合金（CRA）材料的选择。材料的选择方面遵循 MR0175/ISO15156 标准。

软件具有以下功能：

Socrates 可以从六个不同的方面进行抗腐蚀合金材料的选择：

① 通过矿场应用需求、材料的机械强度参数、热处理/冷加工、硬度限制等方面进行防腐合金材料的选择；

② 在考虑以下因素时进行防腐合金材料的选择：工作温度、压力、pH 值，H_2S、氯化物、硫化物的含量，工作环境中的通风条件，油气比、水气比、含水率等因素；

③ 抗腐蚀合金的应力腐蚀破裂（SCC）、氢脆裂（HEC）评价数据；

④ 抗腐蚀合金材料抵抗局部腐蚀/点蚀的评价数据；

⑤ 着重考虑某些特殊因素下的抗腐蚀合金材料选择，比如硫化物应力腐蚀开裂（SSC）等；

用户在使用 Socrates 8.0 时可以选择上述的任一方面作为约束条件，软件数据库中包含了超过 160 种合金材料的数据，用户可以从软件界面中进行选择。此外，软件还包含了成本分析模块，用户利用该模块可以对不同合金材料的经济性进行分析。

（3）PredictPipe 3.0（管线腐蚀预测评价系统）

PredictPipe 是腐蚀预测的最新产品，解决管道腐蚀评估中的关键问题，如评估存在水汽凝结或积聚引起的腐蚀环境中的干气传输管道的腐蚀速率。PredictPipe 可以实现内部腐蚀直接评估（ICDA），ICDA 是一种预防性维护的新技术，可以防止管道因腐蚀问题而造成重大损失。PredictPipe 充分利用最新的软件技术，可以访问有关腐蚀决策的综合知识库。它结合复杂环境参数的影响，根据大量的文献数据、实验测试数据和现场经验，对腐蚀速率进行评估。

① 可对腐蚀环境进行精确的评价，并可评估腐蚀速率，确定干气管道系统内的关键腐蚀区域。可绘制管道截面图，查看单个截面计算结果，计算关键管道倾斜角度，并预测最快的腐蚀速率。

② 通过连续的状态建模和露点预测，判断是否有液态水。

③ 可以计算某个管道系统内持水率和关键的管道倾斜角度，采用综合、准确的腐蚀建模技术，考虑诸多关键参数的影响。

④ 帮助确定典型的油气环境中系统的 pH 值。

⑤ 腐蚀模型考虑到了不同的关键参数的影响，根据这个模型，对腐蚀特性提供决策支持规则。

⑥ 可以准确地模拟冲量传递的影响（如相态特性、空隙组分、压力降及剪切应力等），以提高腐蚀预测能力。

2. 防除垢新技术

国内外防除垢方法有化学法、物理法、机械法。化学法是利用防垢剂防除垢，物理法有声波法和磁法。目前国际上最难解决的垢是钡锶垢和硅垢。

1）防垢技术

（1）磁化防垢

大分子团的水被强磁场切割成双分子水 $(H_2O)_2$ 或单分子水 H_2O，水分子发生形变并获得一定的能量，其氢键角从 $105°$ 减少到 $103°$ 左右，微观世界的水分子产生了一系列物理和化学变化，使水的电导率、溶解度、溶氧量、渗透压、聚合度以及对各种离子的水合作用都有改变。这些物理与化学的变化，有效地提高了水的活性，特别是溶解能力大大增强。因此，结垢的盐类溶于水中，阻止了钙镁结晶物质在容器壁上结晶沉淀。同时，经过磁化的水中，Ca^{2+}、Mg^{2+}、HCO_3^- 等离子结晶体也有改变，磁场促使水中带电粒子运动发生变化，粘附力被破坏，结晶体成为细小的颗粒，呈松散的米流体沉淀物，可以通过排污排出。

（2）化学防垢

防垢剂在水中解离后的阴离子与成垢的阳离子通过反应与络合（螯合）产生稳定的水溶性的环状结构，起到防垢效果。如某防垢剂与钙离子形成的结构图如下：

（3）Enmax CPRS 工具

工具的材质含有铜、锌、镍等九种不同的金属成分，这些金属可以形成一种特殊的电化催化体；合金所包含元素的电负性比液相中的离子要低，工具通过电化学的方式使流体产生极化效应；流体中的固相颗粒受其作用的影响始终处于悬浮状态和溶解状态。

（4）防垢涂层技术

通过在金属管道内表面喷涂特定的材料，改善金属管道表面光洁度，降低各种垢与金属表面的结合。一些换热器和热水器内表面经常使用。

主要有：氟碳涂层，纳米涂层，环氧涂层等。

（5）超声波防垢技术

超声波防垢一般采用间接处理流液的方法。流液中的结晶盐颗粒尺寸变小，与地层孔壁和金属管柱表面的粘附程度明显减弱。从目前的使用情况看，超声波采用包括声场在内的强大的物理场来抑制结垢是今后的发展方向。

2）除垢技术

（1）高压水射流清洗技术

高压水射流清洗技术是以水为介质，通过专用设备系统使水产生高压经过水路系统到达喷头，根据作用力和反作用力的原理，高压水将附着于管道表面垢剥离。

（2）化学除垢技术

应用有机酸或无机酸溶蚀地层及井壁的盐垢。目前，有机垢和碳酸盐垢的解除已有成熟技术，解除铝硅酸盐垢也有相应的办法，但钡锶垢或含有钡锶盐的混合垢，还处于攻关阶段。另外，如果管道内单纯附着致密的方解石碳酸钙垢，必须配以其他的方法才能有效及时解决。

（3）钡锶垢阻垢剂

针对 W12-1 油田的结垢类型与特点，开发出钡锶阻垢剂 HYZ-121：无毒、可生物降解的"绿色"环保型高效钡锶阻垢剂；对钡锶垢具有十分优异的抑制作用；耐高温性能良好，不易分解，与其他药剂有很好的配伍性。

3）防垢除垢技术

（1）化学法防垢除垢技术

硫酸钡、锶垢不同于碳酸盐垢，其异常致密坚硬，声波防垢和磁防垢有效作用距离短，不能有效地控制硫酸盐垢的生成和长大，防垢效果不理想。

化学防垢是使用防垢剂螯合成垢离子，使成垢离子以可溶性的螯合离子状态存在于溶液中，有效地破坏了垢的形成。化学防垢技术是目前国内外比较先进的有效的防垢技术，已得到广泛应用。

（2）物理防垢除垢技术

物理法主要有磁防垢除垢、超声波防垢、电子除垢法、高压水射流除垢技术等。磁防垢是在易结垢的地方安装强磁防垢器，用磁场的作用防垢。磁处理能够延缓清垢周期，减少更换管线的次数，但不能彻底解决结垢问题，尚需结合化学防垢技术应用。超声波防垢即用超声波介质处理器防垢，具有投资小，处理水量大，自动化程度高，对垢物类型无选择的特点。但是利用超声波防垢不适于井下、地层的防垢。

（3）高频电磁场防垢除垢技术

由电子电路产生高频电磁振荡，在固定的电极间形成一定强度的高频电磁场。水通过电磁场时，水分子作为偶极子被不断反复极化而发生扭曲、变形，分子运动加强，其结果是：提高了活性水分子与盐类正负离子的水合能力，在 $CaCO_3$ 垢的生产与溶解的可逆反应中使 $CaCO_3$ 的溶解速度相对加快；另一方面，回水中增加的大量活性水分子影响垢盐类析出、结晶与聚合，成垢物质形不成坚硬的针状结晶体，而是形成细小松软的粒状沉淀，以弥散的微晶态悬浮于液体中，易于随回水一起排出管外，从而达到防垢除垢的目的。

（4）脉冲射电防垢除垢技术

脉冲射电防垢除垢技术的是使一定频率的高强度脉冲电磁场作用于水介质，使水分子产生极化效应，其特点是在不增加电能消耗的前提下，产生瞬间高压高强度电磁脉冲，可比高频电磁作用强度增大 10 ~ 20 倍，有效克服了水分子的"极化障碍"，确保了各种水质工矿条件下的处理效果。

（八）江汉油田注水工艺新进展

1. 新型分层注水管柱及配套工艺

随着油田开发对象的日趋复杂和开发程度的加深，针对斜井、套管变形井、细分层注水井、深井超深井、低渗透井高温高压分层注水的需要，开展了水井分注工艺技术攻关，形成了一系列分层注水工艺新技术，使分层注水工艺配套技术在近年来得到了较大的发展与完善。

（1）套管变形井分层注水管柱

套变井偏心注水管柱由 Y341 – 105 或 Y341 – 110 注水封隔器、KPX – 105 偏心配水器、952 – 1 底部循环凡尔及筛管丝堵等组成两级两层分层注水管柱，如图 1 – 63。

管柱下井后，油管内整压坐封封隔器，密封油套环空，使各油层分隔开，同时将套管变形、穿孔部位的套管环空与下部注水部位的油套环空分隔开，最后按要求投捞、注水和测配。

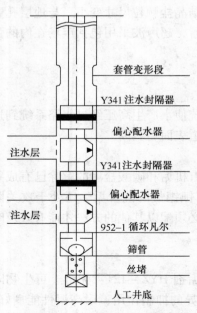

套管变形段

Y341注水封隔器

偏心配水器

注水层

Y341注水封隔器

偏心配水器

注水层

952-1 循环凡尔

筛管

丝堵

人工井底

图 1 – 63　套管变形井分注管柱

管柱有两种规格：外径分别为105mm和110mm，工作压差分别为20MPa和25MPa、工作温度135℃、井深小于3000m、套管内径118～124mm的注水井，使用时变形点最小内径应大于分注管柱外径2mm以上。注水层上部增加一级封隔器，避免套管变形、穿孔部位对注水的不利影响；在注水压力波动大、温度变化大的分注井中，可在管柱顶端封隔器的上部装配水井油管锚，以防止压力及温度变化引起的管柱蠕动，保持封隔器有效密封，延长分层注水井的换封周期；偏心配水器偏孔直径和主通道内径与常规配水器相同，因而可以应用常规井的投捞测试工艺；封隔器优化了结构设计，使其在内径不变而外径缩小的情况下，耐温135℃、耐压25MPa，反洗排量30m³/h。

$5\frac{1}{2}$ in套管变形井分层注水管柱及工具在江汉、中原、冀东和丘陵油田进行了现场试验，工艺成功率100%。最高分注层数4级4层，最长工作寿命655天，分注井注水最高压力36MPa，最小变形井段108mm，封隔器最大下入深度达2830m。

典型井分析：

L15－26井：套管内径为ϕ124mm，在1805～1813.8m处套管变形，最小变形为ϕ112mm，要求分注两层，层位分别为2815～2823.8m和2879～2913.5m。于2003年5月6日下入了KSQ－105水井双向锚、Y341－105注水封隔器、KPX－105偏心配水器等工具组成的$5\frac{1}{2}$ in变形井分层注水管柱，最下级封隔器下深2830.14m，整个下井过程顺利，工具过变形点时无遇阻现象，施工一次成功。投入注水后，日注水量120m³，注水压力达29MPa，套压为0MPa，取得了较好的分层注水效果。

（2）斜井分层注水管柱

斜井分层注水管柱由油管液力扶正器、Y341注水封隔器、KPX－114偏心配水器、952－1底部循环凡尔及筛管丝堵等组成，如图1－64。

当管柱下完以后，油管内蹩压坐封封隔器及坐扶液力扶正器。由于液力扶正器的支撑作用，使得管柱始终处于套管中心，改善了封隔器的工作条件，使密封件受力均匀，达到延长斜井分注管柱寿命的目的。对于需进行套管保护的井，可由套管泵入套管保护液，至灌满油套环空为止，然后按要求注水、投捞和测配。

该管柱可应用于工作压差小于35MPa、温度低于150℃、井斜小于30°、井深小于3000m的注水井，分注层段数不受限制，理论上可无限制分层注水。在注水压力波动大、温度变化大的分注井中，可将管柱上部的油管液力扶正器更换为水井油管锚，同时在管柱中配置伸缩补偿器。分注管柱上下增加的油管液力扶正器具有扶正、支撑斜井管柱的功能，采用刚性扶正，使得管柱始

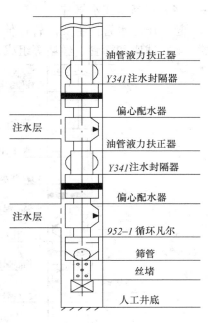

油管液力扶正器
Y341注水封隔器
偏心配水器
油管液力扶正器
Y341注水封隔器
偏心配水器
952－1循环凡尔
筛管
丝堵
人工井底

图1－64　斜井分注管柱

终处于套管中心，改善了封隔器的工作条件；该支撑器由于无卡瓦结构，因此具有不伤害套管、起下方便等优点。同时配有水井油管锚的分注管柱具有扶正和锚定功能，扶正的同时消除了各种管柱效应造成的管柱蠕动现象，达到延长斜井分注管柱寿命的目的。

斜井分注管柱在江汉油区马王庙、洪湖和江陵等油田进行了现场应用，成功率达100%，最大井斜度38°，最多三级三段，最高注水压力36MPa，最大井深3145m。斜井在采

用常规注水分注管柱时平均寿命只有 2 个月左右，而采用现有的斜井分注管柱后平均寿命达到 200 天以上。

（3）高压分层注水管柱

高压分层注水管柱由管柱伸缩补偿器、SYM 水井油管锚、Y341 高温高压注水封隔器、高强度偏心配水器、952－1 循环凡尔以及筛管丝堵等工具组成，如图 1－65。

将带死嘴的堵塞器装入高强度偏心配水器的偏孔内，当管柱下完以后，从油管内憋压，水井双向锚坐卡与套管咬合，封隔器坐封，同时管柱伸缩补偿器剪钉剪断，进入工作状态。通过钢丝将投捞器下入井内逐级投捞各级堵塞器后，进行分层注水。在注水过程当中如果需要洗井，液体可由套管泵入，经底尾部循环凡尔，从油管返出，实现反洗井。换封时，上提管柱即可解卡水井双向锚、解封封隔器。

该管柱可应用于工作压差小于 50MPa、温度低于 150℃、井深小于 4000m 的注水井。分注层段数不受限制，管柱具有锚定和补偿的功能，可以使封隔器长期处于静止和扶正状态，有效地延长了注水封隔器的工作寿命。在小于 3000m 的井中可以应用常规井的投捞测试工艺；该管柱还可应用于高温高压的深井分层注水，此时需采用液压减载投捞工艺进行调配，以弥补常规投捞工艺在深井投捞中的不足。

高温高压分层注水管柱在江汉、中原、吐哈、青海、江苏等油田进行了现场应用，成功率 98%，最高工作压力 40MPa，最高工作温度 140℃，最多分注层数 4 级 4 层，最长工作寿命 782 天，工作井深达 3820m。

（4）超高压注水管柱

超高压注水管柱主要由管柱伸缩补偿器、连通阀、安全接头、水力锚、Y241 注水封隔器、坐封球座和筛管、丝堵等组成，如图 1－66。

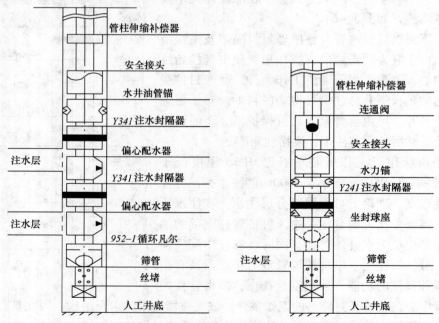

图 1－65　高压分层注水管柱　　　图 1－66　超高压注水管柱

管柱下井后，从油管内加液压，水力锚锚爪伸出并与套管咬合，封隔器坐封。继续升高液压，管柱伸缩补偿器进入工作状态，继续加液压直至球座打开，建立注水通道。换封时，打开连通阀，使油套连通，在油套压力平衡后，水力锚锚爪收回，上提管柱，解除封隔器锁紧状态，实现封隔器的解封。

该管柱适用于工作压差小于60MPa、工作温度低于150℃、井深小于4500m的注水井。也可直接用于井斜小于30°的注水井中。管柱具有反洗功能；在封隔器上部安装有水力锚，解决了管柱蠕动，保护了封隔器胶筒，同时卡瓦还具有扶正功能。管柱伸缩补偿器补偿管柱的伸长和缩短，消除管柱的轴向应力，防止管柱弯曲变形或损坏。

该管柱在江汉油田应用的最高注水油压为49.7MPa，封隔件承受最大压差44MPa，封隔器下入最大井深3278m，最大井斜22°。

典型井分析：

马50斜1-5井：注水层位下3^{1-2}（1677.0~1696.8m）和下2^{3-5}（1619.6~1658.6m），分析认为下3^{1-2}层吸水压力应在30MPa左右，2003年5月29日，采用可洗井超高压分层注水管柱实施超高压增注。施工前日注水仅22m³，施工后日注水量40m³，注入压力31.5MPa，套压5.6MPa，注水效果良好。

（5）细分层注水工艺技术

油田进入高含水期后，开发的重点转向储量动用程度差的薄夹层，为提高注水开发效果，需要细分层注水，以加大薄夹层储量的动用程度。为了满足生产需求，研制了一种可应用于深井、超深井的细分层注水管柱及其配套的投捞测配工艺技术。

① 施工工艺

该管柱由Y341注水封隔器、桥式偏心配水封隔器、952-1循环凡尔、筛管丝堵等工具组成，应用于深井、超深井或高压注水井时，还需配置管柱伸缩补偿器、SYM水井油管锚，如图1-67。

将带死嘴的堵塞器装入桥式偏心配水封隔器的偏孔内，根据施工设计将管柱下井，利用Y341封隔器和桥式偏心配水封隔器将各层段卡开，一个桥式偏心配水封隔器的堵塞器内装有两只水嘴，可分别配注两个注水层段，当管柱下完以后，从油管内蟹压坐卡水井油管锚，坐封封隔器和桥式偏心配水封隔器，各注水层段被分隔开，继续提升液压至管柱伸缩补偿器的剪钉剪断，使其进入工作状态；然后由套管泵入配制好的套管保护液直到充满整个油套环空。然后按要求进行投捞、分层注水、测配。换封时，上提管柱即可解卡水井双向锚、解封封隔器。

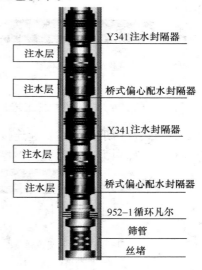

图1-67 细分注水管柱

② 技术特点

该管柱可应用于工作压差小于50MPa、工作温度低于150℃、井深小于5000m的细分层注水需要，同时分注层段数不受限制，理论上可无限制分层注水，偏心配水器堵塞器内设计有两个水嘴，投捞一次可调配两个水嘴，降低了投捞工作强度，提高了投捞效率。管柱可准确卡位，实现细分层注水厚度最小达2m。配套的测试仪一次测试可以同时直接测得两个单层的压力、流量、温度共六个参数。

③ 现场应用

细分层注水管柱分别在吐哈、青海、长庆油田进行了现场应用。管柱下入深度2723.8~

3952.16m，井温 92.1~128℃，最高注水压力 36MPa，管柱在井内最长时间 512d，钢丝投捞下井最深 3907.7m，最多投捞层数 4 层；快速分层测试 3 井次，测得最小流量为 2.5m³/d，单井次最多测试层数 4 层；封卡层间隔层最小厚度 2.2m，油层最小厚度 2.9m 的两级四层细分层注水。

（6）深井超深井投捞工艺技术（图 1-68）

在深井超深井投捞调配中，钢丝容易被拉断，配水器芯子定位难，投捞不到位等情况时有发生。针对上述情况，研制免捞偏心配水器，不需投捞水嘴，封隔器坐封后可直接注水；研制减载投捞器，把钢丝较小的拉力（1.2kN）放大成对堵塞器的较大拉拔力（30kN），放大倍数达 26.6 倍。在国内率先突破了 4000m 投捞测试深度大关，可将投捞深度加深至超过 4500m。

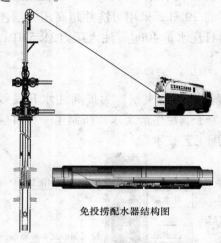

免投捞配水器结构图

图 1-68　深井超深井投捞工艺

① 液压减载投捞技术

在深井超深井投捞调配时，由于钢丝自重增加，其有效载荷减少，投捞成功率低；同时由于腐蚀结垢等原因，使打捞堵塞器的拉拔力较大，致使采用常规投捞器打捞时，出现捞不出甚至拉断钢丝的现象。为此研究了液力减载投捞工艺技术、研制了液力减载投捞器。

a. 结构

液力减载投捞器主要由动力部分、液力助力放大部分、活动式投捞爪部分、导向支撑部分构成如图 1-69 所示。其中动力机构是动力源，为整个液压助力放大机构提供液压；液压助力放大机构是关键机构，它将动力机构提供的液压放大为对堵塞器较大的拉拔力；活动式投捞爪机构主要起连接堵塞器的作用；导向支撑机构为投捞爪导向，以及在投、捞堵塞器过程中为投捞器提供支撑力。

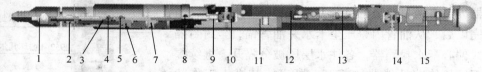

1—绳帽；2—复位弹簧；3—小活塞；4—游动凡尔；5—固定凡尔；6，7—大活塞；
8—启动销钉；9—阀杆；10，14—锁轮；11—拖体；12—投捞爪；13—打捞头；
15—支撑导向体

图 1-69　QTL44×2320JZ 桥式偏心减载投捞器结构图

b. 工作原理

如图 1-70，打捞堵塞器时，将减载投捞器的支撑导向爪和投捞爪并拢锁定，用钢丝下入井内，下过目标配水器后上提钢丝，打开导向支撑爪和打捞爪，同时阀杆下行，使液力放大机构处于待工作状态，下放投捞器，通过导向支撑爪的导向作用，打捞头正对工作筒主体偏孔，继续下放，直到导向支撑爪支撑在定位台阶上，此时打捞头捞住堵塞器，上提钢丝，带动小活塞上行，使其腔内液体通过固定凡尔进入大泵内，由于支撑导向爪的限位作用，液压推动两个大活塞上行，带动拖体上行剪断启动销钉后，拉动投捞爪、打捞头及堵塞器上行，同时在游动凡尔座入口吸入压差作用下油管内液体进入到游动凡尔座下部的腔室内；下放钢丝，小活塞、游动凡尔在复位弹簧的作用下下行，游动凡尔座下部腔室内的液体经游动凡尔进入到小活塞泵内腔，准备下次上提钢丝时进入大泵内。如此往复提放钢丝，使打捞头及堵塞器不断上行，直至拔出堵塞器。

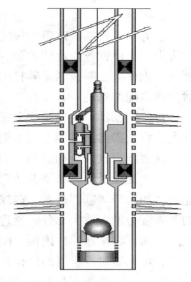

图 1 - 70　减载投捞器投捞示意图

　　投入堵塞器时，将堵塞器通过压送头连在减载投捞器上，收拢并锁定支撑导向爪和投捞爪，用钢丝下入井内，下过目标配水器后上提投捞器，打开导向支撑爪和投捞爪，同时阀杆下行，使液力放大机构处于待工作状态，下放投捞器，通过支撑导向爪的导向作用，堵塞器正对工作筒主体偏孔，继续下放，堵塞器进入偏孔内并被凸轮锁死，支撑导向爪支撑在定位台阶上，然后上提钢丝，使减载投捞器与堵塞器分离，起出投捞器；如上提钢丝时，拉力过大，则往复提放钢丝，直至减载投捞器与堵塞器分离，起出投捞器。

　　c. 拉力放大倍数理论计算

　　由减载投捞器工作原理可知，大小泵同处于一个液压系统，所以钢丝拉力放大倍数为大小泵活塞总面积之比，即：

钢丝拉力放大倍数 α

$$\alpha = \frac{p_{液} \times S_{大}}{p_{液} \times S_{小}} = \frac{p_{液} \times \frac{\pi}{4}(D_{大}^2 - d_{大}^2) \times n}{p_{液} \times \frac{\pi}{4}(D_{小}^2 - d_{小}^2)} = \frac{(D_{大}^2 - d_{大}^2) \times n}{(D_{小}^2 - d_{小}^2)} = \frac{(38^2 - 13^2) \times 2}{(14^2 - 10^2)} = 26.6$$

式中　$S_{大}$——减载投捞器两级放大机构活塞总面积，mm^2；

　　　$S_{小泵}$——减载投捞器小泵活塞总面积，mm^2；

　　　p——液力放大机构内液压，MPa；

　　　$D_{活}$——大活塞外径，$D_{活} = 38mm$；

　　　$d_{活}$——大活塞内径，$d_{活} = 12mm$；

　　　n——大活塞数量，$n = 2$；

　　　$D_{小}$——小泵活塞外径，$D_{小} = 14mm$；

　　　$D_{小}$——小泵活塞内径，$d_{小} = 10mm$。

　　通过以上理论计算可知，减载投捞器可使钢丝拉力放大 26.6 倍。

　　d. 主要技术参数，见表 1 - 24。

表 1 - 24　减载投捞器主要技术参数

规　　格	TL44JZ - A	TL44JZ - B
总长/mm	1956	2031
最大外径/mm	44	44
适用内径/mm	≥46	≥46
最大拉拔力/kN	30	30
适用的配水器类型	常规偏心配水器	偏心配水封隔器

e. 技术特点

液力减载投捞器改善了投捞钢丝的受力状况，将钢丝较小的拉力转化为对堵塞器较大的拉拔力，可使钢丝拉力放大 25 倍左右，钢丝受力状况得到有效改善，增加了钢丝拉拔能力，消除了钢丝被提断或堵塞器打捞不出的可能性，较好地解决了深井超深井、腐蚀结垢井堵塞器投捞调配的难题。

打捞堵塞器：在投捞器上安装上打捞头，收拢投捞爪和导向爪并锁定，用钢丝连接下入井内，将投捞器下过偏心配水封隔器工作筒，然后上提到其上部，投捞爪和导向爪向外张开。液力助力放大机构启动。再下放投捞器，在导向爪作用下，打捞头捞住堵塞器的打捞杆。再上提投捞器，堵塞器凸轮在扭簧的作用下向下转动内收，堵塞器被捞出工作筒，起到地面。如果当堵塞器被垢、锈或异物卡死，拔不动时，可在地面不断提放钢丝，将液体不断的泵入液力助力放大部分，通过液力助力放大部分的作用，将液压转化为对堵塞器较大的拉拔力，强行将堵塞器拔出偏心配水封隔器工作筒，起至地面。在此过程中，由于支撑部分的作用，堵塞器对投捞器的反作用力承载在偏心配水器上，而钢丝只承受自身重力和泵入液体的吸力。投送堵塞器与常规投捞器原理相同。

② 桥式分层测试技术

为了克服递减法测试分层流量时无法直接测得单层流量，要通过递减法测试间接求得，存在的较大层间干扰误差，造成调配效率及资料合格率低；在测压时使用存储式小直径压力计，会产生流量、压力波动，降低了测得压力资料的准确性等问题。研制了一种桥式测试仪，该测试仪与桥式偏心配水封隔器配套使用时可直接同时测得两个单层的流量、压力、温度等参数，一次下井可以测得全井各注入层段的流量、压力、温度等参数。

a. 结构

桥式测试密封段主要由绳帽、上测试仪部分、密封段部分、下测试仪部分以及支撑部分组成。

b. 工作原理

当桥式测试密封段（带测试仪）在偏心配水封隔器内坐到位后，由于支撑爪的定位作用，测试密封段 3 组皮碗之间的上、下出液孔恰好分别对准偏心配水封隔器堵塞器的上下两个进水口，水流分别经过桥式测试密封段的两组测试仪进入堵塞器内后注入到地层，由此同时直接测得上、下两层的单层段参数。同时由于桥式测试密封段内布有桥式通道，其他层位的水流由此经过而流入相应的进口，使测试时，对其他层的工作状况无影响。

c. 主要技术参数，见表 1 – 25。

表 1 – 25　桥式测试密封段主要技术参数

规　格	CSF44 × 1460QS	规　格	CSF44 × 1460QS
总长/mm	1460	工作压力/MPa	80
钢体外径/mm	44	工作温度/℃	150

d. 技术特点

测试仪由压力计、流量计、温度计集成，与偏心配水封隔器配套使用时，桥式偏心测试工艺可实现一次测试可以同时直接测得上、下两个单层的压力、流量、温度共六个参数，一次下井可测得全井各单层的压力、流量、温度参数，测试时不停井、不停层，消除了层间干扰，测试资料更加准确。

（7）井下无线通讯技术在油水井动态监测中的应用

国内各油区地质构造差异大，油藏类型复杂，大多已进入中高含水开发阶段，为了准确的认识地下油藏及生产管柱工作状态，长期监测井下生产动态就显得极为重要。江汉油田研制一种新颖的井下无线数据通讯技术，在油水井正常生产状态下长期连续监测井下生产动态及井下工具工作状态，并能随时下入仪器获取测试数据，解决了井下动态监测的长期性、实时性与陆上油田低成本应用之间的矛盾，实现井下生产全过程监测的目的。

① 井下无线通讯原理

无线通讯是基于电磁感应原理，如图1-71，当高频电流在天线导体中流动时，天线的周围空间产生变化的电场和磁场，如果天线中电流改变方向，空间的电场和磁场随之改变方向。但是，由于高频电流方向变化极快，在外层的电场和磁场刚刚建立起来，还来不及随着电流的终止而消失的时候，相反方向的电流又产生新的电场和磁场，把前面产生的电场和磁场推向远方。这样，随着天线中高频电流的不断变化，使电场及磁场不断产生，向远处传播，形成电磁波的发射。同时，将需要传输的数据通过调制加载在电磁波上，就实现了数据的无线传输。

② 井下无线通讯及测试技术方案

根据井下无线数据通讯原理，设计了能长期工作于井下的无线数据通讯及测试系统，如图1-72，它由井下测量系统、无线数据回读下井仪、地面控制仪表、计算机数据录取软件四部分构成。

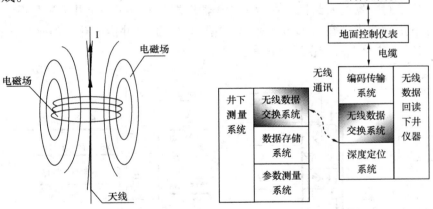

图1-71　天线周围交变
电磁场示意图

图1-72　井下长期动态监测
系统构成示意图

将井下测量系统随生产管柱一起下入井中，测量系统在内置单片机控制下进行各参数数据的采集，并将采集数据存储于测量系统存储器中。当地质部门需要取出测量数据或改变压力等采集方式时，可在不起生产管柱的情况下，随时利用电缆通过油井环空或注水井管柱内将无线数据交换仪下入井中，定位于测量装置附件。然后，计算机通过地面接口仪表对无线数据交换仪发出指令，无线数据交换仪通过仪器上的无线收发模块呼叫井下测量系统，测量系统响应呼叫后，根据接收到的指令，将存储器中采集的数据通过无线收发模块发送给无线数据交换仪，或改变测量装置数据采集方式（如由均匀采样改为压力恢复采样方式）。无线数据交换仪接收到数据后将数据编码，通过电缆发送至地面仪接收，地面仪对数据解码并发送至计算机，由数据录取软件对数据进行保存及处理。数据交换完毕，电缆测试车起出无线数据交换仪，完成一次数据交换。井下压力测量系统在发送完数据后继续按指令进行数据采集，直至措施作业起出生产管柱时一起起出井下测量系统。

主要技术指标：

- 压力测量量程及精度：$0 \sim 70MPa \pm 0.1\%F \cdot S$
- 温度测量量程及精度：$-25 \sim 125℃ \pm 0.5\%F \cdot S$
- 轴向载荷测量量程及精度：$-300 \sim 300kN \pm 5\%F \cdot S$
- 外径：$\phi115mm$
- 内径：$\phi50mm$
- 连续工作时间：>12个月

③ 井下无线通讯技术在分层注水井中的应用

如图 1－73，将井下测量系统按设计深度安装于封隔器上下两端或需要监测的管柱附近，随注水管柱一起下入井中，测量系统按程序设计进行压力等数据的采集和存储。需要取出测量数据时，利用电缆通过注水管柱内部空间将无线数据交换仪下入井中，定位于测量装置附件，通过无线数据通讯，读取井下测量系统数据。无线数据回读下井仪与井下测量系统无线通讯方式为内部磁耦合。

④ 在油田开发中的应用实例

目前，一套实用化的井下无线通讯监测装置已在分注井浩 8－5 井得到应用，该井注水管柱示意图如图 1－74，分别在 2120m 和 2417m 处采用 Y341－114 型封隔器将三个注水层位分开，为验证了封隔器的密封性，在两个封隔器下端各安装了一个井下测量系统。注水管柱下入后，井下正常注水，在第 11 天进行了数据读取，此时井内矿化度经水样分析为 $20.1 \times 10^{4}ppm$，仪器下井及无线数据通讯正常。

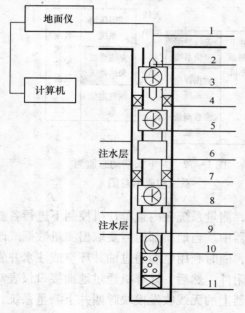

图 1－73　水井的施工示意图

1—电缆；2—无线数据回读仪器；

3、5、8—井下测量系统；4、7—封隔器；

6、9—偏心配水器；10—凡尔；11—筛管丝堵

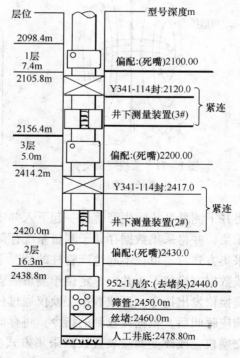

图 1－74　浩 8－5 管柱示意图

从测试曲线分析可获取井下动态资料：

a. 正常注水后，第二封隔器的上下套压差较大，说明其坐封正常，密封效果好。

b. 井下测量装置录取了注水井井下全过程的温度、油管内外压力及载荷资料，曲线变化与地面现场施工步骤相吻合，全面反应了水井注水后生产动态。

c. 通过对该井回注水取样分析，总矿化度为 $20.1 \times 10^4 ppm$，此时，井下无线通信数据传输正常，说明井下数据无线通讯及测试系统在矿化度高达 $20 \times 10^4 ppm$ 时井下无线数据通信可靠。

⑤ 认识及建议

a. 油水井井下无线数据通讯与测试技术，通过能长期工作于油水井井下的无线数据通讯及测试系统，在油水井正常生产状态下长期连续监测井下生产动态，并能随时下入仪器获得此前长时间的测试结果。相对于国外采用在油管上连接专用电缆进行井下压力监测的方法，其应用成本更低廉，有效的解决了测试资料的长期性、实时性。

b. 动态资料的录取和无线通讯读取数据都在油水井正常生产状态下进行，没有对井下生产状态的人为改变，监测资料更加可信。

c. 井下无线数据通讯与测试技术用于油井长期井下压力监测，改善了传统试井压力测试所带来的资料不完整性，使油藏工作者能够了解储层开采后全过程压力历史资料，其资料是合理地制定开发方案、注采井网及生产措施的可靠依据。

d. 井下无线数据通讯与测试技术用于水井井下工具工作状态监测，通过监测管柱内外压及载荷，可验证了封隔器的密封性，而且其长期监测数据对生产管柱及工具的优化提供了可靠依据。

（九）中原油田注水工艺新进展

1. 支撑锚定补偿分注管柱

支撑锚定补偿分注管柱主要由支撑卡瓦、偏心配水器（空心配水器）、水力锚、Y341 注水封隔器、底部球座和筛管等组成，见图 1－75。

（1）性能特点

① 水力锚和支撑卡瓦组合使用，管柱实现了完全锚定，有效防止了各种状态下的管柱伸缩现象；

② 水力卡瓦位于工具串的最上部，既消除了油管的各种弯曲现象对下部工具串产生的影响，同时也对下部工具串起到了扶正作用；

③ 管柱到位后，井口预留与温度效应引起的收缩量相当的长度，在卡瓦坐卡后，将井口预留量下入井内，加液压完成封隔器坐封。将井口"移动"到油层上界，变"深井"为"浅井"。

（2）技术指标

最大外径：$\phi 114mm$、$\phi 112mm$；耐压差：35MPa；耐温：130℃

（3）应用情况

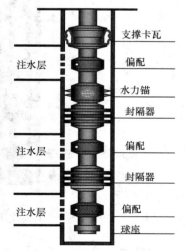

图 1－75　支撑锚定补偿管柱

该管柱是中原油田目前应用最广的分注管柱，近几年在中原油田得到了广泛推广应用，在现场应用 700 余井次。

2. 油套分注管柱

高压油套分注工艺技术由地面工艺流程和井下工具管柱两部分组成。地面工艺流程主要由油套分注嘴子套、水表及水表总成、油套单流阀、控制放压水嘴套等组成。

井下分注管柱主要由 Y221 封隔器、验管器、导流器、底部球座组成（图 1-76），利用封隔器将注水层位分开，在地面上采用油套分注嘴子套进行分层注水和调配，利用导流器进行坐封前验管柱。

性能特点：

该管柱用于一级两段地面分注，施工简单，适应性强；采用 Y221 系列封隔器的地面分注管柱可重复坐封，工艺成功率高；管柱双向锚定，无蠕动，密封效果好，有效期长；该管柱验封调配工作在地面即可完成，测试、调配简便；注水压力不足或停注时，能有效防止油、套管内的水互相串通。

技术指标：

最大外径：ϕ114mm；最小通径：ϕ50mm；耐温：135℃；耐压差：40MPa；最大下入深度：4000m。

应用情况：

现场应用 68 口井，施工成功率 100%，封隔器下入最大深度 3844m，最高注水压力45MPa，最长有效期 760 多天。

3. 大斜度井分注管柱

（1）管柱结构

大斜度井分层注水工艺主要由水力卡瓦、斜井配水器、防磨扶正器、斜井封隔器、水力锚及扶正居中器等工具组成（图 1-77）。

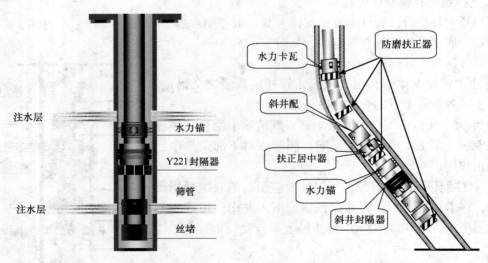

图 1-76　油套分注管柱　　　　图 1-77　大斜度井分注管柱图

（2）工作原理

管柱入井后，油管内大液压，扶正居中器、水力卡瓦首先启动，同时强行扶正居中斜井管柱和封隔器。继续从加压到 18MPa，完成管柱锚定和封隔器的坐封。该管柱适用于井深3500m 以内，井斜不大于 55°，注水压力 35MPa 以下注水井的分层注水。

（3）配套工具

下井过程中，防磨扶正器对管柱实现扶正，减少油管工具与套管的磨损，降低对套管的损害。注水过程中，居中扶正器使整体管柱居中，改善工具串的工作状况，保证投捞、调配的顺利进行。水力锚、水力卡瓦对管柱锚定，消除温度效应、螺旋弯曲效应、鼓胀效应所产生的不良影响，解除管柱因层间压差、停注、洗井而引起的蠕动问题，延长管柱工作有效期。

防磨扶正器由中心管和防磨扶正体组成（图1-78、图1-79）。扶正体材质选用了碳纤维复合材料，具有高耐磨性、高强度、耐腐蚀性能好、膨胀系数低、摩擦系数小的特点。扶正体外圆周面上的斜槽可以减少管柱下入过程中的液体阻力，当管柱受力较大时，扶正器的扶正组件可以转动，释放油管承受的扭矩，扶正器的扶正组件外表面起到扶正和阻挡作用。

图1-78　防磨扶正器　　　　图1-79　扶正居中器

扶正居中器由中心管、复位弹簧、上、下锥体、扶正体、液压缩紧装置等组成。从油管内打压时，首先打开单流阀，液体推动下锥体上行，剪断剪钉，下锥体继续上行，压缩复位弹簧储存能量，并均衡推出扶正体，紧贴套管内壁，强行扶正偏向一边的管柱，使封隔器居中安全坐封，扶正居中器完成管柱的扶正。泄压后单流阀关闭，居中器液压自锁，由于液体的不可压缩性，扶正居中器始终对管柱起到强力扶正的作用。需要起出管柱时，上提管柱，解锁剪钉被剪断，中心管上移，单流阀泄压，解除液压缩紧状态，复位弹簧释放弹力，回推下锥体，扶正体失去支撑，在片簧的作用下收回，扶正居中器复原，解除扶正。

斜井封隔器主要由上接头、洗井活塞、内外中心管、贴壁护碗组件、胶筒、锁爪、锁套、坐封活塞、扶正软卡瓦和下接头等组成。

坐封时油管加液压至15～20MPa，封隔器坐封，软卡瓦坐卡。

解封时直接上提管柱，胶筒及软卡瓦复位。洗井时，洗井液打开洗井活塞，上下通道联通，洗井液从油管返至井口。

斜井配水器将常规中的导向体和扶正体设计为一体，降低了投捞堵塞器时冲击力的消耗，减少投捞的难度。斜井堵塞器比常规堵塞器短20mm，使其在斜井中投捞更容易到位。

（4）技术特点

配置油管防磨扶正器，顺利起、下管柱，并减小套管和工具磨损；配置"液力扶正器"，工具串强力居中，避免胶筒应力集中；采用免投捞恒流配水器，解决打捞、调配的问题。

（5）应用情况

该技术 2004 年 1 月进入现场，目前已应用 54 口井，最大斜度 67.3°；下入最大井深 3390m，封隔器下入最大深度 3212m，最高注水压力 34Mpa，施工成功率 100%。

4. 4in 套管井分层注水技术

中原油田经过二十多年的开发，井况恶化严重，套损、井下事故井不断增加，严重影响到开发效果。为了修复这部分井，在 5½in 套管井内下入 4in 套管，采用延时固井工艺，取得了成功，达到了最大限度恢复井网的目的。

（1）一级两段分注管柱

① 管柱组成

由于 4in 套管内径只有 86mm，如采用常规的偏心或空心配水管柱方式，则封隔器以下配水器无法进行投捞调配。因此，所研制的管柱采用封隔器与配水器一体化设计的办法，将配水芯子设计在封隔器内中心管上，采用一个配水芯子配注 2 个注水层。管柱由扶正式水力锚、封隔器与配水器一体化工具和底部单流阀组成（见图 1 - 80）。为简化管柱施工工序，封隔器结构上设计了绝对压力自动坐封机构，使管柱下井后直接坐井口注水即可坐封，实现分层注水。

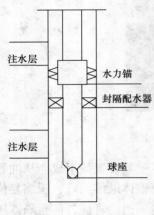

图 1 - 80　4in 套一级两
段分注管柱

② 工艺原理

a. 坐封：调整好封隔器坐封位置后直接安装井口正注生产，当井口注水压力达到设定值时，封隔器自动坐封并锁紧。自动坐封的压力可根据现场需要调整，一般设定为 3 ~ 5MPa。

b. 分注：注入水通过封隔器内的配水芯子的上、下水嘴分别进入上、下注水层，实现分注。当下层注水压力高于上层时，封隔器上端的水力锚工作，锚定管柱。

c. 反洗井：在反洗压差作用下，注水流道自动关闭，反洗流道打开，洗井液沿油套环空、封隔器洗井流道和底部单向球座进入油管，再返出地面。洗井后，正注水则洗井阀自动关闭。

d. 分层测吸水量：将井下流量计下端接特制的分层导流接头，下井坐在配水芯子上即可测分层注水量。因为配水芯子内通径设计为台阶状，将导流接头坐在配水芯子的上台阶时测出总注水量；更换小接头坐在下台阶时则测出下层吸水量；上层吸水量由总量减去下层吸水量得出。

e. 解封：放掉油压，水力锚回收；上提油管，封隔器中心管上移，锁紧机构失去支撑解锁，封隔器解封，即可起出管柱。

③ 技术指标

钢体最大外径：80mm；封隔器最小内通径：30mm；耐压差：35MPa；耐温：130℃；有效期：1a。

④ 主要配套工具

a. Y341 配水封隔器

将封隔器与配水器一体化设计，将上、下两级配水器集中设计在封隔器内中心管上段，解决了配水与投捞问题，从而实现了 4in 套管井的分层注水。整体工具结构如图 1 -

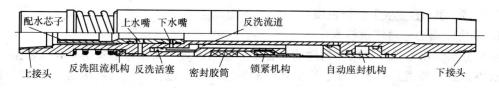

图 1 - 81　分层注水一体化封隔器结构

81 所示。主要由上接头、主体、内、外中心管、锁紧套、坐封活塞、下接头等组成。按功能分为配水机构、单向流机构、洗井机构、密封机构、锁紧与解锁机构和自动坐封机构等组成。

在封隔器的配水结构设计上，将两级水嘴设计为侧壁式，并集中于 1 个配水芯子上。将配水芯子坐在封隔器主体内，使上层配水通过上水嘴、主体上孔、护套进入上油套环空；下层则巧妙地利用外中心管、中心管之间的洗井流道配水，使注入水通过下水嘴、主体的下侧孔进入反洗流道，再从锁套上的出水孔进入下部的油套环空，实现分层注水。选择注上不注下时，下水嘴为死嘴；注下不注上时，上水嘴为死嘴。

反洗井机构利用双层中心管结构，反洗活塞设计在流道顶部，使其同时具备洗井通道开关和下层注水流道单向流控制的双重功能，即在注水时隔离上部环空并为下层注入水提供通道，而洗井时则护套关闭上注水流道，反洗活塞在关闭下注水通道的同时打开洗井流道，实现全井段反洗井。

坐封机构采用绝对压力自动坐封装置，即在坐封活塞下部设计一真空密封腔，真空密封腔由坐封活塞、真空腔活塞及下接头组成。当封隔器在外部环境压力达到设定值时，真空腔活塞剪断剪销自动收缩，带动坐封活塞、锁套、坐封套压缩胶筒实现坐封，同时锁套和锁环锁紧。其初始坐封压力以 3MPa 的级差任意调整，实现任意深度井的定压坐封。并且坐封后密封腔始终保持恒定压缩力，确保胶筒持久密封。

锁套和锁环采用锁扣式设计，最大限度地减少其后退距。

密封胶筒选用耐温性能好、抗剪能力强的复合配方材料，并采用肩柔性钢丝结构的防凸结构，既保证胶筒耐高压差又确保解封安全，大幅度提高胶筒的耐压差性能及安全可靠性。

b. 扶正式小直径水力锚

由于水力锚在封隔器上端，管柱要实现投捞调配，水力锚内通径必须保证配水芯子及其投捞工具的通过，故将其结构设计为挡板与套管接触的扶正式，弹簧采用板式结构，锚爪上的弹簧槽设计成弧形结构，减少了弹簧所占空间，最大限度地放大内通径，确保配水器及投捞工具能顺利通过。

水力锚技术指标：锚体最大外径 80mm；最小内通径 45mm；

锚爪启动压力 110MPa；耐压差 35MPa。

⑤ 管柱特点

a. 封隔器与配水器一体化设计，以解决封隔器内通径小无法通过配水投捞工具的难题，实现了 4in 套管井的分层注水工艺，且可投捞调配和分层测试。

b. 分层注水管柱实现了管柱的自动坐封，免去管柱先装死嘴打压坐封，再投捞更换水嘴注水的工序，施工操作简单。

c. 采用单向流设计，洗井时洗井液不会在配注水嘴处"短路"，确保全井段洗井。

（十）河南油田注水工艺新进展

1. 多功能偏心分层注水技术

针对分层注水管柱存在的密封性能不稳定、验封困难、无法带水嘴坐封和重复坐封等问题，从提高封隔器密封耐压性能、降低封隔器坐封压力、进行定压开启水嘴、简化验封方法等方面入手，研究开发了多功能偏心分层注水技术，实现了多级免投死嘴逐级验封高压分层注水，成为目前油田应用最普遍的分层注水工艺，满足了常温常压分层注水需要。

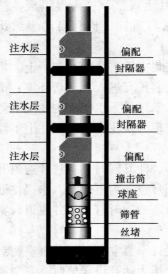

图1-82 多功能偏心
分注管柱

（1）管柱组成

多功能偏心分层注水管柱主要由封隔器、偏心配水器、减震筒、球座、筛管和丝堵组成（见图1-82）。

（2）工艺原理及过程

在地面调配好水嘴，按分注管柱要求下至设计井深位置，坐好井口，反洗井合格后改正注流程，油管内憋压坐封隔器；提高注水压力至10MPa以上，利用"层间密封互不干扰"的原理，配水器堵塞器水嘴依次打开，注入水进入对应的地层进行分层注水；采用钢丝投捞起下井下流量计进行分层测试水量，如果各配注层均有水量，则表明各层对应配水器水嘴开启，从而说明封隔器密封良好；如果某层无水量，且捞出堵塞器发现水嘴未打开，则说明有封隔器不密封，由此可判断多级封隔器密封性；上提油管解封封隔器。

（3）技术指标

工作压差：30MPa；工作温度：120℃；最多重复坐封次数：8次；反洗井流量：≤40m³/h；反洗井开启压力：0.1MPa；适应井深：≤2500m。

（4）工艺特点

① 多级高压分注

采用耐高压注水封隔器，提高了分层配注的密封耐压性能，实现了多级高压分注。

② 带水嘴坐封

在偏心配水堵塞器上设计了定压开启阀塞，可实现带任意大小水嘴坐封封隔器，避免了更换死嘴的投捞调配工作，提高了注水时效。

③ 多级自行验封

通过分层流量测试，判断偏心配水堵塞器定压开启阀塞的开启状态，判断多级封隔器是否密封，保证测试结果的准确可靠和分层注水的可靠性，减少了无效注水。

（5）应用情况

该技术已在河南油田东西部油区分层注水井上全面应用，年应用310口井，实现了多级分注、中深井高压增注、带活嘴坐封、逐级验封、重复坐封等工艺，工艺成功率97.9%，有效率92.1%，其中最高分注级段五级六段，最高单向承床密封压力30MPa，最大下入井深2410m。

2. 锚定补偿式高压偏心分层注水技术

针对低孔低渗油藏存在的油层埋藏深、渗透性差、非均质严重、吸水能力差等造成的注水压力高、管柱受压力、温度影响蠕动严重、封隔器易失效等问题，引进了锚定补偿式高压分层注水管柱，同时结合河南油田现场实际和应用情况，对分层配水形式、锚定可靠性以及解封安全性等方面进行了改进完善，提高了高温高压下的密封安全可靠性，适应现有偏心钢丝投捞测试工艺，形成了锚定补偿式高压偏心分层注水，为低孔低渗油藏有效注水提供了技术保证。

（1）管柱组成

锚定补偿式高压偏心分层注水管柱主要由管柱补偿器、水力锚、封隔器、偏心配水器、支撑卡瓦、底筛丝堵等工具组成（图1-83）。

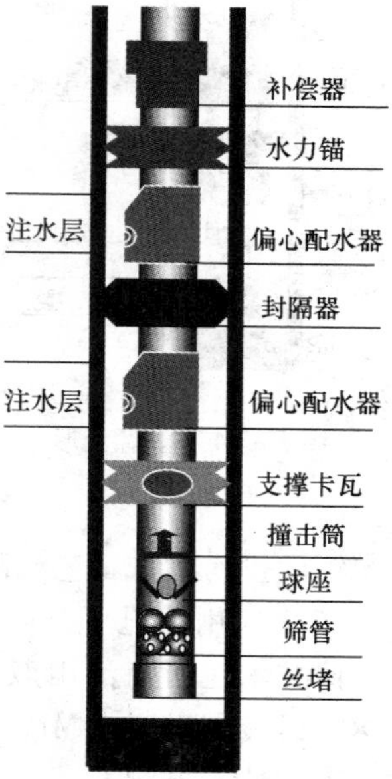

（2）工作原理及过程

按照施工设计将注水完井管柱下入井中，从油管内打压完成封隔器的坐封，配水器在注水压力下被打开，即可实现正常注水；改变井口流程即可顺利实现反洗井，从油管内用钢丝下入投捞测试仪器，即可进行逐级测试调配。

通过水力锚和支撑卡瓦对管柱的上部锚定和下部支撑，能有效克服管柱的蠕动，提高封隔器等配套工具的使用安全性，补偿器能补偿管柱温度和压力效应下的伸缩，改善管柱的受力条件，缓解管柱的螺旋效应和弯曲效应，避免了封隔器随管柱的上下蠕动，提高了封隔器的密封压力和使用寿命。

（3）技术指标

工作压差：35MPa；工作温度：160℃；最大外径：ϕ115mm；解封负荷：≤80kN；适应套管内径：ϕ121mm～ϕ125mm。

（4）技术特点

① 管柱伸缩补偿器可有效消除压力波动对管柱的影响，改善了管柱受力状况；

② 水力锚、支撑卡瓦配套使用，避免了管柱蠕动，可有效提高管柱的密封有效期；

③ 配套的安全接头，保证了管柱解封起出的安全可靠性。

（5）应用情况

该技术在河南油田现场应用22口井，耐温120～150℃，耐压35MPa，工艺成功率100%，具有耐温耐压高、工作寿命长等特点，实现了低孔低渗油田深井高压分层注水。

3. 套管变形井分层注水工艺技术

针对常规分注管柱无法满足套管变形井高压分层注水需要的问题，开发出具有"高膨胀比、耐高压"特性的系列小直径封隔器和配套分层注水控制工具，封隔器胶筒膨胀比高，适用套管内径变化范围大，高温高压下密封可靠，可对局部套管变形井、补贴缩径井实施高压分层注水工艺，并能够满足常规偏心分层注水投捞测试工艺需要，解封性能稳定，施工安全可靠，满足了套变井高压分层注水。

（1）管柱组成

套管变形井分层注水管柱主要由K344-95小直径封隔器、小直径偏心配水器、减震筒、球座、限压单流阀、筛管和丝堵组成（图1-84）。

（2）工艺原理及过程

小直径配水器的节流堵塞器可直接带水嘴下井，通过套管变形井段后，在正常井段通过油管打压坐封小直径封隔器，同时对地层进行注水，采用常规偏心投捞测试工艺进行投捞调

图1-83　锚定补偿式高压偏心分层注水管柱图

补偿器
水力锚
偏心配水器
封隔器
偏心配水器
支撑卡瓦
撞击筒
球座
筛管
丝堵

注水层
注水层

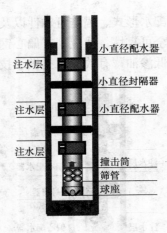

图 1 - 84 套管变形
井分注管柱

注水层 —— 小直径配水器
注水层 —— 小直径封隔器
注水层 —— 小直径配水器
　　　　—— 撞击筒
　　　　—— 筛管
　　　　—— 球座

配测试，需要反洗井时，停注泄压封隔器自动解封，可实现反洗井，高强度弹性不锈钢金属骨架可以保证封隔器重复坐封50次以上。

（3）技术指标

耐压：35～40MPa；耐温：150℃；坐封压力：0.5MPa；最大外径：ϕ95mm；解封负荷：25～30kN；适应套管内径：100～162mm；反洗井排量：不限。

（4）技术特点：

① 内衬弹性金属骨架的小直径扩张式胶筒，具有"高膨胀比、耐高压"特性，适用套管内径范用大，高温高压下密封可靠，能够通过套管变形补贴缩径段，在正常套管内实现高压分层注水，并且回收解封可靠；

② 整个管柱具备反洗井功能，内通径大，与常规偏心分层注水钢丝投捞测试工艺相匹配，投捞测试成功率高。

（5）应用情况

该技术在河南油田双河、下二门、古城、宝浪等油田应用64口井，施工工艺成功率96.8%，最高耐压41MPa，累计增注 $15 \times 10^4 m^3$，累计控水 $19 \times 10^4 m^3$，解决了套变井分层注水工艺技术难题。

4. 液力投捞斜井（细分）分层注水技术

常规分注工艺管柱应用于大斜度井时，由于井斜因素的影响，封隔器下井过程中胶筒易磨损，封隔器坐封后，胶筒径向受力不均匀，影响了封隔器的密封性能；由于井斜井深投捞测试仪器投捞不到位、易遇卡等，造成分注困难；测试密封段在下井过程中密封件容易偏磨，造成坐封不严，测试水量不准，严重影响分层注水效果。应用于厚油层内薄夹层、薄注入层细分注水时，由于受注入层厚度、夹层厚度、层段数量等因素的影响，无法实现分层注入和水量调配测试，难以满足厚油层细分注水工艺要求。该技术采用封隔配水器进行层间封隔和分层配水；液力投捞方式实现水量测试调配，配套管柱机械定位实现薄夹层准确卡封，是实现斜井、细分注水井有效注水的主要技术手段。

（1）管柱组成

液力投捞斜井（细分）分层注水技术主要包括液力投捞分注管柱、地面辅助工具和液力投捞测试工艺。井下液力投捞分注管柱分为斜井分注和厚层细分注水两种管柱。液力投捞斜井分注管柱主要由缓冲器、扶正器、封隔配水器（包括上、下级配水封隔器及配水器芯子）、封隔器、连通阀、斜井单流阀等组成（见图1-85）。液力投捞厚层细分注水管柱主要由缓冲器、封隔配水器（包括上、下级配水封隔器及配水器芯子）、封隔器、收缩型管柱机械定位器、挡球连通器、球座等组成（见图1-86）；地面辅助工具部分主要由井口捕捞器、防喷管汇等组成；液力投捞测试工艺部分主要包括小直径井下电子流量汁和数据处理回放仪以及两级液力投捞测试操作工艺等。

（2）工作原理

将液力投捞分层注水管柱下入井内设计位置，采用弹性扶正器扶正下井工具、管柱自身定位，使封隔器准确卡在薄夹层段上。

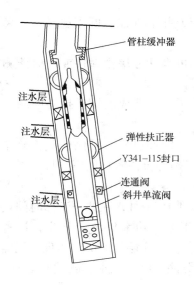

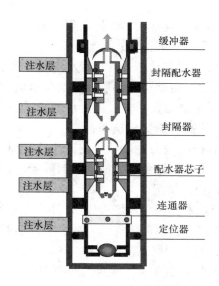

图 1-85　液力投捞斜井　　　　　图 1-86　细分分注井注水管柱
　　　　注水管柱

分注管柱定位后，将配水器芯子上部、中部水孔均装入死嘴，投入井内分别坐在封隔配水器上，油管憋压坐封封隔配水器和封隔器，分隔注水层段，并使定位器内收，再提高压力分别打开缓冲器和挡球连通器，使分注管柱与底层连通。通过反洗井，将配水器芯子冲出在井口捕捉。将配水器芯子上部、中部水孔的死嘴调换成合适水嘴，同时将小直径井下电子流量计放入配水器芯子内，然后把配水器芯子投入井内，坐到封隔配水器上，注入水通过水嘴对地层注水，小直径井下电子流量计测试对应层的水量。通过地面数据处理回放仪对各层对应小直径井下电子流量计进行处理、回放，得出分层水量数据和测试曲线，分析分层流量并调配水嘴重复测试。单级配水器芯子，可以对三个层段分注、分层测试，两级配水器芯子可实现对五个层段分注、分层测试。

测试合格后，取出小直径井下电子流量计，将测试时各层的水嘴装人配水器芯子投入井内，在依靠注入水和工具自重进入封隔配水器，实现斜井分注和厚油层细分注水。上提管柱可解封起出分注管柱。

（3）技术指标

工作压差 30MPa；工作温度 120℃；坐封压力 6～7MPa；适应井斜≤45°；

分注层段 2～5 层；机械定位误差 ±0.15m；单层测量范围 300m³/d；测试精度 ±1.5%；反冲配水器芯子最小流量 12m³/h；封隔器最小卡封距 1.8m；最小坐封段 0.89m；解封负荷 25～30kN。

（4）技术特点

① 封隔配水器具有层间封隔和分层配水双重功能，独创了具备验封功能的配水器芯子，一次液力投捞可起下两级配水器芯子及 5 支井下电子流量计，可同时调配 5 层水嘴、测试 5 层水量，测试工艺简单可靠，测试调配效率高；

② 细分注水管柱机械定位技术定位准确，误差小（井深 2500m 时误差为 ±0.15m），操作简单，费用低，有效保证了细分措施管柱在薄夹层上准确定位和卡封，而且管柱机械定位器具有安全控制机构，作业施工安全可靠；

75

③ 多级封隔器和多级封隔配水器均可以直接组配成井下管柱，可实现多个薄夹层和多个薄注入层的细分注水；

④ 两级配水器芯子具有带水嘴坐封及验封功能，可判断分层密封性能，保证测试结果的准确可靠，可取得厚油层内小层吸水能力的真实资料；

⑤ 采用液力投捞方式进行水量测试及调配，避免了井斜造成的钢丝投捞的测试遇卡遇阻机率，提高了测试成功率；

⑥ 管柱类型为井口悬挂式，并具有弹性扶正机构和缓冲机构，可保证斜井分注封隔器下井密封可靠，避免压力波动对封隔器的影响，提高了斜井分注管柱的密封性能。

（5）应用情况

该项技术已经在现场应用 78 井次，平均有效期达到 18 个月，在井下工作时间最长已经达到 2 年以上，目前仍继续有效，分注管柱机械定位工艺成功率 98%，分注管柱密封成功率 95%，投捞测试工艺成功率 96%，最大井斜 43°，最多分注层数 5 层。实现封隔器在最小坐封段 0.89m 上坐卡，密封耐压 30MPa，达到了斜井分注、细分注水、测试的目的。

5. 分层注聚合物工艺技术

河南油田地层非均质严重、层间吸水差异大，单管笼统注聚合物后聚合物溶液主要进入高渗透层，中、低渗透层波及程度低，驱油效果差，注采剖面改善不明显，油层边部及中、低渗透层的剩余油得不到有效动用，严重影响聚合物驱的开发效果。为此，研制成功了聚合物低剪切配注器、大通径可洗井封隔器和配套的投捞测试仪器，实现了聚合物驱井下单管多层分层配注，减少了聚合物溶液沿高渗透条带突进现象，使差油层得到很好动用，注聚剖面得到有效调整，改善了聚合物驱开发效果。

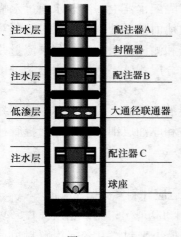

图 1 - 87

（1）管柱组成

分层注聚合物工艺技术包括分注管柱配套工具和投捞调配、测试工艺。聚合物驱分注管柱主要由聚合物低剪切配注器、大通径可洗井封隔器、底部连通阀、减震筒、球座、筛注入层管和丝堵组成（图 1 - 87）；投捞调配、测试工艺包括外流式电磁流量计测试、配注芯投捞调配等。

（2）工作原理

聚合物驱分注管柱下井后，配注器内装憋压芯，地面憋压坐封封隔器；将配注器内的憋压芯捞出更换为配注芯，可控制流量，用试井钢丝携带打捞器依次打捞；聚合物溶液流经配注器工作筒和配注芯，流动受阻产生压降，从而控制流量；采用试井钢丝起下电磁流量计进行分层测试，结合分层配注量，调配各层分层水量，实现聚合物驱井下单管三层分注。如果对于欠注层对应采用底部连通阀，可以实现聚合物驱井下单管四层分注、分层测试。

（3）技术指标

分注层数 3 ~ 4 层；聚合物剪切率 < 6%；压降 1.5 ~ 3.6MPa；单层排量范围 25 ~ 180m³/d。

（4）技术特点

① 聚合物配注工具对聚合物剪切率低、压降大，实现了聚合物单管多层分注；

②聚合物分注管柱能够彻底反洗井到油层底部，并具有憋压泄流功能，可避免配注器因聚合物返吐堵塞问题，提高了分注有效期；

③分层密封可靠，聚合物配注器芯子投捞可靠，工艺成功率高；

④采用外流式三参数电磁流量计分层测试，保证测试结果真实可靠。

（5）应用情况

该技术在双河、下二门油田共应用 73 井次，坐封、投捞测试工艺均成功，工艺成功率100%，有效率94%，实现了聚合物驱井下单管多层分层配注，分注层数达 3 层，在单层流量 180m³/d 时，可以产生压降 3.6MPa 以上，对聚合物剪切降解率小于 6%，减少了聚合物溶液沿高渗透条带突进现象，改善了聚合物驱开发效果。

6. 聚驱后防返吐分注工艺技术

针对聚驱转水驱井、聚合物调剖注水井因地层返吐残留聚合物团块、地层返吐出砂等原因导致的堵塞井下管柱和配注工具、测试遇阻无法正常分注的问题，开展注水井防倒流、防返吐分注技术研究，通过单向防倒流偏心配水器和限压单流阀防止聚合物返吐物进入油管；防返吐剪切控制器和割缝筛管剪切、阻挡返吐聚合物团块，降低黏度，防止堵塞管柱和水嘴等技术手段，初步解决了分层注水井因地层返吐聚合物、返吐出砂等导致的无法正常分注问题，分注有效期延长一倍，实现了聚驱转水驱井的长期有效注水。

（1）管柱组成

聚驱后防返吐分注工艺管柱主要包括控制洗井防倒流分注管柱和剪切控制防返吐分注管柱。控制洗井防倒流分注管柱主要由防返吐偏心配水器、封隔器、限压单流阀、割缝筛管等组成（图 1 - 88）；剪切控制防返吐分注管柱主要由防返吐剪切控制器、防返吐偏心配水器封隔器、限压单流阀、割缝筛管等组成（图 1 - 89）。

（2）工作原理

采取单向阀防倒流原理，防止聚合物返吐物进入油管。偏心配水器出口设计单流阀，注

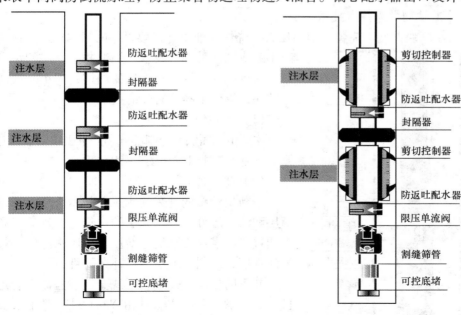

图 1 - 88　控制洗井防倒流管柱　　　图 1 - 89　剪切控制防返吐分注管柱

水时打开、停注时关闭，能够防止在投捞堵塞器时因压力下降地层返吐聚合物进入油管内，防止堵塞管柱和水嘴。底部洗井阀设计为组合式可控洗井阀，由限压单流阀和割缝筛管组成，限压单流阀设定较高开启压力，油管内压力低于设定压力时防倒流；割缝筛管能够对部分返吐聚合物二次剪切，降低黏度，防止堵塞管柱和水嘴。

封隔器进行层间封隔，防返吐偏心配水器控制分层配水，防返吐剪切控制器下井后正对返吐层，油管憋压坐封封隔器，投捞调配注水过程中，防返吐剪切控制器的双向皮碗憋压后控制开启，将射孔井段卡封，双向皮碗和过滤衬管将地层返吐的团块状聚合物阻挡在过滤衬管和套管组成的环空内和地层内，在过滤衬管形成阻挡滤层，防止压降过快聚合物返吐大量进入井筒。过滤衬管采取割缝管，对聚合物具有剪切、阻挡作用，注入水通过配水器可顺利通过过滤衬管进入地层。反洗井时，注入水通过过滤衬管和中心管环空下行，直到管柱底部割缝筛管和限压单流阀，进入油管返回。

（3）技术指标

工作压差30MPa；工作温度120℃；最大外径115mm；分注层数3～4层；适应井深≤2500m；适应套管内径121～125mm。

（4）技术特点

①通过控制压降，能够防止返吐物倒流进入油管堵塞管柱，避免降压测试过程返吐问题；

②剪切控制分注管柱通过对返吐层建立剪切阻挡层，能够控制地层压降速度，防止大量返吐聚合物和地层砂进入环空和油管，防止堵塞管柱；

③分注管柱能够在设定压力下反洗井，防止水质差和机杂堵塞，提高分注有效期。

（5）应用情况

该技术共在聚转水驱和聚合物调剖后分层注水井开展现场试验15口井20井次，工艺成功率95%，试验井平均分注有效期达到9个月以上，较好地缓解了地层返吐和出砂影响分注测试现象。

7. 复杂小断块同井采注水技术

针对复杂小断块井网不完善，地层压力下降快、油田开发效果差的问题，攻关研究了复杂小断块同井采注水技术，把油井中水层的水利用电泵注入到同井需要补充能量的油层，为小断块油藏能量补充，提供了经济有效的技术手段。

（1）管柱组成

主要由地面供电控制部分和井下丢手防砂管柱、电泵增压注水管柱组成（图1-90）。

（2）工作原理

小断块油藏同井采注水工艺技术采用封隔器将水源层和注水层分开，水源层的水经过滤砂后，利用井下倒置式电潜离心泵机组增压，高压水经注水管柱注入注水层，达到对地层能量补充的目的。

井下防砂管柱采取丢手式金属绕丝砂筛管进行机械防砂。增压采注水管柱由Y441封隔器用来实现采水层和注水层的分隔，插管密封方式实现电泵增压注水管柱与防砂管柱的连接。

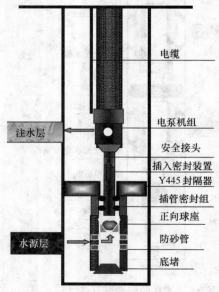

电缆

电泵机组

安全接头

插入密封装置
Y445封隔器

插管密封组

正向球座

防砂管

底堵

注水层

水源层

图1-90　同井采注管柱

（3）技术指标

工作压差 25MPa；耐温≤120℃；最大外径 116mm；适应井深≤2000m；适应套管内径 139.8mm；过电缆井口密封 15MPa；额定排量 40～80m³/d。

（4）技术特点

①管柱结构上采取单向采水的结构形式，构成密闭防砂采水管柱，避免水源层出砂对电泵的磨损和对注入层的堵塞；杜绝地层返吐出砂和电泵倒转。

②采用 Y445 封隔器锚定丢手防砂采水管柱和电泵平衡注水管柱，避免管柱蠕动引起封隔器及插管密封失效，提高了工作压力和工作寿命。

③采用插入密封方式实现注、采水管柱连接，有利于后期作业管柱遇卡时对管柱进行分段处理。

（5）应用情况

该技术在 B167 区块 XK8 井实施采下注上同井采注，平稳运行近半年，累计注入水 600m³，对应油井累计增油 548t，EX9、XK12 等 3 口地质关井的油井经复产获得高产，油井利用率得到提高，区块日产油量由 4.7t/d 提高到 13.4t 以上，升幅达到 185%，对应油井液面平均提升 256.6m，区块含水下降 27.4%，地层压力得到有效恢复，改善了自然产能低的生产状况。

8. 井下油水分离注入工艺

该工艺可有效减少地面采出水量，降低水的提升和处理费用，是特高含水低效井重新高效开采的重要技术支撑。

（1）管柱组成

井下油水分离注采管柱从地面到井下依次是油嘴、高压过电缆萝卡头、电缆、小扁电缆接头、电机、双流道多级离心泵、三流道接头、水力旋流分离器、外插管、内插管、丢手密封接头、上封隔器、滑套开关、下封隔器、单流阀、筛管等组成（图 1-91）。

（2）工作原理

采油层液体在沉没压力下通过内、外插管形成的环形通道、水力旋流分离器与其外壳间的环形通道、多级离心泵的外环形通道进入多级离心泵，经升压后切向进入水力旋流分离器分离，分离的油沿水力旋流分离器中心、三流道接头轴向流道进入油套环空，经油管举升到地面，在地面通过油嘴调节举升量；分离的水沿水力旋流分离器尾管段向下打开单流阀经筛管注入注水层，上封隔器是用来隔离采油层和浓缩液的，下封隔器是用来隔离采油层和注水层的。

（3）应用情况

2007 年在河南双河油田南块双浅 4 井上取得试验成功，措施前日产油 1.5t/d，含水 99%。措施后该井井口油压 5.0MPa，套压 6.6MPa，井口出油温度 56℃，地面产液 95m³/d，地面产油 2.2t/d，含水 97.6%，平均日增油 0.7t/d，井下注水 120m³/d。

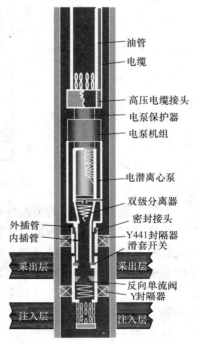

油管
电缆
高压电缆接头
电泵保护器
电泵机组
电潜离心泵
双级分离器
密封接头
外插管
内插管
Y441封隔器
滑套开关
采出层　采出层
反向单流阀
Y封隔器
注入层　注入层

图 1-91　井下油水分离同井注采管柱结构图

（十一）大庆油田注水工艺新进展

1. 高效细分注水测控配套工艺技术的主要技术构成及原理

2001 年以来，大庆油田开展优化封隔器、配水器内部结构、整体尺寸研究以降低分层注水管柱的卡距；开展优化、简化施工工序研究以缩短维护施工周期、降低成本；开展提高效率研究以降低测调工作量；开展测调工艺与管柱的系统优化配套研究，实现水量、压力单层单测，以提高分层测试稳定性、资料的准确性。开展了提高分层注水工艺水平为目标的高效细分注水测控配套工艺技术研究攻关。

（1）测压、配水多功能新型配注器

研发测压、配水多功能新型配注器：一是在纵向上设计有连通上下的分流通道，使分注工艺管柱每一级对井口来说，都形成"或"门逻辑关系。二是在配水器测试段适当的位置上开横向水孔，改变水由堵塞器配合孔底部进入堵塞器的方式。

这一改变，不但使多功能新型配注器具有常规偏心配水器功能，而且实现了注水井单层段水量、压力的单层测试。测调流量、测压力，只需对目的层段测调即可，极大地提高了测调效率。而且连通上下的分流通道由初期的直通式改进为侧通式（图 1-92），完善后的多功能配水器也能满足常规工艺的操作。

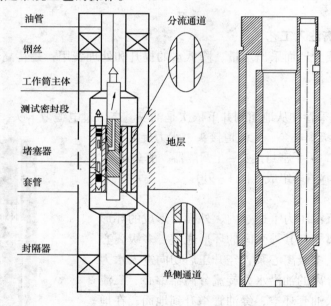

图 1-92 直通式与侧通式分流通道

测压、配水多功能新型配注器具有如下功能特点：①单层单测一方面减少了累计误差，另一方面降低了流量计的量程，提高了测试精度；②单层单测减少了水量调配时重复烦琐的试探性换水嘴、投和捞堵塞器、测试流量工作量，极大地提高了测调效率；③分流通道减少了流量测试过程中的层间干扰，增强了稳定性，提高了资料的可靠性；④分流通道实现分层压力测试时，不需要投捞堵塞器，减化了工序，降低了压力波动及干扰，节约了时间，提高了测试效率和准确性。

达到的主要经济技术指标：①测压、配水多功能新型配注器形成 ϕ114mm、ϕ100mm、ϕ95mm 直径系列，主通道 ϕ46mm，配水孔 ϕ20mm；投捞一次成功率 99.2%，测试成功率 95.3%；②分流通道孔径 ϕ25mm，数量 4 个；③新型多功能配水器整体结构的优化使得功能增强而整体尺寸由常规的105cm缩短到85cm，缩短了20cm，每套新型配水器节约钢材约10kg。

测压、配水多功能新型配注器的应用，使流量测试精度提高了4～8个百分点；测压效率提高了4～6倍。单井水量测调周期由5.5天到3.5缩短2天，提高了测调效率。

（2）新型低压可释放封隔器

压缩式低压可释放可洗井封隔器（图1-93）借鉴常规压缩式封隔器原理，在坐封机构中增加了辅助坐封机构——密闭式活塞平衡腔结构，充分利用了注水井油套静压力的平衡原理，克服了套压对封隔器释放的影响，降低了坐封释放压力。当油压达到8～10.0MPa时，封隔器即可释放坐封。维护作业时，下入管柱同时在配水器中装配该层需要尺寸的水嘴，靠注水井来水压力就可以实现低压可释放封隔器的坐封。其解封、洗井功能与常规封隔器相同。一次维护作业过程节省一台水罐车一台水泥车现场打压施工，节省测调车现场投捞作业，也节省了施工时间。另外，该新型封隔器在胶筒的组配上采用两个硬扶正边胶筒与中间柔性密封胶筒配合方式，选用了性能优良的胶筒材料；并且边胶筒使用了保护伞结构，提高了封隔器的密封性能、胶筒的使用寿命。在封隔器洗井活塞上设计了骨架式密封盘根，增加了洗井活塞的稳定性、密封性。

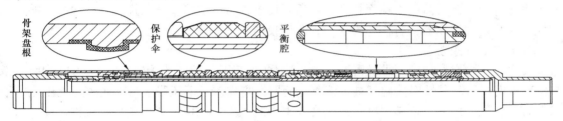

图1-93 新型低压可释放封隔器

达到的主要经济技术指标：①低压可释放封隔器适应深度800～1200m，注水压力8～10MPa时封隔器释放坐封；释放成功率达到100%。形成ϕ114mm、ϕ100mm、ϕ95mm直径系列；②统计有验封资料的2546口井，井的密封率95.4%，层的密封率97.2%。一次解封成功率98.4%；洗井排量为25m^3/h，平均使用寿命为2.7年。③通过对封隔器内部及整体结构的优化设计，功能增强而长度由常规的120cm到65cm，缩短了55cm，每套新型低压可释放封隔器节约钢材25kg。

该新型封隔器的应用，单井次维护作业平均缩短工期2天，提高了施工效率，提前2天注水，提高了注水时率。工序简化减少了大量的现场工作量，也减少了由于投捞掉卡等原因造成的返工作业，节约了巨大的成本开支。研发的新型低压可释放封隔器比常规可洗井封隔器井的密封率提高了10.0个百分点，极大地提高了分层注水的有效率和注水质量。

（3）新型封隔器、配水器组成的管柱实现分得开、分得细

研发的新型封隔器、新型多功能配水器经整体结构优化，具有多功能、结构短的特性。结构尺寸的缩小使分层卡距由常规的8m以上缩短到3.0m；在新型多功能配水器的测试导向机构上设计了正反可换式导向结构后，采用1、3、5与2、4、6分别导向的方式，进一步使分层卡距由3.0m缩小到1.5m。组成的分层管柱实现了小卡距、小偏心距、防蠕动的"两小一防"功能。单井平均分层数由2.6层到4.2层，工艺上实现分得开分得细，满足了开发深化细分层注水工艺的需求。

（4）双作用投捞器

原有的常规投捞器每次下井只能投送或者捞起一个堵塞器，效率低。研制的双作用投捞器（图1-94）有一个打捞爪（上爪）、一个投送爪（下爪），进行投捞时将投送的目的层堵塞器装于投送爪上，上拉连杆，将投送爪连同其上的堵塞器因连杆底部台阶的作用压入并锁于投送槽内，将打捞爪和导向爪分别锁入打捞槽与导向爪处的空间内。投捞器下过目的层之偏心配水器后，上提钢丝，使打捞爪和导向爪相继被打开。

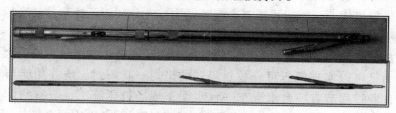

图1-94 双作用投捞器

再次下放钢丝便可进行目的层偏心配水器原堵塞器的打捞，当原堵塞器打捞成功后，该堵塞器在向打捞槽内收回时径向下压位于打捞槽内的连杆机构，使投送爪连同拟投送的堵塞器因失去连杆底部台阶的支撑而打开，随后便可进行目的层堵塞器的投送。一次起下的过程中完成了目的层堵塞器的打捞与投送，将测调投捞效率提高了一倍。

（5）相关配套测试工具

常规配水器测试用单皮碗测试密封段，新型配水器使用双皮碗双卡测试密封段（图1-95）。双皮碗双卡密封段一是针对皮碗易被水流刺坏问题，将皮碗上下压胀坐封方式改为上压胀、下挤胀方式，同时增加下皮碗强度；二是在双卡密封段坐封机构中加入了自锁机构，保证密封段密封效果。同时采用性能较好的硅橡胶代替硫化橡胶，改善皮碗的柔韧性。使测试密封段过孔成功率由原来不到40%提高到95%以上。

图1-95 双皮碗双卡密封装置

高效细分注水测控配套工艺技术经过几年的研发、应用，共申报各类专利27项，其中取得授权实用新型专利13项，申请并已受理的发明专利有5项，申请并已受理的实用新型专利有5项，申请已授予"实用新型专利权"办理手续通知书的有3项，申请并已受理的外观新型专利1项。形成自主知识产权适应当前开发需要的新一代分层注水测控工艺技术，已经成为大庆油田分层注水的主体技术。

2. 现场应用情况

高效细分注水测控配套工艺技术研发以来，由于具有"分得开、测得准、测得快、低成本"特点与优势，在大庆油田得到广泛应用。2002～2006年在采油一厂～五厂共应用13769井次，49851个层段，减少投捞器下井次数106704次，减少水泥车释放工作量13769次，密封率95%以上，单井由初期的2.6层提高到目前的4.2层。另外，该技术还在吉林油田、胜利油田等现场应用1850多井次，在中石油国外区块哈萨克斯坦的扎纳诺尔油田、艾旦油田、印尼区块共应用50余井次。

3. 几点认识

（1）通过测压、配水多功能新型配注器、低压可释放封隔器的研发，双作用投捞器研制，提高了现场作业效率、提高了水井分层测调效率和测试精度；通过优化、简化施工工序，减少了维护作业时使用的大量设备、减少了大量的人员、设备配置，节约了大量的成本投资和运行费用，具有巨大的社会经济效益。

（2）提高了细分注水工艺适应能力，实现"分得开、测得准、测得快、低成本"，解放了薄差油层，提高了薄差油层动用程度。为油田高效可持续发展提供了强有力技术支撑。

（3）该技术的研发应用，使油田开发在注水井上能分得更细，测调效率得以提高，测试精度得以保证，在一定时期基本满足了开发的需求。但是随油田加密的进行，分层注水井相关工作量仍将不断增长，矛盾将不断凸显，测调工艺应该进一步朝着高效智能化方向发展。

（十二）地面三段分注技术

注水是保证油层压力，实现油田高产、稳产的基础。对于多油层油田为了调整层间矛盾、控制原油含水和提高原油采收率，都应实行分层注水。由于各个油田的具体情况不同，采用的工艺方式也不相同，根据四家子油田只有三个主力注水层段的特点，我们应用了地面三段分注技术。

1. 地面三段分注技术的工艺原理

通过套管、油管、中心管组成的相对独立的注水通道，使套管注Ⅰ段、油管注Ⅱ段、中心管注Ⅲ段，同时通过地面定量配水器自动调节单层注水量，达到单层精确注水的目的（图1-96）。

（1）井下部分

①封隔器（图1-97）

ZPY341-114型封隔器，为不可洗井压缩式封隔器，液压涨封，上提解封。有平衡液

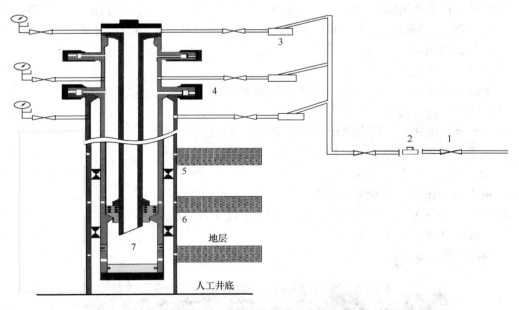

图1-96　地面三段分注工艺流程图

1—总闸门；2—流量计；3—定量配水器；4—地面三段专用井口；5—ZPY341-114型封隔器；

6—插入式密封配水器；7—定压器

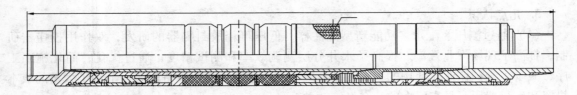

图 1 - 97 ZPY341 - 114 型封隔器

缸，层间耐压 20MPa 以上，解封单级载荷小于 2t。

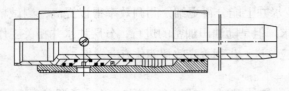

图 1 - 98 插入式密封配

②插入式密封配水器（图 1 - 98）

由外套、滑套和插入管组成。密封压力 25MPa 以上，插入管与配水器有 1.5m 的密封段，可根据井口配数据需要上下移动 1.5m。

主要功能：

a. 第二段配水器；b. 保证封隔器涨封；c. 二、三段油管内封隔器。

③定压器（图 1 - 99）

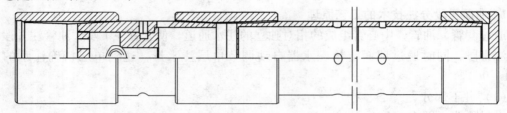

图 1 - 99 定压器

主要起两个方面的作用，其一，在一定的涨封压力下相当于死堵的作用，保证封隔器涨封；其二，在完成封隔器涨封工作后，提高油管压力，使滑套打开，成为最底层段注水的通道。

（2）地面部分

①地面三段专用井口：

有两级油管挂（2½in，1½in），连通地面和地下三条独立注水通道。

②定量配水器（图 1 - 100）

保证地面系统和井下压力波动时，单层注水量恒定。

a. 定量芯子额定流量：$5 \sim 110 m^3/d$；

b. 流量精度：$\pm 3\% \sim 8\%$；

c. 最大工作压差：35MPa（压差 = 注水压力 - 地层压力）；

d. 最小工作压差：0.5MPa（小于 0.5MPa 不能正常启动）；

e. 连续工作时间：$3 \sim 12$ 个月；

f. 外径尺寸：$\phi 22mm$。

图 1 - 100 定量配水器

2. 工艺优点

（1）不用测调试

地面分注工艺由于取消了常规井下配水器，通过地面定量配水器自动控制各层水量，不用投捞测调试。

（2）单层注水量精确

地面分注工艺使地下层与层之间相对独立，完全避免了同一口井由于各层压力差异造成的在特殊情况下的层间混注，又可以在不用测调试的情况下精确控制单层日注量，同时对泵的要求也相对降低，在泵压波动的情况下，通过地面定量配水器自动控制各层水量流量，完全能够达到平稳注水、分层注水要求，给地质动态分析提供了准确的资料。

（3）可以在地面验封

通过在地面查看各段压力情况，可初步判断封隔器是否失效，进而通过地面倒各段流程就可验证井下封隔器坐封情况，验封简单，发现问题及时；可直读嘴后压力，为地质分析提供便利。

（4）封隔器为不可洗井压缩式封隔器，虽然采用这种封隔器不能洗井，但是可以定期依靠地层压力反排井底污物，达到清洗井底的目的。

3. 地面三段分注的施工过程

（1）起出原注水管柱及配件后，安装新井口，下入 2½in 油管，自下而上按数据依次安装定压器、ZPY341－114 型封隔器，插入式密封配水器、ZPY341－114 型封隔器；

（2）管柱下到预定位置后，地面打压 12～13MPa 两次，每次稳压 3min；再打压 16MPa 两次，每次稳压 3min；

（3）在油管内继续提高压力至突然泄压（约 17～18MPa）；

（4）在 2½in 油管内下入 1½in 油管，1½in 油管下接插入管，下至接近预定位置后缓慢下入，遇阻后上提 30～50cm，防止插入管弯曲，造成密封性差；

（5）安装地面流程，试注。

由以上过程可以看出，施工过程比较简单，正常作业机完全可以进行作业施工，不需要特殊的作业设备。

4. 日常管理

（1）验证单层注水量

当班人员在全井注水量无明显变化的情况下每周测一次单层注水量，发现注水量超标马上验证单层注水量，单层注水量超标的要更换定量配水器的定量芯子，确保单层注水量准确达标。

（2）验封

每月进行一次验封操作，验封操作的步骤：首先，如果各个注水层段的注入压力不同的话，认为封隔器正常坐封；其次，停止一个层段的注水，同时加大另外层段的注水量，如果两个层段的注水压力不同步变化，则封隔器正常坐封。

（3）返排

不可洗井式封隔器的井每一季度进行一次返排，达到返出水与注入水水质基本一致后才可转为正常生产。

5. 应用状况

地面三段分注技术主要应用在四家子油田，四家子油田以泉二段农安油层为主要目的层，采用200m井距、正方形井网、反九点法面积注水配合点状注水方式开发，主力油层7、9、17三个小层，全区块平均日注水量600m³/d，平均单井日注水量18.2m³/d，原用偏心、空心的注水工艺，主要存在以下几个方面问题：

（1）原工艺存在问题

①投捞困难

四家子油田为丛式井开发，注水井大多为斜井（100m处开始造斜，斜度最大达37°和近两度的狗腿弯），而且注水量低，水流缓慢，污水中的油在井筒内大量凝结，两种因素综合起来，造成投捞工具下不到位，每次测调试前必须进行长时间热洗，洗井后马上进行投捞测试，由于测试时已不是正常注水情况，所以造成测试资料不准，无法满足地质方案要求。

②单层配注量较低，受压力波动影响大，必须频繁测调试；

四家子油田注水井单层配注量最大为20m³/d，最小为5m³/d，全井最大配注量为40m³/d，最小为10m³/d，采用的测调试方法为降压法，而单层5m³/d的流量（甚至包括有的10m³/d的层）用这种方法测试非常困难，注水压力稍有波动，就出现分水压力不在测调范围的情况，因此，必须进行频繁测调试，有的甚至分不了水。

（2）新工艺应用

2003年以来，我厂在四家子区块所有分三段的注水井（共18口）都应用了地面三段分注技术，应用以来，各个注水井分注情况良好，主要表现在以下几个方面：

①井下工具性能过关

从2003年1月开始施工到现在，没有出现一口井由于封隔器和插入式密封配水器密封状况不好而造成作业；到目前为止，由于调整层段作业5井次，没有出现井下工具卡造成强拔或者大修作业。

②地面配注合格率高

由于分层注水量是在地面调整的，通过流量计就可以看出单层注水量，出现问题就可以及时进行调整，与原有的空心、偏心分注相比具有操作简单、资料可靠、调整及时等优点，目前有效分注率和动态分注率均达到90%以上，与原来的动态分注率70%左右相比有了很大的提高，取得了非常好的分注效果。

③操作简单，可随时满足地质方案调整要求

因为注水量直接由地面定量配水器控制，不受其他层段的影响，操作简单，方案下达后井口工人只需更换定量配水器芯子，大约半个小时就能完成方案调整，不受天气、注水状况限制。

④经济效益好

由于这项工艺不用进行投捞测试，不仅降低了工人的劳动强度，减少了发生掉、卡等事故的隐患，延长了水井免修期。仅测调试一项，每年就可以节约费用10万元。单井的改造费用很低，经济效益比较明显。

6. 结论

①地面三段分注工艺适用于三段的分层注水井，具有很多优点，实践证明它在油田注水开发中具有很好的应用价值。

②工艺还存在一些不足，如最多只能分注三段，对于深井（2000m以下）来说井下工具的层间耐压效果还没有进行验证。

（十三）测试调配工艺技术新进展

1. 边测边调测试工艺技术（图1－101）

边测边调测试技术是一种集测、调试为一体的新型测试技术。该项测试技术的特点是一次下井可同时完成流量测试和注水量调配，具有边测、边调功能，与双通路偏心配水器配套使用，在测、调某一层段时，其他层段的注水不受影响，同时测、调时所测得的注水量由于是目的层的单层水量，从而使调整过程准确快捷。

2005年3月扶余采油厂引进了边测边调测试仪并进行了现场试验。

（1）组成：

边测边调测试仪由三大部分组成，各部分构成及其功能如下：

①地面控制箱

具备井下供电，流量信号采集，流量自动、手动调节，参数设置，资料回放，打印等功能。包括计算机，电源，信号前置处理线路、采集模块，井下供电模块等。

②井下流量调节仪

具备井下坐封定位，调节流量，及流量、压力、温度测量，可收放等功能。包括井下流量计，井下压力计，导向机构，坐封定位，电动调节机构，电缆配接机构，加重杆连接机构等。

③可调式堵塞器

通过投捞控制器可实现井下水量调整；对于层间轮注井可实现井下直接关闭，提高效率；对于周期注水井和开发调整区早期注水井，注水压力恢复期进行实时监测调整，提高有效注水质量；对于新投注水井

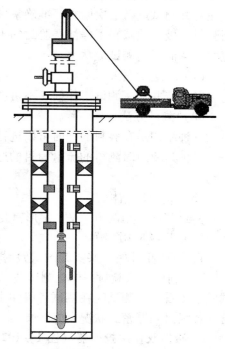

图1－101　边测边调测试技术

在封隔器胀封前可以将其关闭，待封隔器胀封后在井下直接打开，实现真正意义的免投捞。

（2）测试原理技术特点

①测试目的层段、调试过程中水量、压力可视化；

②实时传输。在现场测试时实时读取数据和曲线，井下仪器工作状况和注水井工作状况一目了然；

③地面控制仪通过信号电缆可以直接控制调节臂收放，所以可以重复起下测调实现任意换层测量并调节注水流量，有效防止由于层间干扰带来测试的诸多不便；

④提高了测试效率和测试质量；

⑤现场资料详实：改变传统的配水资料手工处理方式为自动，并引用测试资料解释方法；使资料更详实。

（3）现场应用评价

边测边调测试现场工艺的测试误差控制在允许误差范围之内，分水数据能够满足开发需求，并且从工具回放的数据、曲线可以看出，边测边调工艺技术测试过程操作简单，从井下配件下井到打压涨封后正常注水以及后期测调试一直不用投捞堵塞器，通过调整堵塞器水嘴的大小就可以完成，测试效率是普通测试工艺3～4倍，可以大大的降低测试工人的测试劳

动强度，是一项真正的免投捞测试工艺技术。

2. 测试验封一体化测试工艺技术

测试验封一体化测试技术就是把偏心配水器 φ20mm 偏孔的进液孔由原来的通孔改为 φ46mm 主通道下部内壁进液，在测试过程中配套使用电子流量计、组合式双密封圈结构的密封段（其中包括一拖二压力计及工作筒等）组成的测试工具串，实现验封、水量测试同步完成，既可在进行正常水量调配过程中实现一次验封，又可在不增加测试工作量的情况，随注水井测试进行二次验封，准确掌握注水井的密封状况；该技术能实现停注层的免捞投水嘴验封，极大地减轻了停注层验封的工作量；又可实现不关井测静压，还可降低配水器结垢速度，从而提高测试成功率。

（1）工艺管柱结构

射流洗井器 + 测试工作筒 + 不可洗井压缩封隔器 + 改进型偏心配水器。

（2）测试方法

一种结构是在验封的同时可以进行注水井单层的测试；

一种是验封时测得的流量为目的层以下注水层段注水量的和，单层注水量是应用差减法得到。

（3）密封段结构

密封部件采用两道"V"字形密封皮碗结构，依靠机械压缩实现密封，上提实现解封。

（4）现场应用实例

自 2004 年开始，共实施测试验封一体化测试技术 30 多口井。2005 年 7 月 9 日在 15 - 7.1 井上利用测试验封一体化测试技术进行测试，该井为五段注水，其中第一段停注，从测试成果图看出，测试时在测试各段注水量的同时对各级封隔器进行验封，该井各段注水量合格，各级封隔器密封状况良好。

3. 磁性双作用投捞器（图 1 - 102）

图 1 - 102　磁性双作用投捞器

分层注水量调配工作中，投捞堵塞器所用时间占总过程的 75% 以上，常规投捞器下井一次只能完成捞或投一项工作。磁性双作用投捞器，可实现下井一次同时完成捞、投堵塞器两项工作，节省了水井调试工作的时间。

（1）结构及工作原理

投捞器采用双释放凸轮，双释放牙块结构，上、下两套释放机构分别独立完成投送爪和打捞爪的开启，工具过工作筒上提后，投送爪和打捞爪打开。打捞仓内装有永久磁块，当下部的打捞爪抓住堵塞器，上提出配水器偏孔后，磁块吸回堵塞器于打捞仓内。然后下放仪器，因打捞爪已收回，投送爪对准进入偏孔投送堵塞器，完成投送堵塞器工作。该工具可以一次下井完成捞、投一级堵塞器工作。也可以安装两个打捞爪，一次打捞两个层位的堵塞器。

（2）现场应用情况

70 个测试班均配备了双作用投捞器，截至 2004 年底，累计应用 2090 井次，4576 个层次，打捞成功率 89.1%，投送成功率 84.1%。并针对现场应用中存在的问题进行了改进，改进后投捞成功率达到 91% 以上。

现场跟踪试验表明，使用投捞器捞、投一层（两趟钢丝）平均时间为 1 小时左右，使用双作用投捞器捞、投一层的投捞时间平均为 0.5 小时左右，可提高投捞效率 1 倍；此外，还减少了测试劳动强度，缓解了测试队伍紧张的状况。

4. 智能测调工艺技术

为了提高分层测试效率，上海嘉地公司研制开发了分层流量智能测调工艺技术，井下测调仪以计算机为核心，以智能 I/O 模块作为数据采集和控制信号输出模块，以可调式堵塞器和配注执行机构组成配注流量调节执行机构。整套操作软件在 Windows 环境下完成。装置可以自动完成井下各层位的流量配注过程的调节控制和配注结果的记录。

井下测调仪共分为地面仪器和井下仪器两个大部分。地面仪器完成对井下仪器的供电控制、通讯以及信号的采集与处理等。井下仪器完成井下测调功能，是整个系统的核心。它共有五部分组成：测调控制线路、测量与通讯线路、调节部分（电机与可调堵塞器）、传感器部分和其他机械部件（1－103）。

地面仪器根据井下仪器的工作要求给井下仪器供电，井下仪器供电后，测调控制线路会根据位置传感器的信号和供电的极性来决定井下仪器的动作（仪器收放、流量测量还是调节）。如果是仪器收放和流量调节，则电机会执行相应的动作。如果是流量测量，地面仪器会发出流量、压力、温度测量相应的通讯信号，单片机部分根据通讯信号开通相应的通道，来测量流量、温度和压力，同时调制和传输部分完成信号的调制和传输，把信号传到地面。地面仪器接收井下仪器的信号，对信号进行处理，并上传到便携机显示。

该测调系统大大提高了井下配注的工作效率和准确性。实现了在一次下井过程中同时完成井下多层流量测试和目标流量配注的任务。可以解决目前油田生产中堵塞器反复投捞，分层测试复杂、耗时长、反复工作量大等问题。

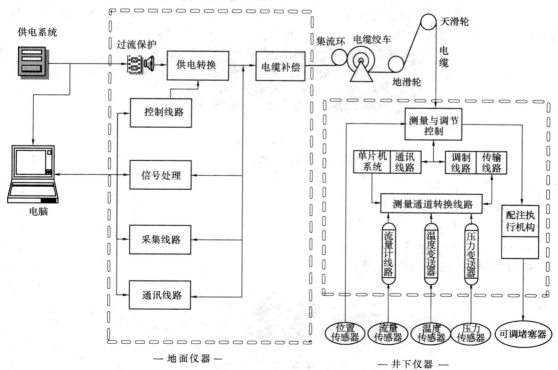

图 1－103　井下测调仪

89

第二章　防砂工艺技术进展

一、国外防砂新技术

国外几家防砂技术服务公司近年来开发出一系列的防砂新技术、新工艺，同时在现场得到了大量应用，并取得了较好的增油防砂效果。其中，Weatherford 公司的 ESS（Expendable Sand Screen）技术、BJ 公司的 1062TM 水平井裸眼防砂完井系统、Schlumberger 公司的 QUANTUM 水平井裸眼充填系统、Halliburton 的 Single – Trip 分层挤压充填技术、Schlumberger 公司的 MZ 分层防砂技术、BJ 公司的 MST 技术、Schlumberger 的 QUANTUM PERFPAC 射孔防砂技术、BJ 公司的压裂防砂技术等都是具有代表性并获得良好市场效果的新工艺。

（一）压裂防砂技术

国外防砂服务公司近年来在工艺技术革新方面不断推陈出新，陆续出现了一系列提高油井产量、增强防砂效果的新工艺。其中 BJ 公司的压裂防砂技术是一项成熟、实用的增油防砂措施。随着近几年的完善配套，该技术已经成为 BJ 公司防砂的主打品牌技术。

1. BJ 公司：Frackpack 技术

（1）压裂防砂增油防砂原理

压裂防砂技术以高于地层破裂压力，在地层内部造缝，使流体在近井地带形成双线性流动模式（图 2－1），改善油井导流能力，提高油井产量。因为增加了流体流动面积，所以降低了流速，减少了微粒的移动；充填层颗粒的紧密排列增强了挡砂效果。

图 2－1　压裂防砂双线性
流动模式

（2）压裂充填过程

①前置液造缝（图 2－2）

②端部脱砂（TSO）（图 2－3）

③裂缝增宽（图 2－4）

④向井筒方向充填（图 2－5）

图 2－2　BJ 公司压裂防砂
充填过程－前置液造缝

图 2 - 3   BJ 公司压裂防砂充
填过程 - 端部脱砂

图 2 - 4   BJ 公司压裂防砂充填
过程 - 裂缝增宽

图 2 - 5   BJ 公司压裂防砂充填
过程 - 向井筒方向充填

（3）技术特点

①穿过炮眼并与地层沟通，疏通流通通道；

②绕过近井污染地带，提高了地层导流能力；

③连通了多个砂岩层，一定程度上解决了层内非均质问题；

④因为增加了流体的流动面积，所以降低了流速，减少了微粒的运移；

⑤充填层颗粒的紧密排列增强了挡砂效果。

（4）选井原则

①出砂严重且其他防砂工艺效果差的井；

②有出砂趋势的新井进行先期防砂投产；

③确知出砂产层被伤害且因酸敏等原因不能酸化解堵的井；

④多层油藏，需要压裂裂缝连通未射孔层段的井。

以下情况下不适合采用压裂防砂技术改造地层：

①目的层接近油水边界或水层；

②目的层接近气水边界或气层；

③套管强度不够；

④固井质量不好；

⑤经济原因。

（5）应用情况

该技术在应用初期以大规模水充填为主，进入 2000 年以来，逐渐改进技术，到 2002 年，形成了以小型压裂、软件模拟、裂缝控制等技术为辅助，高砂比大排量的施工方式。对于 BJ 服务公司而言，其服务井多以压裂防砂技术为主，逐渐取代了挤压充填等其他防砂方式。

2. 国外压裂防砂技术总结

国外在压裂防砂的理论方面认为：只要符合压裂防砂选井的条件，就应对油井采取压裂防砂措施，以保证油井增产防砂、延长有效期。除 BJ 公司以外，国外各大石油技术服务公司都具有完善的压裂防砂配套技术服务能力，该技术已经成为国外石油防砂技术的主导产品，正逐步取代循环充填和挤压充填。

（二）分层防砂技术

分层挤压充填技术以一次可以完成多油层分层防砂的技术优势，较好地解决了非均质油藏井段长、夹层大、多油层的防砂难题，施工工序简单、作业成本低。因此成为世界各大石油公司开发攻关的新技术。主要有 Baker - Hughes 的 Mini - Beta 系统、Halliburton 的 Single - Trip 技术、Schlumberger 公司的 MZ 技术和 BJ 公司的 MST 技术。

1. Schlumberger：MZ 技术

（1）管柱结构组成

该管柱主要由 QUANTUM 充填工具总成、安全接头、分流筛管 MZ 封隔器及桥塞组成。图 2 - 6 为分两层的防砂管柱图。

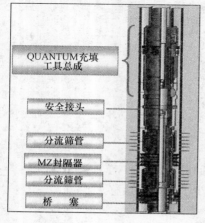

图 2 - 6　MZ 技术管柱组成示意图

（2）技术特点

①一趟管柱完成多层防砂施工

据报道，该管柱最多实施分 4 层的防砂施工。

②可以实现上部油层的压裂充填及下部油层的砾石充填

在不同的分层区间，可以实施不同的施工参数。

③分流筛管的应用使得整个管柱和施工工序更为简单可靠

该技术的应用大大提高了分层防砂的安全性，为该技术的推广应用提高了可靠的技术保障。

④缺点

虽然在管柱设计中增加了安全接头，但分流筛管大的外径和 MZ 皮碗式层间封隔器，后处理困难。

（3）工艺过程（见图 2 - 7）

①下入管柱：按配接方式要求下入管柱，达到设计位置后，坐封各级封隔器，安装地面设备，准备充填。

②充填：按照设计要求对上层实施充填，充填结束后，转换管柱，对下部油层实施充填，其中两层可以采取不同的施工参数；如果设计目的层为两层以上，继续对其他目的层实施充填。

③洗井：所有层地层充填及循环充填都结束后，通过循环口的转换，对管柱内多余的砂子实施反循环洗井。

④起出内管柱，防砂施工结束，下泵投产。

（4）应用情况

以现场施工的一口井（见图 2 - 8）为例：

井深：2623.7m；

井斜：25°；

井段长度：47m；

设计填砂量：38.6t；

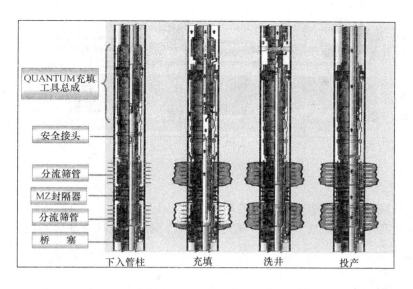

图 2 - 7　MZ 分层防砂技术工艺过程示意图

实际填砂量：43.1t;

上层压裂防砂施工

排量：2.4m³/min

破裂压力：32.2MPa

最高施工压力：38.5MPa

下层充填施工

排量：400L/min

最高施工压力：33MPa

采用低聚物交联携砂体系

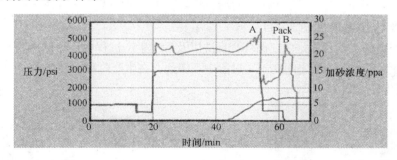

图 2 - 8　QH - F7 井施工曲线

2. BJ 公司：MST 技术

该技术是 BJ 公司于 2004 年推出的最新多油层分层防砂新技术，技术特点鲜明，具有良好的可操作性，是目前国外多油层防砂颇受欢迎的新型技术产品，截至 2007 年 4 月，累计应用于 9 个油田区块，取得了良好的防砂效果。

（1）管柱结构

MST 管柱由外管柱和内管柱组成，外管柱主要包括：测压头、筛管、层间封隔器、生产封隔器及液压坐封工具等；内管柱主要包括转换工具、内充填工具及定位装置等（见图2 - 9）。

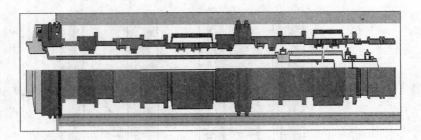

图 2-9　BJ 公司 MST 系统管柱示意图

（2）技术特点

①一趟管柱完成多油层分层挤压与充填施工；

②在施工过程中目的层与其他层实现完全分离，减少作业液与油层的漏失，有利于油层保护；

③有利于后续的分层开采；

④自动定位指示系统的开发，实现了井下工具的准确定位；

⑤缺点：后期处理难度较大；

（3）工艺过程

①组装并将工艺管柱下入井中设计位置（图 2-10）。

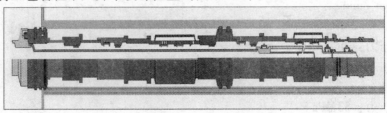

图 2-10　MST 技术工艺流程 - 下管柱

②打开底部流通通道（图 2-11）

打开流通通道的主要目的是保证循环、反洗以及后续生产过程中，流体通路不受阻，其中底部的单流阀设计保证上下油层之间在施工过程中不串通，在生产过程中又能实现同步开采。

③坐封封隔器（图 2-12）

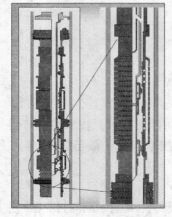

图 2-11　MST 技术工艺流程 -
打开通道

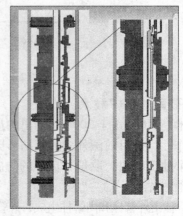

图 2-12　MST 技术工艺
流程 - 坐封

通过打压坐封封隔器，将坐封件固定于套管壁。

④打开充填口（图2-13）

继续打压，打开第一级充填口，该过程中，定位指示系统可以将井下工具准确的调整到预定位置，开启地层挤压通道。

⑤开始地层挤压（压裂）施工（图2-14）

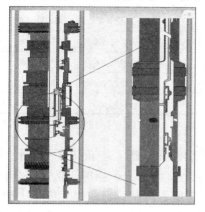

图2-13　MST技术工艺流程打开充填口

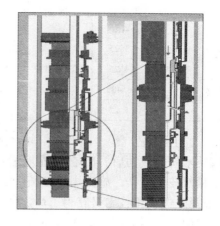

图2-14　MST技术工艺
流程-地层施工

根据地层实际吸收能力，进行地层挤压（压裂）施工。

⑥反洗井（图2-15）

通过井下定位指示系统，转换循环口，反洗出第一目的层环空、油管、工具等部位的砂子。

⑦关闭充填口，实现内外管柱分离（图2-16）

将内外管柱分离，同时关闭第一级充填口，第一目的层施工结束。

⑧对更多目的层施工

根据以上的步骤，重复④~⑦的步骤，对第二目的层乃至更多目的层进行施工。结束所

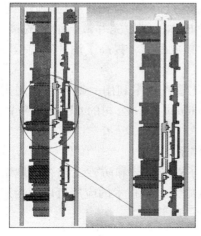

图2-15　MST技术
工艺流程-反洗井

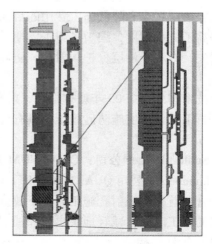

图2-16　MST技术工艺
流程-转换管柱

有目的层施工后，上提内管柱，防砂施工结束。

（4）应用技术规范（表 2 - 1）

表 2 - 1　MST 技术应用技术规范

套管尺寸	最大外径	最小内径	可分离层数	最大层间距	最小分离间距	排量优选	油管选择	筛管选择
7		2.75			15～30′	std7×4	4in 11.6#	4.61
7⅝		3.25			15～30′	std7⅝×4	4½13.5#	5.11
9⅝	套管尺寸	4.25	物理分层数	无限制	15～30′	std9⅝×6	5½in20#	6.11
9⅝		4.482			15～30′	std9⅝×6	6in23#	6.61
9⅝		5.22			15～30′	std9⅝×6	6⅝in28#	7.235

（5）应用情况

该技术研究成功后，BJ 公司在尼泊尔盆地应用几口井，施工均获得了一次性成功。由于工序相对较为复杂，施工周期较长，需要连续施工近 2 天以上，给施工造成一定困难。后经 BJ 公司改进，该技术又获得了一定的发展，使施工更为顺利，目前尚无施工失败的报道，施工过程中的最多分层数为 3 层，该技术逐渐成为 BJ 公司今年来的主打技术产品。

3. 国外分层防砂技术总结

最早开发的 Baker - Hughes：Mini - Beta 系统和 Halliburton：Single - Trip 技术技术成熟，已在中国渤海油田应用近 300 井次，BJ 公司 MST 技术仍处于初期试验阶段。

国外分层防砂技术最大优点：施工过程中层间完全隔离，有利于油层保护；最大的问题：防砂失效后处理难度大费用高，由于工具多，筛管段较长，后处理过程中，很难一次打捞出所有管柱，打捞费用、作业周期较长，甚至出现无法继续开采等问题，目前该问题已成为渤海油田突出的开发矛盾，为分层防砂技术的推广应用制造了一定的障碍。

（三）射孔防砂一体化技术

射孔防砂一体化技术通过对射孔、防砂和监测技术的集成配套，成为了一种实用化的技术。该技术应用于出砂油水井完井措施中，一趟管柱完成射孔、防砂施工，达到射孔、防砂、减轻油层污染和降低施工费用的目的。其技术优势在于：将射孔技术与防砂工艺有效集成，提高了完井速度，缩短了施工周期，降低了作业成本，缩短完井液与油层的接触时间，减小漏失，有利于油层保护；射孔、防砂与监测技术集成配套，提高了油井完善程度与油井产率。

该技术国外在 2000 年就有报道，射孔防砂一体化管柱技术利用一趟管柱首先实施射孔施工，再下放管柱实施防砂施工，具有代表性的是 Schlumberger 公司的 QUANTUM PERFPAC 体系。

1. Schlumberger 公司：QUANTUM PERFPAC 体系

Schlumberger 公司 QUANTUMPERFPAC 体系实现了射孔工艺和防砂工艺有机地结合，利用一趟管柱首先实施射孔施工，再下放管柱实施防砂施工。该技术的应用可以缩短射孔和防砂之间的施工时间，减轻地层出砂和油层污染，减少一趟管柱。

（1）管柱结构

该管柱由射孔测试装置、防砂管柱总成、射孔管柱总成三大部分组成（见图 2 - 17）。防砂管柱总称中包括防砂封隔器和滤砂管等主要部件，射孔管柱总成包括射孔封隔器和射孔枪等。

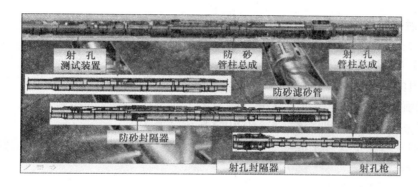

图 2 - 17 OUANTUM PERFPAC 管柱示意

（2）技术特点

①一趟管柱可以完成射孔、防砂、监测所有工序简化施工工序，缩短施工周期。

②水力驱动油管运输射孔体系：使射孔精确、快速、高效；

③实时射孔测试系统：可迅速清理射孔以及井眼破坏形成的碎片。

（3）工艺过程

①下入集成管柱至射孔枪到达井内射孔设计位置；

②打液压坐封射孔封隔器；

③射孔，并根据检测装置进行射孔发射率检测；

④解封射孔封隔器，下放管柱至防砂设计位置，坐封防砂封隔器；

⑤进行砾石充填防砂施工；

⑥起出丢手管柱，射孔防砂一体化技术施工结束。

（4）应用情况（图 2 - 18）

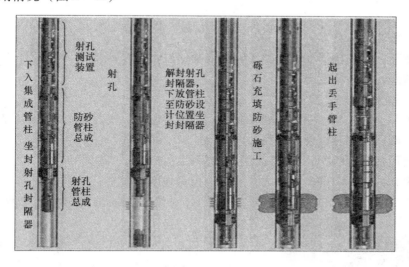

图 2 - 18 QUANTUM PERFPAC 射孔防砂一体化技

QUANTUM PERFPAC 系统在 Congo，WestAfrica 的深海油区得到了大量应用，应用结果表明，该技术大大节约了海上作业费用，简化工序，同时检测结果显示性能成熟可靠，据报道，其中有 3 口以上的施工井进行了不少于两次的射孔作业，施工连续、平稳，一般在 26 ~ 38h 内完成，为 Congo 的海上油田开发节约了大量作业成本。

2. 国外射孔防砂一体化技术总结

国外在射孔防砂一体化技术研究较早，其中复合射孔技术是将含有化学纤维（Baker - Hughes 公司）或化学固砂剂（Halliburton 公司）材料添加到射孔炸药中，实现在射孔的同时对射孔炮眼的同步固结。Schlumberger 公司 QUANTUM PERFPAC 体系出现后，打破了以往射孔防砂的市场布局，主要原因是该体系具备了对射孔发射率的检测系统，同时能够根据检测结果实施二次补孔，使得该技术的应用重新获得了新生。

该技术的缺点在于其施工成功率在 90% 左右，主要施工失败原因是射孔过程中管柱的激动、防喷措施等问题。

（四）其他防砂新技术

1. Reslink 高强度防砂筛管（图 2 – 19）

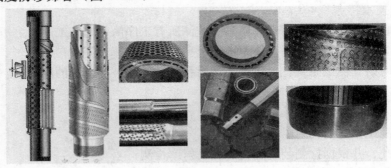

图 2 – 19　Reslink 高强度防砂筛管示意图

（1）工艺原理

根据射孔井段地层砂的分布规律，对应制成不同缝隙开度的筛管，利用自充填达到防砂产油的目的。

（2）性能特点

机械强度高，其抗压强度为同类滤砂管的两倍以上；挤压变形后不会改变其防砂效果；减少腐蚀和堵塞；挡砂精度高。

（3）适用范围

可用于直井、斜井和水平井的裸眼完井；可用于油井、气井和水井。该产品既可单独使用，又可结合砾石充填和压裂充填完井。

至目前已用筛管 70000m，主要应用在北海油区的挪威、英国和丹麦；非洲的乍得、尼日利亚和赤道几内亚；GOM& 加拿大；委内瑞拉等地区。

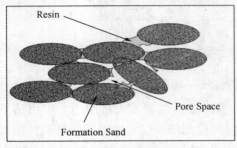

图 2 – 20　BJ 公司 SC Resin
固砂技术原理图

2. BJ 公司 SC Resin 固砂技术（图 2 – 20）

（1）工艺原理

将树脂泵入地层使之涂敷于地层砂表面，以含表面活性剂的盐水作为隔离液，隔离液具有恢复渗透率、使砂粒间以树脂结合的功能，最后采用酸催化剂催化树脂的化学反应。

（2）工艺优势

①产品价格相对低廉，经济实用性强；

②使用连续油管操作灵活、施工简便，成功率高；

③固结强度高，抗压强度在 8MPa 以上；

④渗透性好，岩芯渗透率损失小于 10%。

（3）适用范围

①适用于对砾石充填筛管的修复；

②油井初次防砂或作为补救措施的防砂；

③单一的化学防砂或复合防砂；

④既适用于疏松油藏又适用于胶结油藏。

（4）应用情况

该技术在冀东油田于 2006 年施工 7 口井，从施工效果来看，除一口井施工失败外，其余井在施工结束后，均获得了较高的产量，渗透率损失极低，固结体强度在 10MPa 左右，取得了良好的防砂效果，为冀东油田的开发提供了新的防砂措施。缺点是一旦施工失败，所有施工油管、管柱都被固结，难以处理，甚至出现整口井报废的可能性。

二、国内防砂新技术

国内疏松砂岩油藏分布较广，防砂技术发展也较早。随着采油工艺的不断发展，防砂工艺技术也不断完善，日趋成熟，逐步形成了防砂综合配套技术体系。为适应特殊地质特点和生产需要，防砂技术发展方向由单一直井防砂到复杂结构井、由单层防砂向多层防砂、由套管防砂完井向裸眼防砂完井过渡；由最初的滤砂管防砂、化学防砂、砾石充填到复合防砂、挤压充填、压裂防砂、复杂结构井裸眼防砂完井方向延伸。特别是从 2000 年挤压充填技术成功实施至今，防砂手段和防砂有效期都得到了大力提升。

国内在防砂领域技术比较靠前的为胜利采油院、大港采油院、辽河采油院以及西安石油学院等单位。

胜利油田防砂技术人员针对油田开发不同阶段油藏的不同特点，从七十年代初期开展了防砂工艺技术的研究攻关，经过三十多年的室内研发与现场应用，逐步形成了成熟的以绕丝筛管砾石充填、悬挂滤砂管为代表的机械防砂工艺技术；以涂料砂、固砂剂、干灰砂为代表的化学防砂工艺技术以及复合防砂工艺技术和压裂防砂工艺技术四套主导防砂工艺、九项防砂工艺技术，各项技术应用及效果总体情况如下：

①绕丝筛管（包括割缝筛管）砾石充填防砂工艺技术，防砂有效期 0.5 ~ 1.6 年；

②挤压砾石充填防砂工艺技术，防砂有效期 0.9 ~ 2.1 年；

③悬挂滤砂管（环氧树脂滤砂管、双层绕丝或割缝筛管、金属棉或金属毡滤砂管等）防砂工艺技术，防砂有效期 0.1 ~ 1.3 年；

④树脂涂敷砂防砂工艺技术，防砂有效期 0.1 ~ 0.8 年；

⑤干灰砂防砂工艺技术，防砂有效期 0.1 ~ 0.6 年；

⑥PS 防砂工艺技术，防砂有效期 0.5 ~ 1.8 年；

⑦化学树脂固砂工艺技术，防砂有效期 0.1 ~ 0.6 年；

⑧压裂防砂工艺技术，防砂有效期 1.0 ~ 3.0 年；

⑨其他防砂工艺技术，防砂有效期 0.1 ~ 0.7 年。

（一）压裂防砂技术

国内压裂防砂技术经历了从二步法压裂到压裂防砂一体化的过渡，其中压裂防砂一体化是胜利采油院于 2005 年底推出的一项全新技术，打破了以前传统的光油管压裂、循环充填相结合的压裂防砂方式，将油井防砂与增油上产有效结合在一起。

1. 胜利采油院：压裂防砂一体化技术（图 2 – 21）

（1）技术创新点

压裂防砂一体化工艺技术就是将压裂防砂管柱一次下入井中设计位置，利用大大高于地层吸收能力的排量，按照优化设计的泵注程序将高砂比的携砂流体泵入井中，通过一系列的控制技术，实现端部脱砂，形成短宽裂缝，然后通过工序转换，进行环空充填，达到增产防砂的综合效果。

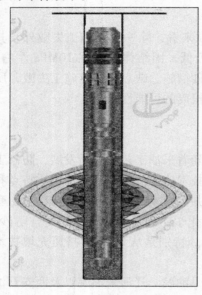

图 2 – 21　压裂防砂一体化
管柱示意图

①一体化管柱设计

管柱组成：该管柱主要由外管柱和内管柱组成。外管柱主要包括压裂充填工具、信号筛管、绕丝筛管、丝堵（桥塞）等；内管柱主要包括压裂充填工具丢手机构、冲管、转换机构等。

性能特点：坐封、丢手、压裂、充填一趟完成；悬挂能力强（700kN）、承压性能高（35MPa）、耐温高（330℃）；无套压施工，保护套管；结构简单，操作方便。

性能指标：承压能力：35MPa；适用温度：330℃；当量流通通径：5½in 工具达到 ϕ55mm（常规工具 ϕ38mm）；7in 工具达到 ϕ72mm（常规工具 ϕ45mm），满足大排量（4m³/min）、高砂比（100%）的大规模施工需求；悬挂能力：700kN。

②端部脱砂控制技术

根据具体井地层原油性质，通过实验调节携砂液体系配方及水化延迟剂浓度，使得压裂防砂施工过程中采用少量前置液开缝，在裂缝边缘遇油或稀释水化，限制裂缝延伸，后续高浓度砂浆，边缘水化脱砂，砾石沉淀，进而迫使裂缝宽度扩展和延伸，从而实现端部脱砂，确保短宽裂缝形成。

在该技术过程中，主要采用了无聚携砂液体系和裂缝形态模拟技术，配合工艺参数优化技术，确保了端部脱砂效果的实现。

其中，无聚携砂液体系是一种可以控制携砂液滤失的优质入井液，通过对携砂液在油层内部及时滤失，以形成端部脱砂的效果。

在该技术的应用过程中，还引入了裂缝方向控制技术、增能助排技术等，为该技术的应用与推广提供了全方位的技术保障。

（2）应用情况

目前该技术在胜利油田累计应用已经超过 140 余口井，一次实施成功率达到了 100%，所有施工井目前仍正常生产，平均单井日增油 5t 左右，第一口试验井面 120 – 4 – 10 井已连续生产时间达到 1200d，目前产油量仍然保持在 5.6t/d，试验应用井目前累计增油 17.55 × 10⁴t，经济社会效益明显。

应用结果表明：该技术成为提高疏松砂岩油藏油井完善程度，实现增产防砂的有效技术手段。

2. 国内压裂防砂技术总结

在压裂防砂技术的研制与开发应用方面，国内已经具备了较为成熟的技术理论、配套管柱、工艺参数优化设计等关键技术，同时目前逐渐认识到该技术对于提高油井产量的重要性，该技术的应用前景是非常广阔的。

缺点：压裂防砂技术相对于挤压充填而言，压裂车组费用成倍增加，对于该技术的推广应用带来困难。

（二）分层防砂技术

国内分层防砂目前应用最为广泛的还是以分步防砂为主，同时对于薄夹层的处理还是以大规模挤压为主，胜利采油院的分层防砂一体化技术可以采用一趟管柱完成多个油层的施工，具有一定的技术优势。

1. 多油层分步防砂技术

（1）工艺过程（见图2－22）

首先预处理施工第一（最下部）目的层以下井段，防止压开下部其他油水层；下入211封隔器施工管柱（尾带笔尖）；在第一（最下）目的层以上坐封封隔器；对第一目的层实施地层充填施工；上提管柱，解封封隔器，在第二目的层以上坐封封隔器；对第二目的层实施地层充填施工；重复上述工艺过程，直至完成最后一个目的层施工；上提管柱；下入循环充填防砂施工管柱，坐封封隔器；对各目的层实施一步循环充填；上提丢手管柱，施工结束。

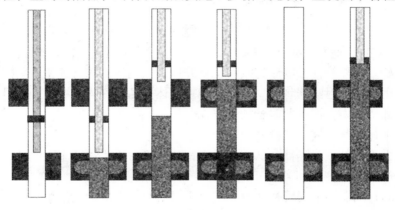

图2－22　逐层分布防研工艺技术

（2）技术特点

逐层分步防砂技术能够根据各目的层的特点实施不同的施工规模，有利于发挥各目的层最大的生产潜能；各目的层之间距离要求在5m以上，以防止施工过程中，各目的层之间出现串层，影响防砂效果；逐层分步防砂技术工艺简单，对管柱的要求较低，施工安全性高，适应性强，适合于大部分分层井的防砂工艺技术；施工工序多，施工周期长，作业费用相应提高，尤其对于海上作业平台，施工费用成倍增加；地层施工后，不能及时进行各目的层实施环空充填施工，不利于保护地层充填防砂形成的裂缝，防砂效果会受到一定影响。

（3）应用范围

该工艺相对于笼统防砂而言，能够有效提高油井的生产能力，各目的层都可以得到密实的充填效果，防砂效果明显。该技术可以广泛应用于各目的层之间物性差异较大的非均质多层井防砂施工。

2. 胜利采油院：分层防砂一体化技术

分层防砂一体化技术是胜利采油院对于多油层分层防砂井研制开发的最新技术，该技术研制开发了顶部封隔器、中间封隔器、底部封隔器、挤压转换总成、井下定位指示系统、复合密封结构等一系列的工具，同时针对多油层井水锁现象等问题，优选开发了充填材料。

（1）工艺过程（见图2-23）

为了简明起见，以两层施工为例作以介绍，更多层基本与第二层施工的结构及工艺原理相同，下面按施工的工序进行介绍：

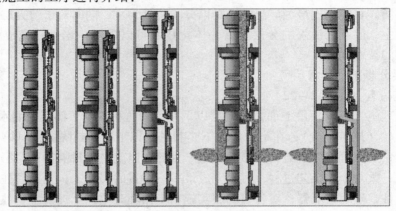

图2-23　分层防砂一体化工艺的实现流程

①打桥塞　在经过通井、刮管的井筒中，将底部桥塞下到设计位置，坐封、丢手，起出；

②下入管柱　将外管柱按顺序连接后坐在井口，按同样的顺序连接并将内管柱下入到外管柱内，之后用顶部主封隔器将内、外管柱连接一体，油管送入井中，到设计位置时加压将管柱插入到底部桥塞内，记录此时管柱位置；

③洗井　进行洗井2周，洗静井中赃物；

④坐封、丢手顶部主封隔器　从油管投入钢球，坐封丢手顶部主封隔器，继续升压开启内充填口，管柱泄压；

⑤坐封中间封隔器　上提管柱使内充填口正对中间封隔器的进液口，并由进液口上下的复合密封将充填口及进液口密封，定位后从油管加液压至坐封中间封隔器；

⑥挤压底部油层　下放管柱内充填口正对底部油层外充填口，上下由复合密封装置密封；按挤压工序对底部油层进行挤压；

⑦充填底部油层　活动管柱，完成挤压充填工序间转换，进行底部油层环空充填施工；

⑧挤压第二层　上提管柱使内充填口正对第二层外充填口，按挤压工序对第二层进行挤压；

⑨充填第二层　活动管柱，完成挤压充填工序间转换，进行底部油层环空充填施工；

⑩更多层的挤压充填　若需要分更多层进行施工，在外管柱增加一分层单元（中间封隔器、绕丝筛管、油管短节、信号总成、外挤充工具）等即可，挤压充填的工艺过程与第二层相同；

⑪起出丢手管柱　最上部油层施工结束后，将管柱起出，带出顶部封隔器上部及内管柱，留井管柱。

（2）技术特点

①设计了分层单元，每增加一层，只需在外管柱上连接一分层单元即可，简单易行，满足了多油层 2~8 层分层防砂的需要，较好解决了非均质油藏多层井防砂难题；

②地层挤压后可以转换为环空充填，保证了充填密实性；

③实现对目的层独立进行挤压施工，有效避免层间窜通，并实现无套压高压挤压；

④与国外同类技术相比较，只有内外两层管柱组成，结构更为简单，性价比高，复合密封技术的研究应用，使得该管柱更为可靠；

⑤研制开发的三种分层工具，上下承受压差达到 35MPa，性能可靠，为实现分层高压挤压奠定了基础；

⑥其他技术（携砂液、支撑剂等）也均与分层防砂一体化技术成熟配套，保障了该技术的顺利实施。

（3）应用范围

①非均质差异大，笼统防砂难以实现较好的防砂效果的多层井；

②夹层厚度大于 10m（实现分层的基本条件）的多层井；

3. 国内分层防砂技术总结

国内分层防砂技术最初以笼统防砂为主，随着挤压充填技术的不断发展，分步防砂技术开始被人们所接受，但是由于该技术施工工序比较烦琐，施工周期长，现场实施难度较大，特别对于海上油井的分层防砂来说，作业费用成倍增加。分层防砂一体化技术目前已经累计应用 20 余口井，该技术相对于分步防砂，防砂效果较好，挡砂屏障更为密实，有利于该类井的开发，同时可以大量节约作业费用，易于推广应用。

（三）排砂采油技术

近年来，国内相继研发了一些用于防砂卡生产的特种抽油泵和抽油杆附件，如防砂卡抽油泵和抽油杆助抽器等，较常规抽油泵而言，具有一定程度的防砂卡功能。长柱塞抽油泵充分利用泵下尾管储存泵上沉砂，但当油井运行一定时间后，存砂将积满储砂口袋，油井必须检泵作业；等径刮砂抽油泵和 KS-A 型抗砂增效抽油泵利用自身结构，可在油井正常运行期间避免卡泵，但当油井停抽维修保养和停电，泵上油管柱内浮砂沉积到抽油泵上端油管内，仍将导致卡泵；携砂助抽器或抽油杆扶正助抽器安装在抽油杆柱中间，可分段阻挡泵上油管柱中的沉砂，但当油井含砂较多或砂粒较大或井液抽汲速度较低时，随井液一同抽汲到抽油泵上方的地层砂仍然会分别堆积在"助抽器"上部，产生砂卡抽油杆柱而检泵作业。

针对油井出砂生产瓶颈，辽河油田研发了一整套有杆泵井筒携砂采油配套技术。该技术着意于在井筒内对具有一定防砂卡功能的抽油泵等井下机具的合理配套和应用，在不影响油层防砂的基础上，使油井获得一种综合的携砂生产效应，最终延长出砂油井的采油时效。

（1）工艺简介（图 2-24~图 2-26）

所谓有杆泵井筒携砂采油配套技术，就是针对地层产出液富含细粉砂，且不能被抽油泵同步抽至井口，砂埋油层，砂堵井筒和泵下尾管并因此而频繁洗井和冲砂检泵作业的出砂油井生产瓶颈，区别于传统的"避砂"生产工艺，在地面抽油设备不更换，能耗不增加，使用寿命不降低的前提上，在现用成熟的油层防砂工艺的基础上，着意于集抽油泵上部的存、携砂和油管柱底部的冲、搅砂为一体，合理配置并充分运用具有防砂卡和耐砂磨蚀功能的井下机具，从而相对减缓砂埋油层和砂堵井筒、砂卡抽油泵和抽油杆柱，延长出砂油井的一次性生产有效时间。有杆泵携砂采油井筒配套技术需要视油井具体工况，对单井进行个性分析

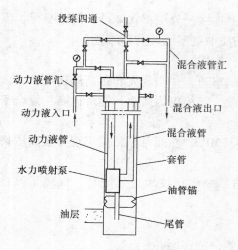

图 2-24 井筒携砂采油装置示意图

和系统考虑井下机具的配置，才能获得最佳效果。对于日产液量较高、由于油井停抽频繁发生砂卡抽油泵和泵上抽油杆柱的出砂油井，可采用泵上储砂兼携砂的防砂卡携砂生产配套系统；对于经常发生砂埋油层、砂堵井筒、砂卡抽油泵和抽油杆柱的出砂油井，可采用泵下冲搅砂、泵上储砂兼携砂的携砂采油配套系统。

工艺以高压水为动力液驱动井下排砂采油装置工作，以动力液和采出液之间的能量转换达到排砂采油的目的。动力液在喷嘴处由高压头转变为高速头，喷射液将地层流体携地层砂从汇集室吸入喉管，在喉管内形成混合液，地层流体由动力液获得充分的能量，由此混合液由速度头转变为压力头，将地层流体（包括地层油、水、砂及其他）排至地面。

投泵时，动力液由投泵四通处经混合液管将喷嘴等带至井下设定位置；起泵时，动力液由油、套管环形空间进入井底，将水力喷射泵更换部分经混合液管带至投泵四通进行检修。以高压水为动力液驱动井下排砂采油装置工作，以动力液和采出液之间的能量转换达到排砂采油的目的。动力液在喷嘴处由高压头转变为高速头，喷射液将地层流体携地层砂从汇集室吸入喉管，在喉管内形成混合液，地层流体由动力液获得充分的能量，由此混合液由速度头转变为压力头，将地层流体（包括地层油、水、砂及其他）排至地面。

由于尾管处于油层下部，地层流体携地层砂能及时进入尾管，不会滞留于其周围，从而保证地层流体进入尾管畅通无阻。在地层液体被举升过程中，由于排砂采油装置具有阻止地层砂下沉的功能，保证了地层流体顺利地排至地面。

（2）技术特点

排砂采油工艺具有独到的优越性。

①具有很强的携砂排砂能力。在地层流体被举升过程中，由于排砂采油装置的特殊结构，使地层液体从进入尾管开始，在井筒内的任何部位上升速度都大于砂子沉降速度的 2 倍。

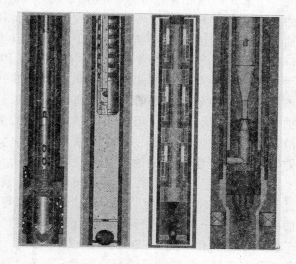

图 2-25 井筒携砂采油泵示意图

因此它具有阻止地层砂下沉将地层流体顺利排至地面的功能，原水力喷射泵则不能。由于原水力喷射泵携砂能力差，在泵下安装的封隔器不可避免地被砂埋甚至损坏。

②井下不设封隔器，可正常录取套压、动液面等油井动态资料以便及时掌握井下工况，而原水力喷射泵采油工艺则无法进行上述工作。

③尾管下至油层下部，使地层出砂全部随采出液排至地面，不会造成砂埋油层。

④所设井口及井下排砂采油装置，无运行件，现场检泵只需更换喷嘴、喉管及1个密封环即可，减少了维修工作量，使维修费用降至最低。

⑤井壁无遮挡，油层近井地带的流砂和堵塞物随地层流体涌入井筒，从而很好地疏通油层和炮眼堵塞，恢复并提高了地层原有的渗透性，使油井产量得到大幅度提高。

⑥对油层无污染、无堵塞性伤害，采用动力液起下泵，调整工作参数方便，施工作业简便可靠，费用低，油井免修期长，具有良好的综合经济效益。

⑦液流稳定，不像抽油泵抽汲采出液具有脉冲，因而地下压力场相对稳定，减少了地层出砂量。

（3）应用情况

该技术在辽河、大港油田得到了大量

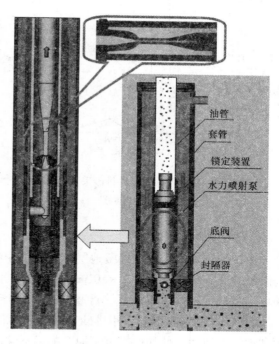

图2-26　反循环排砂泵井筒携砂采油原理图

应用，在滨南采油厂成功采用4口井，试验效果表明：该技术能够最大程度地提高油井产量；有效解决近井地带的污染与堵塞；施工简单，作业费低；排砂采油效果明显。

2001年，排砂采油工艺在滨南采油厂尚店油田尚南开发区实施S46-X12，S4-191，S5-232，B522-2等4口油井。这4口井投产初期绕丝防砂或化学防砂产能都较好，但由于受油层出砂或防砂工艺的影响，产液量都比较低，有的井处于停产状态。下排砂泵后4口井日产液73.3t，日产油22.4t，综合含水69.4%。达到了预期效果。4口井的应用结果表明，排砂采油工艺有以下优点。

①大幅度提高油井的产液量和产油量

从S4-191井产量对比曲线（见图2-27）可看出，该井采用排砂采油工艺后，增产液量12.5t/d，增产油量11.9t/d，日产液量和日产油量分别是采用排砂采油工艺前的3.9倍和8.3倍，接近1988年投产时期13t/d的产能；B522-2井，原来使用多次化学防砂，并多次解堵，生产不出液，2002年6月采用排砂采油工艺后，日产油8t，不含水。因此排砂采油工艺具有明显的增产效果，油井出现的低产液现象并不能证明油层没有生产能力，而是近井地带和井壁的渗流阻力增加所至。

②具有极强的排砂能力

S4-191井砂样分析显示（见图2-28），混合液含砂量最高达19.4%（折合地层产液含砂量为8.3%）。说明排砂采油工艺具有极强的排砂能力，这样高的含砂量在其他采油方式的油井中是难以维持生产的。排砂采油工艺完全能够解决由于地层出砂给油井井筒造成的伤害问题。

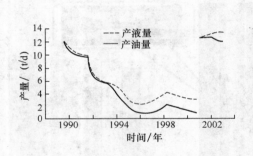

图 2 - 27 S4 - 191 井排砂采油
前后生产对比曲线

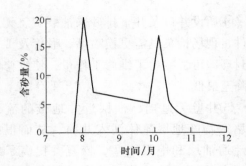

图 2 - 28 S4 - 191 井混合液含砂趋势

③有效地解除地层堵塞

由于尚店油田东营组油藏地层砂粒度小、黏土含量高，尚店油藏具有强水敏、中碱敏、弱酸敏性质，临界矿化度 2×10^4 mg/L。在长期的开采中由于注水、防砂和其他作业的缘故，油层伤害严重，渗透率下降，严重影响油井产能。S4 - 191 井在采用排砂采油工艺前产液 3.2m³/d，产油 1.4t/d。采用排砂采油工艺，油层近井地带的堵塞物随地层流体涌入井筒，顺利地排至地面。使油层恢复了原有的渗透性。且由于部分地层散砂排至地面，近井地带渗透率在原有基础上得到了提高，降低了井底压差，使油井很好地恢复了原始产能，在工作参数基本不变的情况下，油井动液面逐渐升高，充分说明污染严重的近井地带在采用排砂采油工艺后其渗透率逐步得到恢复和提高。

（4）结论

①井筒携砂采油技术能够很好的解决井筒粉细砂沉降问题，避免了粉细砂对采油泵的砂卡、磨损；

②在携砂采油的同时，由于大量的粉细砂可以被采出地面，从而提高了近井地带导流能力，有效的增加了油井的产能；

③根据现场应用情况表明，该技术已经较为成熟，可以引用到胜利油田各大油区应用，目前胜利油田采油院正在对该技术进行进一步的研究。

（四）其他防砂工艺技术

1. 射孔防砂一体化技术

（1）射孔防砂一体化管柱

最早提出该技术的是西安石油学院。油水井射孔防砂一体化管柱技术实现了射孔工艺和防砂工艺有机地结合，利用一趟管柱首先实施射孔施工，再下放管柱实施防砂施工。该技术的应用可以缩短射孔和防砂之间的施工时间，减轻地层出砂和油层污染，减少一趟管柱。

本技术适于新井第一次射孔，且射孔井段内无闭射夹层；还适用于老井（试油井）上返补孔，且单采、单注（单试）补孔段，射孔段内无闭射夹层；油井井筒斜度小于60°。

该技术的缺点是缺乏与国外相对应的射孔成功率检测技术，如若射孔发射率太低，射孔不彻底，将需要重新起出管柱。

（2）射孔防砂联作技术

该技术在辽河油田得到了应用。射孔防砂联作技术是在大孔径射孔弹前放置一个有助推火药及防砂材料的前仓，利用射孔弹起爆射流产生的高温高压，引燃助推火药，将防砂材料在毫秒级范围推入射孔孔道，并形成永久固结的防砂塞，实现防砂射孔作业一次完成。

本技术适用于出砂情况较轻的防砂井，需要射孔完井的油水井。

2. 堵水防砂一体化技术

堵水防砂技术将成为高含水期防砂的主要技术手段，该技术目前主要停留在采用堵水防砂剂对高含水油层进行堵水调剖的层面上。胜利油田孤东采油厂在堵水防砂技术方面的研究较早，并在现场得到了实际应用。应用结果表明，通过简单的堵水防砂难以实现较好的开采效果。目前国内正逐步向开发能够堵水防砂的固体颗粒方面研究，颗粒状的堵水防砂材料能够最大限度的发挥堵水防砂的作用，将高渗透含水层有效封堵，同时对于油层可以将伤害程度降到最低。目前该技术仍然处于试验阶段。

（五）胜利油田防砂技术

目前，胜利油田共投入勘探开发 77 个油气田（天然气田 2 个），其中，中高渗疏松砂岩油藏 35 个，占油田总数的 47.9%；覆盖可采储量 8.7×10^8t，占总可采储量的 83.5%；年产量为 2150×10^4t，占全年总产量的 80.7%。主要出砂层系是馆陶、东营、沙一至沙三等胜利油田主力生产层系。胜利油田疏松砂岩油藏储量大、类型多、分布广、防砂工作量大，每年总防砂井次在 3000 井次左右。并随防砂工艺技术的改进完善，防砂工作量呈逐年递减趋势。

近三年（2004 年 1 月起至 2006 年底），共统计防砂井 5115 井次，不同防砂工艺技术在整装、稠油及海上油田的应用情况如图 2 - 29 所示。

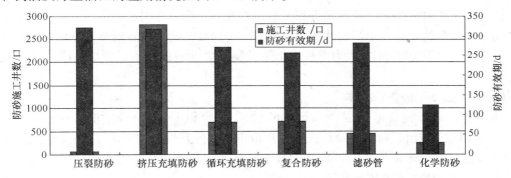

图 2 - 29 不同防砂工艺应用情况及效果

从统计结果分析，目前，在应用规模上，高压挤压砾石充填防砂工艺是 2828 井次，其次是复合防砂 698 井次和管内循环充填防砂 687 井次；从防砂效果来说，压裂防砂和高压挤压砾石充填防砂有效期最长，在 320 天左右；其次是滤砂管防砂、循环充填防砂、复合防砂，平均在 250 ~ 300 天。结果证明，高压挤压砾石充填防砂因其防砂增产、改变近井地带的流通能力、降低流动阻力等工艺特点而已作为油田开发的主导防砂工艺技术；压裂防砂因其施工成本高而在现场推广应用中受到一定的限制。其他防砂工艺技术都有一定范围的应用，防砂有效期也不同程度的提高。

通过调研发现，防砂工艺已实现了由单一的生产维护措施到防砂增产措施转变；由单一的工艺技术到配套集成技术系列的转变；防砂工艺向油藏深入，加强工艺与油藏的结合力度，不断提高工艺对油藏的适应性转变。通过数据统计分析及调研，发现了防砂工艺技术在应用实施、质量管理、监督监控、人员素质等方面存在着各种各样的问题。为了进一步提高胜利油田防砂工艺水平，最大程度提高中高渗透疏松砂岩油藏的采出程度，提高该类油藏油井的防砂免修期，降低油田的防砂作业成本，需建立完善的防砂市场监督管理体系，制定科学的技术规范。

胜利油田防砂过程中出现的主要问题有：

① 稠油油藏防砂工艺受外界条件的影响而效果差异大；

② 对相关防砂统计口径的定义及作法需进一步明确及规范；

③ 同一种防砂工艺的施工参数差异大；

④ 高含水后期油层出砂量大，地层亏空严重；

⑤ 受产量的要求，防砂后工作制度不合理；

⑥ 应进一步加强现场对防砂井的统计数据的严密性管理；

⑦ 对于整装高含水油田防砂、堵水工艺技术矛盾突出；

⑧ 套变套损井防砂难度加大；

⑨ 复杂结构井防砂工艺有待进一步提高；

⑩ 防砂用料及器材的质量应进一步提高；

⑪ 对于细粉砂、超稠油、注聚井的防砂应加强充填砾石与地层砂配伍性研究。

所有这些问题，为今后防砂技术的发展提供了研究方向，将成为今后防砂技术重点考虑的内容。

三、裸眼井防砂完井技术

近年来，裸眼井防砂完井技术得到了长足发展，在现场应用过程中，由于整个裸眼段都能得到最大限度的发挥作用，油井产量得到进一步提高，同时随着该技术在冀东油田得到大量应用，胜利油田 2007 年加大力度投入水平井裸眼完井防砂技术，为该技术的进一步成熟奠定了基础。

（一）可膨胀防砂筛管技术

可膨胀防砂筛管技术可以 Weatherford 公司的 ESS（Expendable Sand Screen） 为代表，1995 年 shell 公司授权 weatherford 子公司 Petroline 进行开发，1999 年首次商业使用，随后 Baker 公司、Halliburton 公司、Schlumberger 公司均投入研究。它是解决防砂问题的一种很好的方法，其技术优势主要体现在以下几方面：

① 膨胀前刚体外径小，井身结构适应性强；

② 膨胀后内径大(仅缩小 25.4mm)，提高井径利用率；

③ 膨胀后与井壁直接接触，增强井壁稳定性；

④ 流通面积大，井眼附加压降小，可提高作业油井生产能力；

⑤ 与砾石充填相比，施工简单，成本低；

可膨胀管的概念简单说就是在井下对管材进行冷加工，心轴在拉压作用下使管材发生塑性变形，进而发生永久性的机械变形，可膨胀防砂筛管技术是在可膨胀割缝管基础上发展出的专门用于防砂的可膨胀管技术。

其发展历程为：

1865 年：有缝钢管出现

1910 年：延性管和旋转膨胀补贴

1917 年：实体膨胀锥膨胀波纹管

1940 年：液压/爆炸式膨胀延性管

1962 年：波纹管上使用树脂玻璃纤维涂层技术

1980 年：波纹管加压后旋转膨胀

1992 年：实体膨胀锥割缝管、延性管

1995 年：可膨胀防砂筛管

为了实现在钻井后采用同一种直径的套管完井，可膨胀套管技术将得到进一步的发展。

1. 膨胀防砂管柱

膨胀防砂管柱由防砂管串和膨胀管串两部分组成（见图 2-30），其中防砂管串部分主要包括悬挂封隔器、顶部接头、膨胀筛管、底部接头及盲堵组成；膨胀管串由钻杆、扶正器、液压膨胀工具及机械膨胀工具组成。

2. 膨胀筛管结构

膨胀防砂筛管 ESS 是膨胀管柱的主要组成部分，也是该工艺与其他防砂方法最大的不同所在。ESS 由可膨胀中心管、重叠式过滤层、可膨胀保护外管组成（见图 2-31），它抗冲蚀、防堵塞能力强，流通面积大，膨胀后内径大，是优良的防砂产品。其中，可膨胀中心管（图 2-31(a)）由特殊可膨胀钢材制成，能够实现内管柱的膨胀，同时起到支撑作用；重叠式过滤层（图 2-31(b)）能够实现挡砂功能，其重叠式的排列方式保证了在膨胀过程中，始终保持高精度挡砂；可膨胀保护外管（图 2-31(c)）能够在膨胀后紧贴井壁，保证工艺的顺利实施。

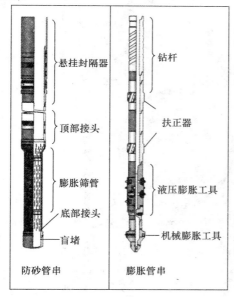

图 2-30　膨胀防砂管柱示意图

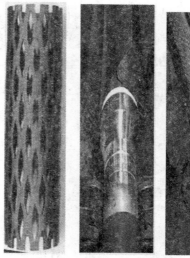

(a) 可膨胀中心管　(b) 重叠式过滤层　(c) 可膨胀保护外套

图 2-31　膨胀筛管管柱结构图

3. 可膨胀防砂筛管性能规范

为了验证不同尺寸膨胀筛管的膨胀情况，确定其应用范围，采取了用膨胀锥通过基管的方法进行了试验，通过试验验证膨胀筛管的性能规范如表 2-2。

4. 筛管膨胀过程

其膨胀过程为：膨胀工具上分布着 5 组液压膨胀柱，每组 3 个均分在一个圆周面上，并且 5 组之间还相互错开角度。当这个膨胀工具通过膨胀筛管时，在液压作用下，膨胀工具上 5 组膨胀柱先后从各个角度将筛管胀开，完成裸眼筛管膨胀。

表 2 -2　膨胀筛管的性能规范

ESS/ in	外径/ in	膨胀外径/ in	最后内径/ in	应用范围
$2\frac{7}{8}$	3.3	3.875 ~ 4.25	比井眼尺寸小0.98in	$4\frac{1}{2}$in, $5\frac{1}{8}$in + #csg $3\frac{3}{4}$ ~ $4\frac{1}{4}$in hole
$3\frac{1}{2}$in	3.9	4.5 ~ 4.75		5in, $5\frac{1}{2}$in csg $4\frac{1}{2}$ ~ $4\frac{3}{4}$in hole
4in	4.43	5.875 ~ 6.25		7in35 # csg $5\frac{7}{8}$ ~ $6\frac{1}{8}$in hole
$4\frac{1}{2}$in	4.9	6 ~ 7.25		7in23 - 32 #csg 6 ~ $6\frac{3}{4}$in hole
$5\frac{1}{2}$in	5.97	8.325 ~ 9.125		$9\frac{5}{8}$csg 8 ~ $\frac{3}{8}$ ~ $9\frac{1}{8}$in hole

管柱膨胀过程示意图如图 2 - 32 所示:

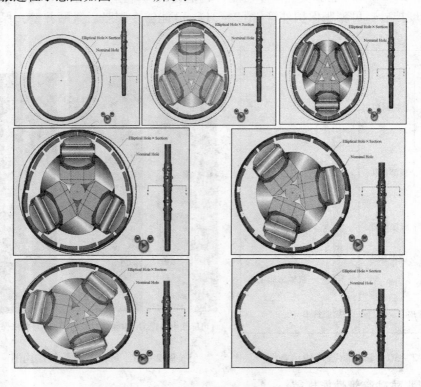

图 2 - 32　膨胀筛管膨胀过程示意图

5. 应用情况

自 1999 年 Weatherford 公司首次成功应用以来，截至 2006 年底在全球累计应用 48000m，实施 405 口井，60%用于裸眼井防砂，40%用于套管井防砂；中国区域施工 41 口井。另外 Baker 公司应用 25 口、Halliburton 公司应用 13 口、Schlumberger 公司应用 1 口。总体成功率达到 95%以上，同传统防砂完井相比降低成本 20%，增产 70% 左右。

（二）水平井裸眼充填技术

水平井裸眼充填技术由于在筛管/裸眼环空形成高渗透挡砂屏障，有利于减缓或避免筛管堵塞，对稠油、粉细砂岩油藏防砂优势明显，防砂有效期长，充分发挥水平井增产优势，延长油井寿命，有利于流体均匀流入筛管内部，延缓底水锥进；进行裸眼充填可有效提高油井完善程度，降低近井表皮系数，增大井筒流通面积，最大程度的发挥水平井增产优势；另外该技术简化完井管柱结构，提高完井速度，节约完井成本。

近几年来，国外裸眼水平井防砂完井技术日渐成熟并得到了大量推广应用，致力于该技术研究的国外公司主要有 BJ 公司（1062TM 水平井裸眼防砂完井系统）、Schlumberger 公司（QUANTUM 水平井裸眼充填系统）、Baker 公司（水平井裸眼充填系统）和 Agip 公司（水平井裸眼充填系统）。各公司的裸眼充填技术虽然从细节上有所不同，但其共同特点是都具有：井底循环压力保持技术，防止压开地层及流体漏失；裸眼水平井段跟部到趾部筛管/裸眼全环空循环洗井功能；滤饼清除技术；充填效率保持措施（BJ 采用阻流器、Schlumberger 采用分流筛管）；充填工具都置于套管段。这里以 Schlumberger 公司的 QUANTUM 水平井裸眼充填系统对该技术进行介绍。

1. Schlumberger 公司：QUANTUM 水平井裸眼充填系统

（1）管柱组成

QUANTUM 水平井裸眼充填系统管柱主要由充填总成、安全装置和分流筛管组成，其中分流筛管是该管柱的关键部分，图 2-33 为其结构示意图。

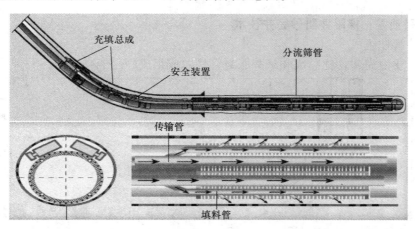

图 2-33　QUANTUM 水平井裸眼充填系统管柱图

（2）工艺过程

该系统工艺过程为：管柱下入——坐封工具——滤饼清除、砾石充填——投产。

（3）技术特点

① 一趟管柱可以完成滤饼清除和裸眼充填所有工序。

② 采用分流筛管技术，为携砂流体提供交替通道，提高充填效率。

③ 采用了井底循环压力保持技术。

④ 拥有筛管/裸眼全环空循环洗井功能。

⑤ 拥有井下压力数据实时采集功能。

⑥ 采用清洁携砂体系，有利于油层保护。

（4）现场应用

该技术在现场实现了400m井段的施工，施工排量800L/min，设计砂量2.0m³，实际填砂量1.8m³，砂比6%。在施工过程中，泥浆到达裸眼段之前返排下降，很快形成了砂桥，不得不通过分流筛管改变液流方向，当流体绕过高滤失带后直到充填完成返排上升。施工曲线见图2-34。

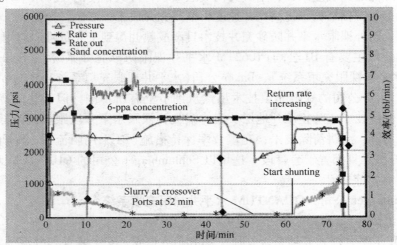

图2-34　水平井裸眼填施工曲线图

2. 胜利采油院：裸眼井防砂完井技术

（1）完井管柱组成

该管柱主要由完井管柱总成和洗井胀封管柱总成组成（见图2-35）。

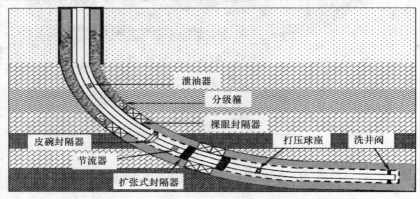

图2-35　裸眼防砂完井工艺管柱

完井管柱总成包括：洗井阀+滤砂管+套管短节+裸眼封隔器+套管短节+滤砂管+套管短节+盲板短节+裸眼封隔器+套管短节+分级箍+套管（见图2-36）；

洗井、胀封管柱组合：插入密封+油管+水平打压球座+油管+扩张式封隔器+油管短节+扩张式封隔器+节流器+油管+皮碗封隔器+油管+泄油器+油管（到井口）（见图2-37）。

（2）工艺过程

① 按完井管柱组合配接管柱并下入到设计位置；

② 用固井车打压，充分膨胀封隔器，继续打压使分级箍打开；

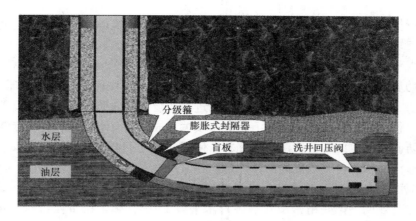

图 2－36　裸眼防砂完井管柱总成

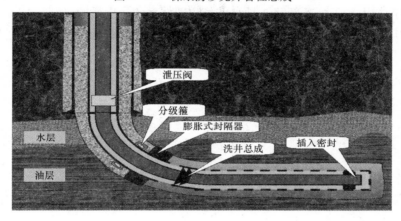

图 2－37　裸眼防砂洗井管柱总成

③ 注水泥固井；

④ 释放顶替胶塞，关闭分级箍，关井候凝；

⑤ 水泥凝固后，用合适尺寸的钻头钻除胶塞、分级箍内部铝质碰压座及铝质盲板；

⑥ 按洗井、胀封管柱组合配接管柱，并下入到设计位置；

⑦ 洗井、酸化；

⑧ 用固井车小排量打压，使下部封隔器膨胀；

⑨ 继续打压，打掉球座；

⑩ 将井内管柱起出，完成施工。

（3）应用情况

冀东油田自 2004 年 12 月份实施水平井造斜段注水泥、裸眼封隔器分段及筛管完井技术，截至 2007 年 8 月底，共现场实施 200 余口井。胜利油田于 2007 年采用该技术以来，累计应用近百口井。该技术施工成功率在 90% 以上，与其他水平井完井方式相比，该技术增油量在 1.5 倍以上，同时省去了大量的射孔费用，经济效益显著。

3. 国内裸眼井充填技术

2007 年 2 月，由海洋钻井公司胜利六号平台承钻的海上第一口裸眼砾石充填水平 CB701－P1 井顺利完井，完钻井深 2028m，水平裸眼段长达 230m。填补了中国石化海上裸眼砾石充填水平井施工的空白。通过周密分析施工设计、策划施工方案，科学施工，规范操作，严格执行技术参数，成功完成了该井的充填作业任务，实际有效充填量达到90%以上。

2007年5月，石油开发中心在草109-P5井首次应用筛管完井套管外逆向挤压砾石充填技术，获得一次性成功。这是该中心继成功实施逆向压裂充填、套管完井挤压砾石充填等技术获得成功后，在防砂技术上的又一重大突破。该技术是在优化组合集成配套筛管完井、分级固井、防窜完井、逆向压裂充填等多项先进工艺技术，对防砂工具进行反复改进、反复论证、多次进行正向逆向试验的基础上，逐步攻关形成的适合水平井、大斜度井防砂特点的全新的集成防砂技术。此工艺应用筛管完井，使固井水泥不再接触油层，减少了对油层的污染，增大了渗流面积，可有效提高油井产量。与常规套管完井防砂技术相比，除具有对地层伤害小、渗流面积大、施工工序省、投资费用低的特点外，还能够有效地改善地层渗流条件，延长防砂有效期。该井精密微孔滤砂管水平段150m，施工排量保持在2.6m³/min，施工砂比高达62%，地填砂量119.4t，施工一次成功。该技术的成功，为敏感性强出砂稠油油藏水平井增产技术趟了一条新路，是水平井防砂技术的一次质的飞跃。

孤岛采油厂、现河采油厂等单位也成功实施了水平井裸眼砾石充填防砂完井技术，均取得了一次性成功。目前该技术仍然处于开发阶段。

第三章　提高机采系统效率技术进展

一、抽油机井举升系统优化设计软件的技术水平及应用效果

（一）抽油机井举升系统优化设计软件发展应用概况

在国内外油田的开发生产中，抽油机井举升是一种广泛应用的人工举升方式。国内抽油机井数量占到生产油井总数的 80% 以上，是非常重要并在今后相当长时期内无法替代的举升方式。20 世纪 80 年代以后，随着计算机和信息技术的飞速发展，抽油机井举升系统优化设计技术成为一项发展较快的新型石油工程技术。无论国外还是国内都经历了从单一、局部的优化技术到全面、系统的发展阶段。从 20 多年前 DOS 系统支持的单一抽油杆柱或生产参数的设计计算，发展到目前涵盖油藏产能预测、杆管柱力学分析与设计、地面设备组合优选配套等系统的优化设计技术。

在长期的生产管理和技术管理实践中，针对有杆泵油井的工作特点，多年来国内各油田通过合作、引进、开发不同渠道都不同程度的在一定范围内应用了油井生产的优化设计软件，取得了相应的效果，也提高了广大从事现场工作的工程技术人员的理论技术水平和生产管理水平。但是，由于受现场环境、观念的制约以及目前国内采油工程技术水平和软件功能、可操作性的局限，根据我们的调研、走访，极少有哪一种软件在现场被普遍接受并在一个油田长期、持续的应用。

近几年在国内推广应用力度较大，应用范围广的优化设计软件有江苏油田瑞达公司开发研制的"机采参数优化设计软件"和华北油田分公司采油工艺研究院开发研制的"提高抽油机井系统效率优化软件（Syseff）"。前者已在江苏、大港、大庆、河南、中原、胜利、新疆八个油田 41 个采油厂应用 6000 井次，特别是胜利分公司在 2003 年和 2004 年提高油井机采系统效率示范区活动中就应用了 2000 余井次。后者在中石油集团内部各油田连续推广应用已有 3 年时间。另外，国内各油田直至采油厂也有依托石油院校编制了一些举升系统优化设计软件，仅是在系统中侧重的环节和功能有所不同。

从调研的情况看，国外的石油技术软件大多为全面系统的工程软件，抽油机举升系统的优化设计只是其中的一个模块，十几年来应用规模大、范围广、时间较长涉及举升系统的工程软件是斯伦贝谢公司的"PIPESIM 油气生产系统设计和分析模拟软件"。此外，奥伯特石油技术公司开发的"PEOffice 油气生产分析与优化设计软件"，国内中石化和中海油 2004 年已集团购买并推广应用，2005 年升级为网络版，更加方便了中间客户的使用。中石油集团内的部分油田也已自行购买应用。国外在委内瑞拉的油田应用。

（二）国内软件技术发展及应用

1. 有杆泵抽油系统机采参数优化设计软件

该软件是瑞达公司以"一种有杆泵机械采油工艺参数确定方法"发明专利（中国专利号：ZL 99 1 09780.7，美国专利号：US 6640896B1）为基础，采用 Delphi7.0 程序语言作为开发平台进行开发编制的，Windows98 版本以上为运行环境。其技术核心模块是通过对江苏油田

400 口抽油机井进行全面的机采系统效率测试，按照统计规律的方法，对数据进行分析整理，确定相关计算公式的经验修正系数，再用该计算模块对江苏油田的生产油井进行系统效率的预测和校核，不断修正有关计算公式，使得优化设计的准确性较强。从 1999 年以来在国内多家油田应用过。2002 年在胜利油田部分采油厂进行试用，各采油厂应用井数为 2 到 10 口不等，2003 年结合电机改造在部分采油厂应用，2004 年 6 月开始在提高系统效率示范区内推广应用，约优化设计 2000 井次。

（1）软件的主要功能

① 根据油井设备及油藏基础数据进行机采参数优化设计；

② 对测试数据进行计算处理；

③ 对机采系统进行系统效率、电功率、成本评价分析。

（2）专利技术的主要内容

① 建立了计算输入功率的理论体系。

重新将有杆泵抽油系统输入功率划分为有用功率、地面损失功率、井下黏滞损失功率、井下滑动损失功率、溶解气膨胀功率五部分，找出了各部分功率影响因素并确定了其函数关系。建立了油井在各种不同物性参数、井斜参数、设备参数、生产参数组合条件下所对应输入功率的数学计算公式。

② 提出了以能耗最低或以机采成本最低为原则的机采参数涉及方法。

假设条件：油井的生产液量相对稳定，即油井的动液面相对稳定，在一定产液量、动液面、油套压得前提下，进行如下设计：

将各种管径、各种杆柱钢级、各种泵径与泵挂、各种冲程和冲次组合，每一种组合对应着一种机采系统效率，即对应着一种能量消耗和管、杆、泵的投入与年消耗。

分别计算出每一种机采参数所对应的输入功率和年度耗电费用，根据各种油管、抽油杆、抽油泵的价格，计算出每一种参数组合相应的年度机械损耗值，同时考虑一次性投资的年利息，合计出每一组机采参数所对应的机采年耗成本。

③ 以输入功率或年耗成本最低所选择的机采参数，包括油管直径、长度，杆柱组合、钢级、抽油泵泵径、泵挂深度、冲程、冲次等。

（3）在胜利油田的应用情况

从 2004 年 6 月开始在胜利油田的十个采油厂的示范区中进行推广应用，共计划优化设计油井 2000 井次，各采油厂的分配指标，以及截止到 2004 年 12 月设计完成和实施情况详见表 3 - 1。部分油井应用效果见表 3 - 2。

表 3 - 1　分配计划及完成情况表

单位	计划设计井次	设计，井次		实施，井次		备注
		预设计	完成情况	实　施	完成情况	
胜采	230	266	+ 36	179	- 51	
东辛	230	309	+ 79	203	- 27	
现河	200	283	+ 83	106	- 94	
孤岛	260	273	+ 13	233	- 27	
孤东	200	230	+ 30	206	+ 6	
桩西	140	107	- 33	87	- 53	

单位	计划设计井次	设计，井次		实施，井次		备注
		预设计	完成情况	实 施	完成情况	
河口	200	210	＋ 10	112	－ 88	
临盘	200	187	－ 13	105	－ 95	
滨南	200	200		75	－ 125	
纯梁	140	144	＋ 4	50	－ 90	
合计	2000	2209	＋ 209	1356	－ 644	

表 3 - 2　优化设计井效果统计

单　位	统计井数/口	投入资金/万元	节电/（kW·h/d）	节电井数/口	增耗井数/口	提高效率百分点数
2004 年孤岛孤三区	21		44.97	15	2	6.92
2003 年孤东 8.18 队	40	16	17.13	40		10.55
2003 年临盘临南	40	13.6	12.25	40		2.79
2003、2004 年胜采胜三	41	16.4	30.46	41		2.18
2004 年临盘临东	76	22.8	1.7	40	36	4.3
合计	218			176	38	5.02

① 软件理论计算与实际符合性。

2004 年 2 月至 5 月在东辛采油厂和胜利采油厂对部分油井用优化软件计算的理论功率与实测输入功率的数据进行比较，做成折线图，见图 3－1 和图 3－2，从总体趋势上来看，瑞达软件建立在大量实测基础上按统计规律确定的输入功率计算模块是符合胜利油田中高渗油藏开发现状和地面设备工况的，也证明其建立的油井高压物性数据库的必要性和使用价值。

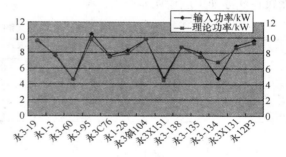

图 3－1　东辛采油厂部分油井对比折线图

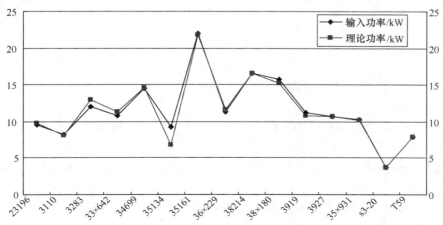

图 3－2　胜利采油厂部分油井对比折线图

② 软件设计与实际符合性验证。

胜采的 34 口油井的数据显示，油井输入功率与实施后生产中测试的输入功率整体趋势较为吻合，见图 3 – 3，平均单井设计输入功率 11.15kW，平均单井实际输入功率为 11.74kW，平均设计误差为 4.485%。部分油井有较大出入，其中 32839 井、33939 井、38X180 井差值都在 6kW 以上，设计误差率在 30.84% 以上。

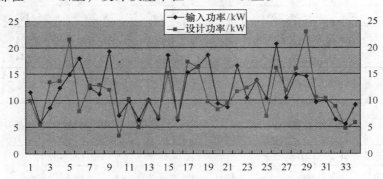

图 3 – 3　胜采 34 口井优化设计与实测功率对比图

③ 应用环境对比。

江苏油田进行的 428 口油井实测功率与其理论计算功率的对比数据，整理后与胜利采油厂和东辛采油厂的数据进行对比，见表 3 – 3，对比数据表明，该技术在胜利油田的应用显然较在江苏油田应用误差率大。

表 3 – 3　理论计算与实测输入功率误差率对比表

单　位			井数/口	合计实测功率/kW	合计理论功率/kW	合计误差率/%
江苏油田	一厂		215	1812	1798	0.78
	二厂		213	1550	1529	1.37
	合计		428	3362	3327	1.05
胜利油田	胜采	优化前	34	429.72	420.38	2.22
		优化后	34	399.29	453.86	12.02
	东辛	优化前	13	102.80	101.82	0.96
	临盘	优化前	58	322.51	309.51	4.20
		优化后	58	272.16	277.42	1.90
	现河	优化前	30	240.54	212.81	13.03
	桩西	优化前	42	458.43	472.42	2.96
	合计		269	2225.45	2248.22	5.08

④ 存在问题。

部分油井的优化设计结果对抽油杆、油管的更换量或更新量太多，不符合现场对旧杆管使用的需要和生产成本的制约，作业施工中无法按优化设计的方案执行；

部分油井进行优化设计后，设计结果中沉没度过小或抽油杆柱组合设计强度太低，不能满足现场要求；

软件运行对油井高压物性资料的要求较严格；

其计算模块适应中高渗、浅层油气藏以及江苏油田的地面设备配置条件，与江苏油田油藏类型、井筒和地面工况条件环境相同或近似的油井应用效果较好，胜利油田油藏类型多样，工况环境复杂，适用不具有普遍性。

2. 提高抽油机井系统效率优化设计（Syseff）软件

该软件是中石油华北油田分公司采油工艺研究院开发编制，其系统最终目标是在油田内部建立一个以油田公司或采油生产管理单位为数据管理中心，各生产管理、技术管理以及单位之间可以相互进行网络信息传递和数据资源共享的网络数据库集成应用系统。采用 B/S 网络结构模式，中心服务器和服务器端选用 Windows2000 server 网络操作系统。以在中石油内部各油田推广应用。

（1）主要功能

① 可交互式访问 Oracle 数据库，实现数据的加载；

② 抽油机系统综合数据库，包括抽油机、电机、抽油泵等基础参数数据，以及优化方案、系统效率预测、测试等数据；

③ 进行以系统效率为目标函数的系统优化设计和抽油泵工况诊断；

④ 抽汲参数、抽油机和电机参数的敏感分析和动态仿真。

（2）应用情况

20 世纪以来，中石油集团内部各油田相继开展了提高机采系统效率活动，对油井的优化设计采用该软件予以推广应用，根据会议交流的资料表明，在大庆、吉林、辽河、华北等油田都有应用。以华北油田分公司采油一厂为例，在应用过程中，首先，对实施的抽油机井进行普遍测试和相关数据的收集与整理。包括抽油机井的示功图、动液面、电功率、冲程、冲次、产液量、油压、套压等的同步测试；同时对油井的原油密度、含水、抽油机型号、平衡重、电机型号、皮带轮径、杆柱组合、井斜数据等参数的收集整理。其次，对测试井目前系统效率进行分析。再次，应用 SysEff 系统软件进行单井机采参数的优化设计，设计出不同参数组合下的多种实施方案，从中选出系统效率高，投资少，参数调整简便的方案作为单井的实施方案。70 口井应用效果见表 3 – 4。

表 3 – 4　实施前后数据表

	泵径/mm	泵深/m	冲程/m	冲次/（1/min）	地面效率/%	井下效率/%	系统效率/%
优化前	44.13	1600	4	4.64	55.4	33.15	20.84
优化后	43.95	1579	3.79	3.54	54.98	41.23	27.53
对比							6.69

3. 抽油机井系统效率分析与优化设计软件

该软件是中石化胜利油田分公司采油工艺研究院于 2002 年依托中石化公司科研项目"提高油田五大系统效率研究与应用"开发编制的。它适应了胜利油区主力油藏开发后期高含水期的油藏及井况特征。在技术上对抽油杆柱受力分析模型考虑下部顶托力的作用进行了修正；油井流入动态规律采用并修正了 Petrobras 方法。在功能上确立了以系统效率、举升效率、产量、泵效为多目标函数，地面设备、参数组合及杆管柱组合为变量，在充分发挥地面设备能力和考虑油井产能的基础上，进行多项约束的敏感分析，利用仿真的思路对油井生产设备和技术可行的各种配置的可能性进行全面分析计算，使得优化结果具有很强的可操作性。

（1）系统组成

抽油机井生产系统是由油藏、井筒和地面三个依次衔接、相互影响，又具有不同流动规律的三个流动子系统以及采油设备子系统构成。

油藏渗流子系统：反映原油从油层向井底的流动过程，其工作规律由油井流入动态关系（IPR）来描述。

井筒管流子系统：描述流入井底的生产流体向井口的流动过程，其工作规律由井筒多相管流规律相关式来描述。同时对抽油机井而言，井筒多相管流规律又受到采油设备工作的影响，同时它也影响采油设备子系统的工作状况。

地面水平或倾斜管流子系统，描述被举升至地面的生产流体通过地面出油管线向油气分离器的流动过程，它遵循水平或倾斜多相管流规律，在抽油机井举升工艺优化设计中，一般认为地面管线不变更，或以要求的井口回压（油压）来界定。

采油设备子系统：描述抽油设备的运动学、动力学规律及能量传递与转化过程。它与井筒管流子系统、油藏渗流子系统和地面管流子系统的协调，是抽油机井举升工艺稳定、高效生产的基础。

（2）主要功能

① 油井流入动态分析，可根据油井的不同类型的测试资料，利用 Petrobras 油气水三相综合 IPR（修正）方法，计算反映油井生产能力和工作特性的流入动态关系（IPR），它是油井工况校核分析和生产参数优化设计的基础。

② 抽油机井生产系统工况校核分析，主要是对目前正常生产的油井生产系统工作状况进行分析，计算油井 IPR、井筒流体温度、压力及物性分布、检查抽油杆柱的受力状况和安全性、分析泵效及其影响因素的影响程度、计算抽油机井地面工况指标和油井的系统效率及其组成等，为对油井的深入认识和措施的落实提供依据。

③ 抽油机井生产系统举升工艺参数优化设计，是在油井产能分析的基础上，进行举升工艺设备适应性分析和生产参数的优化设计，具有油井不动管杆柱的抽汲参数调整和新井或措施井抽油设备选择与抽汲参数设计两大计算功能。运用油井生产动态模拟和敏感性分析的思路，可根据确定的优化目标（如产量、油井举升效率、泵效等）选择合理的应用方案。

④ 地面系统效率分析，根据油井实测的地面示功图，对地面设备的动力学和运动学规律进行分析，计算各部分的瞬时效率和平均效率。

⑤ 示功图预测，根据目前油井动杆柱和不动杆柱设计的参数，从泵端开始，利用 Doty 杆液耦合模型，预测地面示功图，进行目前设计参数条件下系统效率的预测分析。

⑥ 区块方案优化模块，对各油井进行不动杆柱设计和动杆柱设计获得不同优化目标方案的基础上，通过选择区块的优化目标（如产量、泵效和举升效率最高），确定区块在这一目标下各油井的优化设计方案。

⑦ 区块数据统计，可对整个区块各油井的校核结果、动杆柱设计结果、不动杆柱设计结果进行统计分析，并对区块方案优化结果和地面设备调整结果以表格形式输出。

⑧ 数据传送，将机采系统计算的产量、井口温度、所需电量、功率因数、井口压力、含水、生产气油比、变压器等参数传送给集输、供电等系统。

（3）应用情况

该软件于 2002 年 9 月开始在孤四区提高机采系统效率项目中对孤四区待作业油井进行了全面优化设计，2003 年 4 月，在孤岛采油厂内应用。2004 年 6 月，在孤东采油厂东二联提高机采系统效率改造方案中应用。部分油井应用效果见表 3 - 5。

表 3 –5　优化井前后系统效率验证对比表

	泵径/ mm	泵深/ m	冲程/ m	冲次/ (1/min)	产液量/ (t/d)	功率 因数	有功 功率/ kW	光杆 功率/ kW	水利 功率/ kW	地面 效率/ %	井下 效率/ %	系统 效率/ %
优化前	65.5	649.1	2.77	8.4	80.1	0.53	8.32	4.26	2.63	52.52	58.49	30.73
优化后	71.1	677.2	2.84	7.6	105.3	0.6	8.13	4.51	3.12	62.55	65.63	41.06
对比	5.6	28.1	0.07	– 0.8	25.2	0.07	– 0.19	0.25	0.49	10.03	7.14	10.33

（三）国外软件技术发展及应用

1. PIPESIM 2000——一体化的油气生产系统模拟软件

该软件由斯伦贝谢公司研发，PIPESIM 软件在全球拥有 600 多家用户，3000 多个最终用户。在同类软件中市场占有率高达 75%，是油气领域内最先进最权威的油气生产优化系统和稳态的多相流模拟工具。在我国国内，中海油引进了 20 多套，中石化引进了 15 套，中油股份公司 2003 年引进了 PIPESIM 基础模块的 200 套许可证。

该项技术是用于油藏、井筒和地面管网一体化模拟与优化设计分析系统。系统可通过对不同流体生产井油藏、井筒、地面条件的模拟、分析、优化，来完成单井的设计分析计算；通过对区块单井组合成的管网进行模拟、分析计算，从宏观上研究单井对整个管网的影响，从而提出对单井的治理措施。该软件与其他软件相比具有功能较完整，与油藏联系较紧密的特点，其管网环路设计及分支井的设计分析更具有其独特性。抽油机井的模拟计算分析是其中的一个模块。

系统组成及功能如下：

① 单井/单管生产模拟与节点分析，包括地面集油(气)管网系统生产模拟分析；地面注水管网系统压力模拟分析；与 PIPESIM 结合的油藏(IPR)、井筒、地面管网一体化油气生产系统压力温度模拟分析；与 PIPESIM 结合的地面管网、井筒、油藏(吸水指数)一体化注水系统压力温度模拟分析。

② 水平井及分支井计算模拟，计算评价水平井、多底井、多分枝井不同水平段的沿程压力损失；分析水平井、多底井、多分枝井的生产能力，优化其参数设计；均质和非均质水平井、多底井、多分枝井的完井设计分析；评价多底井、多分枝井的各枝流体流动之间的相互作用；通过 FPT 将 PIPIESIM 与 Eclipse 油藏模型动态联接。将油藏和油井同步模拟，保证了油藏和油井计算分析结果的一致性。

2. PEOffice——油气生产与优化设计软件

该软件由奥伯特石油技术公司开发的一个石油工程软件，作为基于 PC 机和网络应用的综合油气生产动态分析与管理及优化设计软件平台，涵盖了油气开采过程中各个方面的内容，为油气藏地质模型管理、油气生产动态分析、管理、优化设计等提供了一个优秀的集成解决方案。PEOffice 基于客户数据库的应用，可以直接访问客户的 Oracle、Sybase、SQL – Server、Access、Dbase 等任何关系型和非关系型数据库，使得客户的数据资源得到最充分的应用。PEOffice 的所有分析计算结果均可以直接转换到 Microsoft Office 等常用的办公软件中。PEOffice 的开放式的软件设计，容易实现与其他软件的数据交换。

抽油机井举升系统的优化设计只是该软件的一小部分内容。

2004 年，中石化和中海油集团购买了该软件，进行培训应用，2005 年升级为网络版，实现规模化的推广应用。

（1）主要功能

① ProdAna 生产动态分析。主要用于对日常油气生产数据进行快速统计分析，形成各种统计分析图表。从统计分析的角度发现油气井的生产规律。

② ProdForecast 生产动态预测。通过不同模型的选择拟合，预测油田（井）的产量递减规律、含水上升规律等，还可以进行措施产量预测及配产设计。

③ ReModel 油气藏地质模型管理。可以直接读取不同地质建模软件和数值模拟软件建立的油气藏地质模型，也可以将读入的地质模型输出给不同的油藏数值模拟软件。该模型的应用可以充分利用油气藏地质建模成果，动态分析人员可以由此方便地按自己的需要去分析地质模型和油气生产的相互影响。

④ SimON 油藏数值动态分析与模拟。在保持和提高传统油藏数值模拟的算法的先进性的同时，大大简化软件的操作，为普通油藏动态分析工程师提供了方便的数值动态分析手段。

⑤ FieldAssis 宏观生产状态评价。通过统计和计算相结合对人工举升油井、注水井的生产状态进行快速的计算评价，以宏观控制图的形式表现计算评价结果。宏观控制图的应用有利于从宏观上找出油水井的故障井、问题井、潜力井。

⑥ WIPA 注水井调剖选井设计。实现了单井和区块调剖决策、方案优化设计及调剖效果预测三大功能。

⑦ ProdDesign 生产参数优化设计。可进行流体 PVT 物性计算、井筒压力温度剖面计算、油气井 IPR 计算、油气井的节点分析计算、油气井的生产参数优化设计、生产指标预测、生产潜力预测等。

⑧ ProdDiag 智能化油井生产故障诊断。应用波动方程和人工神经网络理论，智能化地由示功图对有杆泵井的生产状态进行自动诊断，并可由示功图自动计算分析计算出油井产液量、漏失量、载荷、扭矩、泵效组成、杆柱受力分析、井下系统效率等。

⑨ WellString 管柱图制作生成。可非常方便快捷地制作生成直观漂亮的井下管柱示意图（管柱图可以是黑白、彩色和三维立体效果），并可对井下管柱进行强度计算和受力变形计算。

⑩ WellInfo 油气井信息管理。可以对井位图进行油气井的井身轨迹、井身结构、井下管柱和井口设备参数等进行数据编辑、查询，并生成相应的井身轨迹图、栅状图、剖面图、测井曲线图、管柱图等。

（2）应用情况

主要通过各采油厂的地质所和工艺所应用了生产动态分析、井位图编辑、管柱图制作、油气井信息管理，生产动态预测和生产参数优化设计六个模块。

二、提高地面效率的设备工具的性能特点及应用效果

（一）抽油机

1. 皮带抽油机

采用长冲程、低冲次抽油方式，改善了抽油机的运动特性、动力特性和平衡特性，有利抽油机井地面效率和井下效率的提高。特点如下：

（1）大负荷，可进行大泵深下代替电泵生产、小泵深抽。

（2）泵效高。冲程长，冲程相对损失小；冲次小，泵的充满系数高。

（3）工况好。因为匀速运转，换向时瞬间加速，冲次又慢，所以动载荷减小，可减小抽油杆、油管的磨损，延长免修期。

（4）节电。由于该机扭矩臂仅 0.46m，对抽油机扭矩要求较小；又因为匀速运动，瞬间加速，平衡效果好，所以需电机功率小，省电 30%～50%。

（5）总机效率高。因抽油机节电、泵效高、机器磨损小等，所以总机效率高，经测试其系统效率比普通游梁机高 5%。

2. 偏置式抽油机

对四连杆机构实现悬点运动和动力特性的优化，改变抽油机曲柄轴净扭矩曲线的大小，使其波动平坦，减小负扭矩，从而减小抽油机的周期载荷系数，提高电动机的工作效率，达到节能降耗的目的。在现场通过对常规抽油机进行偏置式平衡改造，在游梁尾部焊接联结板，装平衡架，安装平衡砣。改造后上下行电流峰值更加接近，抽油机平衡度提高 28.4%，系统效率提高 17%。抽油机工况变得更好，测试结果见表 3-6。

表 3-6　抽油机改造前后系统效率测试结果

井　号		生产数据			输入功率/（kW·h）	上行/下行电流/A	平衡度	系数效率/%	日节电提/（kW·h）
		日液/t	日油/t	含水/%					
52-30	前	63.9	6.1	90.3	17.2	63/38	60.3	14.3	104.6
	后	96.4	7.2	92.5	12.7	54/54	100	29.2	
74-9-10	前	43.7	5.3	87.8	19.7	98/71	72.4	34.5	116.2
	后	37.9	4.5	88.1	14.8	86/91	94.5	49.1	
74-10-8	前	11	7.9	38.2	10.8	96/59	61.4	22.9	53.76
	后	9.7	5.3	54.6	8.56	82/84	97.6	36.6	
74-13-13	前	11.5	5.6	51.6	12.07	110/80	72.7	21.5	49.2
	后	12.	5.8	52	10.02	85/74	87.6	37.1	
74-10-k6	前	13	5.2	53	11.07	110/72	65.4	20.8	63.6
	后	22.8	15	33	11.02	69/65	94.2	46.7	
平均值	前	28.3	6.1		14.76		66.4	22.8	77.47
	后	35.8	7.6		11.42		94.8	39.8	

3. 双驴头抽油机（又称异形机）

以常规机为基础，将常规机的游梁后臂制成变径圆弧形状，而游梁后臂与横梁之间采用柔性件联接。具有以下几个方面的特点：

（1）有明显的节能效果。歧 650 井在相近工作参数下对比，24h 有功电耗量由 140.6kW·h 下降到 97.0kW·h，平均日节电 43.6kW·h，节电幅度 31.0%；

（2）启动电流明显下降，易启动。歧 650 井原启动电流 400A，现启动电流 162.5A，下降幅度为 59.4%。歧 665 井在改变工作参数的情况下，启动电流由原来的 220A 下降到 150A，下降幅度 31.8%。

（3）具有长冲程特点，减少相对冲程损失，有利于提高油井产液量。歧 665 井换机型后，改用 5m 冲程，4/min 冲次的异型机生产，日产液由原来的 21.0t 上升到 40.7t，泵效由 24.4% 提高到 55.1%。

4. 电动机换向智能抽油机

又称摩擦换向抽油机，是对有杆抽油机的重大改进。经测试，电动机换向智能抽油机，地面效率在80%左右，接近有杆泵地面效率理论最高值，井下效率在47%左右，系统效率在40%左右。

同常规型抽油机相比节能效果显著，主要是因为：

① 机械传动线路短，传动效率在80%以上，比常规机机械传动效率提高一倍；

② 所用电动机为开关磁阻电动机，功率因数近似为1，该电机启动电流小，当负载为电机额定负载的150%，启动电流仅为额定电流的30%。

③ 采用对称式平衡，平衡度高，可做到精确平衡，使抽油泵有效冲程加大，因而提高了系统效率。

④ 长冲程低冲次，从而使泵效提高，实际测试证明系统效率达37%。

现场应用效果：

2000年开始应用，胜利、大庆等4个油田在内共应用40余台，都正常运转。由胜利石油管理局能源检测站对胜利油田的 W24 - 34 井进行了现场测试，泵型为 $\Phi44$ 泵，泵挂2000m，测试结果为：电压为 388.6V，电流 12.1A，电机功率因数 0.976，地面效率79.91%，系统效率37.54%。

本机与同型号 12 型常规机在大庆油田装机后进行了对比：耗电由 1.2kW/(100m·t) 降至 0.5kW/(100m·t)；从节电、维修保养、调整参数、检泵周期等几个方面进行测算每台年节约费用约 7.0 万元。

5. 大庆油田的评价结果

对偏置式抽油机、双驴头抽油机、偏轮抽油机进行了节能效果评价，三种节能型抽油机的节电效果见表 3 - 7。

表 3 - 7　效果汇总表

序号	项目名称	偏置机		双驴头机		偏轮机	
		装前	装后	装前	装后	装前	装后
1	装机功率/kW	45	37	45	22	45	22
2	冲次/(次/分)	9.0	9.1	6.0	4.3	8.2	6.0
3	冲程/m	2.90	2.89	3.06	5.10	2.9	4.2
4	输入功率/kW	8.82	7.84	7.62	10.72	8.07	8.46
5	功率因数	0.30	0.32	0.35	0.57	0.7	0.71
6	产液量/(t/d)	22.3	23.0	41.0	51.0	61.9	72.0
7	举升高度/m	734.3	743.4	414.3	620.7	412.1	414.4
8	系统效率/%	21.08	24.76	25.31	33.53	29.85	40.04
9	单耗/(kW/t·100m)	0.053866	0.045855	0.044866	0.033866	0.035566	0.028355
10	节电率/%	14.87		24.52		20.27	

经济效益评价，若抽油机井平均耗电按测试井平均输入功率 8.59kW 计算，则全厂节能抽油机每年节约电量可达 1595.2 × 10⁴kW·h。每 1 千瓦小时电量按 0.40 元计算，则年节约电费 638.1 万元。考虑到节能型抽油机和普通抽油机价格差价因素（按目前管理局抽油机产

品价格计算，双驴头抽油机比普通抽油机价格贵55443元，偏置式抽油机比普通抽油机价格贵23587元，按静态投资计算6.65年可收回投资，见表3-8。

表3-8 经 济 效 益

序号	抽油机名称	安装数量/台	节约电量/kW·h	节约费用/万元	节能机增加投资/万元	投资回收期/年
1	偏置式	1055	10672884	426.9	2487	5.83
2	双驴头	314	5238036	209.5	1741	8.31
3	偏轮	3	41371	1.7	12.3	7.24
合计		1327	15952291	638.1	4240.3	6.65

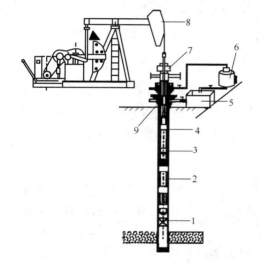

图3-4 水力模拟试验井示意

1—封隔器；2—抽油泵；3—套管；4—油管；5—水箱；6—计量罐；7—井口；8—抽油机；9—抽油杆

×717mm。流程如图3-4。

6. 水力模拟试验井的评价

大庆油田建立水力模拟试验井，对节能抽油机的节能效果进行对比试验。目的是为了确立一个对比的标准，消除生产井中井液的含水、油气比、动液面和泵挂深度等因素影响，有较高的可比性，水力模拟试验井以水为介质，抽油机负载可调，在同等条件下，对节能抽油机的节能效果进行对比试验。选择位于大庆杏西油田北部的一个报废井作为水力模拟试验井，该井完钻井深为1609.4m，套管深度为1605.6m，人工井底为1601.5m，射孔深度为1480.5~1570.1m，在射孔段以上采用455-3型可钻式封隔器封堵，封堵深度为1350m。抽油机基础设计为万能基础，可安装各种形式的抽油机，抽油泵为ϕ56mm管式泵，泵挂深度为1200m，抽油杆为组合杆ϕ25mm×78mm+ϕ22

机型为CYJYC10-3-37HB型、偏置式抽油机、YCYJ10-3-37HB双驴头式游梁式抽油机、CYJBIO-3-37HB型摆杆式抽油机和PCYJlo-3-37HB下偏杠铃复合平衡抽油机，冲程和冲次均为3m和6min^{-1}。每种机型测试4个点，试验井的动液面分别为200、400、600、800m，误差为±5m。根据测试结果，作出系统效率随动液面的变化曲线和有功节电率（与偏置式抽油机对比）随动液面的变化曲线。测试结果如图3-5、图3-6。

从4种机型对比结果看：双驴头式游梁式抽油机采用变游梁后臂长度，平衡效果好，使其减速箱输出扭矩的波动系数小，节能效果最佳，与偏置式抽油机相比，在200~800m动液面范围内均有节能效果，最高系统效率为69.04%，系统效率平均提高7.2%，最大有功节电率为20.71%。其次是下偏杠铃型游梁复合平衡抽油机，它采用游梁复合平衡，其平衡原理与双驴头式游梁式抽油机相近，与偏置式抽油机相比，在200~800m动液面范围内均有节能效果，最高系统效率为66.76%，系统效率平均提高5.6，最大有功节电率为20.04。摆杆式抽油机基本与偏置式抽油机相同，不节能。由图3-5和图3-6可以看出，系统效率随着动液面深度的增加而增加，与偏置式抽油机相比，双驴头抽油机和下偏杠铃抽油机系统效率在200～800m动液面范围内提高的幅度基本相同。有功节电率随着动液面深度的增加而减小，其原因是随着试验井动液面深度的增加，抽油机的负荷增大，提高了驱动偏置式抽油机电动机的功率利用率，能量损失减少，节电率下降。

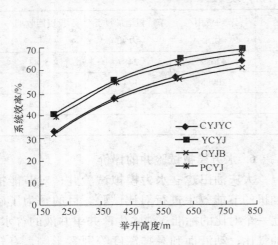

图3-5　4种节能抽油机系统
效率对比曲线

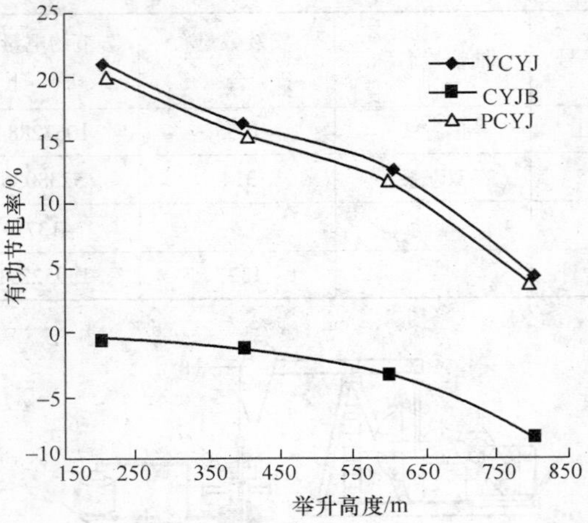

图3-6　3种节能抽油机的有功节电率
（与偏置式抽油机对比）对比曲线

（二）电动机

1. 稀土永磁电动机

稀土永磁电动机是一种同步电动机，但不需要普通同步电动机的励磁线圈和集电环，结构上酷似异步电动机那样简单，在系统上也不像普通同步电动机那样需要励磁调节系统。

主要特点：

① 效率高，额定效率可达到94%，抽油机专用永磁同步电动机轻载时在一定范围内的效率还高于额定值，最高可达96%左右；

② 功率因数高，额定功率因数设计在0.98左右，轻载时还高于额定值，甚至在一定范围内还可起到补偿电容器的作用，从而保证整个冲程内的自然平均运行功率因数在0.9以上，无功节电效果相当显著；

③ 启动力矩大，过载能力强，采用异步启动方式，可以直接启动。启动力矩和过载能力均提高1个机座号，最大启动转矩倍数达到3.6倍，既降低了电机的装机功率，又有效降低了电机的运行损耗，提高了节电效果。

2. 双极/双功率电动机

该系列的电动机采用改变绕组的接法来改变电机的极数和输出功率，以便与机械负载的负载特性相匹配，可以简化其变速系统，从而实现节电的目的。电动机的转速分为双速、三速和四速3种。双速电机均采用单绕组结构方案，主要是方便调节运行冲次，启动时采用大功率，提高启动转矩，利于抽油机的启动，运行时采用小功率，降低能耗。

3. 超高转差节能电动机

CJT系列抽油机节能拖动装置由YCCH系列超高转差率电动机和控制部分组成，是专门为游梁式抽油机设计制造的驱动设备。CJT装置在抽油机运行上冲程的重负荷期间速度下降，而在每个冲程的终点速度增加，一个冲次内的速度变化可达25%～50%。这种特性可使抽油机系统的机、电、液负荷均得到很大改善。

CJT 系列电机已在部分井上应用，代替 Y 系列异步电机，现场应用后与普通异步电动机比较，在日产液量变化很小的条件下，平均有功节电率为 16.7%，无功节电率为 31.03%，百米吨液单耗降低 7.5%，功率因数由 0.45 提高到 0.51。电机负载率提高了一倍。

4. 开关磁阻电机及其控制系统

是通过电子电路轮流接通和断开各相绕组使电机旋转的磁阻式电动机。可以调速，具有较高的效率，典型产品的数据是：起动电流为 15% 额定电流时获得起动转矩为 100% 的额定转矩；起动电流为额定值的 30% 时，起动转矩可达其额定值的 150%。起动电流小、转矩大的优点还可以延伸到低速运行段，因此该系统十分适合那些需要重载起动和较长时低速重载运行的机械等。

5. 电磁调速电动机

YCL 系列电磁调速电动机功率范围为 0.55～90kW。由于拖动电机与电磁转差离合器输出轴之间采用无机械直接连接的结构，静态剩余转矩小于 3% 额定转矩，消除了失控区，在低负荷调速运行时，具有良好的转速稳定性，这一指标已达到国外同类产品的水平。目前在油井供液不足油井上广泛应用，冲次可根据需要调整到 2 次左右。

6. 大庆油田的评价

大庆油田对应用的超高转差率电动机、永磁同步电动、高起动转矩、双定子结构电动机、电磁调速电机进行了节电效果评价，见表 3-9。经济效益颇佳，若抽油机电机平均耗电还是按 8.59kW 计算，则全厂抽油机节能电机每年节约电量可达 389.68 × 10⁴kW · h。每 1 千瓦小时电量按 0.4 元计算，则年节约电费 155.87 万元。考虑到抽油机节能电机和普通电机价格差价因素（按目前管理局抽油机产品价格计算，永磁同步电动机比普通电动机价格贵 10665 元，超高转差电动机比普通电动机价格贵 4475 元，双定子电动机比普通电动机价格贵 8000 元），按静态投资计算可 1 年收回增加的投资，见表 3-10。

表 3-9　电机节能效果评价

序号	节能电机		平均功率因数		有功节电率/ %	无功节电率/ %	综合节电率/ %	节能电机类型
	电机型号	额定功率/ kW	原态	节态				
1	YFT250-6	37	0.29	0.46	11.81	48.41	20.98	双定子,双转子
2	CJT-3.5	22	0.29	0.53	13.45	58.17	24.66	超高转差
3	CJT-3.5	22	0.51	0.66	9.08	38.13	13.25	超高转差
4	CDJT-10D	22	0.29	0.61	1.82	62.02	16.91	调速电机
5	CDJT-10D	22	0.48	0.84	-17.94	58.03	-6.22	调速电机
6	YGY250M-6	22	0.29	0.47	13.03	50.97	22.54	双定子
7	YGY250M-6	22	0.51	0.70	5.43	42.50	10.76	双定子
8	YCT280-6A	22	0.27	0.58	-11.77	55.26	5.61	电磁调速
9	YCT280-6A	22	0.48	0.84	-17.19	60.06	-5.27	电磁调速
10	YS250M-6	37	0.27	0.63	2.56	65.60	18.91	电磁调速
11	YS250M-6	37	0.48	0.85	3.58	67.84	13.49	电磁调速
12	TNYC200L₂-6	22	0.29	0.76	17.16	78.64	32.57	永磁同步
13	TNYC200L₂-6	22	0.51	0.89	8.50	70.19	17.37	永磁同步
14	DFCJT-3.5	34.8	0.29	0.54	10.02	51.93	22.03	600V 超高转差
15	DFCJT-3.5	34.8	0.51	0.64	5.09	39.50	9.08	600V 超高转差

表 3–10 经 济 效 益

序号	电动机名称	安装数量/台	节约电量/kW·h	节约费用/万元	节能电机增加投资/万元	投资加收期/年
1	永磁电机	6	40771	1.63	6.40	3.93
2	高转差电机	320	3757588	150.3	143.2	0.95
3	双定子电机	8	98457	3.94	6.4	1.62
合计		334	3896816	155.87	156	1.0

7. 胜利油田的评价

胜利油田在连续两年的示范区治理活动中，形成了几种配套技术以提高地面效率。主要有：Y 系列 12 级低速电机、Y 系列小功率电机配套节能控制柜，普通 Y 系列电机配套动态电容补偿控制柜或软启动控制柜，YCCH 系列高压高转差电机配套高压控制柜，YCT 系列电磁调速电机的使用，永磁电机配套软启动控制柜，自动调压变压器配套永磁电动机技术和软启动柜，YD 系列双功率减速电机的使用，SRDH 系列开关磁阻调速电机的使用，变频控制柜的使用，节能变压器、普通电机配套皮带涨紧器、应用防电机倒转装置（超越离合器）；井下工具优化配套和防偏磨技术的综合应用。由能源监测站进行了部分井的测试，结果见表3–11。

表 3–11 技术措施及应用效果

序号	技术措施	测试井数	功率因数	平衡度/%	泵效/%	井下效率/%	地面效率/%	百米吨液耗电/(kWh/t·100m)	单井日耗电/kW·h	系统效率/%
1	永磁电机、调压变压器软启动柜	18	0.909	83.31	84.98	52.7	65.08	0.91	169.12	34.51
2	永磁电机及调压变压器	21		82.67	78.37	54	61.52	1.09	146.0	33.63
3	高压高转差电机及配套高压控制柜	11		95	31.45			4.34	114.2	16.0
4	电磁调速电机	8	0.555	101.4	45.23			5.5	120.9	9.7
5	永磁电机、软启动控制柜、变速器	10		90.97	57.4	61.35	47.75	1.896	179.6	29.74
6	永磁电机配套软启动控制柜	12	0.873	91.61	74.33	56.6	52.43	1.876	221	29.65
7	小功率电机配套节能减速器和节能控制柜	16	0.534	98.2	44.43	31.9	80.19	2.454	120	26.27
8	12 级低速电机	27		80.7	41	72	40	1.43	177.07	28.77
9	12 级低速电机、软启动柜	10		80.48	44.44	70	43.1	1.767	161.53	28.83
10	开关磁阻调速电机	8		83.06	38.31	58	46.5	1.42	131.52	23.4

128

序号	技术措施	测试井数	功率因数	平衡度/%	泵效/%	井下效率/%	地面效率/%	百米吨液耗电/(kWh/t·100m)	单井日耗电/kWh	系统效率/%
11	变频控制柜	8		79.19	39.11	71	41.4	1.334	150.4	30.04
12	节能减速器	10		94	23.51			3.913	112.9	19.9
13	超越离合器	4		86.7	67.3	76.61	36.8	1.78	451.2	28.2

（三）地面调节控制装置

1. △－Y 配电柜

对于负荷很轻又由于某种原因不能换成小容量电动机的场合，如果电动机是"△"接线的，改成"Y"接线可以提高电动机的功率因数和运行效率。由"△"接法改为"Y"接法运行，对于降低电动机的有功功率损耗，尤其是降低无功功率损耗有着明显的效果，改接后，电动机定子每相线圈所承受的电压，由线电压降为相电压，即为原有的 $1/\sqrt{3}$ 了。与相电压平方成正比的电动机中的有功功率损耗，比原来减少 2/3。

抽油机用电动机做星接运行条件是：电动机短路时间运行最高负荷率不得超过 51%，平均负荷率不得超过 45%。

2. 可控硅调压技术

采用双向反并联可控硅进行控制的三相交流调压技术，可以通过检测电机电压与电流之间的相位差变化作为控制信号，控制可控硅的导通角，从而改变电机的工作电压，使电机在空载或轻载时的工作电压低于额定电压，从而达到节能目的。在抽油机工作时，如果改变电机运行电压，不仅能减少电机的无功功率，提高功率因数，还能降低电机消耗的有功功率。这是因为电机在轻载运行时，降低电机端电压，可减少电机的损耗。抽油机运行时，在一个冲程内有相当一部分时间处于轻载运行，至使抽油机井的平均负载率较低，根据上述异步电动机的节电原理，使抽油机驱动电机的输入电压随着抽油机井的负载变化跟踪调压，即负载小时电动机的输入电压下降，负载大时电动机的输入电压升高。这样减少了异步电动机的损耗，提高了其运行效率。同时也提高了抽油机井的系统效率，达到了节能的目的。

胜利油田临盘采油厂 2001 年在 19 口油井上安装了可控硅配电柜，测试结果为：单井电流平均下降了三分之一。

3. 变频调速控制柜

旋转磁场的转速和输入电流的频率成正比，当改变电流频率时，可以改变旋转磁场的转速，因而转子转速也随之改变，达到调速的目的。目前，主要采用变频装置，它由整流器和逆变器组成。整流器先将 50Hz 的交流电变为直流电，再由逆变器变换为频率可调、电压有效值也可调的三相交流电，供给电动机。用这种方法调速，特性较硬，调速范围大，是异步电机的一种比较合理的调速方法；变频调速按其工作方式不同，可分为交－直－交型和交－交型两种。使用该控制柜，可以很方便地调节抽油机的冲次，但是控制柜体积大、成本高、技术复杂，节电效果并不理想。

4. 超越离合器装置

加上超越离合器的抽油机的地面系统效率接近抽油机的最高效率。该装置是利用机械惯性原理，将飞轮加装在抽油机减速箱输入及输出轴上的离合系统，首先该装置解决了电机倒发电的问题，它也可以自动调整机采系统的动态微量平衡，改善井筒中混相流体的流态、降低流体的流动阻力尤其是原油的流动阻力，降低抽油机光杆载荷，达到节能、增产的目的。经现场测试，平均系统效率可提高10个百分点。效果对比见表3-12。

表3-12　安装超越离合器前后效果对比

井号		产液量/ (t/d)	含水率/ %	动液面/ m	油压/ MPa	套压/ MPa	输入功率/ kW	系统效率/ %
永66N2	安装前	70.7	98.5	0	0.5	1.1	2.98	16.5
	安装后	92.3	98.1	0	0.5	1.5	3.14	34.1
永66Q3	安装前	102.4	95.5	0	0.6	1.7	6.29	20.8
	安装后	107.7	94.3	0	0.6	1.7	4.51	30.5
永68P1	安装前	21.2	61.7	942.4	0.6	0.8	11.23	19.7
	安装后	22.2	62.2	940	0.6	0.8	8.96	25.9
永66-24	安装前	73.8	93.5		0.6	2	4.23	28.4
	安装后	88.9	93.5	0	0.6	2	3.35	43.2

5. 节能变压器及自动调压变压器

据有关标准规定：推广能耗少的S9、S11变压器，逐步淘汰能耗高的S7变压器。自动调压变压器即在变压器的输出端设立几个电压档，根据油井电机所需电压的要求，自动调整输出电压。将节能电机与变压器配套使用，变压器容量由原来的50kWA下降到30kVA，电机功率由原来的45-55kW下调为22-30kW，取得了较好的效果。

6. 智能皮带涨紧器

皮带涨紧器安装在电机与减速箱之间，它可以及时调整皮带的松紧，使皮带处于涨紧状态，减少因皮带松造成的皮带打滑而带来的冲次降低、效率降低现象，安装智能皮带涨紧器前后的对比情况见表3-13。

表3-13　安装皮带自动涨紧器前后效果对比

井号	安装前			安装后			对比值	
	冲次/ (次/min)	日产液/ (t/d)	日产油/ (t/d)	冲次/ (次/min)	日产液/ (t/d)	日产油/ (t/d)	增加冲次/ (次/min)	日增油/ (t/d)
营33×29	2.52	30.0	2.2	2.78	32.7	2.4	0.26	0.2
营33×33	4.92	27.1	3.7	5.28	29	4.1	0.36	0.4
营66-33	5.06	29.5	2.2	5.15	30	2.5	0.09	0.3
平均							0.24	0.3

7. 节能减速器

节能减速器安装于电机的输出端与减速箱之间，由同轴的大小轮组成，电机带动大轮运转，减速器的小轮带动减速箱的输入轮运转；用于降低抽油机的冲次，适用于地层供液能力差，需要降低冲次的偏磨井，表3-14为胜利节能减速器安前后测试对比。

表 3 – 14　节能减速器安装前后数据测试表

序号	井号	测试状态	有功功率/kW	无功功率/(kvar)	功率因数	产液量/(t/d)	动液面/m	有功节电率/%	无功节电率/%	综合节电率/%
1	L2 – 46	安装前	3.23	17.96	0.177	4.7	680	48.56	77.06	52.04
		安装后	2.13	5.28	0.374	5.5	746			
2	L2 – 6	安装前	3.6	14.53	0.24	1.3	1425	31.74	52.57	35.07
		安装后	0.89	1.97	0.412	0.5	1389			
3	L3 – X401	安装前	1.75	18.50	0.094	4.3	885	22.16	71.43	34.02
		安装后	1.25	4.85	0.25	4.7	743			
4	L33 – 161	安装前	2.86	12.0	0.232	0.6	864	28.78	70.62	33.45
		安装后	1.67	2.89	0.5	0.6	850			
5	L56 – 7	安装前	4.06	17.23	0.229	0.7	1486	34.69	95.65	41.57
		安装后	3.15	0.89	0.962	0.9	1373			
平均值								32.35	77.44	37.74

8. 大庆油田的测试评价

大庆油田选取了负载率不同的三井做为对比井，先后对十余种抽油机井节电箱进行测试和筛选，并从十多种节电箱中筛选出 3 种作为推广产品并进行安装。其中：QXY 系列星—角变换节电箱 60 台，DJQ 系列可控硅调压节电箱 20 台，DT—98 系列星—角变换＋动态电容补偿节电箱 20 台，节能效果是：

（1）DJQ 型电箱平均有功节电率 9.21%，平均无功节电率 72.07%。

（2）DT–98 型节电箱平均有功节电率 5.795%，平均无功节电率 79.05%。

（3）QXY 型节电箱平均有功节电率 5.88%，平均无功节电率 65.68%。

（4）从三种节电箱测试结果应用情况看，DJQ 系列对实际动态有功功率跟踪效果较好，其平均有功节电率可达 9.21%；QXY 系列、DT–98 系列从测试结果看，有功部分二者没有什么差别，DT–98 系列的无功补偿效果好。

（5）从现场应用情况看，DJQ 系列、QXY 系列结构合理，操作简单方便；DT–98 系列元器件较多，体积大，操作不方便灵活。

第四章　气藏开采工艺技术进展

一、低渗致密砂岩气藏开采新技术

随着天然气勘探开发的不断深入，越来越多的砂岩气藏被发现和开发，它们在石油天然气工业中的地位也日益突出。据不完全统计，我国5大气区有46个大中型气田中，以碎屑岩为储层的气田19个，所占比例为41%，储量占57%。典型的气田有：鄂尔多斯的苏离格、塔里木气区的克拉2、牙哈等；南海西部气区的东方1－1、崖13－1、乐东22－1等；青海气区的涩北一号、涩北二号、台南等；川渝气区的平落坝、川西凹陷等，其中苏离格气田、川西凹陷气田和中原文23等气田属于典型的低渗砂岩气藏。这类气藏的储层具有非均质性强、孔喉半径小、含水饱和度高等地质特征。随着深部油气勘探的不断探明，这类气藏发现的可能性愈大。对已开发的此类气藏，发展先进实用配套的开发与开采技术，有着十分重要的意义。

我国低渗致密气藏的储量占相当大的比例，而其中相当部分处于低产低效状态，认识和掌握该类气藏的特殊规律（地质、开发特征）是开发好低渗致密气藏的前提；确定合理的开发方式，层系井网和气井生产制度是开发好这类气藏的基础；采用先进实用配套的工艺技术是开发好这类气田的保证。

根据我国标准，有效渗透率为 $(0.1 \sim 10) \times 10^{-3} \mu m^2$，[绝对渗透率 $(1 \sim 20) \times 10^{-3} \mu m^2$]，孔隙度为 10% ~ 15% 的气藏为低渗气藏；有效渗透率 $\leqslant 0.1 \times 10^{-3} \mu m^2$（绝对渗透率 $\leqslant 1 \times 10^{-3} \mu m^2$）、孔隙度 $\leqslant 10$% 的气藏为致密气藏；我国深层（>3500m）天然气资源量在 $21.66 \times 10^{12} m^3$ 以上。从我国已经开发的这类气藏来看，主要开发技术为：①开展气藏精细描述，划分出各类储层的分布范围；②储层易受到损害且难于恢复，必须采取保护储层的钻井完井技术；③实施加砂压裂改造工艺技术，该技术能明显改善储层渗流条件，大大提高其净产能。

（一）低渗致密气藏地质及开发特征

1. 影响低渗致密气藏储集特征的构造因素

（1）断层

断裂活动引起一系列构造、地层的变化，改变储集层埋藏条件，引起流体性质和压力系统的变异。

（2）透镜体

透镜体在低渗致密砂岩中占相当大的比重，如何准确确定透镜状砂层的大小、形态、方位和分布，是能否成功开发这类气藏的关键。

（3）裂缝

低渗致密储集层的渗透能力低，但只要能与裂缝搭配，就能形成相对高产，裂缝主要对油气流做贡献，裂缝孔隙度一般不会超过2%。国内外大量资料表明，在一定埋藏深度下，天然裂缝在地下一般呈闭合状态，缝宽多为 $10 \sim 50 \mu m$，基本上表现为孔隙渗透特征，这些层不压裂往往无产能。

2. 低渗致密气藏储集层特征

通过对低渗砂岩气藏储层特征统计分析得出，储层岩石大多数为细砂岩－粉砂岩，胶结物和泥质含量较高，以孔隙式胶结为主。储层砂体形态一般有三种：层状砂体、块状砂体和透镜状砂体。

（1）非均质性强

此类气藏的砂体发育程度随沉积微相的不同而有明显的变化，砂体发育程度的不同造成储层存在非均质性，物性的各向异性非常明显，产层厚度和岩性都不稳定，在很短距离内就会出现岩性、岩相变化甚至尖灭，以致在井间较难进行小层对比。加之各种裂缝对渗流状况具有明显的改善作用，以及裂缝分布的非均匀性，造成储层非均质性更为严重。这种非均质性表现在砂体发育程度、连通性、含气性的空间变化。储层物性在纵、横向上各向异性明显，其厚度和岩性都很不稳定，在短距离内就会出现岩性和岩相变化或岩性尖灭，以至井间无法对比。为此一些学者提出用储渗体来描述这种储层间的非均质性，储渗体是指具有一定储集和渗透能力而四周又被特低渗透的致密砂岩或泥岩构成的三维空间所封隔的单元。它们的渗透能力依赖于微裂缝网络和大孔喉来改善宏观渗流条件，由于它受三维空间所封隔，所以各个储渗体表现出相互独立的特点。

（2）低孔低渗

一般这类储集层孔隙有粒间孔隙、次生孔隙、微孔隙和裂缝四种基本类型。低渗致密砂岩受后生成岩作用影响明显，它以次生孔隙为主，并往往伴随大量的微孔隙。不论何种成因，不论其性质有何差异，这类砂岩颗粒小，胶结物含量高，造成孔隙小（一般小于 $10\mu m$）、连通喉道细（一般小于 $2\mu m$），孔隙面积与孔隙体积之比大，孔隙曲折多，不便流体流动，孔喉连通性差。由于毛管半径小，因而限制了气体的流动，引起高的毛细管压力，发生毛细吮吸，造成气层饱和度高，容易引起钻井液完井液的液相侵入。

泥质含量高，并伴生大量自生黏土，这是低渗致密砂岩的又一明显特征。砂岩中的黏土可分为两种：碎屑黏土（砂粒一起沉积）和自生黏土（成岩过程中从地层水中沉淀或碎屑黏土蚀变形成）。与渗透率较高的砂岩相比，除了黏土数量较多外，低渗透砂岩所含的自生黏土多以水敏黏土（蒙脱石、伊利石）和酸敏性黏土（绿泥石）为主，黏土形态又多以膜状或桥状为主。

常规实验室测定的气体渗透率与实际储集层条件下的渗透率差别很大，这在低渗致密气藏尤为突出，因此要尽量模拟地层条件测定其渗透率。渗透率随埋深的加大、压力的增高而急剧地减小，并且在压力卸载后，渗透率恢复不到原值。

（3）含水饱和度高

相渗曲线特征是：低渗储集层的束缚水饱和度一般高达 40% ~ 50%，残余气饱和度也高，两相共渗区较窄。同时随着含水饱和度的增加，气体相对渗透率大幅度下降，而水的相对渗透率也上不去。岩石一般为弱亲水到亲水。

3. 低渗致密气藏的开发特征

低渗砂岩气藏储层所具有的地质特征，就决定了其渗流能力低，而且容易发生低速非达西渗流（只有在大于启动压力梯度条件下，气体才能流动），气井生产压差大，单井控制储量低。虽然气藏的驱动能量有3个方面：天然气自身的弹性能量；地层的弹性能量（这部分能量普遍较小）；地层水的弹性能量（这部分能量的大小，对驱动类型具有很大的影响）。但是由于气藏非均质性严重，渗流能力低，且水的渗流能力极差，地层水的能量补充极其微小，地层水的弹性能量一般难于发挥作用。开发方式一般只能依靠天然气自身能量的衰竭式开发，即利用气藏自身的压力作为驱动动力。这种气藏在开发过程中表现出主要特点为：

① 气井产能普遍低，气藏产能分布极不均衡，这主要是由于气藏自身物性差，储层非均质性严重所引起的，气藏内主力气层采气速度较大，采出程度较高，储量动用充分，而非主力气层采气速度低，储量基本未动用，若为长井段多层合采，层间矛盾将更加突出。

② 生产压差大，由于储层物性差，气藏的稳产是以不断放大生产压差来实现的，所以只能依靠增大生产压差来维持气井的产量。

③ 单井控制储量和可采储量小，供气范围小且储量低，递减快，气井的稳产条件普遍较差。由于生产压差较大，随着气层压力的下降，储层的再压实作用使得近井地带的孔隙度和绝对渗透率下降；泥岩的再压实作用，使泥岩内饱和水被排驱到储层，增加了储层的含水饱和度，降低了气相渗透率；气井采用大比重钻井液钻井时，部分钻井液颗粒进入地层，钻井液滤液使黏土发生膨胀，产生分散颗粒，随着气井大压差生产，逐渐运移到井筒附近，并堵塞部分渗流通道，减小了气井的产量。这些因素的综合影响造成了低渗气井的产量不稳定。

④ 气井的自然产能低，大多数气井需经压裂或酸压才能获得较高的产量或接近工业气井的标准。大部分低产井压裂效果好经济效果显著，加砂压裂改造一方面能有效地解除井筒周围的污染带，从而沟通产层与井筒的流动系统；另一方面能改造储层的渗流通道以及沟通新的储渗体。为保证气田取得最大的经济效益和合理的稳产年限，这就需要针对该类气藏的地质特征和开发特点，做好与之相适应的研究工作，并制订合理的工艺技术措施，以达到科学合理经济开发气藏的目的。

⑤ 一般不出现分离的气水接触面，储集层的含水饱和度一般为 30%～70%，因此井筒积液严重，常给生产带来影响。

⑥ 气井生产压差大，采气指数小。生产压降大，井口压力低，可供利用的压力资源有限。

⑦ 由于孔隙结构特征差异大，毛管压力曲线都为细歪度型，细喉峰非常突出，喉道半径均值很小，使排驱压力很高，也存在着"启动压力"现象。

（二）低渗致密气藏开发对策

低渗砂岩气藏因其在地质和开发上的特殊性，需要从气藏描述、布井方式、钻井完井工艺、压裂增产和气藏开发过程方面论证在开发上的相应对策。

1. 气藏描述

依据低渗砂岩气藏具有非均质性强地质特征和气井产能分布极不均衡特点，为便于在气藏描述时储层与气井产能相联系，在气藏描述时将储层分为 4 类：Ⅰ 类储层为试气时产能大，投产后产能高，稳产条件也好；Ⅱ 类储层为试气时产量和稳定产量都较低；Ⅲ 类储层不经改造难以获得工业气流；Ⅳ 类储层在目前的经济、工艺技术条件下难以开采。

用岩矿分析、扫描电镜和 X 衍射等方法和手段确定岩土矿物的成分、含量和产状；开展沉积相研究，寻找有利相带；开展成岩作用与成岩史研究，确定次生孔隙在横纵上发育带；开展气藏类型研究，对储集层不稳定的岩性气藏进行井间砂体的预测；开展地应力测定及裂缝系统的早期识别研究；气藏构造、物性、含油气性和油气水分布的三维显示；开展测井系统的适应性试验，提高测井解释水平及解释模型的建立；通过露头观察、定向岩心、应力大小及方向分析，来预测水力压裂裂缝方位；用三维地震、垂直地震剖面和井间地震等方法进行砂体的预测；综合评价这类气藏开发的可行性。

为了更准确地进行气藏描述，划分各类储层的分布范围应该做好三方面工作：

第一，应用多种测井和地震手段相互配合，有助于搞清局部构造细节。在断层切割强烈、构造形态不完整的局部地区，由于低渗砂岩气藏内反射波连续性差，地震资料难以准确确定地层产状，这时需要利用测井手段来搞清局部构造细节。如文23气田文105井南高点的再认识由边块垒块高点—主块背斜高点，地层倾角测井提供了关键的依据。

第二，建立含气砂体地震响应模式，确定含气面积。通过储层基本地质特征分析、薄储层的精确标定、含气砂体的地震响应机理分析，建立含气砂体的地震响应模式，并进行储层厚度、含气性与振幅的统计分析及地震相的沉积相解释工作，确定含气面积。

第三，应用先进的解释手段，划分出各类储层的分布范围。如2D～3D井间多井约束地震地层反演技术它是利用高精度三维地震资料，结合测井、地质、钻井、测试等资料，在确定气藏分布范围、空间几何形态描述、储集参数反演、储层非均质性研究以及高产富集带预测等方面具有明显的作用；加上通过储渗体差异研究，在多口井精细标定的基础上，可以发现各砂层的波形、振幅、频率及波阻抗等地球物理特征参数与已知井的地质模型存在较好的对应关系，并能在地震剖面上得到直观清晰的体现。这样就可以实现对低渗砂岩气藏4种类型储渗体之间的差异性识别，确定它们的分布范围。此外，裂缝对改善低渗砂岩气藏的渗流状况具有明显的作用，应该加强裂缝成因、分布的研究。

2. 布井方式

低渗砂岩气藏在布井方式上应该注意两点：

第一，非均匀高点密井网布井方式，由于气井产能分布极不均衡，可以利用高产带上的井采出低产带中的储量，所以采用非均匀布井方式，在高渗透区采用高井网密度，而在低渗透区使用低井网密度。如对于边底水不活跃的低渗砂岩气藏，一般在构造高部位的渗透性好，尽可能在构造高部位采用高井网密度。

第二，采用加密井网方式进行布井，气田布井很难一次完成，一般是在主体井网的基础上用加密井网来完善。一方面在主体井网完成后，可获得更多的地质资料，是加深对储层平面连续性认识的需要；另一方面低渗气藏气井的生产压差大，产能普遍较小，气井的稳产条件普遍较差，采用逐步打一些加密井来稳定气田产能。合理井数确定，首先根据气藏试气和试采资料，确定单井平均生产能力和稳定产量，初始井数为气田规定的采气量除以设计井的平均产量，随着气井平均产量的下降，还必须逐步打一些加密井，以弥补气井产量的下降，达到满足气田的稳产开发要求。

3. 钻井完井工艺

储层的孔喉半径小和泥质含量高决定了储层容易受到损害，且损害后难以恢复。在钻井、完井作业过程中，为了提高气井产能，避免漏掉有价值的气层，最有效和最基本的途径是在钻井完井过程中对气层实施有效的保护工艺技术，为满足低渗透气藏气井压裂增产作业的需要，其完井方式为后期射孔完井，因此需要从钻井、固井和射孔三方面对气层保护技术进行研究。保护气层的钻井、固井工艺措施有：

① 完井液应该与气层相匹配，完井液中加入合适粒径的颗粒，以形成屏蔽环，从而减少滤液和颗粒的侵入，能够避免以后施工环节完井液的侵入；

② 采用"特低固相"钻井液，达到低固相、低密度、低粘度和防塌、携砂能力强的要

求，防止在压裂改造过程中对气层的污染；

③ 采用近平衡钻井技术，减少液柱与气层之间压差；

④ 尽量减少完井液浸泡气层时间。由于在钻井过程中井壁附近已经形成屏蔽环，它能够避免水泥浆的侵入，固井时只要水泥浆液柱与气层之间的压差小于屏蔽环能够承受的压力即可。

保护气层的射孔工艺措施有：

① 选择油管传输负压射孔工艺，利用射孔后的负压清除射孔弹和岩石的碎屑，以保证射孔孔眼清洁；

② 优化射孔参数（枪弹型号、孔密和布弹方式）；

③ 若采用正压射孔，必须选用低损害的优质射孔液。

4. 压裂改造工艺

为了提高加砂压裂效果，取得更好的经济效益需要做好以下几方面工作：

① 合理选井。

压裂后获得高产的气井，其储层要有足够的控制储量（即要求储层必须具有一定厚度，在横向上具有一定的稳定性；储层应具有一定的渗透能力，以低渗透层为最好；储层必须具有较高的含气饱和度）；有足够的压力梯度，使压裂产生的高渗裂缝能将大量气体导入井内；其次是要搞清气井低产原因，运用岩心常规分析及特殊试验，可以帮助我们弄清气井是否适宜压裂作业。

② 选择合理规模。

水力加砂压裂的处理量应与井距、裂缝方向、液体漏失及其他储层特性相符合作业后不仅能够使气井的产能增加，而且能够获得良好的经济效益。所产生的裂缝高度在预期设计的有效范围内，而不至于穿过上下盖层（即使它限制在产层内，而在非产层内不产生裂缝）。压裂井段不宜太长，否则应采用分层压裂。

③ 目前压裂施工设计是假定储层从井眼到人工裂缝端部都是均质的且各向同性，这与地层实际情况不相符。在施工前，要有在施工过程中可能会改变施工过程、状况的准备（液体流量、气体流量、支撑剂浓度等），以便于处理储层因非均质而出现井底压力异常变化，以及压裂液或支撑剂准备不当而进行调整或更换等。

④ 施工后，利用温度测井、放射性支撑剂及流量计等测量技术来获取裂缝高度，并与所预测高度进行对比分析，找出差异，不断优化。

⑤ 对低渗透气藏的压裂改造增产工艺措施宜开发早期进行，气藏开发早期地层能量充足，残液排出彻底，可减轻污染；对已压裂的气井严禁用高密度压井液压井，否则会造成不可逆转的储层伤害；需压井时可选用无固相的 KCl 饱和盐水压井液以防止压井液的再次污染。

⑥ 压裂井在投产时严格限制大压差生产。因为气井在大压差、大产量下支撑剂可能返回井筒形成砂柱，堵塞压裂井段，使裂缝闭合，降低压裂效果。

美国前安然公司在四川八角场香四气藏的加砂压裂和长庆气田压裂改造的经验值得引起我们的重视。

5. 开采过程

低渗砂岩气藏在开发过程中应从试采、开发中期和后期做好以下几方面工作：

（1）开发早期搞好试采工作，完成试采任务，为油田开发设计奠定基础试采的主要任务是要弄清气藏间、气井间的连通关系，进一步搞清气藏性质及合采时的层间关系、气井生产能力、各类气井产量变化规律，确定流体分布及流体性质的变化特点、地层水活动特点及它们对气藏产能的影响、驱动能量和驱动类型，确定气藏压力变化规律，建立气藏压降曲线，计算压降储量，对详探探明地质储量进行动态验证，并确定可采储量；评价气井的污染状况，确定气井的有效渗透率和地层数等。在气田试采工作中，要编制系统的试采方案及资料录取制度。试采井面要宽，要兼顾到各种不同类型的气井。为暴露气藏矛盾，应放大压差生产，录取流压、静压，进行系统试井和压力恢复试井，选择部分有代表性的气井进行生产测井。每年进行二次全气藏关井测压。试采期视气田规模大小和复杂程度而定，总的原则是暴露气田开发中的各种矛盾，满足气田开发设计的需要，试采结束时，采收程度不应低于5%。

（2）开发中期搞好气藏稳定产能工作，延长气藏稳产年限

由于低渗砂岩气藏的生产压差较大，造成气井的稳产条件变差，为保证气藏稳产需要，应做两方面的工作：一方面对低产气井普遍进行压裂改造，改善储层的渗流条件，提高气田的稳产水平和气藏开发的经济效益；另一方面通过钻加密井来延长气藏的稳产年限。

（3）开发后期延长气井生产时间，提高气藏采收率

低渗砂岩气藏气田一般情况下采取衰竭式开发，气田一旦进入递减期，自然递减率很大。为控制气田的递减和延长气井生产寿命，一方面对地层产水明显的气井采取机械排水、化学排水的方法去除井筒积液；对地层能量较充足的气井，可采用小管采气，提高气体的携液能力；另一方面采用压缩机，降低井口压力的开采方式，这也是提高气田开发效果及最终采收率的一种重要方法。

6. 其他配套工艺技术

① 气藏工程分析技术可对渗流机理（非达西流、气体滑脱、"启动压力"和临界流动压力梯度等）进行深入研究和系统实验，完善和发展试井方法。

② 低压低产气藏气井井筒举升技术。这在四川、中原、大港等都有很好的经验。

③ 气井动态监测技术。

④ 水平井技术。由于构造应力而产生的各种裂缝，若水平井能很好地与垂向裂缝相交，则渗流状况会有很大的改善。

（三）实例

美国前安然公司在四川八角场气田低渗致密香四气藏的深度压裂是一个成功的范例。该气田位于四川省中部，1974年2月开始勘探，1981年4月投入开发，其主力气藏香四气藏为低渗致密气藏，1993年在中部30km^{2}范围计算的天然气控制储量为$234 \times 10^8 m^3$，气藏自然产能低，生产压差为24~34.3MPa，平均单井产量仅$1 \times 10^4 m^3/d$，采气指数300~400m^3/（d.MPa）。1998年四川引进了14台压裂装备，并进行国内配套工作，储、运、配、供、注及施工控制能力有了大幅度提高。其主要技术要点如下：

1. 气层保护及井的工程条件准备

安然公司在这方面做得很出色，从钻井液、完井液的优选、作业用水水质的控制到钻井、完井全过程的监控，无不贯穿着气层保护这一宗旨。在压裂时确定高价购买生活用水作为施工用水。在三口施工井都选了大口径管汇注液，采用井口保护器对井口装置实施保护，为大型加砂压裂创造了良好的井筒和井口工程条件。

2. 压裂液及支撑剂的优选

由于储集层敏感，所以对液体配方、药品采购、配液用水及配液过程严格把关。选定万庄分院的瓜尔胶压裂液配方，用适当降低粉剂含量来进一步降低液体对储集层的伤害。并选定美国 Cartm 公司的高强度陶粒作为支撑剂。

3. 施工参数优选

进行单井模拟和用压裂模拟器确定有效裂缝长度与施工规模的关系。还优化注液排量、注液程序，用最少注入量和最小投入获得有效裂缝长度。

4. 测试压裂及其对施工方案的校正

破裂压力、闭合压力、液体在地层中的滤失系数是施工优化的关键参数。为降低施工风险，尽可能减少前置液用量，在每口井加砂压裂前都进行测试压裂，根据这些资料的处理结果来修正加砂压裂施工方案。

5. 建立施工保证体系

优质的施工装备配置施工用水水质控制，压裂液罐及其清洁处理，压裂液添加剂质量控制及压裂液配置全过程质量控制，供液、供砂、泵注和施工监控等。

6. 压后排液技术

由于相似储集层，容易受到伤害，所以尽量减少液体在地层中停留时间，并采取强制裂缝闭合，快速排液的技术措施，改善施工效率，为此安装了 EXPRO 公司的放喷测试装置，并辅助安装了快速排液管线，可做到停泵后立即排液。

三口井施工后由于角 59E 井因施工后很长一段未生产，仅累计产气 $54 \times 10^4 m^3$，油 $3m^3$，水 $140m^3$。角 41 – 0 和角 58E 井生产情况见表 4 – 1。

表 4 – 1　施工后的增产情况

井号	生产日期	油嘴/mm	套压/MPa	油压/MPa	日产量			累积产量		
					气/$10^4 m^3$	油/m^3	水/m^3	气/$10^4 m^3$	油/m^3	水/m^3
角 58E	1999.10	2.67	36.37	35.26	6.72	4.59	3.5			
	2000.5	2.54	6.46	5.13	11.47	5.03	2.01	2828	1000	756
角 41 –0	1999.9	6.8	–	224	10.1	6.29	3.54			
	2000.5	8.3	11.36	10.78	9.6	3.89	3.07	1608.9	777.4	489.4

二、凝析气藏开采新技术

凝析气藏分为纯凝析气藏和凝析气 – 油藏（与原油共存的凝析气藏）两大类型。凝析气藏是在一定地质环境条件（储层、烃类组成、温度、压力等）下形成的气态矿藏。凝析气组成中含标准条件下为液态的 C_5 以上烃，在等温降压过程中存在反凝析现象。它们是介于油藏和纯气藏之间的复杂类型的特殊油气藏。在开发过程中储层和地面都会有凝析油析出，既产气又产油，降压方式开采会有一部分资源损失在储层中难以采出来。很多凝析气藏中气态烃与液态烃共存于同一系统中，形成带油环（或底油）凝析气藏或凝析气顶油藏。在我国，这种原油的特点通常是挥发性较强的轻质油。凝析油和原油一般都是油质轻、汽油成分含量很高，都具有比较高的经济价值。

凝析气藏是一种特殊而又复杂的气藏，介于油藏和气藏之间，它与一般油藏既有相似之处，又有自身的特点；既能产天然气，又能产凝析油，流体相态复杂多变，其地层流体组成随地压的变化而变化，因而增加了其开发的经济性和复杂性。在原始气藏条件下，当凝析油气藏地层压力高于露点压力时，C_5^+ 以上凝析油可溶于气体中，地层流体为气态，采出地面分离后，获得凝析油，而当地层压力下降到露点压力以下时，从气体中凝析出凝析油来，即产生层内反凝析，通称反凝析现象（又称逆行凝析）。反凝析液积于近井和井筒，难于采出，堵塞油气通道，从而影响凝析油采收率，充分认识凝析油气藏的这一特点，对合理开发凝析油藏具有十分重要的意义。

凝析气藏开发的复杂性和特殊性在于以下几点：

第一，在开发过程中，随着储层压力降至饱和压力以下时，凝析气发生相态变化，产生气、液两相，而且各相的量、组成、物性参数、饱和度以及储层有效渗透率等也随着压力下降而不断发生变化。

第二，由于凝析气藏压力都是高压或特高压，因而对钻井设备、井口装置、地面分离、集输和加工系统以及高压注气等工艺技术和设备的要求高，技术复杂。

第三，凝析气藏开发要考虑凝析油含量高低、油和气的储量、储集结构特征、油气物理化学性质，确保油气都有较高的采收率和具有开发经济效益以及当前工艺技术的可行性等因素，确定合理的开发方法和方案。

凝析气田在世界气田开发中占有特殊重要的地位，凝析气藏的高效开发一直是世界级难题。世界上富含凝析气田的国家是俄罗斯、美国、加拿大，他们拥有丰富的凝析气田的经验。

（一）国内外凝析气藏开发概况

1. 国外发展概况

（1）发展概况

19 世纪末科学家在实验室已发现纯物质和简单混合物的反凝析现象，为后来的油气藏流体相态研究打下了基础。

20 世纪 30 年代美国发现和开采凝析气藏，但由于当时对凝析气藏认识不足，当作油藏进行开采，放空了大量天然气，只回收少量油，随着勘探规模扩大和钻井加深和凝析气藏相态研究，正规开发受到重视。为了提高凝析油采收率，采出凝析气经回收油后，把过剩的干气回注到凝析气藏中，保持压力和驱替富气，使凝析油采收率有很大提高，最高达到了80% 以上。50 年代以后天然气消费迅速增长，回注干气经济上不合算，试验用注水保持压力方式，但效果不理想，未能广泛应用。70 年代开始研究注氮气保持压力和驱替湿气，并在凝析气藏工业试验中取得了成功，随之而发展起来的由空气分离制氮和高压注气等一整套工艺技术和设备制造都已成熟。注氮还有蒸发储层凝析液和可以形成混相驱替的优点，因而当前在美国等西方国家，对有条件的凝析气藏注氮提高凝析油采收率得到了推广应用。

加拿大的凝析气田开发在 60 年代和 70 年代发展很快，有很多美国石油公司参与投资开发，提高凝析油的开发技术和工艺水平与美国相当。

西欧北海区域从 70 年代开始海上勘探，发现了大量的凝析气田，主要有壳牌、埃尔夫、英国石油和美国的一些大石油公司投资勘探和开发。这使海上凝析气田开发技术和规模得到很大发展。

70~80 年代，在印度尼西亚、泰国、印度、北非等地区都相继在陆上和海上发现了大型和特大型凝析气田，并陆续投入开发。

原苏联地区发现的凝析气资源非常丰富，主要分布在乌克兰、中亚、伏尔加流域、西西伯利亚和东伯利亚及萨哈林等地区。据 80 年代末统计，凝析油含量在 $200g/m^3$ 以上的凝析气储量约占凝析气总储量 20% 。现已投入开发的凝析气藏多为凝析油含量 $100g/m^3$ 以下的储层，采用衰竭式开发方式，并被确认是合理的，地面采用有效的分离技术，提高凝析油采收率。凝析油含量高的储层暂时被封存，同时在乌克兰地区的一些凝析气田上开展大规模的循环注气开采方式提高凝析油采收率试验，并开展注水保持压力的研究工作，为下一步大规模开发高含凝析油的凝析气田做准备。

（2）相态研究概况

凝析气的相态研究是凝析气藏开发的基础。美国在 20 世纪 30 年代末和 40 年代初作了大量的实验研究，并在大量试验数据的基础上研制出收敛压力法计算油气相态的图板，但由于该方法在低温和高压条件下的应用受到限制，60 年代和 70 年代应用状态方程计算相态的研究迅速发展起来。据 Stanley M. Wala 在 80 年代初在《Phase Equilibria in Chemical Engineering》一书中统计，从 19 世纪 70 年代 Van Der Waals 状态方程算起，现在有各种类型的状态方程数量达到 56 种，仍在不断发展和改进之中。但目前比较成熟的并在油气藏开发工程方面的软件中最广泛应用的状态方程有 SRK、PR 等方程。这些软件是用状态方程和热力学平衡理论结合求解气液平衡的相态变化问题，其中的方程系数和多组分之间的干扰系数是由试验数据拟合取得的，因而是半理论和半经验性质的方法。我国目前现有相态软件尚存在的问题主要是具体流体的相态研究需要有一定实验数据为基础，特高压（如大于 100MPa）和近临界态流体相态计算结果不可信，三相状态不能计算，临界点计算不准。因为这些软件中用于状态方程的一套经验系数数据尚不适应这些条件下的情况。目前国内外还正在开展研究，解决这些问题。

2. 国内发展概况

我国在 20 世纪 50 年代末和 60 年代，首先在四川盆地发现一批气中含少量凝析油的气藏，凝析油含量低于 $30g/m^3$ ；是湿气藏还是凝析气藏，当时一直没有进行取样研究。

70 年代初，在四川八角场、中坝构造上发现了凝析油含量稍高一些（小于 $100g/m^3$）的凝析气藏。同时在大港的板桥地区和新疆塔里木盆地西南地区发现了高含凝析油的凝析气藏。随后全国在辽河、中原、华北地区也钻探发现凝析气藏，揭开了我国开发凝析气藏的序幕。

80 年代末和 90 年代初，我国又在新探区塔里木盆地塔中、塔北地区和吐哈盆地等发现了一批大、中型高含凝析油凝析气藏。而且塔里木和吐哈所发现的气藏，几乎都是凝析气藏，尤其是塔里木盆地，目前勘探程度还相当低，展现了凝析气藏开发的良好前景。

据初步统计，截至目前为止，我国共发现 74 个凝析气藏，其中干气地质储量 $5517.5 \times 10^8 m^3$，凝析油地质储量 $11241.5 \times 10^4 t$。

我国在 1974 年首先投入开发了大港板桥中区高含凝析油的带油环凝析气藏。由于经验和认识不足，采用了衰竭式开采方式，结果是天然气、凝析油和油环原油采收率都比较低。随后投入开发的凝析气藏主要分布在大港、辽河、中原、四川等油气区，主要气藏类型为随油藏同时开采的凝析气顶、小断块凝析气藏或低含凝析油凝析气藏。

80 年代初，通过总结凝析气藏的开发经验和教训，同时调查研究国外凝析气田合理开发经验和成熟的先进工艺技术，我国对凝析油气资源的合理开发利用问题提到了议事日程上，受到了领导重视和支持。原石油天然气总公司专门成立了凝析油气田开采配套技术攻关领导小组，在"七五"、"八五"和"九五"期间连续组织凝析气相态实验设备和计算软件引进

140

和研制，开展实际研究工作、凝析气藏合理开发设计编制、开采工艺和地面油气集输及处理技术、高压注气提高凝析油采收率及编制一系列技术标准等攻关项目，开展了板 52 块和柯克亚 X5－1 凝析气层循环注气先导性现场试验工程以及建立轻烃回收配套系统等，都取得了进展，使我国凝析气藏合理开发利用技术大大提高了一步。

从此，我国凝析气田开发步入了正轨。对新发现的凝析气藏，重视早期取得储层凝析气和油样，进行相态多组分数值模拟研究、开发的技术－经济可行性论证及合理开发方案设计等步骤，并经专家评审和上级审批，才能取得贷款资金，进行开发建设；投入开发后，要进行跟踪研究，分析总结经验和动态规律认识，调整原方案不合适部分。例如柯克亚凝析气田、牙哈凝析气田、板 52 凝析气田、锦州 20－2 凝析气田、苏桥凝析气田、平湖凝析气田等都是这样正轨投入开发的。在"八五"期间，柯克亚凝析气田和板 52 凝析气田是我国首批投入循环注气工业性现场试验的工程项目，注气工艺技术和生产方面都取得了良好的效果。

在此基础上，20 世纪 90 年代末塔里木大型高压、高含凝析油的牙哈凝析气田投入高压循环注气提高凝析油采收率的工程设计和实施，设计注气压力 50MPa，年产凝析油 50×10^4 t，年注气量 10×10^8 m³。2000 年 10 月正式投入大规模生产，各项指标都达到了设计水平，2001 年产凝析油 60×10^4 t，注气压力 46MPa，日注气量 290×10^4 m³。说明我国在循环注气工程技术方面达到了较高水平。这为迎接我国大规模开发利用凝析油气资源打下了坚实的基础。

（二）凝析气藏开发方式

凝析气藏分为纯凝析气藏和凝析气－油藏(与原油共存的凝析气藏)两大类型。对这两类凝析气藏，都要考虑采气和采凝析油，而对于原油共存的凝析气－油藏，其原油储量具有工业开采价值的，还需同时考虑开采原油。尽可能提高干气、凝析油和原油的采收率。对高含凝析油的凝析气藏，要尽可能地防止地层压力降至露点压力以下，以避免大量凝析油损失在地层中，对有边底水的凝析气藏同时还要防止边底水的侵入。

世界凝析气田的开发实际表明，确定开采方式时，需要综合考虑凝析气藏的地质条件、气藏类型、凝析油含量和经济指标。一般在没有提出较好的开发方案以前，不应将凝析气田投入开发。

凝析气藏的开发方式主要有；衰竭式开采、保持压力开采和部分保持压力开采等方式。保持压力开采方式通常用于具有一定储量规模的高含凝析油的凝析气藏和凝析气－油藏。

1. 无油环的凝析气藏开发方式

（1）衰竭式开采方式

用衰竭方式设计开发凝析气藏时，原则上与开发干气藏和湿气藏相同，但是需要考虑凝析油在储层析出时凝析油的产量变化和对储层及井内气体流动的影响以及提高凝析油回收等问题。

① 选择条件

具备以下条件可以考虑采用衰竭式开采方式：

a. 原始地层压力大大高于凝析气藏的初始露点压力时，通常在压力降至露点压力以前的初始阶段，为充分利用天然能量，往往采用衰竭式开采，随后的开发方式则应根据合理开发方案来确定。

b. 气藏凝析油含量高但储量小，保持压力开采无经济效益，也可考虑采用衰竭式开采方式。

c. 凝析油含量低于 $100g/cm^3$ 的凝析气藏一般都采用衰竭式开采方式。对于埋藏比较浅、油质轻、密度低的凝析气藏，采用衰竭式开采也可以获得比较高的凝析油采收率。但是应注意研究凝析油的组成随压力下降的变化特点，以及提高地面凝析油回收率的方法。

d. 地质条件差时，如气层的渗透率低、气层的吸气指数低、严重的非均质性、裂缝性储层、孔隙－裂缝性储层以及断层分割成小块等，都不利用保持压力开发的凝析气藏，也应采用衰竭式开发方式。

e. 边水比较活跃的情况下。边水侵入凝析气藏可以使凝析气藏的压力下降速度减慢，在保持较高的凝析油采收率情况下，不必采用人工保持地层压力。但是必须在开发设计时考虑使井网和井的产量分配合理，使边底水均匀推进，防止水窜，严防气井过早水淹。

f. 对一些具有特高压力的凝析气藏，当前注气工艺不能满足特高压注气要求而又急需开发时，只能采取衰竭方式开发，待气藏压力降到一定水平才有可能保持压力开采。

② 开采效果

衰竭式开采凝析气藏的优点是投资少，工艺简单，但一部分有珍贵价值的凝析油资源损失在地层中。根据有关资料统计，采用衰竭式开采方式，凝析油损失及其组成相关，损失大致范围在 40% ~ 80% 。这是因为，在凝析气系统中，除近临界态凝析气藏外，反凝析液所占体积很少超过烃类总体积的 30% ，因此在凝析气藏中的绝大部分地区最高凝析液饱和度都低于临界流动饱和度（采气井井底附近除外），凝析油在储层中呈不流动状态。在衰竭开采期，液体饱和度将达到最高值，然后随着压力的不断下降发生二次蒸发作用，但二次蒸发作用的蒸发量较小，且压力要降到最大反凝析压力以下才会发生。另外，由于反凝析液的产生及其饱和度不断增加，储层中的气相相对渗透率有较大的降低，使气井的产能也大大地降低。同时凝析液在近井区析出和大量聚集，会导致井内条件复杂化和井的产出效率降低。当气产量低于携液极限流量时，井内开始产生积液，严重时会导致气井停产。因此衰竭开采时凝析气藏的废弃地层压力高于干气藏衰竭开采的废弃地层压力，天然气的采收率比干气藏低。

从上面分析可以看出，衰竭式开采的主要缺点是凝析油和干气采收率低，而且开采中会产生一系列问题，使开采工艺技术复杂化。

衰竭式开采的主要优点是钻井较少，不需要建设昂贵的注气增压设施以及开发费用低、投资少、成本低等。对储层认识程度的要求可以低一些。因为衰竭式开采时对储层流动性和均质性要求不像保持压力开采那样高，与循环注气相比，衰竭式开采可以直接销售天然气和油，收益早。

③ 有边底水凝析气藏要防止边底水的侵入

对衰竭开采的有边底水凝析气藏，其开采要求与有边底水的纯气藏的开采要求是一致的，主要是防止底水锥进到井内，造成气井大量减产或水淹停产。一旦发生边底水侵入气井，一般都采取排水采气措施，使气井继续开采，尽量提高气藏采收率。

采取一些措施可以提高有底水凝析气藏的开采效果：

a. 立足早期预防边底水的侵害

方法一：在封闭性含水区域不大的情况下，在含气区内采气，同时在含水区内采水。

方法二：在含气边缘以外地层水活跃地带注入稠化液屏障。

b. 控制底水的推进和锥进

方法一：控制打开程度，尽量减少井底水锥；一般打开程度不大于 30% ，多数的做法

142

是打开顶部的 15%~20%，离井底有一段距离。

方法二：控制井的生产压差，减少底水的锥进。

方法三：在气井的气水界面处打隔障。

c. 排水采气

方法一：使用起泡表面活性剂，包括固体表面活性剂和液体表面活性剂，使液体呈泡状分散于气体中，减少液体从气体中滑落，易于借助气体举升能量排出地面。

方法二：采用自动排液装置和机械排液装置，排液采气。

方法三：对于含水层能量不足的有底水气井，可尽量利用早期气藏能量充足时，同时采气又排水，把油管下到含气层段底部，使地层水进入油管随气流采出，可避免水侵入含气层段而造成气井产能大幅度下降。

（2）保持压力开采方式

保持压力开采的原理是以注入剂驱替富含凝析油的湿气，同时保持油气带和油水带的压力平衡，避免在储层中发生反凝析作用，从而达到提高凝析油和天然气采收率的目的。在凝析油储量大和含量较高的情况下，应尽可能地采用保持压力方法开采，这样可避免大量凝析油损失在地层中，也就是说，具有地露压差小，凝析油含量高、储量大、带油环等特点的凝析油气藏，应采用保持压力法开采，保持凝析油气藏地层压力的方法主要有注气、注水等。用"注气法"时，对储层性质比较均一，渗透性比较好，凝析油储量大、不急于开采天然气的凝析油气藏，一般都采用循环注干气保持压力法开采；对油、气开采都很迫切的凝析油气藏，一般都采取注氮气或烟道气保持压力开采。用"注水法"时，对储层渗透性较好，地层倾角较大的凝析气藏，应采用屏障注水或屏障注水与边缘注水相结合的保持压力方法开采。

采用循环注气保持压力开采方式需要大量投资来购置高压压缩机等注气设备，建设和运行也需要大量的投资，并且在循环注气期间无法利用自产气，开采周期长。有的凝析气藏由于自产气量少不能满足回注的需要，还需要引进天然气，因此有无气源也是决定采取什么方式保持压力的重要因素。

可见，保持地层压力的有效性与合理性取决于凝析油含量、气和凝析油储量、气藏埋深、气藏压力高低、储层的均质性和连通性、钻井技术和高压注气设备、凝析油加工和经济效益等因素。保持压力开采凝析气藏时要考虑保持压力开采的时机与压力保持的水平。

① 保持压力开采的条件

决定是否保持压力开采的主要条件是凝析油含量和储量，以及储层具有较均质的渗透性和连通性，经济评价的结果有经济效益。美国经过研究提出了三个研究性结论：

第一个结论认为：凝析油含量在 $135cm^3/m^3$ 以上，天然气日采出量在 $71 \times 10^4 m^3$ 以上，有较大的凝析油储量，评价结果具有经济效益的条件下，就可以考虑采用保持压力开采。

第二个结论认为：凝析油含量在 $250cm^3/m^3$ 以上，气体储量超过 $80 \times 10^8 m^3$，就可以保持压力开采。

第三个结论认为：对于地层埋深在 2000m 左右的凝析气藏保持压力开采下限是凝析油含量在 $80~100m^3/m^3$，且有较多的凝析油储量，才具有保持压力开采的经济价值；凝析油含量的下限，对埋藏较深和地层压力高的凝析气藏要求更高，应由技术经济可行性评价研究确定。

② 保持压力开采的时机

凝析气藏保持压力开采要考虑保持压力开采的时机与压力保持的水平。

保持压力开采的时机主要指早期保持压力开采和中期保持压力开采。

对于储层压力与露点压力一致或很接近的凝析气藏，需要采取早期保持压力开采。如，美国黑湖凝析气田和涨德里盆地凝析气田、我国的牙哈凝析气田都是属于此类情况。

对于原始地层压力高于露点压力的低饱和凝析气藏，适用于中期保持压力方式开采，即首先经过降压开采使压力降到露点压力附近后，再进行循环注气保持压力开采。吉利斯英格利什—贝约凝析气田属于此种方式。

③ 保持压力开采的水平

保持压力开采的水平主要指完全保持地层压力和部分保持地层压力两种。

完全保持压力是在比较容易获得保持压力注入剂的条件下，在凝析油含量和产量达到经济极限以前使产气量等于注气量，将整个气藏压力保持在高于露点压力以上的水平。

部分保持压力是在自产气不能满足注气量的要求而补充气源不落实或购买又不合算时，可采取部分保持压力开采方式，使采出量大于注入量。这种方式可使压力下降速度减慢，减少凝析油的损失。

④ 注入剂

注入剂选择是一个很重要的课题。通过大量试验研究，目前可供选择的注入剂有以下几种。

a. 注干气

干气一直成功地用来作为凝析气藏保持地层压力的注入剂。到目前为止，普遍认为干气对提高凝析油采收率的效果比任何其他非烃气体好。通常将气田本身的天然气经过回收和处理后，回注到气层。

b. 注氮气

注氮气是近年来实验研究提出的一种注入剂。实验证明，注氮气可以使烃类液体蒸发，可以同天然气形成混相驱，并能使天然气和凝析油同时开采和销售。但注纯氮气将导致露点压力上升，从而使地层反凝析现象加重。为了解决这一问题，提出应在注入氮气之前，首先注入一个天然气的缓冲断塞段，这样可以部分消除注氮气的不利影响。

c. 注水

把油田注水保持压力开采的成功经验用于凝析气藏保持压力，以水驱凝析气提高凝析油采收率的方法，早在20世纪40年代末在前苏联就有人进行研究，提出了各种注水方式的计算。随后在50年代和70年代陆续有人提出具体实施建议和各种改进方法。但至今尚未见到实际凝析气藏应用结果的发表。

注水方法具有非常成熟的经验和成套设备，比注气所需投资费用少，装置也比较简单，水源容易得到并且成本低。注水可以同时采出和销售凝析油和天然气，开采期比较短，这些都是注水方法的优越性。

但注水要求储层具备良好的渗透性和连通性能，而且比较均质和层理不发育。对于某些储层水淹区残余气饱和度太高也不能适用，因为这将导致凝析气采收率比较低。有一些储层存在含见水膨胀的粘土胶质物质，也是对注水很不利的因素。因此注水方法的应用也受到一定条件的限制。至今尚未在凝析气藏开发上得到推广应用，但在带油环凝析气藏上，在油气界面处注水屏障保持油区和气区的压力已取得了成功经验。

2. 凝析气－油藏特点和开发方式

在凝析气－油藏中，凝析气和原油共存与统一水动力系统中。在储层中凝析气占有体积对于原油占有体积时称为带油环(或带底油)凝析气藏,反之,称为凝析气顶油藏。

在自然界具有自由气和原油共存的油气藏中,大部分是凝析气-油藏。而且深层高压凝析气-油藏的原油多数具有油质轻的特点。

(1)凝析气-油藏的共同特征

① 在储层统一的水动力系统中,常规凝析气-油藏都有油气水三相或油气两相可动流体共存,油气水按重力分异,它们之间有油气和油水两个界面存在。但在近临界态和临界态凝析气-油藏中不存在油气界面。在凝析气-油藏开发过程中处理好油区和气区之间相互影响关系很重要,防止油气互窜、保持油气界面稳定或稳定移动,是合理开发的主要因素之一。

② 常规条件下,原始油气界面处的原油和凝析气都处于饱和状态,并且油气两相的饱和压力和地层压力一致。但在近临界态和临界态凝析油-气藏中,油气难以区分,一般处于低饱和状态下,而且饱和压力在纵向上有较大的变化。选择保持压力开发方式时,应考虑早期保持压力。

③ 储层中的天然驱动能量,除一般油藏所具有的溶解气驱、边底水驱、重力驱及岩石弹性能量外,含气区体积膨胀驱动是其独有的特点。油气开发中应重视合理利用这种能量,提高油、气采收率。

④ 常规凝析气-油藏投入开发时,由于油和气都处于饱和状态,一旦地层压力下降,就会出现在凝析气中反凝析和油环中原油脱气现象。如何提高原油和凝析油采收率是开发研究的重要课题。

⑤ 深层凝析气-油藏通常都处于高压和特高压条件下,开发设计都需要考虑高压钻井和高压开采系列设备以及相当复杂的工艺技术要求。

(2)凝析气-油藏的油气分布类型

凝析气-油藏的油气分布结构大致有五种类型:

① 油气和油水界面有四条内外边界线,界限之间存在纯油区。

② 油水内边界线处于油气外边界线以内,不存在纯油区。

③ 底油衬托含气区,有一条油气边界线和两条油水边界线,存在纯油区。

④ 底油衬托含气区,有一条油气边界线,有两条油水边界线,但油水内边界线处于油气边界线以内,不存在纯油气。

⑤ 气顶底水块状凝析气-油藏,油气和油水边界线各只有一条。

(3)凝析气-油藏开发方式的基本原则

① 凝析气-油藏的开发设计必须考虑合理开采原油、凝析油和天然气资源,尽可能提高它们的采收率。

② 当油环原油储量的工业价值不大时,以开采凝析气为主,油环原油应及早开采,并可利用高压凝析气驱油,提高原油采收率。凝析气区按凝析气藏合理开发方式设计。

③ 当凝析气储量和原油储量都相当大时,应同时重视原油和凝析气的合理开发。控制油气界面的稳定性是很重要的。当气中凝析油含量很高时,可以在油气界面注水,形成水屏障,油区和气区分隔合理开发。而当气中凝析油较低时,也可以利用气区膨胀能量驱油,提高原油采收率。但控制好气油界面稳定移动是开采技术研究的关键。

④ 对凝析气顶油藏,凝析气储量较小时,应以采油为主,尽可能利用气顶能量驱油,

当气进入油井时，可实行油气同采或关闭高气油比井，让气继续推进驱油。

⑤ 对于产层渗透性能好、原油黏度小及地层倾角大（或油气藏高度大和垂向连通好）的凝析气－油藏，联合利用重力驱和气顶驱油，对提高原油采收率是个有效的办法。气顶能量不足时，可以在顶部注气保持压力。油井生产压差要控制小一些，以使重力发挥实质性影响。

⑥ 在凝析气区孔隙中有残余油存在的情况下，可以利用原油侵入气区不致造成原油损失的条件，实行气顶采气和边外注水，把原油驱进凝析气区，有利于开采凝析油和天然气。而凝析气在储层中反凝析产生的轻质凝析油可以改善残余油的流动性能，促进一部分残余油采出地面。

⑦ 对于有底水的凝析气顶油藏，要控制好油井采油制度，防止底水锥进和气顶气窜入油井，从而使油井难以维持原油生产。在油层薄和储量少的情况下，也可以利用气驱油和气举油，提高原油采收率。

（4）凝析气－油藏各种开发方式

我国对凝析气－油藏投入开发的数量还不多，时间也较晚，取得的实践经验还比较少。国外对凝析气－油藏的开发已经历了长期研究和探索过程，取得了很多经验，也有一些不成功的教训。针对不同情况的开发方式逐渐完善。根据所能收集到的情况，归纳起来有九种开发方式，将它们的应用条件及优缺点分别简述如下。

① 先以衰竭方式开发凝析气区，油区暂不开发。

这种情况一般是由于国民经济和市场对天然气迫切需要或者由于含油区暂时未被发现，因此首先开发了凝析气区。

由于从凝析气区首先采气，储层中油区和气区之间产生了很大压力差和压降漏斗，导致油区原油向凝析气区推进，其移动速度主要取决于储层渗透率、两区之间的压力差、边水的水压能量及原油性质等因素。

在凝析气区孔隙中没有束缚油的情况下，油区原油侵入气区，造成地层中原油损失大。当储层渗透率高、边水能量充足、两区之间压力差大、油质轻和黏度小时，原油向气区移动是最显著的。

凝析气区进行高速开发时，会使油区压力逐渐下降，造成油区非生产性衰竭和原油脱气。尤其当边水能量不足时，这种不利影响的范围很大，有可能几乎全部原油损失在地层中。

原油采收率取决于钻井和油环及时投入开发的速度。如果油环的发现、圈定和开发钻井在时间上大大落后，而凝析气区继续开发时，采油之前油区状况就会很糟。

前苏联卡拉达克凝析气－油田Ⅶ层凝析气－油藏就是一个典型例子。当勘探确定有油环存在时，凝析气区实行衰竭方式开发已使油区地层压力下降4MPa，到第一批原油生产井开始投产时，地层总压降已达8~10MPa。

在这种情况下，原油采收率与油藏开发速度有关，油区比气区投产越晚，原油采收率越低，一般估计这种方式下原油采收率为5%~15%。卡拉达克凝析气－油藏原油采收率为10%。

采用这种开发方式，凝析油在地层中损失也最大。因此，这是最不合理的一种开发方式。其惟一的优点是能很快保证国民经济对天然气的需要，投资最少。但凝析油和原油在地下损失最严重。

146

② 油区和气区同时以衰竭方式开发。

这种开发方式的特点是油区和气区均衡衰竭，按比例采油和采气，有可能及时搞清油环情况下可以采取这种开发方式。在这种开发方式下，开发过程中不允许产生从油区到气区的压力差，防止原油侵入气区是很重要的原则。但如果限制一定的采气速度，使气区到油区产生压力差，可能会使原油采收率有一定改善。

由于不保持地层压力，油区和气区在均衡开采条件下油气界面基本稳定和衰竭速度保持一定。这种开发方式也像第一种开发方式那样，凝析油损失也是很大的。由于油区投入工业开采时，地下仍保持原始地层压力，所以由于损失相对说来要高一些，另外也排除了原油侵入气区的损失。

边水能量对这种开发方式具有很大意义。在油水界面被边水推进的情况下，油区衰竭速度会慢一些，因而能提高采收率。在此情况下，为了避免油区到气区的压力差，要适当调整凝析气区的开采速度，防止原油侵入气区。在边水能量不足的情况下，油区实际是以溶解气驱开采，油区能量衰竭很快，原油采收率低。为了适当利用气顶能量，可适当限制采气速度，使气区到油区产生一定的压力差，保持油气界面均衡向油区推进。

实行这种开发方式，气区地层压力也下降很快，由于凝析气区的反凝析作用，凝析油在地下损失很大，同时在开发后期必须加压输送天然气。原油采收率也不高；油井自喷时间不长，生产能力随着地层压力的下降而迅速降低。

这种开发方式的优点是投资少成本低，可以同时开采原油、凝析油和天然气，可以有比较好的经济效益和适应市场对油气需求。

由于原油和凝析油采收率低，这种开发方式只有在原油和凝析油储量小、保持压力开采无经济效益和国民经济和市场对天然气迫切需求情况下，才被推荐。对原油和凝析油储量大和凝析气中凝析油含量高的凝析气油藏，不应采用这种开发方式。

我国大港地区板中区块凝析气 – 油藏是我国最早开发的高含凝析油（含量 $400g/m^3$ 以上）的带油环凝析气藏，由于当时国民经济对油气的迫切需求，采取原油和凝析气同时衰竭开采的方式，生产过程中油气界面没有能控制稳定，造成部分油环原油侵入气区，边水侵入油区，开发效果不理想。

③ 主要原油储量未采出之前凝析气区封存。

这种开发方式是利用气区的气体弹性膨胀驱替原油进行开发，在开发过程中由于油区采油使油区的地层压力下降，形成气区到油区的一定压力差，造成湿气驱油和保持油区压力缓慢下降，油井能较长期的自喷生产。当油区有湿气流进时，因为原油中含有反凝析出来的凝析油，使原油黏度下降，因而能提高原油采收率。

尽管有这些优点，气驱也有缺点：一是天然气和凝析油工业储量在原油开采期必须封存；二是由于凝析气区压力随油藏开采而下降，因而地层中出现反凝析现象，凝析气未开采之前，一部分凝析油就损失在地层中。这种反凝析损失取决于油区和气区孔隙体积之比、边水能量及其活跃程度、地层中凝析油含量、气藏中反凝析变化特征等。当气区的孔隙体积大大超过油区孔隙体积时，在这种开发方式下气区的地层压力下降很慢，因而反凝析损失也不多。如果卡拉达克Ⅶ层凝析气区封存，首先开采油区，到原油储量采出30%时，地层压力总共下降3.5MPa。按实验室相态实验所取得的脱气曲线分析，地层中反凝析损失并不多（约10%）。所以，当气中凝析油含量相对较低和边部弹性水驱情况下，这种开发方式所造成的反凝析损失是不大的。

如果气区的孔隙体积与油区孔隙体积大致相当或较小时，这种开发方式会导致气区地层压力下降幅度很大，使得地下反凝析损失也很大。但是如果边水能量充足并很活跃，那么油藏衰竭速度会减慢，地下反凝析损失情况也会有所改善。气区中初始凝析油含量也是很重要的因素，如果地层气区中凝析油含量不那么丰富，凝析油总储量也不大，那么封存凝析气区先采油，确保提高原油采收率的效果，应该认为是合理的；如果气中凝析油含量很富，凝析油储量也大，那么在这种情况下封存气区首先采油的开发方式可能造成大量凝析油损失在地层中，这是不合理的。对此类凝析气油藏只能采取保持地层压力进行开发。当然，问题的最终解决应该由技术 – 经济指标预测结果来最终确定。

④采出主要原油储量时暂时封存气区并实行人工保持地层压力。

在气区实行人工保持地层压力，目的在于消除地层中过早出现反凝析损失。人工保持地层压力的方法是采取向储层顶部注干气和向油层注水。在这种开发方式下，应该保持气区到油区有一定压力差，在油水界面稳定移动的条件下，油井适当布在距离油气界面较远为宜，这样可以保证原油采收率比其他开发方式更高，在凝析气区开发之前，减少了地层中反凝析损失，油井也可以长期连续自喷生产。

这种开发方式的缺点是气和凝析油储量要封存很多年，注气设施也需要较大的投资。因此，这种方式只适于天然气暂时无出路、有补充干气来源、气中凝析油含量不高及预计有经济效益的情况下才采用。

原油基本储量采出后，凝析气区即可投入开发。这种情况下可利用一部分气窜暂闭的油井和注气井作为气井生产。我国大庆喇嘛甸凝析气顶油藏就是采用这种开发方式开发，油藏开发效果很好。

⑤ 油区开发的同时凝析气区实行循环注气。

此开发方式是实行油区采油，凝析气区采凝析油，干气用于回注驱替湿气和保持地层压力。循环注气过程的持续时间，以采出主要凝析油和原油储量为止。将采出凝析气经过地面分离加工后的干气又回注到气区，尽管采出原油和凝析油，油藏中压力衰竭是很缓慢的，在凝析气储量很大的情况下，当主要原油和凝析油采出时，这种衰竭也是很小的，因而大大提高了原油和凝析油的采收率。如果边水能量不大，可实行向油层注水和向气层补充注入干气，实现开采原油和凝析油期间完全保持地层压力，可以保证原油和凝析油采收率最高。在采出原油和凝析油可采储量后，地层中的气可以像纯气田一样进行开发。

这种开发方式适用于原油和凝析油储量大和气中凝析油含量高的凝析气油藏。

这种开发方式的缺点是干气工业储量长期不能利用和向地层回注干气必须增加大量的设备和投资。

美国黑湖凝析气 – 油田是早期循环注气保持地层压力开发的一个例子。

⑥ 在油气界面实现屏障注水同时开发油区和凝析气区。

首先注入井沿油气界面布在凝析气区一侧，沿油气界面注水，形成水屏障，使油气和气区分隔开，从而可以选择最佳开发方式，同时分别开发油区和凝析气区。

在油环很宽和油水界面很少移动的情况下，采用这种开发方式比较合理，能保证获得很高的原油和凝析油采收率。在开发过程中，注水可以同时保持油区和气区压力，阻止原油侵入气区。实行水驱油，可以实行同时开采原油、凝析油和天然气，避免了长期封存气体，满足国民经济和市场对天然气和油的需求，国外已有不少油气藏的开发实践证明此种开发效果是很好的。在含油面积大和边水能量不足时，还可以在实行屏障注水的同时，进行边缘注水或面积注水，保持油层压力开发。

屏障注水使油区和气区分开开发，当油区或气区开发时间推迟的情况下，不会导致原油或凝析油在地层中额外损失。地层倾角大、储层渗透性和均一性好是屏障注水的油气区进行分隔的有利条件。

此开发方式的主要缺点在于：注水在凝析气区会造成一部分凝析气被封闭和水淹区会保持一定的残余气饱和度，因而使一部分气和凝析油损失在地层中。在多数情况下，这种损失可达到30%原始凝析气储量。此外，采用此种开发方式，要钻大量的注水井，因而也大大增加了开发建设的投资。

如果沿油气界面钻井在经济上是有效益的，在注水之前先注起泡的表面活性剂，作为前缘驱替段塞，可以提高原油采收率，同时可以减少地层中凝析气损失。

此外，在美国曾提出在油气界面区域注入液体混合物，该液体可与油气藏中的岩石和流体发生反应，产生堵塞的沉凝物。一些专家认为，如果在油气界面区钻一些井，对这些井进行水力压裂，并向裂缝中注水泥或聚合物，凝固后就形成不渗透的屏障。这些措施也是把油区和凝析气区封隔开的方法，防止原油向凝析气区转移。然而，这些措施尤其在油气界面范围很大的情况下，其技术很复杂，而且是很不经济的。另外对于深层、低渗透油藏的开发，实行这种开发方式，可能受到限制。

前苏联的东苏斯洛夫凝析气－油藏是油气界面屏障注水开发方式的一个实例。

⑦ 用氮气保持凝析气区地层压力同时开发原油、凝析油和天然气。

这是美国近期发展的一种新的开发方式。由于天然气的迫切需要和制氮及气体处理工艺技术的发展，其成本逐渐降低，使大量向凝析气顶部注氮气驱替凝析气、保持地层压力成为可能。

采用这种开发方式，可以同时开采原油、凝析油和天然气，避免了循环注气方式需要长期封存天然气的缺点；由于氮气从空气中提取，因而可以在任何地方实行这种开发方式；氮气是惰性气体，利用氮气不会造成环境污染和腐蚀设备；注氮气可以同时提高原油、凝析油和天然气的采收率。

注氮气开发方式主要用于孔隙储层比较均一的油气藏。对于非均质程度较严重和双重介质凝析气油藏，容易造成气窜，开发效果不好，这种方式不适用。该方法的主要缺点是需要建设高压注气站、制氮厂和脱氮处理厂等，增加大量的投资，工艺技术也很复杂。因此，油气藏开发成本比其他开发方式都高。但是，由于天然气也是销售产品，总经济效益还是明显的，当然，是否采用这种方式最终要由各项技术经济指标来确定。美国 Painter 凝析气顶油田就是在气顶注氮气，在水域注水开发富凝析气和挥发性原油的成功实例，而美国的 Chun Chula 凝析气－油田则是注氮驱开发富凝析气和挥发性原油的成功实例。

⑧ 控制让原油侵入凝析气区条件下进行油气藏开发。

前面已说过，在凝析气区储层孔隙中只有气和束缚水两相共存时，开发中要防止原油侵入气区，避免原油滞留在气区的额外损失。

让原油侵入凝析气区条件下进行开发的方式，其必要条件是凝析气区孔隙中不仅有凝析气和束缚水，而且还有大量的束缚油存在。实行油气保持压力和气区衰竭开采。在此情况下，原油侵入凝析气区时，不会发生因润湿干的含气砂岩所造成的原油损失。考虑这一新特点，创造使原油侵入凝析气区的条件，就可以同时开发原油、凝析油和天然气。而且为适应国民经济和市场需要，允许高速开采凝析气。由于凝析气区衰竭较快，原油侵入气区，生产井就逐渐转变为油井。原油侵入前缘的后方存在残余气，甚至在较低的地层压力下，也能顺利继续自喷。

原油侵入凝析气区后，液相逐渐饱和孔隙空间，同时地层压力下降所出现的反凝析液更促进了这种饱和作用，还降低了原油粘度，从而提高了油在地层条件下的运动性能。由于地层中析出凝析油和部分束缚油，同时还能采出一部分在地层中所析出的凝析油，而这在其他情况下被认为是无法挽回的损失。

如果边水能量不足，为了促进原油侵入的过程以及保持油区地层压力，应合理组织边缘注水，实行水驱油。油井水淹后，还可利用它们作为注水井。

由于以原油驱凝析气，气体采收率可达到很高的程度（估计 90% ~ 95%），而且主要气体储量的采出是在衰竭式开发前期，而其余储量是在继续采油过程中采出的。原油中的溶解气也能大部分被采出。

归纳起来，以原油侵入气区开发方式的优点有：可以同时采气、凝析油和原油；可以提前以衰竭式高速开发凝析气区；减少一部分原油、凝析油和天然气损失，提高了采收率；节省投资。

适合于采用这种开发方式的油气藏条件是：油区和凝析气区大小比例合适（约 1∶1 较好）；气区孔隙中存在大量的束缚油（约占 20% 孔隙体积）；储层物性较均一，渗透率高、油质轻、粘度低也是用这种方法效果好的一方面。

前苏联卡拉达克、洛克巴坦、兹里亚等凝析气 – 油田开发实践都证明这种开发方式的合理性。

⑨ 油气界面布生产井实行油气同产以采油为主的开发方式。

这种开发方式主要适用于薄层有油环凝析油气藏，方法的实质为：沿油气界面布一排生产井，使这些井穿过油气界面，含气部分和含油部分都打开。在采出主要原油储量之前，油气藏其他部分暂不钻井。油环不钻井是因为油环薄范围小，生产井不会长久自喷。凝析气区暂不生产是为了保存能量，以便通过油气界面的生产井油气同产，以气带油，维持井的自喷生产。如果气中凝析油含量高和储量大，可以进行循环注气先采凝析油。油气界面处的生产井中，射孔井段定在油气界面附近，即射在含油段上部。确定射孔深度要考虑井中每米有效厚度的产能。

原油和凝析气从油气界面处产出，因而可以同时开采原油、凝析油和天然气。在此情况下，油气界面位置上下摆动，自动调节，可以达到实际按比例降低两个区的地层压力。这是这种开发方式的主要特点。

采出主要原油储量后，在含气区补钻一定数量的生产井，增加凝析气产量。提高采气速度，而在油气界面处的井正常生产。

这个方法的优点是：油气界面不移动，能同时开采原油、凝析油和天然气，确保井能以最长的时间自喷生产，能取得单井最高原油累计产量，保持采出主要原油储量的地层能量，保证十分满意的原油采收率（对薄油环而言），以及大大节省开发投资等。

在下列情况下，这个方法的应用受到限制：油环范围很大；地层气中凝析油含量很高；储层渗透性很低和油气藏部分有断层破坏。

该方法的缺点是必须限制从气区采气。

3. 裂缝发育储层有水气藏、凝析气藏开采特征和开发方式

（1）基本特征

裂缝 – 孔隙型或裂缝 – 溶洞型具有边（或底）水（包括带油环或底油）气藏和凝析气藏的

储集特点：一是基质中流体储集空间以孔、洞占绝对优势，是流体主要储集空间，但渗透性和连通性差，而裂缝渗透性能和导流性能高（裂缝渗透率一般是基质孔、洞渗透率的数倍到数百倍），是主要的渗流通道，这就是双重介质特点。二是储层中纵横向孔、洞、缝发育不均一，非均质性异常，尤其是裂缝发育带主要集中在构造受力强的部位，通常是构造顶部、轴部、扭曲、断裂带以及潜山风化带，往往不能沟通整个含气区域。在不少情况下气藏被断层或致密带分隔为多个开发单元。三是多数气藏和凝析气藏边部孔洞缝不发育，具有良好的封闭性，所以边（底）水能量以水的弹性能量为主。

这类气藏和凝析气藏具有以下开采动态特征：

① 钻遇裂缝发育区的气井高产稳产，而在裂缝不发育区的气井低产和稳产性能差。

② 开采时，裂缝中压力低，基质孔、洞中压力较高，形成两级渗流，基本上是孔、洞中流体向裂缝渗流，裂缝中流体向生产井渗流。

③ 单元裂缝纵横向连通和含气区与含水（油）区连通性比较好及边（底）水保持较高压力（或能量）的情况下，地层水（或油）最容易沿着裂缝通道向生产井窜流。

④ 在地层水窜入裂缝通道中形成气水两相或气油水三相流动情况下，气相渗透率随着液相饱和度增大急剧降低，而在井筒中大大增加气流阻力，因而气井产气量迅速下降，产水量不断增高。当气产量低于极限携液能力时，气井将被暂时水淹。

⑤ 对于边（底）水能量较大和开发过程中水较活跃的有水气藏，根据国内外已开发这类气藏和凝析气藏统计，天然气采收率一般只有 40% ~75% 范围内，个别小气藏和凝析气藏由于水窜采收率低于 20%。

⑥ 裂缝 - 孔隙性有水气藏和凝析气藏往往由于储层孔洞缝发育的非均质性异常，难以在勘探期间准确确定开发单元划分和容积法计算储量的参数，如孔洞缝的孔隙度、含气饱和度、含气厚度、含气面积等，气（和油）储量计算结果经常发生较大偏差，尤其是碳酸盐岩裂缝性气藏和凝析气藏更是如此。这种偏差多数是由于容积参数估计过高而数值偏大（其中不少实际储量低于初始计算的 50%）。由于经验不足这会给开发带来计划和方案重大调整和经济损失。鉴于我国四川盆地碳酸盐岩裂缝 - 孔隙型或裂缝 - 孔洞型有水气藏开发的长期实践经验，气藏在投入正式开发前，一般都要进行试采，掌握动态特征和确定动态储量，以动态特征和动态储量作为正式开发设计的基础，避免造成重大开发失误。

（2）提高裂缝发育有水气藏、凝析气藏的开发效果和优化途径

对于具有裂缝性特征的碳酸盐岩和致密砂岩有水气藏和凝析气藏，大多数是封闭性气藏，而且地层水压缩系数小，故弹性膨胀能量也相当小〔其压缩系数大致在 $(3.7 ~5.0) \times 10^{-6}$/MPa 范围〕。因此，只要在采气同时也尽可能排水，同步降低含水区压力，使地层水保持气水界面不动或回退，就可以阻止水侵入气区，避免水害。

有水气藏开发实践中采取过以下方法。

① 早先对于裂缝发育有水气藏和凝析气藏水害认识不足，为防止底水侵入气井，曾采取针对砂岩气藏的气井只射开含气层段上部控制压差生产防止水锥方式，其结果生产井也在较短时间内见水。水也进入井附近储层，造成产气能力伤害，使利用气层能量排水效果差得多，最终只得用人工排水才能继续开采。

② 堵水方法，如注水泥或其他化学堵塞剂。实践结果效果不理想，不能长时间堵住水侵。

③ 排水采气方法，对于有底水气井采取以气带水自喷生产，当气层能量降低到不能自

喷生产时，采取人工排水（用化学剂、或机械排水）；对于边水活跃的气藏，实行边部排水采气。这种方法比堵水或控制打开程度方法效果好。因为它能同时降低含水区压力，降低水侵能量，从而使地层水减少或杜绝侵入含气区。

最佳开采方式选择：总结以上经验，可以认为，由于裂缝性有水气藏和凝析气藏多数是封闭性气藏，边（底）水能量有限，所以最佳开采方式是选择早期排水采气同步降压，创造纯气驱开采方式最佳。为此，需做到以下几条。

① 实行早期排水采气，充分利用早期气层充足的高压气天然能量自喷排水采气。

② 为了防止边底水侵入含气区，尽可能多排水降低含水区压力，使气区和水区压力同步下降或水区压力降得多一点更好，因而水区的水侵能量也会与气区能量同步衰竭。

③ 对于有底水气井，把生产油管下到含水段顶部，以适当的合理生产压差生产（防止气层能量下降过快），实行以气带水，可避免底水侵入含气井段，并可大量排出地层水。

④ 对边水能量大（水体大、压力高）的气藏，应专门在气水界面处适当布置一些开发井，实行早期气水同采，以尽可能大量排水为目的，降低水区压力，使水区压力与气区压力同步下降，这样能始终阻止边水侵入含气区。

⑤ 对于代油环或底油的裂缝性有水气藏和凝析气藏，以先期主要采油和排水同时采少量气，这样既可以利用气层天然能量多采油，提高原油采收率和降低含水区压力，同时也可以提高天然气采收率和经济效益。

⑥ 根据四川裂缝性有水气藏开发经验，对于多裂缝系统的小型封闭性气藏，当井误打在含水带时，实行先期人工排水，降低气水界面，可使水井变气井，达到采气目的。

根据以上机理和经验认为，对这种具有裂缝发育类型的尚未开发的有边（底）水气藏和凝析气藏，需尽早做好研究和准备工作，根据实际情况，实施合理的排水采气最佳开发方案，提高气藏和凝析气藏采收率和开发效果及经济效益。

应该指出，在边（底）水能量很大和实行排水采气（尤其是人工排水采气）无经济效益（但这种经济效益测算必须综合考虑排水采气所带来的稳产、增产和提高气和油采收率的效果及效益）情况下，显然这种方式就难以实行。

（3）裂缝发育有水气藏的开发实例简介

① 奥伦堡超大型凝析气藏

奥伦堡气田是原苏联滨里海盆地的超大型二叠 – 石炭系碳酸盐岩裂缝 – 孔隙型储层有油环和底水衬托的块状凝析气藏，有 7 条纵横向断裂，形成其附近裂缝发育带。含气面积约 2350km²，闭合高 550～700m，储集岩主要是白云岩，气储量 $17600 \times 10^8 m^3$，埋深 1700m，含气厚度 275～525m，有效厚度 89.4～253.6m，孔隙度 11.3%，渗透率（0.098～30.6）$\times$ $10^{-3} \mu m^2$，地层压力 20.33MPa，气中 H_2S 含量高（摩尔百分比为 0.86～5.0）。

该气田于 1971 年投产，7 年后达到最高生产水平，生产井 355 口，最高年产气 $500 \times 10^8 m^3$，凝析油 $400 \times 10^4 t$，硫磺 $200 \times 10^4 t$。投产 8 个月后就有 1 口井产水，1981 年有 49 口井产水，125 口井见出水显示。单井日产水量 10～125m³，离水侵井近的产水量高达 100 m³/d 以上，为了弥补大量出水递减的气产量，每年要新投 50 口补充井，并有 10 口井水淹停产。底水侵入主要在中部裂缝发育带沿裂缝上窜形成的，曾采取过堵水措施，但效果不能持久，后研究排水采气，由于措施较晚，预计采收率只有 40%～50%。

② 四川威远气田

威远气田是震旦系底水衬托的碳酸盐岩裂缝 – 孔洞型块状气藏，构造面积 859km²，主要储集层为白云岩，溶蚀孔洞发育，并有多组发育的斜交和垂直裂缝。含气面积 $216km^2$，含气高度 244m，勘探初期曾有人估算容积法储量可达 $10000 \times 10^8 m^3$，但早期压降法减少气储量只有 $400 \times 10^8 m^3$。总完井 91 口，原始地层压力 29.53MPa，顶部埋深 2800m 左右。1965 年正式投入开发，初产气量 $(20 \sim 30) \times 10^4 m^3/d$，1975 年最高产气量曾达 $330 \times 10^4 m^3/d$。1970 年部分气井相继出水。截至 1984 年底大部分气井气水自喷生产，最多生产井数达到 65 口，气井单井产量迅速下降，底水活跃，部分气井水淹停产，产量上升和弥补递减全靠新井投产。1985 年后气井靠人工排水采气生产。所以该气藏开发几乎没有稳产期，达到高峰产量后，就逐渐下降。

目前气藏产气量约 $40 \times 10^4 m^3/d$ 左右，累计采气约 $140 \times 10^8 m^3$ 左右。按初始压降储量计算，采出程度约 35%，累计采水超过 $1000 \times 10^4 m^3$。

由于顶部高产区压降形成"降压盆"，这个区域底水直接沿裂缝上窜，造成了封闭区，部分基质低渗空间中气被封隔。气井底水也沿裂缝上窜至井内。由于气藏边部低产区保持了较高的压力，没有发现边水推进迹象，气藏含气面积没有多大变化。开采 33 年，顶部区地层压力由 29.5MPa 降至 12.0MPa 左右。由此可知，地层水能量并不是很充足，对气藏压力影响并不显著，气水储集体是封闭性的。由于压力低，所有气井不得不采取人工排水采气才能继续生产。

③ 中坝气田须二气藏

该气藏是裂缝 – 孔隙型砂岩边水气藏，储层是低孔低渗致密砂岩，孔隙度 3% ~ 10%，基质渗透率小于 $0.1 \times 10^{-3} \mu m^2$，裂缝发育带主要分布在气藏东南翼，也是气藏的高产区，含气面积 $24.5km^2$，含气高度 543m，原始地层压力 27.0MPa，由于高产区压降快，裂缝中压力最低，边水首先沿裂缝窜进，第一口产水井是轴部 4 号高产井。先后有 9 口井出水，气藏产气量和稳产受到很大影响。对临近气水界面井进行排水后，水侵势头得到一定控制，出水气井产水量下降，产气量上升。这说明地层水能量不充足，边水并不活跃，排水采气取得了好的效果。

④ 华北地区奥陶系古潜山碳酸盐岩裂缝 – 孔隙性有水凝析气藏

华北奥陶系碳酸盐岩凝析气藏属于古潜山风化壳裂缝 – 孔隙性类型和有底水（底油）衬托的块状凝析气藏。例如苏桥和千米桥奥陶系古潜山凝析气藏就是这种类型。勘探初期，由于探井井距大、储层厚度大，难以对储层的储集性质、容积参数和油气水分布得到全面认识，用容积法圈定含气面积和地质储量规模评价过高。但随后在详探和开发钻井过程中，经过地质、地球物理、测井、试油、试采等各项资料详细分析研究，逐步分析油、气储集和分布情况非常复杂。取得以下几点认识。

a. 储层碳酸盐岩，主要分布在奥陶系顶部古潜山风化壳上部（峰峰组和上马家沟组），风化壳储集空间主要以白云岩中次生溶蚀孔、微孔和微裂缝为主，具有低孔低渗和低产能特征。储层总厚度 400m 以上，但发育带主要在上部 200m 以内。埋藏深度 4000 ~ 5000m。

b. 奥陶系古潜山构造很复杂，大小断层很多。岩心中发现大裂缝但都被方解石充填，纵横向小断层分布密如网。

c. 凝析气藏受古潜山风化壳、构造、断层、岩性和边底水衬托等多种因素控制，即含气段分布在古潜山高部位，气藏内部非均质性严重，纵横向有致密带分布，大断层起封隔作用。含气发育段受风化壳发育的白云岩段控制，底部受边底水控制。地层液态水存在三种类型：包括边底水、孔隙中存在的可随压力降和气流带出一部分毛管水和封存水，在开发过程中都会对井的生产起一定的影响作用。

d. 由于储层具有上述严重的复杂性，勘探期间很难取得准确可靠的储量参数，容积法估算的地质储量误差可达1~5倍，其结果可能开发钻井成功率低，会造成严重的经济损失。

e. 实践证明，一些早期的井在未进行高压酸化压裂措施之前，测试时不产地层水，而一旦进行高压酸化压裂措施之后，除大裂缝不发育的井外，几乎所有井在气（油）产量增加的同时也开始产地层水，有的井开始产水量就很大。这是因为高压酸化压裂措施的作用主要是使大裂缝溶蚀串通，并有可能延伸到远处和含水带，导致地层水沿裂缝窜至井内。有的井在生产过程中产水量逐渐增大；有些新完成井，其打开储层位置高度与临近产气井相当，但是只产水不产气。研究认为，这是由于地层压力下降后，地层水沿酸化压裂形成的延伸大裂缝窜上来淹没了该井区。由此看来，这种大型酸化压裂增产措施对有水的古潜山凝析气藏不适用，需要在地质、钻井、增产措施方面研究出一套比较合适的开发方法。

f. 这类气藏由于井内有地层水和（或）凝析液干扰，废弃产量和压力会相当高，如果不采取人工排液措施，干气和凝析油采收率将是很低的。

g. 由于这类凝析气藏的边底水处于储层下部孔隙、裂缝不发育的低渗透段，地层水弹性能量有限（除连通的含水域很大外），采取早期利用气层高压能量，实现气水平衡开采和避免地层水侵入含气层段应是可能的。

（三）影响凝析气藏采收率的因素

在凝析油气藏的开采过程中，会出现层内反凝析、地层伤害、井筒积液，水合物堵塞等问题。这些问题也就是影响凝析油采收率的主要因素。

1. 层内反凝析

生产过程中，当地层压力低于露点压力时，地层中便有凝析油析出，即发生层内反凝析。析出的凝析油积于地层和井筒，难以采出，从而影响油气收率。如果采取适当的地层保压措施，使地层压力始终高于露点压力，就可提高采收率。

2. 地层伤害

凝析油气藏一般为低孔，低渗油气藏，在不采取储层保护措施的情况下，储层极易被伤害。储层一旦被伤害，渗透率难以恢复，将极大地影响油气收率。因此，油层保护是这类油气藏生产过程中至关重要的一环。必须要做好储层伤害机理研究工作，制定出相应的油层保护措施。从钻井、完井到油气开采及井下作业的整个过程，每一环节都必须采取相应的油层保护措施。如采用屏蔽暂堵技术，无伤害钻井液、完井液；开展储层敏感性研究；做好压裂液、酸液、洗井液等工作液与地层配伍性的研究工作；严格控制工作液中不溶物和残渣含量，防止二次沉淀。如果采用注水保持压力法开采。应使用精细过滤等技术控制注入水水质，要采用控制黏土膨胀和颗粒运移技术。

3. 井筒积液

在凝析油气藏的开采过程中，由于地层水、反凝析液等液体积于井筒，堵塞凝析气产出通道，影响凝析油气采收率。对于存在此类问题的井，采用柱塞气举，加注起泡剂，小泵深抽等工艺便可排出积液。

4. 水合物堵塞

水合物堵塞是凝析油气藏开采过程中的又一问题，水合物是天然气中的烃类组分与游离水结合，在一定温度（露点以下）下形成的冰状物。在高压凝析气井降压生产的过程中，井筒内通常易形成水合物，严重危害油气井生产，水合物的堵塞情况有如下几种。

（1）油管固壁上的水合物

在油管周壁上形成水合物，使光滑的管壁变得粗糙，使井筒流体流动助力增加，使井筒流体不能全部通过油管。

（2）网状塞子

水合物在油管内形成不致密的网状塞子，在混合流体的举升过程中，气体穿过不致密的塞子，而部分液体碰到这个塞子便自动滑脱，使井底积液越来越多。

（3）致密塞子

水合物在油管内形成致密塞子，完全把油管截面堵死，使油气井无法生产。这个问题的解决途径是以防为主，如果预防措施得当，就不会形成水合物。往井筒中加注乙二醇等防冻剂，可防止在井筒和井口形成水合物，对天然气深度脱水，便可防止在地面管线内形成水合物。采用加热法、降压法，井下节流技术和加注化学药剂，可清除已形成的水合物。

（四）注水提高凝析气藏采收率

1. 国内外现状

A. S. Cullick 等和 L. G. Jones 等用数值模拟法研究了气水交替方法在含有高渗透带凝析气藏的应用，研究表明水气交替注入与连续注气相比能改善层状凝析气藏的凝析气采收率，增加范围为28% ~54%。R. I. Hawes 等应用理论和实验方法研究表明，水驱后残余气饱和度受渗透率影响，高渗中水驱有残余气饱和度 0.35，而低渗水驱残余气饱和度为 0.415，水驱后进行衰竭试验，气不会马上流动，注入水量有一个最佳值，才能使凝析油和干气采收率最高。G. D. Henderson 等采用玻璃微模型研究了油藏条件下水湿砂岩岩心中的高于或低于露点时水驱试验，采用预先饱和不同饱和度的凝析油来模拟低于露点的水驱情况，研究表明气和油的采收率取决于驱替水在孔隙中的分布。在低于露点时，油采收率随操作条件的不同相差很大，特别受凝析油气界面张力影响。T. P. Fishlock 等用实验研究了驱气后降压过程的滞后问题，在 R. I. Hawes 等研究基础上，继续用数模方法对凝析气注水问题进了研究，分别对初始凝析油含量 $1022cm^3/m^3$ 和 $1704cm^3/m^3$ 两个凝析气体系进行研究，表明气藏衰前，注入 25% HCPV 水量时，采收率最大，两个体系采收率比衰竭开发方式提高 6.7% 和 3.8% 原始气储量，取得最高凝析油采收率和最高天然气采收率所需注入水量是不一致的，存在一个最佳的注入水量。2000 年，H. Ahmed 和 EI - Banbi 等发现了应用数值模拟研究在高于露点压力时注气和注水在富气中的应用情况，研究表明尽管干气循环会得到更高的凝析油采收率，但操作成本高，经济效益并不高，注水是较经济可行的开发方式。L. Berman 等对内部注水进行总结分析，认为注水的优点是明显的，但现场目前实施较少。

国内在此方面研究较少，西南石油学院的郭平首次使用中国大港板桥油气田板Ⅱ组废弃凝析气的真实岩心和配制的流体，首先在 PVT 中进行 CVD 试验，然后在长岩心中进行衰竭试验达到 8MPa 废弃压力，并在保持 8MPa 下进行了注水速度敏感的实验对比，还开展了注水增加压力到 20MPa 后再进行恒压注水方式开发试验。研究表明，长岩心中衰竭实验凝析油采收率比 PVT 筒中 CVD 测试凝析油采收率高 1 倍，与实际气田衰竭式发凝析油采收率相近。在废弃压力下注水进行平衡开发凝析油可新增采收率 3.39%，天然气新增采收率 10.11%，效果较好；在废弃压力下注水速度快，获得的凝析油采收率相对较高；采用注水恢复地层压力到 20MPa 后再进行注采平衡开发，采收率可新增 0.68%，天然气采收率新增 5.39%。根据经验，现场采用强注污水开发凝析气藏试验，提高了收率，同时解决了现场污水处理问题，取得了明显经济效益和社会效益。

2. 注水开发凝析气藏的利弊

优势：一次完成凝析气藏的开发，不必作为纯气田进行第二阶段开发；气藏一次投产就能销售天然气；注入成本低；流度比合适，驱替效率高；保持气藏压力的同时不会改变气体的组成和露点压力。

缺点：驱替水的前缘会捕集大量孔隙空间中的气体，但是，捕集的以干气居多，而不是大量的凝析气；水驱后的剩余气在随后的降压过程中不会立即流动，要达到一定临界流动饱和度才行。如果在降压过程中出现了水的突破，那么流体的举升将是个严重的问题。

3. 小结

对于注水方便，储层较均质弱、构造起伏和渗透性都比较理想的凝析气藏可以进行注水的可行性论证；对于我国的储量大、含气面积大的非均质凝析气藏，采用注水开发时宜采用水气交替注入方式；要评价废弃凝析气藏注水效果，关键之一是确定好凝析油的采收率，在实际储层岩心进行长岩心驱替测定凝析油采收率其代表性更好。

国内目前凝析气藏注水技术的基础研究和应用都很少，通过室内物理模拟和计算机数值模拟研究，注水机理在理论和实际应用上将会有重大的意义。

（五）国内凝析气藏开采技术现状

1. 油气藏流体相态理论和实验评价技术

基本形成了配样 PVT 分析和模拟技术，研究了高含蜡富含凝析气藏在开发过程中的固相沉积，建立了相应的测试方法、模拟评价技术和多孔介质吸附和毛管压力影响的理论模型。研究结果受到国外学者的高度重视。

2. 凝析气井试井及产能评价技术

在试井模型上，主要采用干气方式处理或者酸凝析油产量的计算方法，拟压力积分法和数值模拟方法也得到应用；凝析气井产能分析技术已基本形成一点法、系统分析法和各种试井方法确定产能以得到应用。

3. 凝析气藏渗流规律及油藏数值模拟研究

常规渗流规律已基本建立，并建立了相应的计算软件系列，在油藏和干气藏渗流方面已开展了非线性渗流、流固耦合渗流、双重介质渗流、分形渗流、随机渗流等研究；已建立了描述物理化学渗流的组分模型油藏模拟软件系列，如自行研制的拟四组分数模软件、VIP、CMG 等大型国内外组分模型数模软件也应用较广。

4. 凝析气藏开发方案编制及综合应用技术

已完成一大批凝析气藏的开发方案，形成方案编制配套技术；引入了一些新理论，丰富了凝析气田的开发技术，诸如最优化理论、人工智能技术、信息技术、模糊数学等，气藏经营研究、成组气藏开发已受到国内外学者重视。

5. 凝析气藏循环注气开发技术

塔里木柯克亚凝析气田和大港大张坨凝析气田循环注气试验的成功，为我国凝析气藏的注气开发积累了有益的经验，前者凝析油采收率比衰竭式开发提高 18.2%，而后者提高 14.9%，均取得了明显的经济效益和社会效益。富含凝析油型的高压牙哈凝析气藏的注气开发，标志着我国循环注气的水平上升到一个新的台阶。

（六）胜利油田凝析气藏开采技术现状

丰深 1 气藏是胜利油田首个深层凝析气藏。它位于山东省垦利县民丰乡杜家屋子西偏南约 950m，构造上属于济阳坳陷东营凹陷中央隆起带东段北部，北为陈家庄凸起，南临民丰凹陷、永安镇隆起，区域形态向南倾没。根据初步统计，该气藏共发育 8 套砂砾岩体储层，干气地质储量 $61.8 \times 10^8 \text{m}^3$，凝析油地质储量 $434.0 \times 10^4 \text{t}$，该地区具有良好的勘探开发前景，民丰地区有望成为胜利油田天然气产能建设重要的接替阵地。

1. 丰深 1 凝析气藏储层特征

丰深 1 气藏主力层系为沙四段，埋深 -4300m 以下，属于近岸水下扇沉积，在上覆盐膏层的遮挡封盖下形成砂砾岩体油气藏，纵向上多期叠置，平面上叠合连片；由于受到差异压实的作用，多数砂砾岩体呈现背斜状态或单斜形态。

该区砂砾岩体储层物性差，孔隙度峰值在 $4\% \sim 6\%$，平均 5%；渗透率大多小于 $10 \times 10^{-3} \mu\text{m}^2$，平均 $2.54 \times 10^{-3} \mu\text{m}^2$，属于特低孔、低渗储层。探井（丰深 1 井）岩心资料表明，储层次生孔隙及次生裂隙发育，具有典型的双孔隙介质特征。该块压力系数为 1.02，为常压系统，地温梯度 $3.81 \text{℃}/100\text{m}$，属于异常高温地层。

2. 丰深 1 凝析气藏试采特征及分析

目前，该区共完钻井 8 口，丰深 1 井正常生产。丰深 1 井是 2000 年胜利油田重点深层探井，钻探目的是了解深层沙四段砂砾岩体的含油气情况。2000 年 11 月 9 日开钻，2001 年 7 月 4 日完钻，完钻井深 4495.4m。该井发现各类油气显示层 186.96m/38 层；测井解释：油层 4.6m/7 层，气层 35.3m/6 层，干层 129.9m/55 层。该井从 4303.5 米进入砂砾岩体，实际钻遇砂砾岩体 187.9m/8 层，其中 160m 见到荧光显示。

丰深 1 井在钻探过程中，分别于 2001 年 6 月 4 日至 6 日对 4314.1～4350.4m 进行二开一关中途测试，7 月 4 日至 7 日对 4314.1～4495.4m 的砂砾岩体进行二开一关中途测试，但由于地层受泥浆污染，表皮系数分别为 2.66 和 4.55，只见到油花和 1982m³/d 的天然气，当时判断测试的砂砾岩层为常压、低渗透、低产气层。

2005 年 9 月，对丰深 1 井重新进行试油，89 枪 89 高温弹射孔，射孔深度 4316.6～4325.0m、4336.6～4343.0m，14.8m/2 层，10 月 8 日开井后 5mm 油嘴放喷，油压 1.0MPa，平均日产气 8443m³/d，日油 2.28m³/d。

2005 年 10 月 31 日，对丰深 1 井进行大型二氧化碳压裂施工，压裂采用油管进液方式，压裂液 583.7m³，加 CO_2 130m³，总砂量 71.96m³，地层破裂压力 79.1MPa，11 月 7 日压裂后 4mm 油嘴日产油 32m³，日产气 37571m³；6mm 油嘴日产油 51.5 m³，日产气 80036m³，含水 10%；8mm 油嘴日产油 82m³，日产气 118336m³，含水 10%，取得了较好效果，压裂后日产油和日产气平均提高了 18.3 倍和 9 倍。

根据丰深 1 井化验资料，地面原油密度 $0.7758\text{g}/\text{cm}^3$，地下原油密度 $0.6644\text{g}/\text{cm}^3$，原油黏度 $0.88\text{mPa} \cdot \text{s}(50\text{℃})$，凝固点 -3℃，含硫 0.02%，属于低黏度油气藏。

根据丰深 1 井 PVT 试验分析结果，丰深 1 井气体相对密度 0.7910，黏度 0.03mPa·s，体积系数 0.004，压缩系数 0.013MPa^{-1}，气油比 1112m³/t。

天然气各组分的体积百分含量分别为：甲烷 80.37%，乙烷 5.76%，丙烷 4.28%，丁烷 3.34%，戊烷 4.56%，二氧化碳 1.69%，属于凝析气藏。根据相态凝析气物性分析报告，该气藏为凝析气藏（见图 4-1），临界凝析压力为 34.02MPa，临界凝析温度为 58.16℃，露点压力 35.2MPa。

丰深 1 井的试气特征有以下几点：

（1）流体类型属于高凝析油含量的凝析气藏，衰竭式开采凝析油损失严重

根据 2005 年 11 月第一次流体物性分析，油气藏流体的临界温度为 58.16℃，临界凝析

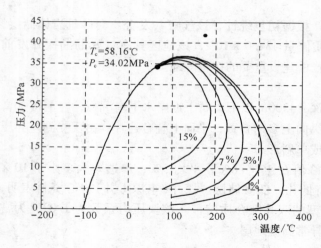

图 4-1　丰深 1 地区流体相态图

温度为 358.10℃，原始地层温度 185.00℃，地层温度处于临界温度与临界凝析温度之间，属于凝析气藏。上露点压力 35.2MPa，原始地层压力 43.88MPa，原始地层压力高于上露点压力 8.68MPa，表明原始状态地下全部为气态，不带有油环。

2005 年 11 月投产初期，丰深 1 井取样分析凝析油含量为 627g/cm³，属于高含凝析油含量气井，2006 年 3 月取样分析凝析油含量为 260g/cm³，降低了 367g/cm³，降幅达到了 59%。

从定容衰竭实验中最大反凝析量来看，2005 年 11 月，当流体衰竭压力降到 18.2MPa 时，反凝析液量达到最大 18.9%；2006 年 3 月，当流体衰竭压力降到 11.96MPa 时，反凝析液量达到最大，仅为 1.88%，下降了 17.02%。

由于丰深 1 井凝析油含量高，进行衰竭式开采凝析油损失严重，最终的开发效果比较差，根据定容衰竭实验预测，凝析油最终的采收率不到 30%。

（2）自然产能低，投产前需要进行储层改造，而且稳定产能有限

丰深 1 井储层主要是块状砂砾岩体，分选差，根据测井解释，孔隙度在 0.10% ~ 5.24%，渗透率在 $(0.10 ~ 0.24) \times 10^{-3} \mu m^2$，地层测试（DST）解释的有效渗透率为 $0.002 \times 10^{-3} \mu m^2$，属于低空低渗储层。此外，在钻井、作业过程中，多次发生井涌、井漏，为保证安全，在 3735.40 ~ 4330.00m 段钻井过程中所采用的钻井液比重在 1.47 ~ 1.75 之间，钻至 4330m 以后，才换用了相对密度在 1.06 ~ 1.17 之间的钻井液进行负压钻井，污染比较严重，表皮系数 4.55。因此，丰深 1 井自然产能低。根据产能测试，压裂前日产油量 0.85 ~ 2.88m³，平均 2.5m³；日产气量 7987 ~ 8597m³，平均 8291m³。

经二氧化碳压裂后，储层的渗流性能得到了明显改善，试井解释的有效渗透率为 $1.04 \times 10^{-3} \mu m^2$，比压裂前有了较大幅度提高，增产效果显著。根据产能测试，压裂后日产油量 49.73 ~ 50.8m³，平均 50.3m³；日产气量 43568 ~ 80635m³，平均 77387m³。压裂后日产油量提高了 18 倍，日产气量提高了 9 倍。由此可见，对于低空、低渗的储层，在加强钻井、作业过程中气层保护工作的同时，储层改造是气井成功投产的必要条件。

经过储层改造，尽管气井生产能力有了大幅度提高，但稳定产能仍有限。在 2005 年 11 月第一次系统试气过程中，4mm 气嘴生产时，井底压力 31.5MPa，基本保持稳定；6mm 气嘴生产，生产 45h 后，井底压力从 30.2MPa，下降到 28.5MPa；8mm 气嘴生产，生产 60h 后，井底压力从 26MPa 下降到 23.7MPa。气井稳定产能 $3.5 \times 10^4 m^3$，根据气井产能评价标准属于低产范畴。

（3）在试采过程中，产出的流体变轻，生产气油比上升，地层中出现了明显的反凝析现象

丰深 1 井 2005 年 11 月第一次进行流体物性分析时，分离气相对密度 0.7910，凝析油的密度 0.7758g/cm³；2006 年 3 月第二次进行流体物性分析时，分离气相对密度 0.6806，凝析

油的密度 0.7744g/cm³，产出的天然气和凝析油的密度均有所减小，井流物变轻。

在凝析气藏开采过程中，只有当气藏压力衰竭至露点压力以下时，凝析油在地层中析出后被岩石和束缚水吸附，成为不可流动，干气所能携带的凝析油量大大减少，从而使得生产气液比上升。丰深 1 井生产过程中，生产气液比不断上升。2005 年 11 月 17 日至 2006 年 3 月 9 日，丰深 1 井采用 6mm 气嘴进行生产，生产气液比由 1800m³/m³ 上升到了 3193m³/m³。2006 年 6 月 15 日至 2007 年 1 月 20 日，采用 5mm 气嘴进行生产，生产气液比由 2053m³/m³ 上升到了 11635m³/m³。2008 年 4 月 23 日 5mm 气嘴生产，生产气液比 17880m³/m³。

丰深 1 井生产气液比的增大表明该井井底附近已经出现了反凝析现象。

（4）产量和压力下降快，泄气范围有限

丰深 1 井 2005 年 12 月 5 日 ~ 2006 年 3 月 9 日，一直采用 6mm 油嘴生产，产油量由 55m³ 下降到了 17m³，降低了 69%，折算年递减 85%；产气量由 7.7 × 10⁴m³ 下降到了 5.6 × 10⁴m³，降低了 27%，折算年递减 54%。2008 年 5 月，日产气量 5067m³。

丰深 1 产量快速递减，一方面是由于储层物性较差，泄气范围有限，地层供给能力差。根据试井解释，丰深 1 井泄气半径仅为 280m，单井控制储量为 0.28 × 10⁴m³；另一方面，丰深 1 井采用的工作制度过大，生产过程中出现了反凝析现象，有效渗透率降低，渗流阻力增加，2006 年 3 月试井解释的有效渗透率 0.79 × 10⁻³μm²，比 2005 年 11 月下降了 0.25 × 10⁻³μm²，降幅 24%。

由于气井泄气范围有限，生产过程中压力下降快。2005 年 11 月井口压力为 25MPa，2006 年 3 月井口压力在 10MPa 左右，下降了 15MPa。2008 年 5 月井口压力 7.5MPa。

3. 丰深 1 凝析气藏下步研究方向

丰深 1 凝析气藏埋深在 −4300m 以下，为特低孔、低渗、不带油环的高含凝析油气藏，且储层为异常高温系统（4330m 处温度为 185℃），因此，该块的开发效果与开发方式的选择、储层保护工艺及储层改造工艺息息相关。结合试采分析，该块下步的攻关方向有以下几点：

（1）选择科学的开发方式

丰深 1 凝析气藏的开发方式应该在加强地质、油藏研究的基础上，通过室内实验和试采分析，综合考虑地质条件、气藏类型、凝析油含量和经济指标来确定。

（2）储层保护

储层保护要贯穿于气藏开发的全过程，针对储层特征和敏感性，研究适合该块的低伤害入井液及其保护技术。

（3）降低液锁效应

凝析气藏开发的过程中，当压力降至露点压力时，重组分开始析出。在未达到临界液体饱和度之前，凝析液不能流动，一旦达到临界压力，井筒附近出现两相流动。反凝析液的出现减少了气相的相对渗透率。因而控制反凝析液的析出是提高〈保证〉凝析气藏开发效果的关键。

研究表明，在低孔低渗油气层尤其是低孔低渗气层中，液锁效应特别是水锁效应常使储层的有效渗透率下降 10% 以上。储层孔隙度、渗透率越小，储层孔喉越小，液锁效应就越严重。气层开采过程中，压裂液对致密储层的水锁效应尤为突出。因此，发展降低和解除反凝析、水锁的方法和工艺技术成为有效开发丰深 1 低渗凝析气藏特别需要重视的问题。

（4）压裂工艺

压裂工艺是关系到丰深1气藏能否经济动用的重要技术。二氧化碳增能压裂在丰深1井获得了成功，但在其他几口井上效果不佳。因此，需要研究适合该块储层特点的压裂工艺、耐高温的压裂液。

（七）凝析气藏开采下步研究方向

1. 深层凝析气相态研究

（1）多孔介质对油气相态影响

多孔介质对凝析油气相态的影响是存在的，然而由于研究手段限制和实验量较少，未得到充分检验，有必要深入作大量的实验验证，以解决国内外学者争议的基本问题，这将对气藏动态分析及渗流产生直接的影响。

（2）气液固三相相平衡的研究目前国内研究主要是应用激光法来测试固相沉积点．然而随着气藏埋藏深度增加，油越来越黑，此法使用困难，有必要发展不受介质影响的超声波测试固相沉积点技术；在理论模拟方面，有必要开发和研究能描述三相闪蒸及三相相图计算的软件，为将来预测和预防固相沉积提供指导。

2. 异常高压凝析气藏的渗流研究

（1）临界流动饱和度研究及真实相渗曲线的测试

临界流动饱和度是开发中最为关心的问题，不同学者得出的结果差别很大，但可以认为它是受多孔介质性质影响的一个物理量。由于常规油气相渗曲线在测试中与真实凝析气藏渗流过程有较大差别，使得常规油气相渗曲线在应用时受到影响，对产能及渗流的影响程度还有待于研究。

（2）凝析油析出的污染机理

凝析油析出后的堆积方式、分布直接影响渗流的压力及产量，怎样才能准确评价污染是一个难题，也是一个渗流基本问题。

（3）凝析气藏开发方式探索

近年来国外对凝析气藏开发方式进行了大量研究，如注水、水气交替、段塞驱、注烃气或非烃气、注空气等，研究表明注水、水气交替均会明显提高气藏凝析油的采收率，随着发现凝析气藏凝析油含量的增加，探索此方法有重要的实际意义和经济效益。

（4）异常高压凝析气藏非线性渗流流固耦合研究

流固耦合渗流是一个渗流基本问题，对于埋藏深的凝析气藏，此问题更为突出，由于压力高、产能大，在井底附近会出现非线性流固耦合渗流，这是涉及物理化学渗流、流固耦合、非线性等多方面的复杂渗流问题，研究它对异常高压凝析气藏的试井及动态分析均有直接的指导作用。

3. 深层凝析气藏综合开发技术

（1）凝析气藏开发经营研究

研制开发油藏经营管理软件系统很有必要。该系统包括数据库管理、地质信息集成、开发信息集成、油藏工程计算、开发动态管理、经济评价等子系统，中国石油天然气总公司勘探开发数据库和油田分公司各采油厂自建的、目前正在使用的数据库为基础，建立油藏经营管理系统数据库通过计算机网络技术，实现数据共享。

（2）成组凝析气藏优化开发研究

一个气田投入开发已不能满足西气东输的要求，多个气田投入开发已势在必行。如何应用油藏工程、采气工艺、地面工程、经济评价、最优化理论和技术等,建立各方面的经济优化指标体系和整体优化模型,以实现整体开发的优化,从而提高整体开发经济效益,是非常必要的。

（3）异常高压凝析气藏水平井试井研究

凝析气藏水平井开发已变为现实,关于水平井的钻井完井及气井、油井的水平井试井已得到应用,然而凝析气井水平井开发的渗流中还存在不少问题,还需进行深入的研究,尤其是考虑流固耦合条件下的凝析气水平井试井模型研究方面,还有待提高。

（4）凝析气藏开发一体化数值模拟设计技术研究

一体化数值模拟研究和软件开发是目前国内外油气田开发研究中的热点和难点课题。应该研究可形成自适应的地下地面统一体,为优化工艺参数提供依据,还可打破传统的设计先地下、后井筒再地面的顺序,实现同步设计。

三、含酸性气体气藏开采新技术

天然气藏开采包括烃类气藏开采和非烃类气藏开采,非烃类气体主要有 CO_2、H_2S、N_2 和元素周期表零族的惰性气体。通过对国内外有关非烃类气藏开采的大量文献和资料进行详尽地收集、整理、分析后发现,非烃类气藏开采的难点与重点是酸性气藏,而酸性气藏中主要含 CO_2、H_2S 气体,它们的主要性质是腐蚀性,H_2S 还有剧毒性。

CO_2 作为石油、天然气伴生气或地层水的组分存在于油气层中。溶于水的 CO_2 会对油气井管材(低碳钢)有极强的腐蚀性,在相同的 pH 值下其总酸度比盐酸还要高,因此它对井内管材的腐蚀比盐酸更严重。CO_2 腐蚀最典型的特征是呈现局部的点蚀、轮癣状腐蚀和台面状坑蚀,其中台面状坑蚀是腐蚀过程中最严重的一种情况,这种腐蚀的穿孔率很高,通常腐蚀速率可达 $3 \sim 7mm/a$,在厌氧条件下腐蚀速率高达 $20mm/a$,从而使油气井的生产寿命大大降低,给油田生产造成巨大的经济损失。国内最早发现的 CO_2 腐蚀破坏事故发生在华北油田馏 58 井,该井曾日产原油 393t,日产水 $2m^3$,天然气 $10 \times 10^4 m^3$。天然气中 CO_2 含量为42%,井底温度 145℃。投产一年半后因 N80 油管腐蚀严重而停产,停产造成的直接经济损失在百万元左右。在馏 58 井停产后的 14 个月的时间里,馏 58 断块就有三口井相继报废,给油田带来巨大的损失。

H_2S 气体与空气或氧气混合,体积达到 4.3% ~46% 就会发生爆炸,与天然气混合,体积达到 6.5% ~17% 就会发生爆炸;H_2S 溶于水后生成硫酸对设备造成强烈腐蚀;H_2S 的剧毒可以致命。在油气田开发史上,发生过多起 H_2S 中毒的惨痛教训,如 2003 年 12 月 23 日重庆开县罗家 16H 井重大井喷事故,造成了 243 人 H_2S 中毒死亡。

国内华北油田、四川气田、长庆油田、吉林油田、塔里木油田及雅克拉气田等多个油(气)田都存在 CO_2 和(或)H_2S 腐蚀,中国石化普光气田普遍含有这两种腐蚀介质,且具有高含 CO_2 和 H_2S 特征。胜利油田沾化凹陷罗家地区也有高含 H_2S 井,近年来河口采油厂、滨南采油厂和临盘采油厂相继发现含 H_2S 气体较高的油井。为了油田的开发效果和人员安全,防腐问题将是开发的首要问题。

据美国腐蚀工程师协会(NACE)标准,当 CO_2 分压值达到 0.196MPa 时,就会产生电化学腐蚀。当 H_2S 分压达到 0.000343MPa 时,就会产生氢脆。1985 年,我国有关部门参考 NACE 的 H_2S 腐蚀划分标准,提出了《SYJ12-85(试行)天然气地面设施抗硫化物应力开裂金属材料要求》的标准。该标准认为。气水同存,气体总压大于或等于 0.448MPa 时 H_2S 分压大于或等于 0.0003MPa，即视为含硫天然气或酸性天然气。对于油、气和水同存，气油比小于或等于 1000m³/t 时，总压大于 1.83MPa，H_2S 分压大于 0.069MPa，或 H_2S 在天然气所占体积百分比大于 15% 时应考虑硫化物应力腐蚀。

（一）防腐蚀完井技术

含酸性气田开发从 20 世纪中叶开始至今已有半个多世纪，在这半个多世纪的生产实践中，成功开发了大批高含 H_2S 和（或）高含 CO_2 的酸性气田，建立了一整套较为完整的生产体系，取得了丰富的成功经验。

1. 国外防腐蚀完井技术

国外含酸性气体油气田主要分布于加拿大、美国、德国、法国等国家，根据国内外调研，国外在解决油气田腐蚀问题时，首先是完井时，完井管柱采用井下封隔器等工具把腐蚀性气体与套管隔离；二是使用安全设施和不锈钢井口装置，保证安全生产；三是选择合适管材；四是把加注缓蚀剂或热油混合缓蚀剂循环等多种措施结合控制腐蚀。

（1）完井管柱

国外对于高含酸性气体气井一般都采用永久封隔器完井。这种管柱的最大优点是：避免高酸性气体接触封隔器以上套管、油管外壁及井口；避免套管承受高压；可仅在封隔器以下产层段使用耐高酸性气体腐蚀的特殊套管，既可降低气井成本，也可延长气井寿命。这种管柱的缺点是对工具和油管密封性能要求高。

（2）安全设施和不锈钢井口装置

安全设施包括地面安全系统和地下安全系统。地面安全系统包括采油树气动和液动阀、环空防喷阀、套管泄压阀、防火易熔塞、高/低压控制器以及紧急开关系统等。井下安全系统包括控制井下安全阀，直接控制井下安全阀、泄压/防喷阀等。

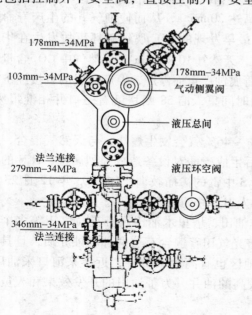

图 4-2　ThammamaC 区含硫气井口装置

为了确保安全，酸气井井口各组件要有防硫能力，所有井口部件的 API 最大额定工作压力均应大于预计的最大储层压力。对高含硫气井井口应采用完全金属—金属密封。井口装置应满足 NACE（美国腐蚀工程师协会）MR-01-95 和 APISpec6A 中的规定。井口采油装置常用 AISI（美国钢铁学会）4140 含铬、钼和钒成分的低合金钢或 AISI410 型合金钢。油管的法兰短管和采油树上不要用耐硫化应力裂纹的材料制造，所有阀门体的部件用不锈钢制成，密封、闸阀和填料也都要适用于酸性环境。地面控制的井下球形安全阀除满足 NACE MR-01-95 的规定外，其球和阀座可采用碳化钨或钨铬钴合金，弹簧采用铬镍铁合金。

图 4-2 是阿联酋阿布扎比 Thamama 气田 C 层典型井口图。所用的井口设备组件最大工作压力为 34MPa。用 AISI410 型不锈钢制成。第二个主闸门是液压控制的，而翼阀和环空是气动控制的。为了避免气流方向突变，减少腐蚀，使用了 Y 形整体采油树。每个井口装置的环空阀都和一条 121m 长的压井管线相连，以便在紧急情

况下压井。紧急时可从控制是遥控打开环空阀，使之能顺利地进行酸性气藏开采。

图4-3、图4-4是壳牌石油公司在美国密西西比高压含硫气藏采用的典型井口下部设备与上部设备。

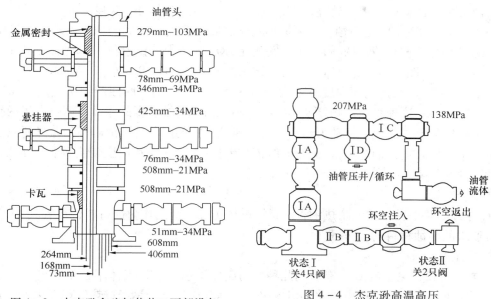

图4-3 杰克逊含硫气井井口下部设备

图4-4 杰克逊高温高压
含硫气井井口上部系统

（3）管材选择

在各种腐蚀控制方案中，首先考虑到的是抗腐蚀合金管材。国外目前已趋向采用含铬铁素体不锈钢（9%~13%Cr）油管和套管：在CO_2和Cl^-共存的严重腐蚀条件下，采用铬-锰-氮体系的不锈钢管（22%~25%Cr）油管和套管；在CO_2和Cl^-共存并且井温也较高的条件下，用镍-铬基合金（Supper alloy）或钛合金（Ti-15 Mo-5 Zr-3Al）作套管和油管等。但几乎所有的合金在含CO_2介质中都会发生点蚀现象。所以，解决CO_2的局部腐蚀问题非常重要。然而，当气井中腐蚀介质为H_2S、CO_2共存时，特别是气体中的H_2S分压超过0.7kPa时，单纯采用13Cr不锈钢管已不能满足要求，有必要考虑到硫化物应力腐蚀开裂的可能性。在这种高H_2S含量的情况下，Amoco公司曾考虑采用双联不锈钢合金管（22Cr/5Ni 和 25Cr/7Ni）。

目前国外普遍采用的油套管材料如表4-2。它主要包括低合金钢、中合金钢、不锈钢与非铁合金。

表4-2 油气田常用油/套管材料

Low-alloy carbon steels	J-55、C-75、L-80、N-80、RY-85RY-95、P-105、P-110、V-150
Medium-alloy steels	9Cr-1Mo(heal-resistant alloy)
Stainless steels	Austenitic-Fe-Ni-Cr
Ferritic-Fe-Cr	Amaartensitic-Fe-Cr
Dudlex-Fe-Cr-Ni-Mo	Precipitation haroened-Fe-Cr-Ni
Nonferrous alloys	Ni-Cr-Mo-Fe(Inconel)
Ni-Cr-Mo-Fe(Hastelioy)	Fe-Ni-Cr(Incoloy) Ni-Cr-Mo-CO(MP35N)

①低合金钢

低合金钢合金元素含量低于 4%，对于 Mn，只有含量高于 0.8% 才被认为是合金元素。高强度材料 L-80 和 V-80 通常是经过淬火、回火调质处理的 Mn-Cr-Mo-C 合金。低强度材料通常是经过退火、正火处理的 Mg-C 合金。有实验表明：低强度的 J-55 材质比高强度的 N-80 和 P-105 更耐蚀。主要原因在于高回火温度下生成的球化处理渗碳体阻碍了保护性的 $FeCO_3$ 膜的形成。G. Schmitt 也发现在 CO_2 体系中，铁素体 + 珠光体结构的 J-55 钢对 FILC 的敏感性远小于马氏体 + 贝氏体结构的 C-75、C-90 钢。B. Nlabuss 发现：在同等条件下，J-55 腐蚀产物层厚度总是大于 C-75、C-90 钢，腐蚀产物层重量与腐蚀速度相关性研究表明：这种腐蚀产物厚度的差异，不是由于腐蚀速度的差异，而是由于两类不同金相结构的钢的不同晶体生长动力学所引起的腐蚀产物的附着性和溶解性的差异所致。一般情况下，采用低合金钢油/套管，必须同时依靠天然/人工涂层和加注缓蚀剂来弥补低合金钢有限的耐蚀性。

②中合金钢

9Cr-1Mo 是一种特殊的耐热钢，它也被气体工业广泛用作耐蚀材料，尽管其 Cr 含量低于通常要求的耐蚀材料的 Cr 含量。

③不锈钢

通常含有 12% 以上的 Cr。有下列几种：马氏体不锈钢、铁素体不锈钢、奥氏体不锈钢和双相不锈钢。它们的结构由其化学组成决定。除马氏体不锈钢经过热处理强化外，其余三种都由冷加工而来。

马氏体不锈钢并没有出现比普通碳钢更好的耐蚀性，在油、气田应用不太成功。

铁素体不锈钢由于其易点蚀，易被还原性酸腐蚀，对氢脆敏感等缺陷使其在油气工业中应用受到限制。一些新的铁素体钢 RA33 具有较好的耐蚀性，但其强度也许达不到要求。

奥氏体不锈钢具有极好的耐蚀性，对氢脆敏感性低，但在冷加工环境下，对氯致开裂较敏感。Sanico28 是奥氏体不锈钢系中性能最优良的一种。

双相不锈钢是 50% 奥氏体，50% 铁素体的混合结构，该材料在 H_2S 存在条件下，对氢脆敏感，当温度高于 150F° 时，易被还原性酸腐蚀。

另一种不锈钢被认为是属于沉淀硬化性，它经过淬火时效强化处理，耐蚀性稍优于马氏体不锈钢。非铁合金是指铁含量低于 50% 的合金。A. I. Asphahani，Kane&Boyd，Vaughn&Chaung 认为高镍合金也许是酸性气体、甚至同时含有高浓度 Cl^- 环境中的最佳选择，但由于这些材料中有时镍含量高于 60%，所以非常昂贵。

目前国际生产油气田防腐油套管管材的厂家及其产品见表 4-3。

（4）加注缓蚀剂

缓蚀剂又叫作阻蚀剂、阻化剂或腐蚀抑制剂等，是一种在低浓度下能阻止或减缓金属在环境介质中腐蚀的物质。

缓蚀剂对油气生产和输送过程中的腐蚀控制起着重要的作用，对于含 CO_2 气体的气井，国外油公司基本靠添加缓蚀剂加以控制。这主要是因为生产中大量使用碳钢和低合金钢，这些材料比其他高性能材料（如不锈钢）便宜许多，但对 CO_2 的耐蚀性较差，添加缓蚀剂可以经济有效地达到腐蚀控制的目的，尤其是对于长距离输油管线。对于油管和高温立管，通常采用油性水分散型缓蚀剂（常用长链脂肪胺），而对输油管部分则采用水溶性的缓蚀剂。对于气井，作用的缓蚀剂还必须兼有气相缓蚀效果。目前，用缓蚀剂控制 CO_2 引起的全面腐蚀，已取得了一定的效果。

表 4 - 3　国外用于酸性环境油套管一览表

国家	公司(钢厂)	系列代号	抗 SCC 油套管	特级抗 SSC 油套管	抗 SSC 和 CO_2、Cl^- 腐蚀油套管
日本	住友金属工业公司(SM)	SM	SM - 85S、90S、95S	SM - 85SS、90SS	SM2025、2035、2535、2242、2550
	日本钢管公司(NKK)	NK	NK AC - 80、85、90、95、100SS	NK AC - 90S、95S、90M、95M、100SS	NK NIC25、32、42、42M、52、62
	新日本制铁公司(NSC)	NT	NT - 80S、85S、90S、85HSS、90HSS、95HSS、100HSS、105HSS、110HSS	NT - 80SS、85SS、90SS、95SS、100SS、105SS、110SS、80SSS、85SSS、90SSS、95SSS	
	川崎制铁公司(KSC)	KO	KO - 80S、85S、90S、95S、110S	KO - 80SS、85SS、90SS	
法国	瓦鲁海克公司(VALLOUREC)		L - 80VH、C - 95VH、C - 90VHS、C - 95VTS		Alloy825 - 80，110、130Hastelloy、Alloy G - 3、Hastelloy、Alloy c - 276（- 110、125、150）、VS22 - VS25 - 75、80、110、130、VS28 - 80，110，130
加拿大	阿你哥马钢铁公司(ALGOMA)		S00 - 9、S00 - 95		
瑞典	山特维克公司(SANDVIK)				Samicr028

缓蚀剂的防腐效果主要与井况、缓蚀剂类型、注入周期、注入量等有关。该技术成本低，初期投资少，但工艺复杂，对生产影响较大。

缓蚀剂有两种注入方式：

第一是间歇式注入方式。将缓蚀剂自油管内注入后，必须关井一段时间后才能开井(处理周期一般为 23 个月)，因此，对生产有一定的影响。该方式最为常用，根据井下条件，定期或不定期地向井内注入化学防腐剂，注入时可以最低的量注入，开始注入时浓度相对要高些，达到最佳效果后，可逐渐减少注入量。它主要用于无封隔器完井的井。大量缓蚀剂分批从环空注入，降落到井底，然后同生产液一同进入油管，保护整个系统。缓蚀剂配方中常有加重剂，以帮助缓蚀剂落到井下。可以用放射性示踪原子和 γ 射线仪跟踪缓蚀剂注入情况。

第二是连续式注入方式，主要通过油套管环形空间及注入阀将缓蚀剂连续注入井内或油管内，油气井不需要关井，因此，对生产影响较小。注入时要尽量将缓蚀剂加到井中最低的位置，最好是井底射孔段，这样能保护整个油管柱、套管和封隔器。适合于连续注入的完井系统有多油管完井、无封隔器完井和有封隔器常规单管完井。该方法不常用，但效果较好。

下面是几种常用的缓蚀剂注入方法，如图 4 - 5 所示。

缓蚀剂使用的典型实例有泰国海湾 Erawan 气田，该气田生产的天然气中大约含有 16%

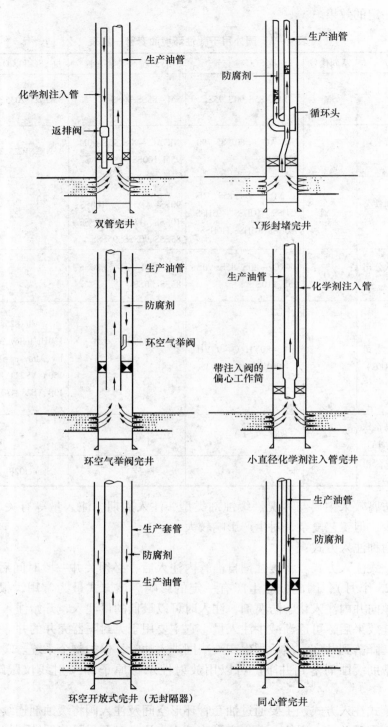

图 4 – 5　使用缓蚀剂的常规完井方法

的 CO_2，在气田工作温度和压力下，会造成腐蚀。经大量研究后，采用化学缓蚀剂来预防管道和设备受腐蚀。他们采用了连续注入法和间歇注入法。

间歇注入缓蚀剂法用于控制井底和井口腐蚀。间歇注入法是在油管涂层受到损坏时，提供补充保护。井的处理周期根据检验和抽查井内气流及出气管线中的腐蚀探测器来确定。处理时将足够的缓蚀剂混合物泵入井中，给整个油管涂一层保护层。

连续注入缓蚀剂是用来保护管线和分离器设备。由于温度和 CO_2 组分压力降低，对管线和分离器的腐蚀不如井底设备严重。每条管线和每台容器的湿气管线下游都有注入点。在每条天然气管道的进口处和每个容器的排水处装有电阻探测器，用以检验腐蚀情况。为了成功地防腐，需要检测腐蚀状况的连续程序和调整注入速度。

2. 国外防腐蚀完井实例

（1）杰克逊高温高压含 H_2S 深井完井

壳牌石油公司在美国密西西比州杰克逊附近开发了三个高温高压含硫气田。其气井深 6100m，原始井底压力为 $120 \sim 151MPa$ 有的甚至高于 $151MPa$，井底温度为 $185 \sim 196℃$，干气中含 H_2S 为 $28\% \sim 46\%$。

所有的气井采用无封隔器完井方式，图 4-6 为典型的完井设计图。在井的底部采用带孔的生产尾管封隔裸眼段，在生产段及其上方可能的腐蚀段采用耐蚀合金管。管柱其余部分采用低合金钢。在 73mm 和 60mm 生产油管转换处装有井下悬挂器以减小轴向应力。6400m 处生产尾管和回接套管间采用金属－金属密封总成，并辅以弹性材料密封。接头也均采用金属－金属密封，辅以弹性密封材料。

（2）阿布扎比 Thamama C 区完井

①第一种完井方法

阿联酋阿布扎比 Thamama C 区天然气田产自下白垩系石灰岩，H_2S 和 CO_2 含量分别为 $0.7\% \sim 0.8\%$（摩尔百分比）和 $4.0\% \sim 8.0\%$（摩尔百分比）。

C 区顶部构造为一个单一穹窿，东南翼稍陡，有两个臂状构造向南和东南方向延伸。该层孔隙度在构造顶部最高，向翼部逐渐减小，向东北方向减小更快，孔隙度的变化范围为 $10\% \sim 25\%$。

该气层在 2580m 深处原始气藏压力为

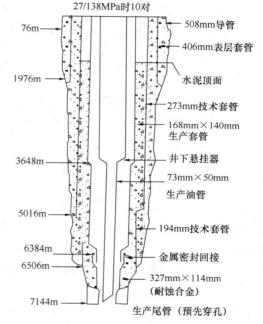

图 4-6 杰克逊高温高压
含硫气井深井完井

30MPa，井底温度为 $122℃$，该气田平均每口井日产量 $85 \times 10^4 m^3/d$。如图 4-7 所示，该气层完井采用了封隔器单管完井设计。

从地面到 2584m 处采用 $9\frac{5}{8}in$（244mm）套管，接着从 2584m 到 2736m 总深采用 7in（176mm）的尾管。在标准 L-80 级油管柱上装有调整短接，以便调节安装在地面 910m 以下的 7in 球形地面控制井下安全阀。为了防止紊流，将一个 3.04m 的合金联接短节穿过井下安全阀。井中有一畅通的化学剂注入系统，利用套管与油管间环形空间作注入通道。在油管和套管之间的环空中注满柴油与 10% 防腐剂的混合液。注入的防腐剂从环空进入，可用钢丝绳起下的化学剂注入偏心阀。防腐剂可通过化学剂注入泵和相应的控制设备调节。防腐剂量是根据每口井的总产量确定的。平均剂量为每生产 $28 \times 10^5 m^3$ 天然气注入 $5.6 \times 10^{-4} m^3$ 防腐剂。

化学剂注入偏心阀尽量深装。在此阀以下的所有部件因受不到防腐剂保护，用耐腐蚀材料制成。

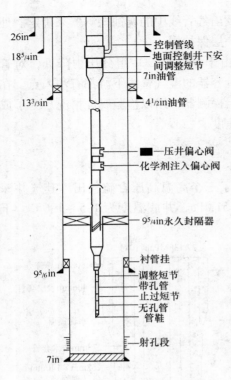

图 4-7 阿布扎比 ThammamaC
区典型完井设计

油管柱上还装有一个排放-压井偏心阀，该阀可以用钢丝绳起下，用来为套管和油管之间的循环提供通道。7in 永久性生产封隔器在射孔段顶部约 45m 处。

②第二种完井方法

该气田有三口井采用了另一种完井方法。在井中下入两个不锈钢管柱，不采用井下连续注化学剂防腐。这些井每三个月向油管中注入一次防腐混合液，然后开井低速生产，使化学剂在油管壁、井口设备和集输管线内形成保护层。

（3）美国埃克森公司某酸性气井的完井

该公司在密西西比中部钻了一口井，深 6960m，井底压力 15.84MPa，温度 204.44℃ 的深井，该气井的气体组分是：CH_4 70%、H_2S 25%~45%、CO_2 5%~10%。为了安全优质完井，制定了非常严密的完井设计，其程序是：

下 30in（761.99mm）导管后，安装 761.99mm（30in）、3.4×10^{-3}MPa 工作压力的环形防喷器，并连接 8in（203.20mm）的分流管线；下完 24in（609.59mm）表层套管后，对 30in（761.99mm）防喷器进行试压，下完 16in（406.39mm）套管后，换成

16 ³/₄in（425.4mm），0.34MPa 工作压力防喷组，包括三个闸板式防喷器和一个万能防喷器，以及安装 103.19mm 阻流管汇，下完 10³/₄in（273.05mm）和 9 ⁵/₈in（244.47mm）中间套管之后，又换成 11in（279.39mm），0.069MPa 工作压力的防喷器组，包括五个闸板防喷器，一个万能防喷器和两个四通，安装 103.19mm、0.069MPa 工作压力的阻流管汇、压井管汇、泥浆气体分离器、天然气火炬装置等。由于采用了严格的操作规程，该气井无事故地钻达总深度。

（4）法国拉克气田的完井

拉克气田天然气组分中，H_2S 占 15.6%，CO_2 占 9.3%，为一高含硫酸性气田。它采取的完井措施是：用并排双油管柱和同心双油管柱，在油管上装永久性封隔器，封隔油管与套管间的环形空间，以保护上部的套管。中间套管采用 L-80 级套管或 C-90 级套管，采用含 Cr13% 不锈钢作生产尾管，套管固井水泥用抗硫酸盐水泥；套管和油管的环形空间循环加热柴油，柴油中每隔 2~3 周加 0.9kg 的固态防腐剂，以溶解沉淀的硫磺，防硫堵塞，管间接头作磁粉探伤，上扣时用不含硫的丝扣油，使用聚四氟乙烯密封剂密封。

另外表 4-4 也是国外一些含酸性气体气田的防腐做法。

表 4-4 国外高含硫气田的完井工艺

	气田名称\n项目	法国 Lacq 气田	加拿大 Bearbery 气田	中东 Thamama\n气田石灰岩气层	加拿大 Foothills 气田
气田基本参数	H_2S/%	15.4	84~90	0.7~8	5~15
	CO_2/%	9.7	4~5	4~8	5~15
	地层压力	65MPa	37~38MPa		低于静水柱压力
	井底温度	142℃	116~120℃		70~120℃

气田名称 项目	法国 Lacq 气田	加拿大 Bearbery 气田	中东 Thamama 气田石灰岩气层	加拿大 Foothills 气田
完井 工艺	永久封隔器同心双管	永久封隔器平行双管大管采气小管循环加柱缓蚀剂及热油	单管单封	单管单封
井口装置	Uranus50 特殊钢,含 Cr23% Ni8% 及少量的钼和钴	CIW 型双管式采气井口,工作压力 35MPa	AISI410 不锈钢含 Cr12%	AISI4130/4135/4140
套管材质	N－80 L－80 C－95	L－80		
油管材质	N－80 J－55 L－80 C－95 及含铬钼钒等特殊钢	C－75 Hydrilcs 螺纹连接	L－80	L－80 特扣
井下封隔器	使用封隔器减少管柱受力和隔离腐蚀介质与套管接触	"DB"永久封隔器	永久封隔器	产层 5in 永久封隔器,上部 7in 封隔器
井下工具及安全阀	距井口 7.62m 处安装自动关闭阀等工具,减少井口失控的危害		调压/压井阀偏心工作筒和缓蚀剂注入阀偏心工作筒,离井口 91.44m 安装安全阀	
防腐措施	定期向内油管投放防腐棒,油管与套管空间加注缓蚀剂及热油	小管循环加注缓蚀剂及热油	借助泵和控制设备通过偏心工作筒向油套环形空间注满含 10%缓蚀剂的柴油	上部环空热油循环或第三根小管加注
生产中出现的问题	井底几百米油套管遭 H_2S、CO_2 和后期水强腐蚀,并逐步向井身中部延伸			
油管大小	(4½in)2⅜in	3½in + 2⅞in	4½in(日产 84.9 × $10^4 m^3/d$)	3½in + 2⅞in

3. 国内防腐蚀完井技术现状

国内在含酸性气体气藏开发方面借鉴了国外成熟的技术,同时也开发出了具有自主知识产权的防腐产品(如防腐油套管、防腐采油树、缓蚀剂及地面和井下安全阀等),形成了较为完善的防腐配套技术。与国外防腐控制技术相对应,国内在防腐方面也是从完井管柱、井口装置、管材和缓蚀剂四个方面开展的。

(1)国内完井管柱

国内含硫酸性介质油气田较多,层次也各不相同,有四川东部的一些气田、南海西部的海上气田、长庆陕甘宁中部气田等。到目前为此,国内钻获天然气含 H_2S 最高的华北赵兰庄气田，天然气中 H_2S 含量高达 92%，对于四川东部气田大约 70% 的气井生产的天然气普遍都含有 H_2S 和 CO_2，且到开采中后期也产地层水，离气水界面近的气井开采初期也见地层水；而大多是开采早期产少量的凝析水，水中含有 H_2S、CO_2 和氯化物等盐类，pH 值大约 5~6。总体上说主要采用了以下两种完井管柱：

①最简单一种是根据井深情况采取单一或复合油管、不采用封隔器的光油管柱结构完井，配合完井缓蚀剂预膜和生产中定期加注缓蚀剂来减缓井下管柱的腐蚀，达到合理高效经济的开采周期，如四川东部的多数含 H_2S 小于 2%、CO_2 小于 1% 的气田。

②根据井深情况采取单一或复合特扣油管的永久封隔器完井油管柱，管柱中使用井下安全阀。如四川中坝气田的高含硫气井、四川东部个别高含硫的、同时又高含二氧化碳的气井以及南海西部的海上气田。这种结构有利于保护套管和保护油管外壁，其油管的选用一是采用一般抗硫油管和加注缓蚀剂相结合，确保一定使用年限，或采用涂层油管或内衬里油管以及采用不锈钢油管。

（2）安全设施和井口装置

国内的江汉油田采油院和胜利油田采油院都研制成功了井下安全阀。

江汉油田采油院设计的 JAF-136 型井下安全阀，采用 C90 或 GH169 材料加工制造，具有良好的抗腐蚀性能。选用外径 ¼in 的 316 不锈钢管作为旁通管，连接方式为插入式，依靠锁紧螺母连接密封；阀板与阀座采用金属-非金属双重密封结构，复位弹簧与工作环境隔离；阀门控制机构由活塞腔与中心管组成，采用软硬组合密封结构和金属-金属密封结构双重方式密封；永久打开机构采用在上部设计内锁定凹槽的方式来解决。室内试验表明，其密封性能达到设计要求，工作压力达到 70MPa，开关灵活，液控压力在可控制的允许值范围内。

70 年代初期四川石油管理局研制成功了 CQ-250 抗硫采气井口装置。其中与上海材料研究所合作研制的丝杆专用抗硫合金钢"318"钢，获 1978 年全国科学大会奖励。1976 年四川石油管理局曾从美国引进 CAmivon（卡麦隆）公司和 FMC 公司引进了一些 35~100MPa 抗硫采气井口装置。现在四川、新疆含硫气井所用井口装置大多数是国产，效果良好。江苏金石机械集团有限公司生产的防腐采气井口装置已系列化，能满足多种套管程序、不同耐压、不同腐蚀程度、不同温度、不同规范级别的要求。现有 KQ-14、KQ-21、KQ-35、KQ-70 及 KQ-105，材料级别有 AA，BB，CC，DD，EE 及 FF，温度级别有 L，P，R，S，T，U 及 V，规范级别有 PSL2、PSL3 及 PSL4。

（3）管材选择

国外在金属材料腐蚀研究方面比国内起步早、成熟度高，开发研制了一系列抗腐蚀合金材料和高强度抗腐蚀油套管（见表 4-2 和表 4-3）。鉴于国内防腐管材的生产能力，目前含酸性气体气井的管材，大多依靠国外进口。防腐管材的选择也是参考国外的。图 4-8 是日本住友公司的管材选用流程图。

其中："A"区是非腐蚀区，H_2S 分压 <0.015atm，CO_2 分压 <0.75atm。可采用普通钢种油套管，例如 J55、N80、P110 等。

"B 区"为中等腐蚀区，温度低于 150℃，H_2S 分压 0.015atm ~0.10atm，CO_2 分压 <0.75atm。需要采用 API 标准的抗腐蚀钢种，例如 C75、L80、C90 和 C95 等。

"C 区"为严重腐蚀区，温度低于 150℃，H_2S >0.10atm，CO_2 分压 >0.75atm。需要采用非 API 标准的高抗腐蚀油套管，这种油套管的特征之一是具有高屈服强度。例如 SM-C110、SM-90SS、NT-110SS、NT-95SSS、NT-125DS 等。

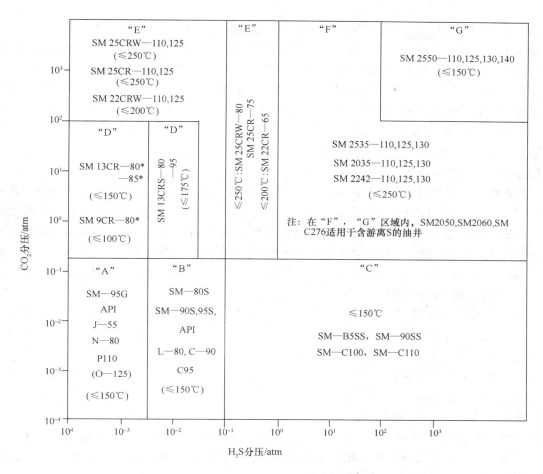

图 4-8 H₂S 与二氧化碳分压对钢材选择影响

"D 区"为以 CO_2 腐蚀为主的区间。CO_2 分压为 0.75atm 至 100atm，H_2S 分压 <0.06atm。由于高温加剧 CO_2 对油套管的腐蚀，需要分析流动温度剖面。高压气井开采时，井口部分仍会有较高温度，需要考虑全井管材的腐蚀。抗 CO_2 腐蚀的钢种有 SM9CR-80（温度 <100℃），SM9CR-95（温度 <175℃）；SM13CRS-80、SM 13CRS-95、SM13CRS-110（温度 <175℃）；对于井温 >200℃ 以上的井，需要 22CR 以上的钢种。

"E 区、F 区和 G 区"：高温、高含 H_2S 和 CO_2 井，其管材的钢种需要特殊考虑。

4. 国内防腐蚀完井实例

（1）四川气田

四川地区约 70% 气井所产的天然气中含 H_2S 和（或）CO_2，如磨溪气田、威远气田、中坝气田和卧龙气田。

卧龙气田：卧龙气田位于四川东部，属于典型的含 H_2S 气田，最典型的气井是卧 63 井，天然气中含硫高达 31%，1978 年 10 月开钻，1979 年 7 月完钻，井深 2306.29m，产层嘉五一～嘉四三，该井一直未投入正规开发，只是在 1994～1995 年中国石油天然气总公司为开发华北赵兰庄气田对该井进行了开井试生产和一些试验研究，试生产时间大约一个月左右。该气田主要采用第一种不带封隔器完井的完井管柱结构，由于气井是 20 世纪 70～80 年代相继钻探的，其油套管多采用了 API 标准抗硫的 C-75、J55 和部分 N-80 油套管和当时国产抗硫的 Dz1、Dz2 以及后续从日本引进的抗硫管材，70%～80% 的气井采用了射孔完井，其余采取了裸眼完井和衬管完井方式，井口装置采用国产 CQ-35 和 KQ-35 型抗硫井口装置，完井油管多选用 API 标准 73.02mm(2⅞in)C-75 油管。由于卧龙河气田嘉五一～嘉四三气藏多数气井含 H_2S 均在 5% 以下，CO_2 一般不到 2%，且产少量的凝析油(是一种较好的缓蚀剂，生产中对管柱有一定的保护作用)，因此一般采用光油管柱结构完井，开采 8～12 年后气井仍基本正常开采(地层出水影响除外)。在缓蚀剂加注方法上，采用平衡罐或泵加注缓蚀剂，并针对气田情况开展抗腐蚀材质以及缓蚀剂筛选，这些措施的实施较好地解决了四川东部含硫气田的安全开发问题。

川西中坝气田：川西中坝气田雷三气藏埋深 3300m 左右、地层温度 92℃、含 H_2S 5%～7%、CO_2 3%～4%，1982 年投入开发，因油层套管不抗 H_2S 二氧化碳腐蚀，部分气井在 1981 年至 1985 年期间进行了二次完井，采用永久封隔器、气密封性好的 VAM 扣特殊抗硫油管和涂层油管及玻璃钢油管完井，使腐蚀严重的气井恢复了正常生产，遏制了严重腐蚀这一问题，但出水后井下管柱的腐蚀也是气田开采中未完全解决一个重要问题，制约了气田的后期开发。

（2）江汉油田建南气田

建南气田属于南方海相碳酸盐岩气藏。现有探明储量 $100.25 \times 10^8 m^3$，控制储量 $71.21 \times 10^8 m^3$。气藏类型主要分为南高点飞三段岩性-构造层状气藏、北高点长兴组生物礁-构造块状气藏和北高点石炭系地层-构造层状气藏等三个连片分布的整装主力气藏和 6 个裂缝性气藏。建南气田各产层属低孔低渗裂缝孔隙型或裂缝型储层，天然气中均含 H_2S 和 CO_2，其中北长二气藏高含酸性气体，H_2S 含量达 4.479%，CO_2 含量达 7.852%。建南气田地层水总矿化度高，属 $CaCl_2$ 水型。

建南气田于 1970 年被发现，最初由于受到各方面条件的限制，气田仅在几个硫化氢含量较低的气层开展了试采工作，北长二因硫化氢含量高、开采风险大等原因没有投入试采，直到 1996 年，北长二气藏才正式投入开发。

建南气田酸性气体含量高，在生产过程中对生产管柱及配套工具腐蚀严重，特别是后期产水后腐蚀加剧，容易造成油管断脆、管壁减薄和穿孔、破裂、断脱事故。存在的腐蚀类型主要包括硫化物应力腐蚀破裂、氢脆和电化学失重腐蚀。据统计，建南气田 43 口井中使用的多数油、套管不同程度的存在破裂、渗漏、穿孔现象。腐蚀部位主要是气液交界处及液面以上部分，除点蚀、坑蚀及应力腐蚀开裂外，还伴有大面积的均匀电化学腐蚀。图 4-9 为套管腐蚀穿孔的实例。图 4-10 为油管腐蚀穿孔的实例。

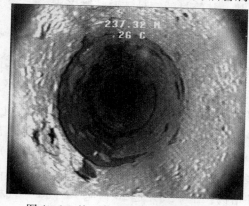

图 4-9　盐 1 井套管内壁图像(局部)

图 4-10　建 44 井起出的油管图片(局部)

建南酸性气藏完井技术实践如下：

①完井方式及井身结构

目前建南气田气井完井方式有裸眼完井和套管射孔完井两种，以裸眼完井居多，其中水平井和斜井都是裸眼完井。套管程序一般是 ϕ339.7（323.9）mm ~ 244.5（ϕ219）mm ~ ϕ177.8（ϕ139.7）mm，极少数气井采用了 ϕ127mm 的生产套管。考虑到抗硫防腐要求，所选用套管材质的材质主要有 AC95（S）、NT95、TP95S、TP80S、SM95S 等。少数生产套管不防硫。

②完井井口

过去完井井口采用简易套管头及油管头，承压能力小、易腐蚀，存在安全隐患。

2000 年以后完成的气井井口装置都是采用国产抗硫的正规套管头、油管头和采气树组成，型号有 KQ - 25、KQ - 35、KQ - 70、KQ - 100，闸阀和角式节流阀的阀体、大小四通均采用碳钢或低合金钢锻造制作，阀杆密封填料采用氟塑料、增强氟塑料制作，"O"形密封圈也采用氟橡胶制作。

为保护 1981 年以前完成的气井井口装置，特别是高含硫气井，气田采取了两项措施。一项是利用套管护套保护升高短节，并在护套与升高短节之间灌注环氧树脂。另一项是利用封隔器管柱在保护套管的同时，也保护简易套管头。

③油管

建南气田考虑到抗硫防腐要求，在实践中主要选用了材质为 J55、C75、C90、SM90S、NK - AC80 等的油管，有的油管带有高气密封性的 3SB、50X 特殊扣型。

对于含硫不高的气井，2000 年以前以使用 C75 加厚油管为主。如建 45 井和建 43 井，在生产 20 年和 15 年后的修井作业中，发现油管只有轻微腐蚀。说明油管的选择是可行的。

对于含硫较高的气井，建南气田使用了 NK - AC80 油管和带 3SB 特殊螺纹的防硫油管。建 16 井采用封隔器完井，油管 NK - AC80，1 年后进行修井作业，发现油管腐蚀较轻，目前该井已正常生产 6 年。

④完井管柱

对于含硫量不高，而地层能量较高、容易诱喷的气井，通常采用光油管直接替喷完井投产。其管柱如图 4 - 11 所示。对于含硫量不高，而地层能量较低、需要措施时，采用酸压措施生产一体化管柱完井投产。其管柱如图 4 - 12 所示。这种管柱坐封、解封可靠，密封效果好。

图 4 - 11　替喷投产管柱

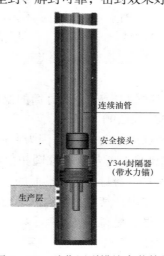

图 4 - 12　酸化压裂措施完井管柱

对于高含硫气井，采用永久式封隔器完井生产管柱。

⑤排水采气

含硫气井产水时会加剧腐蚀危害，缩短气井使用寿命，因此应采取排水采气措施。一般的排水采气措施有抽汲、气举、泡沫气举、伴注液氮、连续油管注液氮等。建南气田近几年使用了伴注液氮和连续油管注氮气助排，取得了较好的排液效果。

（3）腰英台气田

腰英台气田构造上位于松辽盆地南部长岭断陷，储层岩性为火山岩。天然气地质储量 $448.57 \times 10^8 m^3$，天然气可采储量 $224.28 \times 10^8 m^3$，属深层、大型、高丰度、中~高产、水驱块状岩性~构造气藏。主要目的层营城组天然气为干气，天然气以 CH_4 为主，N_2、CO_2（$21.793\% \sim 21.83\%$）含量偏高，为酸性气藏。营城组埋深 $3545 \sim 3809m$，属正常压力（压力系数 1.2121）和正常温度系统。

截止 2008 年 11 月，该气田共完井四口，这四口井的地层压力、温度、CO_2 含量及通过计算得到的 CO_2 分压见表 4-5。

表 4-5　腰英台气田数据表

井号	完井方式	地层压力/MPa	地层温度/℃	CO_2含量/%	CO_2分压/MPa
腰深 1 井	裸眼	42.04	134.82	20.74	8.72
腰深 101 井	射孔	42.49	138.68	24.21	10.28
腰深 102 井	射孔	42.95	136	24.75	10.52
腰平 7 井	筛管	43.25	120	21.79	9.42

这四口井的完井技术实践如下：

①完井方式及井身结构

腰英台营城组储层岩性为比较坚固的火山岩，对于不进行调层、压裂、酸化等措施作业的井采用裸眼完井；对实施措施的井采用射孔完井方式；水平井采用了筛管完井方式。套管程序一般是 $\phi339.7mm \sim \phi244.5mm \sim \phi139.7mm$，。考虑到抗 CO_2 防腐要求，套管材质选用了 B13Cr110。

②完井井口

考虑到 CO_2 腐蚀影响，采用了不锈钢井口。自然投产井采用了 KQ70/78-65 型采气树，压裂井用了 KQ105/78-65 型采气树，规范级别为 PSL2，温度级别为 P 级，材料级别为 FF 级，性能级别为 PR2，连接方式为法兰连接，1 号闸门选用液压控制和手动控制的井口安全阀。

③油管

根据四口井的 CO_2 分压和井筒的温度分布，依据日本住友公司管材选择图，油管选择了住友公司的 SM 13Cr90 油管。

油管扣型选用了 FOX 扣。因为一般 API 圆丝扣油管在高压差下容易泄漏，不能满足气密封要求。API 圆扣螺纹主要靠圆扣扭紧面接触密封，而特殊扣螺纹靠圆锥体的过盈配合产生线接触，起着主密封作用，端面的紧密接触起着辅助密封作用，斜梯形的丝扣只起连接作用，不起密封作用，其连接能力远远超过 API 圆扣螺纹，确保了主密封和辅助紧密结合，因而密封性得到很大提高。

④完井管柱

采用了永久式封隔器完井管柱。管柱主要由（从上至下）油管＋井下安全阀（加上下流动

174

短接）＋油管＋循环滑套＋油管＋伸缩短节＋油管＋永久式封隔器＋磨铣延伸筒 ＋油管＋座放短节＋油管＋球座（见图4－13）组成。

图4－13 腰英台气井
投产管柱结构图

（图注：安全阀、循环滑套、伸缩短接、永久封隔器、座放短接、球座、气层）

该管柱不仅适用于裸眼完井、衬管完井的气井，而且适用于需要进行完井测试、分步实施射孔完井的气井。对于射孔完成井，采用了射孔、测试后下入投产管柱或投产酸化一体化管柱，如果采用射孔、测试、投产一体化管柱，由于采用带枪生产，射孔枪长期处于酸气环境，生产一段时间当需要起管柱作业的时候，由于腐蚀的影响，存在枪起不出来的风险，这样既影响生产，又增加了安全隐患。

管柱具有以下特点：

a. 永久式封隔器可保护封隔器以上油套环空及井口装置不承受高压，避免酸性气体的腐蚀；

b. 地面控制井下安全阀，可确保井口失控时进行井下关井，保证安全生产；

c. 伸缩短节，避免由于温度、压力变化造成的油管伸缩，使油管过载破坏以及对封隔器寿命的影响；

d. 反循环阀可确保安全替喷以及应急状态下的压井；

e. 封隔器下面的座落短节可以安装堵塞器，气嘴等投捞工具，可实现井下关井和生产调控。

（4）普光气田

普光气田位于四川省宣汉县境内，气田区域属中~低山区。目前气藏主体探明含气面积45.58km²，天然气地质储量2510.70×10⁸m³。普光气藏含气层位为三叠系飞仙关组和二叠系长兴组，储层岩石以白云岩为主，储集空间以孔隙为主，裂缝不发育；储层非均质性强，跨度大，总有效厚度达100~400多米；储层平均埋深5105m，压力55~61MPa，温度120~134℃；天然气中 H_2S 平均含量15.16%，CO_2 平均含量8.64%，平均单井配产 $40×10^4$ ~ $100×10^4m^3/d$，属于深层、高产、高温、高压、高含 H_2S 和 CO_2 的长井段孔隙型碳酸盐岩气藏。由于 H_2S 气体的剧毒性以及 H_2S 和 CO_2 对钢材的强腐蚀性等问题，使普光气田成为我国已探明气田中安全要求最高，腐蚀环境最恶劣的气田之一。同时由于普光气田采用丛式井组开发，井型有直井、斜井和水平井等多种，因此，与常规气田相比，普光气田对完井工艺技术要求更高。

①完井难点

普光气田气井在完井时存在很多技术难题，主要表现在以下几个方面：

a. 气藏高含酸性气体，这对入井管柱、井下工具的防腐性能以及联接丝扣的密封性能提出了更高的要求，必须采用高抗腐蚀管材的生产管柱，或采用性能良好的永久式封隔器以保护套管和油管外壁；

b. 气井产量高，采用大管径生产才能满足要求，对于生产中后期产水的气井，易造成气井井底积液，加重腐蚀，另外增加后续排液工艺；

c. 采用加注缓蚀剂防腐，增加管柱结构部件，管柱结构变得复杂，增大了管柱的薄弱环节，另外加注管线长，也增加了完井的难度；

d. 高产、井深、井斜和酸压改造的问题，对完井管柱、井下工具的选用和后续工艺的影响很大；

e. 应考虑生产过程中，水合物、硫沉积的影响，应采取有效的防治措施；

f. 生产过程中的气井动态监测难度大。

针对以上技术难题，普光气田完井工艺从以下几点出发：

a. 管柱结构尽量简单；

b. 工艺措施的安全性能高，可操作性强；

c. 作业工序尽量简化；

d. 完井管柱应满足长期安全生产的需要。

②完井方式及井身结构

普光气田主体为碳酸盐岩气藏，储层有效厚度大、生产井段长（生产井段跨度达四五百米），井壁易坍塌。另外大部分井实施酸压改造，酸压施工过程中，容易造成井壁坍塌，酸液流向不易控制，影响酸压效果。因此，普光气田的直井、定向井及水平井优先采用了射孔完井方式；对于直接投产水平井，采用了筛管完井方式。

直井和定向井优先采用了三开井身结构。图 4 - 14 给出了直井的井身结构示意图。

综合考虑水平井段套管不存在拉应力、高温下 H_2S 腐蚀不占主导因素、完井封隔器尽量靠近 A 靶点、采用尾管射孔完井钻具对套管本身的磨损大等因素和条件，水平井完井优先选用了三开井身结构四开衬管完井方式。图 4 - 15 给出了水平井井身结构示意图。

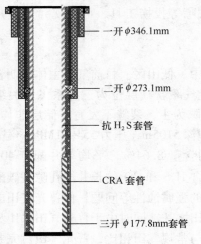

图 4 - 14　直井井身结构示意图

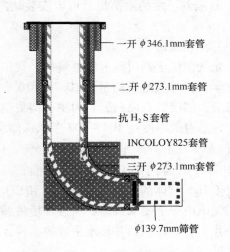

图 4 - 15　水平井井身结构示意图

③生产套管材质选择

普光气藏 H_2S 和 CO_2 含量高，生产套管选用耐蚀合金（CRA）管材。由于采用封隔器保护上部生产套管，因此生产套管在储层顶界以上 200m 处至井底采用抗 H_2S、抗 CO_2 腐蚀的 INCOLOY 825 气密封扣型套管，其余井段采用抗 H_2S 气密封扣型套管。

水平井水平段下入抗 CO_2 腐蚀的衬管（如 13Cr 合金衬管），A 靶点以上 300～400m 坐封位置采用抗 H_2S、抗 CO_2 腐蚀的 INCOLOY 825 气密封扣型套管，其余井段采用抗 H_2S 气密封扣型套管。

④管柱材质选择

普光气田主体天然气中 H_2S 平均含量为15.16%，CO_2 平均含量8.64%，按地层压力计算，H_2S 分压为6.92~9.90MPa，CO_2 分压为4.36~5.10MPa，井口平均压力按30MPa计算，H_2S 分压达到4.54MPa，CO_2 分压达到2.59MPa，腐蚀非常严重。腐蚀类型主要为硫化物应力腐蚀、氢脆和电化学失重腐蚀。

普光气田生产管柱选择了高镍基合金钢材料（如河嘉203H井采用了SM2535-110油管），相配套的井下工具也采用抗腐蚀材料（718材质或925高镍基合金钢材料），避免因井下工具腐蚀造成的事故或更换永久式封隔器管柱而造成的作业费用。

为保证完井管柱密封的可靠性，通过采用气密封性好的高压金属气密封扣（如 VAM TOP、FOX、3SB、SEC 等），可以提高油管密封性能及连接强度。普光气田主体开发井有2/3是定向井，井斜度大，VAM TOP 扣在狗腿度30°/100ft时仍优于其他密封扣，油管丝扣采用了 VAM TOP 扣。

⑤完井管柱

普光气田采用了永久式封隔器完井管柱。该管柱主要由井下安全阀（加上下流动短接）+油管+循环滑套+油管+伸缩短节+油管+永久式封隔器+磨铣延伸筒+油管+座放短节+油管+球座（见图4-16）组成。

管柱具有以下特点：

a. 永久式封隔器可保护封隔器以上油套环空及井口装置不承受高压，避免酸性气体的腐蚀；

b，地面控制井下安全阀，可确保井口失控时进行井下关井，保证安全生产；

c. 伸缩短节，避免由于温度、压力变化造成的油管伸缩，使油管过载破坏以及对封隔器寿命的影响；

d. 反循环阀可确保安全替喷以及应急状态下的压井；

e. 封隔器下面的座落短节可以安装堵塞器，气嘴等投捞工具，可实现井下关井和生产调控。

对于需要测试的气井，在管柱上可安装井下压力温度测试系统，进行温度、压力的实时监测。对于采用加注缓蚀剂防腐的气井，选择安装井下加药设备。

⑥井口装置

普光气田采用了进口（卡麦隆、美国钻采等公司）采气井口装置，材料级别为 HH 级，内衬718材质，可满足抗12%~18% H_2S、CO_2 的腐蚀要求。且配套了井下安全阀和井口安全阀，具备远程控制功能。地面安全控制系统（ESD）可对异常高压、低压及气体泄漏和火

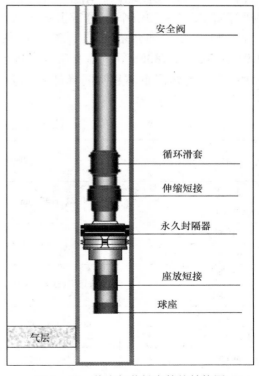

图4-16　普光气井投产管柱结构图

安全阀

循环滑套

伸缩短接

永久封隔器

座放短接

球座

气层

灾作出报警信号作出快速反应，以便在紧急情况下实现安全关井，系统也可实现就地手动控制。

5. 国内完井新技术

国内含酸性气体气井完井技术在学习、借鉴国外成熟技术的基础上，近几年来也开发出了包括防腐管材、井下工具、缓蚀剂等在内的完井新技术。

（1）防腐管材

2006 年国内宝钢自主研发了 3Cr 抗 H_2S 和 CO_2 腐蚀油套管、超级 13Cr 高抗腐蚀系列油套管，产品质量达国际一流水平，已形成五项专利和三项技术秘密。填补了我国在超级 13Cr 等高端产品上的空白。生产出的抗 CO_2 腐蚀油套管有 BG80 – 3Cr、BG90 – 3Cr、BG110 – 3Cr；抗 H_2S 和 CO_2 综合腐蚀油套管有 BG80S – 3Cr、BG90S – 3Cr、BG95S – 3Cr，其抗硫性能按 NACE TM – 0177 标准进行实验，施加 80% 和 90% 屈服应力，720h 无开裂。

BG3Cr 系列油套管的化学成分见表 4 – 6。

表 4 – 6　BG3Cr 材料的化学成分

成分	C	Si	Mn	Cr	Mo	Cu	Ni	Nb	P	S
含量/%	0.1 ~ 0.4	0.2 ~ 0.4	0.5 ~ 1.0	2.0 ~ 4.0	0.1 ~ 1.0	0.1 ~ 0.5	0.1 ~ 0.5	<0.1	<0.15	<0.08

BG3Cr 材质在高温高压斧模拟不同井况条件下的抗 CO_2 和 Cl^- 腐蚀速率与常规 N80 和 P110 相比至少下降 5 倍以上（表 4 – 7），这种油管通过西安管材研究所的评估试验，目前已在江汉油田、川西地区、塔里木油田、哈萨克斯坦、东北分公司等国内外油田使用。另外还对 BG95S – 3Cr 管材进行了 H_2S 应力腐蚀试验（表 4 – 8），该试验也通过国家 H_2S 腐蚀检测中心 – 四川石油设计院的评估和认可。试验结果表明：L – 80、WSP110S、BG95S – 3Cr、NT80SS 等抗硫材质及高抗硫材质耐 H_2S 应力腐蚀强；NT80SS 抗硫材质在加大拉伸负荷情况下破裂时间降低到 417h，为了确保管柱安全，应尽量降低管柱承受的拉力。

表 4 – 7　BG80 – 3Cr 腐蚀评价试验

钢号	腐蚀介质	试验条件	局部腐蚀	腐蚀速率/(mm/a)
3Cr 管	1#	60℃，$v = 2.0$m/s，$P_{CO_2} = 2.5$MPa	无	4.8
常规 N80 管			严重	80
3Cr 管		90℃，$v = 2.0$m/s，$P_{CO_2} = 2.5$MPa	无	6.7
常规 N80 管			严重	76
3Cr 管	1#	110℃，$v = 2.0$m/s，$P_{CO_2} = 2.5$MPa	无	6.8
常规 N80 管			严重	25
3Cr 管	2#	60℃，$v = 1.0$m/s，$P_{CO_2} = 1.5$MPa	无	4.4
常规 N80 管			点蚀	50
3Cr 管		90℃，$v = 1.0$m/s，$P_{CO_2} = 1.5$MPa	无	3.5
常规 N80 管			严重	41

表 4 – 8　BG95S – 3Cr 抗硫性能评价试验

试验材料	试验方法及标准	试验参数	介质溶液	试验结果		通常的判断
L – 80	NACE – 0177A 法	80% σ_s 恒负荷拉伸，24 ± 3℃，常压	NACE – 0177A 标准溶液 A	断裂时间/h	>720h	>720h
WSP110S		90% σ_s 恒负荷拉伸，24 ± 3℃，常压			>720h	
BG95S – 3Cr	NACE – 0177A 法	80% σ_s 恒负荷拉伸，24 ± 3℃，常压，720h	NACE – 0177A 标准溶液 A	断裂时间/h	>720h	>720h
NT80SS		80% σ_s 恒负荷拉伸，24 ± 3℃，常压，720h				
NT80SS		85% σ_s 恒负荷拉伸，24 ± 3℃，常压，720h				
NT80SS		90% σ_s 恒负荷拉伸，24 ± 3℃，常压			417 ~ 613h	

2006 年 7 月，宝鸡钢管集团公司研制的"L360MB(X52)级抗 H_2S 腐蚀钢管"通过了该集团公司鉴定，该产品针对我国油气田集输管线抗腐蚀的要求，首次研制成功的抗 H_2S 腐蚀螺旋缝埋弧焊管，填补了国内抗腐蚀用管替代进口专用 UEO 管的空白，对我国酸性气田的开发和利用，具有很大的推广前景。

此外，天津无缝钢管集团生产 T95 抗 H_2S 应力腐蚀石油套管，现场应用效果良好。该厂生产的 TP130TT 套管抗挤毁能力达世界高水平，并获 2005 年国家科技进步奖二等奖。其抗挤毁、抗腐蚀、热采井、特殊扣等具有自主知识产权的系列石油套管达到 50% 以上，62 项填补国内空白，33 项获得国家专利。TP140V 套管成功应用于亚洲第一深井、我国第一口 8000m 超深井—塔深 1 井，创国产套管下井最高纪录。

（2）井下工具

近年来，江汉油田采油院开展了酸性气藏用井下工具的研究，加大了该类井下工具国产化的步伐，进行了创新性的研究。

江汉油田采油院研发了气井用封隔器，包括永久式和可取式双向锚定封隔器。永久式封隔器是一种带双向卡瓦、下工具坐封、钻铣解封的封隔器。锚定机构采用上下两组整体卡瓦结构，锁紧机构采用弹性锁环自锁紧结构，肩保机构采用胀环结构。试验表明：①胶筒的压缩距为 46 ~ 48mm，分别加 Φ119 挡环、铣槽保护碗和线切割保护碗，胶筒承压能力逐步增强；②保护碗及卡瓦采用线切割方式加工，撕裂力小，且分辨状况好；③坐封工具启动压力为 6MPa，坐封压力为 25MPa；丢手压力为 46MPa，丢手负荷为 15kN，均达到设计要求；④封隔器能够承受 50MPa 的工作压差。

可取式双向锚定封隔器带双向卡瓦、采用液压坐封、下工具解封。该封隔器利用独特设计的逐级坐封、逐级解封结构确保其良好的坐封和解封性能，并能够克服这种封隔器普遍存在的双向承压性能差的缺陷，其承压性能可以达到 40MPa 以上。目前这种封隔器正在开展室内试验。

江汉油田采油院研制成功了 JAF – 136 型井下安全阀，工作压力达到 70MPa，开关灵活，液控压力在可控的允许值范围内。

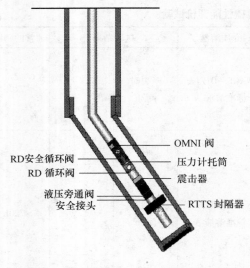

图 4 – 17 YB1 – 1 井 APR 测试管柱示意图

RD 安全循环阀
RD 循环阀
液压旁通阀
安全接头

OMNI 阀
压力计托筒
震击器
RTTS 封隔器

上述工具均采用 C90 或 GH169 材料加工制造，具有良好的抗腐蚀性能。

（3）管柱优化

①射孔 – 酸压 – 测试联作技术

为满足"三高（高温高压高含酸性气体）"超深气井不动管柱实现射孔、测试、储层改造、多次诱喷、压井、录取压力和温度资料等多次作业的需要，普光气田研发了"测试阀优选组合、压力控制参数优化"为核心的系列 APR 射孔 – 酸压 – 测试联作技术，有效减少了作业次数，从而降低了"三高"超深气井的作业风险。

APR 射孔 – 酸压 – 测试联作技术在高温（159℃）、高压（119MPa）、高含硫（382g/m³）、超深（7170m）的 YB1 井成功应用，创造了国内外进行射孔 – 酸压 – 测试三联作的最深井记录。酸压施工中最高泵压超过了 93MPa，施工时间 6.5h，自喷和液氮助排后测试天然气产量 $0.3 \times 10^4 m^3/d$，试求产后顺利打开 RD 安全循环阀及 RD 循环阀进行压井，解封封隔器，安全提出了测试管柱。图 4 – 17 是获得高产的 YB1 – 1 井的测试管柱图。

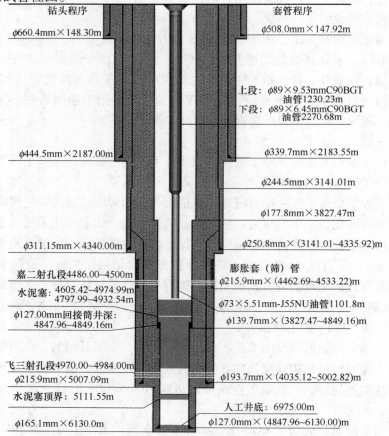

钻头程序

$\phi 660.4mm \times 148.30m$

$\phi 444.5mm \times 2187.00m$

$\phi 311.15mm \times 4340.00m$

嘉二射孔段 4486.00~4500m
水泥塞：4605.42~4974.99m
4797.99~4932.54m
$\phi 127.00mm$ 回接筒井深：
4847.96~4849.16m

飞三射孔段 4970.00~4984.00m
$\phi 215.9mm \times 5007.09m$

水泥塞顶界：5111.55m

$\phi 165.1mm \times 6130.0m$

套管程序

$\phi 508.0mm \times 147.92m$

上段：$\phi 89 \times 9.53mm$ C90BGT
油管 1230.23m
下段：$\phi 89 \times 6.45mm$ C90BGT
油管 2270.68m

$\phi 339.7mm \times 2183.55m$

$\phi 244.5mm \times 3141.01m$

$\phi 177.8mm \times 3827.47m$

$\phi 250.8mm \times (3141.01~4335.92)m$

膨胀套（筛）管
$\phi 215.9mm \times (4462.69~4533.22)m$

$\phi 73 \times 5.51mm$-J55NU 油管 1101.8m

$\phi 139.7mm \times (3827.47~4849.16)m$

$\phi 193.7mm \times (4035.12~5002.82)m$

人工井底：6975.00m

$\phi 127.0mm \times (4847.96~6130.00)m$

图 4 – 18 HB1 井井身结构示意图

②三封隔器测试管柱

HB1 井是中国石化部署在通南巴构造的一口重点勘探井，存在高温、高压、高产、嘉二段 H_2S 含量 6500ppm、勘探井转开发井、油层套管抗内压强度低、井身结构异常复杂（见图 4 - 18），完井液密度高达 2.45g/cm³ 等特殊情况，采用三封隔器带 105 井下安全阀、140MPa 安全阀控制管线的完井管柱（示意图见图 4 - 19），满足了高温、高压、高产气井的安全生产及高温、高含硫层段的有效封堵。截至 2007 年 12 月，该井在油压 87.8 ~ 80.4MPa 下，累计采气 9127.76 × 10⁴m³，井内管柱无异常，硫化氢含量 2 ~ 3ppm。

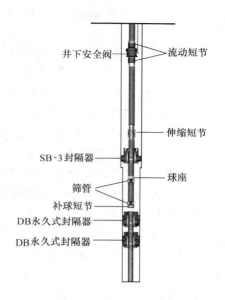

图 4 - 19　HB1 井完井管柱示意图

（二）腐蚀监测技术

腐蚀监测是认识和了解系统腐蚀因素、制定防护措施的基础；腐蚀监测所获得的数据是指导防腐蚀工作的科学依据，是监督、评价防腐蚀效果的有效手段。

加强腐蚀监测可及时了解管材变化情况，有针对性地选择防腐方法，为工艺参数的调优控制、及时消除隐患、防止恶性事故的发生和管道更换、大修等提供重要依据。

1. 中原油田生产系统腐蚀监测技术

中原油田自 1979 年开发以来，由于油层埋藏深，地层产出水矿化度高，且水中含有一定量的 H_2S、CO_2 酸性气体，pH 值较低（一般为 5.5 ~ 6.0），随着油田的不断开发，综合含水不断上升，腐蚀日趋加剧。据统计 1993 年生产系统管线、容器腐蚀穿孔 8345 次，更换油管 59 万米，直接经济损失 7000 多万元，间接经济损失近 1 亿元。目前有 100 多口井套管腐蚀穿孔，30 多口井因腐蚀报废。腐蚀严重制约了油田的发展和经济效益的提高。为系统了解油田生产系统的腐蚀状况，为防腐蚀措施提供决策依据，开展了"油田生产系统腐蚀监测技术"的攻关研究。

腐蚀监测的生产系统围绕和贯穿了整个油田生产系统的各个环节，即从油井井筒（上、中、下）—油井井口—计量站—联合站油系统—污水处理系统—注水站（污水、清污混注、清水）—配水间—注水井井口—注水井井筒（上、中、下）。

中原油田研究开发了"便携式带压开孔器"，实现了油田油、气、水低压系统的带压开孔。研究改进的"带压试片（棒）取放器"实现了立管、横管容器任何方位的安装使用，将测挂片、取样一体化。研究开发的"井下挂环器"实现了油水井油管内及油套环空的挂环监测。

中原油田采用的腐蚀状况监测技术如下：

（1）挂片（棒）失重法测腐蚀速度

用试片（棒）测腐蚀速度，是最普通、最常用的一种方法，无论是室内腐蚀试验还是现场检测，都得到了普遍使用。因为它能直观反应系统腐蚀情况，特别是测点蚀速度，是其他监测方法所不能替代的。

为满足不同管径监测需要，在使用标准试片的同时，还增加了不同规格的试棒（$\Phi \times L$mm：5 × 50、5 × 130、5 × 160 等），实现了管线上、中、下不同部位的监测。同时试棒在测点蚀方面优于试片。

试片(棒)腐蚀程度描述：取出试片(棒)的同时，注意观察，对于特殊情况应进行拍照记录及取样。处理后的试片(棒)要进行均匀腐蚀测算和点蚀程度的测试。油田生产系统腐蚀穿孔的主要因素是点蚀所造成的，因此准确测试点速度是极其重要的。除此之外，试片(棒)的腐蚀程度用照片加以描述和记录更为直观。对于测试后的试片(棒)应按点分类保存。

试片、(棒)用于油田生产系统腐蚀监测的缺点是不能立刻得出腐蚀结果。而对于电阻探头、线性极化探测等腐蚀监测方法，可随时提供腐蚀数据，但对于数据的准确性和测点蚀方面不如试片更为直观。因此在条件允许情况下，采用多种方法进行监测可使数据更为合理。

（2）在线快速腐蚀监测方法

为弥补试片不能监测瞬时腐蚀速度的不足，利用快速监测仪(电阻法、线性极化法)与生产系统监测点有机结合，可随时提取各点腐蚀监测数据，为及时掌握油田生产系统和各环节的腐蚀状况奠定了良好基础。

（3）铁含量

水中铁含量是一种简便、经济的腐蚀监测方法，虽然它不能直接得出实际的腐蚀速度，但能反映相对数据，这对于及时掌握系统腐蚀变化是极其有用的。

2. 四川气田腐蚀监测技术

四川气田使用的腐蚀监测技术有失重挂片法、电阻法、氢监测、线性极化电阻法、化学分析等。另外还从国外引进并应用了在线腐蚀监测技术。

（1）常规监测技术

①失重挂片法

把已知重量的金属试片放入腐蚀系统中，经过一定的暴露期取出清洗后称重，根据试样质量变化测量出平均腐蚀速度。其优点是试片取出后可以观察试片表面形貌，分析表面腐蚀产物，从而确定腐蚀的类型。这对分析非均匀腐蚀，例如点蚀十分有用。近年来随着对细菌腐蚀研究的逐步深入，也可通过对失重挂片表面腐蚀产物的分析，来帮助确定细菌对腐蚀的影响。但该方法缺点是无法反映工艺参数的快速变化对腐蚀速度的影响。

②电阻法

电阻法常被称为可自动测量的失重挂片法，其既能在液相(不论溶液是电解质还是非电解质)测定，也能在气相测定，方法简单，易于掌握和解释结果。目前电阻法已经发展成为一项应用非常普遍和成熟的腐蚀监测技术，电阻法所测量的是金属元件的横截面积因腐蚀而减少所引起的电阻变化。电阻探针由暴露在腐蚀介质中的测量元件和不与腐蚀介质接触的参考元件组成。参考元件起温度补偿作用，从而消除了温度变化对测量的影响。测量元件有丝状、片状、管状。

从前后两次读数，以及两次读数的时间间隔，就可以计算出腐蚀速度。通过元件灵敏度的选择，可以测定腐蚀速度较快的变化。但电阻法只能测定一段时间内的累计腐蚀量，而不能测定瞬时腐蚀速度和局部腐蚀。作为一种相对简单和经济的方法，电阻法已经成为在线腐蚀监测系统的主要监测手段，特别是在多相或非电解质体系中。

③氢监测法

氢监测是测定氢的渗入倾向，渗氢破坏包括氢脆、氢鼓泡、氢致开裂等。在化工厂、炼油厂、油井和输油输气管线等很多装置都会发生这类问题。常见的氢探针是一金属棒，其中心钻有一个小而深的孔，把金属棒插入设备中，氢原子渗过金属棒壁，进入圆形空间，形成氢分子。连接在这个圆形空间的压力表反映了此空间内的氢气压力变化情况，氢气压力变化速度间接反映了材料对渗氢的敏感性和腐蚀反应的剧烈程度。

④电化学测试

线性极化电阻法是目前最常用的金属腐蚀快速测试方法。其基本原理是加入一小电位使电极极化而产生电极/液体界面的电流，该电流与腐蚀电流有关，由于腐蚀电流与腐蚀速度成正比，所以该技术可以直接给出腐蚀速度读数。线性极化电阻法只适合在电解质中发生电化学腐蚀的场合，基本上还只能测定全面腐蚀，这就限制了它的使用范围。其主要特点是能测定瞬时腐蚀速度。

⑤化学分析

对腐蚀介质的化学分析也是腐蚀监测的一个重要组成部分。其分析铁离子含量、氯离子含量、H_2S含量、CO_2含量、pH 值等，也可做细菌测试。这些分析能帮助确定腐蚀介质情况，以及某些特定组分对腐蚀反应的影响。在线、实时腐蚀监测能够提供大量快速的腐蚀信息。但是，腐蚀监测探针测量的是"探头元件"在介质中的腐蚀，反映了介质的腐蚀性，但不能完全代表设备的腐蚀状况。因此，在线、实时的腐蚀监测，加上定期的设备检测才能提供整个系统完整及时准确的腐蚀信息。

（2）在线腐蚀监测技术

1995 年四川石油管理局从加拿大卡普罗克公司引进了一套 CODS B 型在线腐蚀监测系统，1996 年 3 月在磨溪气田四号集气站的 M - 133 井建立了一座在线腐蚀监测实验站，建成了全国第一个在线腐蚀监测站。1996 年 10 月又在川西北矿区低温站和中 - 40 井建立了一座在线腐蚀监测实验站，进行了 6 个多月的现场实验，在实验期间对中 40 井的集气管线进行了腐蚀监测，并对 CT - 2、CZ3 - 1 和 CZ3 - 3 缓蚀剂的效果作了在线监测评价，取得了较好的效果。现场应用表明，在线腐蚀监测系统可以为防腐管理提供一种有效手段。

加拿大的腐蚀监测系统具有 16 个通道的主机和探测、传感装置，有回收式电阻探针及传感器、失重试片及安装装置、氢探针（带压力表）、化学注剂装置、压力传感器、温度传感器、信号变送器等仪器仪表，具有数据采集、处理、打印、显示等功能。

该系统工作压力为 0 ~ 21 MPa，工作温度为 0 ~ 40℃，工作介质为含 H_2S、CO_2 及含地层水的天然气。工艺流程示意图见图 4 - 20 所示。

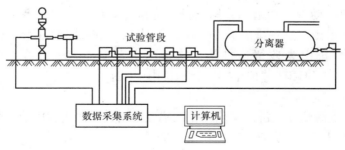

图 4 - 20　自动腐蚀监测系统示意图

（三）胜利油田含酸性气体油（气）田开采技术现状

1. 胜利油田含酸性气体油（气）田分布情况

截止 2007 年底，胜利油（气）区累计探明 70 个油气田，主要为气层气、溶解气、煤层

183

气和凝析气，其中气层气和溶解气占绝大部分。胜利油田的气层气主力气藏为上第三系的馆陶组和明化镇组，储层为岩性－构造气藏，地质特点为气藏埋深浅、储层胶结疏松、气砂体储量小、大多具有边底水。

胜利油区在 40 余年的勘探开发历程中，对见到 H_2S 显示的油气井，按照构造区域、层位、含量（未区分检测条件）进行统计分析，发现沾化凹陷罗家地区沙四段、车镇凹陷大王庄地区沙四段为高含量 H_2S 集中区，东营凹陷胜采三区浅层、沾化凹陷孤岛地区浅层上第三系为低含量集中区。沙四段、上第三系和下古生界是 H_2S 集中分布层位，其他地区和层位的 H_2S 显示主要呈现为散点分布。沾化凹陷罗家地区的 H_2S 含量最高，危害最严重。

罗家地区位于济阳凹陷沾化凹陷南部，南为陈家庄凸起，东为垦西油田，西为义东油田，北为渤南凹陷。近几年来，渤南凹陷的多口井中也检测到 H_2S，且 H_2S 含量较高。

阳信地区已完钻的多口探井发现了 CO_2。

截止目前，胜利油区发现的 H_2S 含量较高的井都是油气比较高的高挥发性油井，如 Y42 井、Y64 井、Y深 1 井、L5 井、L16 井、BG403 井、BG1 井等，不是真正意义的气井。

2. 胜利油田含酸性气体油田的开发技术现状

胜利油田以油井为主，气井较少。天然气的来源主要是气层气和溶解气，气层气中含酸性气体的井很少，且以低含量为主，溶解气产自挥发性油藏。没有真正的含酸性气体气井。因而，胜利油田在含酸性气体的油（气）井开采方面没有形成成熟、配套的技术。胜利油田的较高或高含 H_2S 油井都处于关井状态，低含 H_2S 油井没有采取防护措施，酸性气体的检测、监测设备仪器和技术手段薄弱。

随着中石化四川探区普光气田的发现和开发，胜利油田介入到高含 H_2S 气井的开发中，并逐步掌握了酸性气井的相关开采技术，如测试技术、完井技术、生产优化技术等。

3. 胜利油田含酸性气体油井现状

2003 年以来，胜利油田在沾化凹陷孤西潜山发现了四口高含 H_2S 和 CO_2 气体的油井，分别是 BG403、BG1、BG4 和 BG402 井。

孤西潜山带位于山东省东营市河口区境内，是指由埕南大断层、孤西大断层、孤北大断层控制的潜山发育区，勘探面积约 $200km^2$，该区发育了 4 排潜山，自西至东呈阶梯状展布，第一排山即最西侧的渤深 3 西潜山，第二排山为渤深 3 － 渤古 101 潜山，第三排山为渤深 6 － 渤古 3 － 渤古 1 潜山，这三排山下古生界遭受剥蚀，属断块残丘山；第四排山为渤古 4 － 孤古 22 潜山，这一排山为残留逆推块，这排山上覆有石炭—二叠系，属反向断块山。BG403、BG1、BG4 和 BG402 井位于第三、四排山（见图 4 － 21）。

（1）BG403 井

BG403 井位于渤海湾盆地济阳坳陷沾化凹陷孤西潜山带渤古 401 块高部位，是一口评价井。2006 年 7 月 5 日完井，完钻井深 4573m，完钻层位奥陶系，完井方式为尾管射孔完井，射孔井段 3850.5～3889.3m。

该井八陡组地层压力系数 0.97，地层压力 37.3MPa，地层温度 150.9℃。

①试油简况

2006 年 12 月 28 日对 BG403 井八陡组（井段 3850.5m～3889.3m）试油，替防膨液后采用油管输送射孔，枪型为 73 枪，弹型为超高温增效弹，16 孔/m。射孔后抽汲排液至油井自喷，7mm 油嘴日产油 33t，日产水 $5.4m^3$，采用垫圈和临界速度流量计测气产量为 3184～

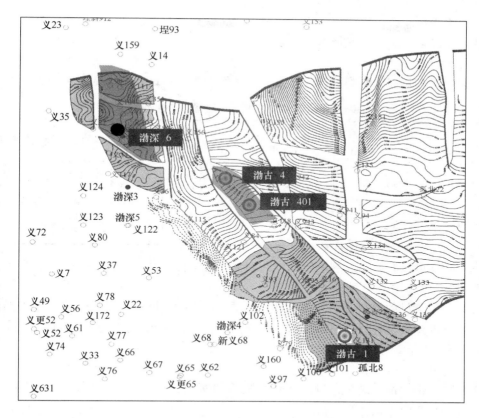

图 4 - 21　沾化凹陷孤西潜山带潜山顶面构造图

42199m³/d。2007 年 1 月 22 日关井，1 月 23 日换 5mm 油嘴油管放喷，流程管线爆裂，整改流程换 4mm 油嘴油管放喷，开井 20 分钟后井筒发出咣当声，井口剧烈晃动，井口周围 50m 有震感，立即关井，油压 25MPa，套压 25MPa。该井累计生产 331 小时，产油 377t，产水 181m³，产气 104954m³，平均气油比 342.5m³/m³。2007 年 1 月 29 日打捞井内管柱，发现第 35 根油管断裂，断裂位置距离井口约 340m，现场油管未发现钢号标识。

②流体物性分析

根据 2007 年 1 月 16 日井口取样化验结果，BG403 井原油密度 0.8129g/cm³（20℃），黏度 2.58mPa·s（50℃）；伴生气体相对密度 0.6560，气体中 CO_2 含量为 4.85%。2007 年 1 月 26 日现场取气样化验，H_2S 体积浓度为 6359ppm；水型为碳酸氢钠，总矿化度 7857mg/L。因此，全井 H_2S 最大腐蚀分压 0.24MPa，全井 CO_2 最大腐蚀分压 2.59MPa。

③断裂管材材料分析及性能测试

a. 化学成分分析

对断裂管材的化学成分进行分析，由分析结果（见表 4 - 9）可知管材为普通碳钢。

表 4 - 9　管材的化学成分

成　分	C	Si	Mn	V	P	S
质量含量/%	0.26	0.59	1.64	0.12	0.010	0.003

b. 金相组织分析

断裂管材夹杂物组织形貌评定为 2.5 级，纵向带状组织形貌评定为 B 系列 3 级，从断裂管材的金相组织形貌图可以看出，管材由白色块状铁素体和黑色细片状珠光体组成，其中白色块状铁素体晶粒和黑色珠光体都很细小。

c. 力学性能测试

取断裂管材和相邻未断裂管材进行纵向力学性能测试，试验结果见表 4 – 10。

表 4 – 10　断裂油管管材和相邻油管管材的纵向力学性能

样品	样品规格/mm （管径×壁厚）	最小屈服强度 σ_s/MPa	抗拉强度 σ_b/MPa	伸长率 δ_5/%	布氏硬度/HB
断裂管材	73×5.51	603	783	24.3	254
未断裂管材	73×5.51	603	769	25.3	—

由表 4 – 10 可以看出，断裂油管和未断裂油管力学性能基本一致，强度和塑性性能指标符合 API SPEC 5CT 中 N80 钢级的要求。

通过对断裂管材的材料分析和力学性能测试，可以确定断裂管材为 N80 钢级普通油管。综合该井流体物性和管材材料分析及性能测试，可以得出，该井发生了 H_2S 氢脆腐蚀。该井从 2007 年 2 月关井至今。

（2）BG1 井

BG1 井位于渤海湾盆地济阳坳陷沾化凹陷孤西潜山带渤古 1 潜山断块。2003 年 3 月完钻，完钻井深 5129.6m，井身结构见表 4 – 11。

表 4 – 11　BG1 井井身结构

钻头尺寸/mm	套管程序	外径/mm	壁厚/mm	钢级	下入深度/m	水泥返高/m	固井质量
445	表层套管	339.7	6.65	J55	206.04	返至地面	
311	技术套管	244.5	10.03	N80	1492.19	1430.0	合格
			11.99	P110	2652.54		
216	油层套管	177.8	10.36	N80	2445.5	1500.0	未评价
			10.36	P110	3603.00		合格
152	尾管	114.3	8.56	N80	3404.73～5126.21	34.4.73	合格

该井在钻井过程中进行了 3 次中途测试：

第一次测试上马家沟组 3603.0～3649.5m，裸眼 46.5m，8mm 油嘴自喷，油压 8.2MPa，日油 39.5t，气 30976m³，测试定性为油层；

第二次测试冶里 – 亮甲山组 3940.55～4065.00m，裸眼 124.45m，测试仪折日产液 4.08t，测试定性为油水同层；

第三次测试张夏组 4450.01～4510.00m，裸眼 59.99m，测试仪折日产液 0.22t。

渤古 1 井中途测试上马家沟组地层压力系数 0.95，地层压力 33.71MPa。地层温度 143℃（3374.41m）。脱气原油密度 0.7885g/cm³，原油黏度 1.12mPa·s，油藏类型为裂缝 – 溶孔型碳酸盐岩块状挥发性油藏。

2003 年 8 月对 3603.0～3650.0m 试油，之后采用 8mm、5mm、3mm、2mm 油嘴进行放喷求产（见表 4 – 12）。

表4-12 BG1井试油数据

日期	油嘴/mm	压力/MPa			日产量			含水/%	气油比/(m³/t)
		油压	套压	回压	油/t	气/m³	水/m³		
2003.9.18	8	6.5	8.5	0.9	15	36180.0			2412.0
2003.9.21	8	6.5	8.5	0.9	15	60420.0			4028.0
2003.11.8	3	18.5	23	0.7	7.6	23157.0			3047.0
2003.11.17	2	16.8	23.5	0.7	5.1	14729.0			2888.0
2003.11.26	2	15	24	0.7	3.6	15336			4260.0
2003.12.18	4	15.5	18	0.8	7	11760.0			1680.0
2003.12.27	4	15.5	18.5	0.8	7.5	22110.0			2948.0
2004.1.16	4	17	18	0.9	9.2	23635.0	0.1	0.7	2569.0
2004.1.22	4	15	18	1.2	9.3	32122.0			3454.0
2004.2.28	5	11	15	1.2	10.0	29150.0		0.4	2915.0
2004.3.16	5	11	12	0.6	9	28818.0		0.3	3202.0

2003年9月取得气样,分析结果见表4-13。

表4-13 BG1井气体组分分析

气体组分/%											相对密度/(g/cm³)
CH_4	C_2H_6	C_3H_8	正C_4H_{10}	异C_4H_{10}	C_5^+	CO_2	H_2S	N_2	氢	氧	
79.34	8.89	3.61	0.59	0.61		6.49	0.0635	0.48			0.7138

由气体组分分析,计算出该井全井H_2S最大腐蚀分压0.0214MPa,全井CO_2最大腐蚀分压2.19MPa。

该井2003年9月投产,2004年11月因轻烃装置未通过验收停产,停产前日液14t,日油13t。累计产油1198t。

4. 高含酸性气体油井生产风险分析及下步建议

(1)风险分析

BG403、BG1、BG4和BG402井油藏较深,油层压力和油层温度较高,油气比高,H_2S和CO_2含量较高。完井管柱中P110和N80生产套管耐酸性气体腐蚀性能差,固井水泥未到井口,开发生产存在以下的风险和难点:

①P110和N80生产套管耐酸性气体腐蚀性能差,目前生产套管腐蚀情况不明,为了保护上部套管应采用封隔器完井的生产管柱,但是,若套管已经严重腐蚀,则封隔器就无法坐封或封不住,这必然会加剧套管及井口的腐蚀,所以生产过程中存在井口腐蚀泄漏和套管腐蚀管外气窜泄漏的安全隐患。

②酸性气体的腐蚀和较高的油层温度,对封隔器等井下工具的防腐、耐温、密封性提出了较高的要求,对油管、井口的防腐、密封性提出了较高的要求。

③地层系数较低,地层脱气严重,油井自喷产量不高,自喷采油期较短,后期酸化和转抽难度大。

④酸性有毒气体的腐蚀泄漏隐患给井控和安全生产管理带来较大的困难。

⑤一次性投入大,生产维护成本高。

（2）下步生产建议

①生产套管

检查落实套管腐蚀和密封情况，套管情况较好的井，采用现有套管；套管情况较差的井，采用 $\Phi127mm$ 套管回接，油层部位采用防腐级别较高的双防套管，水泥返到井口。

②完井管柱

考虑到 H_2S 的剧毒性，H_2S、CO_2 的腐蚀性，为了保护上部生产套管，减少后期酸化、转抽、检泵等作业投入，以及应急井下关井的需要，选用永久式插管封隔器和井下安全阀的完井生产管柱（见图 4-22）。

管柱结构（自下而上）电缆引鞋 + CIV/S 井下开关总成 + 磨铣延伸筒 + 弹簧指示接箍 + 密封延伸筒 + 永久式封隔器 + 插管总成 + 循环滑套 + $\Phi73mm$ 油管 + 伸缩器 + $\Phi73mm$ 油管 + 井下安全阀（上下加流动短接）+ $\Phi73mm$ 油管 + $\Phi73mm$ 调整短节 + 双公短节 + 油管挂。

井下安全阀建议耐温达 120℃，耐压达 70MPa，材料选用防 H_2S、CO_2 腐蚀的材质。其他井下工具建议耐温达 150℃，耐压达 70MPa，材料选用防 H_2S、CO_2 腐蚀的材质。

管柱特点具有以下特点：

a. 永久式封隔器可避免套管受酸性气体的腐蚀；

b. 地面控制的井下安全阀可确保井口失控时进行井下关井；

c. 伸缩器可避免油管伸缩对封隔器寿命的影响；

d. 循环滑套可确保应急状态下压井；

e. 井下开关总成可实施不压井换管柱作业。

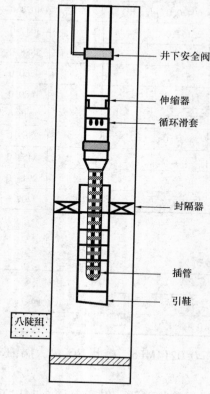

图 4-22　完井管柱示意图

（图中标注：井下安全阀、伸缩器、循环滑套、封隔器、插管、引鞋、八陡组）

③油管与井口

选用天钢生产的双防油管 TP90S-3Cr，油管螺纹 FOX 扣。

国产 KQ35/78-65 型井口装置，材料级别 FF 级，采气树连接方式为法兰连接，选用液压控制和手动控制的井口安全阀。

④转抽工艺

选用水力喷射泵转抽，可耐温、防腐、防气，便于缓蚀剂注入和应急压井。

⑤注缓蚀剂

可采用油溶性成膜缓蚀剂 CZ3-1 和水溶性挥发缓蚀剂 CZ3-3 复配使用。该复合缓蚀剂在高压和常压下，气/液相都具有良好的缓蚀效果，且无任何副作用。

四、气藏开采配套新技术

（一）排水采气新技术

国内外气藏大多属于封闭性的弹性水驱气藏，在开发过程中都不同程度地存在地层出水。产出水若不能及时排出，就会聚积在井底，增大井底回压、降低产气量，严重时造成气井水淹停产。长时间的积液浸泡还会对地层造成极大的污染和伤害。快速有效地排液复产是保持气井产能、高效开发气田的关键，排水采气是气田开发所面临的一项重大课题。

目前国内外所采用的排液方法主要有三大类：一是气体动力学方法，包括周期性放喷、小油管、虹吸管吹洗等；二是化学方法，包括注入泡沫活性剂等；三是机械方法，如柱塞举升、泵抽等。这三类方法的理论基础是两相混合物流体动力学，最重要的理论是 Tumer 的液滴模型和临界流速理论。

近年来，国内外石油科技工作者针对现有积液气井排水采气工艺的不足和缺陷，通过多年努力研制开发了一系列新型适用的排水采气工艺，如：井间互联井筒激动排液复产工艺技术、同心毛细管（Concentric Capillary Tubing，CCT）技术、天然气连续循环（Continuous Gas Circulation，CGC）技术、深抽排水采气工艺、单管球塞连续气举工艺等工艺技术。这些新技术的应用，稳定了气田生产、提高了采收率、促进了油气田的发展。

1. 井间互联井筒激动排液复产工艺技术

井间互联井筒激动排液复产工艺技术与常规排出井筒积液工艺完全相反，该工艺是一种利用相邻互联高压气井的天然气将积液停产气井井筒内的积液暂时压回地层，降低井筒液柱回压，然后通过开井激动，提高气井自喷携液能力，使气井快速排液复产的新技术。

施工时，先关闭积液停产井的站内流程，继而把其他井的高压气导入该井，把井筒中的部分积液有效压回地层。然后，关闭井间互联流程，顺序打开该井站内流程和井口生产阀门，恢复生产。该技术有效利用邻井压能实现对积液的回注，它简单快捷，一般情况下，半小时以内，积液气井就可以实现稳定携液生产。工艺对气源要求低，只要气源井的井口恢复压力大于积液停产井井底压力的 0.7 倍即可。工艺组合灵活，当气井进入严重积液阶段时，可进行"一举一、一举多、多举一"等多种井间互联气举工艺排液生产。该技术经文 23 气田四个集气站应用，两年来，已使积液停产气井成功恢复生产近 30 井次，比液氮诱喷技术节约费用 200 万元，挽回因积液和设备维修停产造成的损失约 1000 万元，具有投资少、效益好的特点。

2. 同心毛细管（Concentric Capillary Tubing，CCT）技术

在油气井生产中，为了解决气井积液、油气井防腐、清除盐垢和积蜡等问题，科研工作者开发出了同心毛细管技术，其系统示意图如图 4－23。该系统有一个同心毛细滚筒、一台吊车和一套不压井装置组成，它们组装在一辆拖车上。同心毛细管盘绕在滚筒上，化学发泡剂通过同心毛细管在射孔段的单向阀注入井底，与井筒积液作用，从而降低井底液柱密度，使积液混合物被天然气流携带出井筒。

美国东得克萨斯棉谷气田采用该技术对四口气井实施作业，目前最大工作深度达到 7315m，从开始安装下井到安装就位仅需 3h。同心毛细管柱可以在同一口井或别的气井中重复多次使用。由于同心毛细管柱通常下在积液气井生产射孔段的底部，因此，与活塞举升或泵抽相比，毛细管技术虽然不能获得最低的枯竭压力，但能有效地对最深的产层进行排水。采用同心毛细管技术可使气井产量持续稳定地提高，平均延长生产期 45～60天。对于存在积液的气井，该技术是理想的选择。

但同其他的技术一样，毛细管技术也有其自身的局

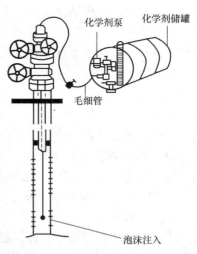

图 4－23　棉谷（Cotton Valley）气田典型的同心毛细管井下注入系统示意图

限性。首先，该技术的初期投资介于柱塞举升和提速管柱之间，投资相对较大。此外，如果井下注入的泡沫量过大，则地面脱水单元和压缩机系统就会出现携液问题。最后，如用毛细管除垢、防蜡、防盐时，化学剂有可能将毛细管堵塞。

3. 天然气连续循环（Continuous Gas Circulation，CGC）技术

在应用柱塞举升技术时，如果油管中存在扼流装置，或者气井出砂，那么柱塞举升便不能够正常工作；在应用速度管柱技术时，通常由于生产管柱口径较小，会对井下工具作业造成困难。针对以上不足，科研人员开发了天然气连续循环工艺。

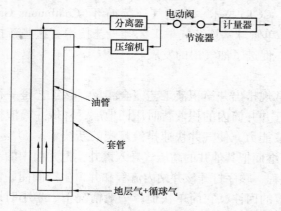

图 4－24　装备一台压缩机的
天然气连续循环系统示意图

采用本工艺时，压缩机连续不断地将产自本井的天然气回注入井中。工作原理如图4－24所示。由于连续向环空注入高压天然气，从而提高了天然气的流速和携液能力。

该工艺的优点是：允许应用标准口径的油管、抽汲工具和电缆起下工具；可以保持低的井底流压，即使在气井产量递减到几乎为零之后，仍可将液体排出井筒，因此不会再次发生积液；在油管中存在扼流装置和气井出砂的条件下也可以正常生产。由于该工艺不要求外部供给气源，不需要使用地面气流控制装置和气举阀，所以它和单井气举系统相比较又有其独特的优势。气井的最终采收率大于柱塞举升或速度管柱生产。

得克萨斯州 Crockett 县境内的 Ozona 气田 1 号井，在安装 CGC 系统之前采用间歇气举装置，天然气产量为 130～180Mcf/d，而安装了 CGC 系统之后，产量提高到 245Mcf/d。当采用柱塞举升设备替代 CGC 系统时，产量下跌到 160～180 Mcf/d。

4. 深抽排水采气工艺

近年来，随着地层压力的不断下降，动液面逐渐降低，出水量越来越大，泵挂深度小于2000m 的常规性的机抽排水采气工艺技术已不能满足生产的要求。

深抽排水采气工艺技术是指泵挂深度超过 2000m 的机抽排水采气工艺，它是针对低压低产的中深井，通过加深泵挂、排出井筒积液，达到合理增大生产压差恢复或提高气井单井产量的目的。

（1）技术难点

虽然泵挂加深后，使泵的沉没度加大，可以提高泵的充满系数，对提液有利。但综合看来，泵挂加深后带来的不利因素还是较多。

① 管杆柱增长，自重加大，使抽油机的悬点负荷增加；

② 管杆柱增长，液柱压力增大，也会使柱塞与泵筒间隙处的漏失量加剧；

③ 抽油杆柱在高循环冲次下工况变差，杆柱系统可靠性降低，抽油杆使用寿命降低。

（2）技术关键

针对深抽井如何加深泵挂、提高泵效、延长检泵周期等一系列问题。要使深抽排水采气工艺最终实现增产的目的，必须明确以下几个技术关键。

① 采用长冲程低冲次的抽油泵和抽油机；

② 改进油泵柱塞与泵筒间隙的密封结构，尽量减少液体漏失量；

③ 采取技术措施，减少管杆柱的伸缩变形和油泵冲程损失，增大泵的有效行程；

④ 合理利用管杆柱的纵振现象努力使抽油泵能够实现超冲程工作；

⑤ 在增强抽油机工作能力的同时设法减少其悬点载荷，为更深的深抽创造必要条件。

（3）新型装备

围绕着上述深抽技术关键，由于科技的发展近年来在深抽排水采气工艺上也出现了许多的新材料、新装备和新技术。

① 玻璃钢抽油杆

它的密度（$1.92 \sim 2.05 g/cm^3$）只有钢杆密度（$7.85 \ g/cm^3$）的四分之一，这样在同等泵挂深度下，可大幅度降低抽油机悬点载荷，节能降耗，提高系统效率；反过来，同样的悬点载荷，则可大幅度加深泵挂，实现深抽深采。玻杆的弹性模量为 $0.5 \times 10^5 MPa$ 左右，也仅为钢杆弹性模量（$2.1 \times 10^5 MPa$）的四分之一。因此通过优化抽油机工作参数和合理组合杆柱，可使油泵柱塞获得超冲程工作，配套长泵则可实现增液增产。玻杆的抗拉强度（793MPa）与 D 级钢杆的抗拉强度（794MPa）近似相等；玻杆的抗腐蚀性也很强。

但是玻杆有如下弱点，在使用时应予以充分注意，若使用不当，亦不能达到预期目的。

a. 玻杆的抗压、抗弯和抗扭强度都很低，都只有钢杆相应强度的几十分之一。因此，玻杆的压缩、弯曲和扭转变形，在工作时都是不允许发生的。在定向井的弯曲井段中使用玻杆则是十分危险的事。

b. 玻杆的硬度低、不耐磨，因此偏磨现象也极易使玻杆损伤和先期失效。

c. 玻杆不耐高温，温度超过 115℃ 时，其抗拉强度会降低 20%，因此在实际使用中，玻杆总是和钢杆混合使用的，而且一定是用在抽油杆柱的上部，即温度不高的浅层和中层区域。在抽油杆柱的下部，即温度较高的深层区域，都是使用钢杆。

所以，对使用玻杆的井和井段必须经过严格地筛选。中原油田在玻杆使用的选井问题上，总结出了"五不五可"的原则。

"五不"是斜井、水平井和定向井不能使用玻杆；高温井或高温的井段区域不能使用玻杆；严重出砂、结盐、结蜡的井不能使用玻杆；稠油井或高凝油井不能使用玻杆；供液严重不足，易发生液击现象的井不能使用玻杆。

"五可"是：井斜角小于 7° 的垂直井或井口垂直段可以使用玻杆；腐蚀严重的井可以使用玻杆；地层有充足供液能力，但地面设备已满载不能进一步提液的井可以使用玻杆；动液面很低，钢杆柱已达极限深度，无法进一步加深的井可以使用玻杆；需强化提液却不满足电潜泵提液条件的井可以使用玻杆。

我国科技人员通过深抽排水采气工艺优化设计和采用玻璃钢与钢混合杆柱设计，成功地将泵下到了 2000m 以下，并且研制出了适合于深抽生产的长冲程整体泵筒深井泵。针对出砂和腐蚀较严重的井，采用了镀铬工艺，从而提高了泵筒防腐、耐磨性能。从节能方面考虑，采用异型游梁式抽油机，解决了驴头上下死点最大载荷差值过大的毛病，从而节省了动力。同时，改变抽油机的结构，实现了长冲程，满足了深抽长冲程的工艺要求。为排除气体对深井泵的影响，采用了多相井下气液分离器，实现了气、液、砂三相分离，有效地增加了深井泵充满系数，从而提高了泵效、延长了检泵周期。

该工艺在川西南 3 口井上进行了试验。试验中采用了异型节能抽油机、玻璃钢抽油杆、整体泵筒深井泵以及多相井下气液分离器，取得较好的经济效果。3 口井共增产天然气 3886.4 万方，创直接经济效益 1584 万元。

② 超高强度抽油杆

玻璃钢抽油杆只能在垂直井或定向井的垂直段中使用，极大地限制了玻杆的应用范围。如果要在斜井、水平井和定向井的弯曲段中实施深抽工艺时，我们只能运用超高强度抽油杆。

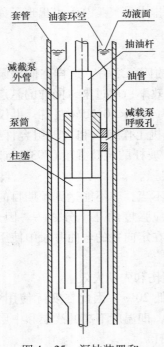

图 4-25 深抽装置和
过油泵工作示意图

套管　油套环空　动液面
减截泵外管
抽油杆
油管
减载泵呼吸孔
泵筒
柱塞

目前在美国只有 3 家公司能够生产超高强度抽油杆，并有 3 种型号。分别是 Oilwell 公司生产的 EL 级超高强度抽油杆；Norris 公司生产的 97 型超高强度抽油杆；LTV 公司生产的 HS 型超高强度抽油杆。这些超高强度钢质抽油杆的许用应力可达 345MPa 以上。在美国采用超高强度组合抽油杆柱的油井泵挂深度纪录已达到了 4420m。近年来，我国也大力开展了超高强度抽油杆方面的研究和试制工作，有 4 家工厂研制成功了这种超高强度抽油杆，并小批量生产供大庆、胜利等 6 个油田使用，使用效果良好。

③ 深抽减载装置

深抽减载装置是一种增产、节能的新型装备，使用了深抽减载装置后，可以极大地降低抽油机悬点载荷，在常规条件下就可以大幅度地加深泵挂，在超深井中的应用效果是非常明显的。

深抽减载装置（图 4-25）是由减载泵和抽油泵两部分组成。减载泵位于抽油泵上方 1000～1500m 以及动液面下方 300～500m 的地方。减载泵的泵筒和外管等固定组件连接在油管柱中，并和抽油泵的泵筒连为一体下入井中；减载泵的柱塞等活动组件和上下抽油杆柱连为一体，并和抽油泵的柱塞和游动阀互相连接。在减载泵泵筒的最上方开有若干呼吸孔，经减载泵外管与油套环空相连通，从而使环空套压能够通过呼吸孔作用于减载泵柱塞的上方，但在减载泵柱塞的下方仍然作用着相当于油管液柱高度的压力。这样在减载泵柱塞上下之间的液压与面积的乘积相减后，可得到一个向上的液压合力。这个向上的液压合力是作用在抽油杆柱上的，所以它能大大降低抽油机悬点载荷；反之，如果我们保持抽油机悬点载荷不变，那么就能加深泵挂，放大生产压差，提高泵效，达到增产与节能的目的。

中原胡庆油田的生产实践表明：配套深抽减载装置之后，同一口井在相同的抽汲参数和杆柱组合条件下，可以降低悬点载荷 20% 左右；反过来，如果悬点载荷不变，则可使泵挂深度增加 500～800m 不等，相应地放大生产压差 5～8MPa，这样一来可激活部分低压产层，提高产层的供液能力和系统稳定性，实践证明增产效果十分明显。

5. 单管球塞连续气举工艺

随着气田开发逐渐进入中后期，地层能量和产能不断降低，排水采气井的注气压力和注气量不断增高，气举效率随之降低。其核心问题是气举过程中气液两相流液体滑脱现象日趋严重。柱塞气举排水采气虽然能使死井复活，但因间歇补充注气会对注气系统造成压力波动，管理难度大，难以推广应用。多种类型的深井泵因难以适应水驱气藏复杂多变的供液供气规律和高腐蚀介质，造成欠载烧毁电机，抽油杆断脱等事故，投资大，作业费高。因此，针对以上问题开发了单管球塞连续气举工艺。

单管球塞连续气举的工作原理如图 4 - 26 所示，采用等径双管井口（一注一采），球塞经偏心环空随注入气流间歇投入，在举升管柱内的气体和液体之间形成固体界面，使气、液在管内成为稳定理想的段塞流动结构，从而显著降低了气举过程中的液相滑脱损失和井底流压，增大了产层的生产压差，提高了气井的产量、举升效率和生产稳定性。

与柱塞气举（间歇气举）相比，单管柱球塞连续气举漏失量小，排液量范围大且管理方便；与 U 型双管球塞连续气举比较，可节约一趟油管柱，更重要的优势在于可以充分利用地层产出气的自身能量进行举升，适用范围更宽，适用性更强，有望成为常规连续气举排水采气的接替工艺新技术。

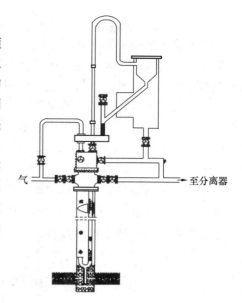

图 4 - 26　单管球塞气举
系统流程示意图

6. 各种排水采气工艺的对比

综上所述，每种新工艺技术均有各自的技术特点、适用范围和经济优势。在油气田生产和排水采气作业过程中，要充分考虑每种工艺技术的适用范围和经济性，对工艺的可行性进行综合评价和优选。

井间互联井筒激动排液复产工艺技术具有工艺组合灵活、排液复产快捷的优势。且具有投资少，效益好的经济优势，但只有当邻近井存在高压天然气时才能采用。

同心毛细管柱技术能有效地对最深的产层进行排水，并可以在同一口井或别的气井中重复多次使用，但地面脱水单元和压缩机系统容易出现携液、毛细管易堵塞等问题。且投资较大。天然气连续循环技术，不限制多种井下工具作业。在气井产量递减到几乎为零之后，仍可将液体排出井筒，但需在井口增加天然气压缩机等设备。

深抽抽排水采气工艺技术通过加深泵挂，增大了生产压差，恢复或提高气井单井产量。该技术特别适用于低压、低产的中深井的排水采气，但效率较低，可靠性较差。

单管球塞连续气举技术的优势在于减小了气举时气液两相流中液体滑脱的问题。对比其他工艺，如：柱塞气举、有杆泵等，该工艺技术在提高气井的产量、举升效率和生产稳定性方面有明显优势，有良好的发展和推广前景。

排水采气工艺涉及多学科如：天然气井出水机理、机械设计、天然气地面工程设计以及气井积液机理等。因此，排水采气工艺研究是一项系统的科学研究和技术发展工程。针对不同条件的含水气井应采取不同的开发方式，在优选排水采气方式方法上还有待人们更进一步去研究探讨。

7. 气井排水采气过程中碳酸钙垢的形成与防止

采用排水采气工艺技术，即大量采出地层水，以降低储层压力，是被水圈闭的气体和溶解于水的气体流动起来，能大大提高气田的采收率。然而，水从储层排到地面，环境条件发生了改变，往往会引起一系列的化学变化，产生垢沉积在井眼附近的地层孔喉内、油管壁上或地面设备中，导致地层堵塞、产量下降、油管或地面设备受腐蚀。因此，在气井的排水采气，尤其是强排水采气中应注意这一问题。

（1）碳酸钙垢的形成

排水采气这种大幅度降低地层压力的特性，破坏了储层中各相流体的平衡条件，在相同条件下，酸性气体溶解度通常比其他组分的溶解度大得多，因此在储层压力下，与天然气接触的地层中溶解有大量的天然气，而酸性气体也就更多。当以大排量排水时，井眼周围的压力下降较大，溶解在地层中的气体就会逸出，酸性气体逸出也将更多。排水量越大，逸出的酸性气体也就越多。例如，贵州赤水气田太 4 井在无水采气阶段，采出其中酸性组份的 H_2S 和 CO_2 气体仅为 $0.71\% \sim 0.75\%$，而当该井突然产水量增加（$35 \sim 235m^3/d$）时猛然上升到了 1.90%。

酸性气体逸出地层水，致使地层水的 pH 增高。在碱性条件下，碳酸氢盐 HCO_3^- 转变为碳酸盐 CO_3^{2-}，CO_3^{2-}，与地层水中的 Ca^{2+} 结合成 $CaCO_3$ 固相沉积物沉积在井眼附近地层的孔喉内，油管壁上或地面控制设备内。

$$Ca^{2+} + CO_3^{2-} \longrightarrow CaCO_3 \downarrow \qquad (4-1)$$

$$Ca^{2+} + 2(HCO_3^-) \dashrightarrow CaCO_3 \downarrow + CO_2 \uparrow + H_2O \qquad (4-2)$$

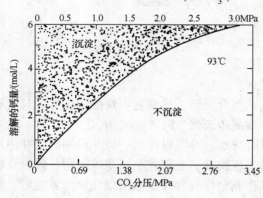

图 4 - 27　不同 CO_2 分压下的
$CaCO_3$ 溶解度曲线

值得注意的是，（4-2）式是一个可逆反应式，沉淀出的碳酸钙量取决于 CO_2 分压、温度和盐水的成分，在储层条件下，溶解的 Ca^{2+} 和 HCO_3^- 与固体的 $CaCO_3$ 和 CO_2 处于某种平衡状态。图 4 - 27 是在不同 CO_2 分压下得出的 $CaCO_3$ 溶解度曲线。在排水采气过程中，大排量采水导致地层压力大为降低的不可避免的结果是 CO_2 分压下降。在储层 CO_2 分压的饱和地层水进入井眼附近的压降区，CO_2 分压、Ca^{2+} 和 HCO_3^- 之间的平衡向有利于沉淀方向移动，就沉积出 $CaCO_3$。

显然，地层水中酸性气体逸出、地层水 pH 值升高，产生 $CaCO_3$ 沉淀和 CO_2 分压下降产生 $CaCO_3$ 沉淀这两方面的结垢作用源都是由大量采出地层水引起的。这种在开采过程中因条件改变而自然形成的垢称为自然结垢，这种垢形成的地层堵塞最普遍但又常常不能被及时发现，往往只是在管柱内结垢后影响井下作业才能发现。还有一种由各种各样的作业引起的结垢，称之为诱发性结垢。例如酸化过程中产生的 Ca^{2+} 离子会在地层水中使反应式（4-2）的平衡向右偏移，以对 Ca^{2+} 离子的增加进行调节，结果是"诱发"了 $CaCO_3$ 沉淀。这两种垢都能通过适当的措施加以清除或防止。

（2）防垢方法

目前可选择的防垢方案有：①限制产量，这样压降就不足以诱发 $CaCO_3$；②把微量抑制剂注入地面设备；③通过小直径的处理管柱把微量的抑制剂注入井下；④把抑制剂挤入地层，在开始生产时缓慢释放出。方案 1 即限产一般使收入减少，这是不可接受的。方案 2 即把抑制剂注入地面设备，不能保护生产油管。而安装井下处理管柱的方案 3 则往往耗资过高。因此，目前普遍采用的方案 4，它能保护井眼附近的地层、生产油管和地面设备，而且操作简单、耗资少。下面对挤注抑制剂法作简要介绍。

在碳酸钙沉淀结垢问题中，pH 值是决定平衡方向的主要参数之一，因而在解决该问题时要很好地考虑 pH 值。一般情况下，用酸降低 pH 值就可提高 HCO_3^- 的稳定性，采用盐酸处理是最简单的方法。大多数情况下，盐酸是一种最廉价、最易得的溶解 $CaCO_3$ 的溶剂，常用的浓度是 5%、10% 和 15%。

但是在酸处理中，HCl 消耗在碳酸钙和碳酸铁上，生成氯化钙和氯化铁的浓溶液。其乏酸与地层水混合就会形成超饱和混合物。酸化处理对地面设备和井下管柱的腐蚀也是一个问题，需采取防腐措施。因此，良好的抑制剂必须具有低腐蚀性并不产生再沉淀。

目前有几类复合物被用来防止碳酸钙垢：无机磷酸盐、多磷酸盐酯类、膦酸盐以及低分子量聚丙烯酸酯和多马来酸盐等。它们往往能与形成的垢核相互作用，阻止新垢相的集结。这些抑制剂都是阴离子的，而且都会形成不溶解的钙盐。如果抑制剂浓度太大，将会有钙 - 抑制剂盐沉淀。在现场调研的某些体系中，发现这个抑制剂浓度的上限仅为每升几毫克或更小。

由于不同井的地层水组份和地层条件都不尽相同，因此选用的抑制剂种类也将是不同的。据报道，美国气体研究所在格拉迪斯·麦考尔盐水 - 气井、希奇科克在气田的气水同产井以及其他一些井中通过把磷酸盐化合物（GyptonT - 132™）注入地层成功地防止了 $CaCO_3$ 垢，这些地层包括含有方解石胶结物和无方解石胶结物两种。例如，在汤普逊 - 特勤斯蒂 1 井中注入了 1mg/L 的 GyptonT - 132™，井的产量大约是 795m^3/d 盐水和 2.83×$10^4$$m^3$/d 的天然气，抑制剂防垢效力达几个月，成本仅为每天几美元；而格拉迪斯·麦考尔井中只注入了 0.15mg/L 的膦酸盐抑制剂就有效地防止了生产油管内的结垢。此外，乙二胺四乙酸（EDTA）也被成功地用来除垢并防止垢的再沉淀，使井保持稳定的增产状态。EDTA 的缺点是花钱较多，因为每络合 1ppm 钙要用 7.44ppmEDTA。

一次成功的清除碳酸钙垢技术最关键的因素是不在井眼附近地带形成再沉淀堵塞。例如，如果用膦酸盐除垢，应防止它与地层水的钙离子在接触区形成不溶的膦酸钙。因各井的地层、水组份等条件不同，选用的抑制剂也不尽相同，所以，各挤注程序也应因地而异。要避免形成不溶解物质的再沉淀堵塞，通常可以采取一些预防措施，以保证地层水中的 Ca 和 Fe 处于低浓度。挤注时可选用与地层水相配伍的前置液，抑制剂挤注完后可泵入超量的后置液，把抑制剂较深地挤入地层。为防止由任何原因造成的颗粒堵塞，还可使用一台小孔尺寸（最好是 2μm 或更小）的过滤器对处理液作过滤。实践证明，水淹气井在排水采气过程中，有可能因近井地带压力下降较大，致使 CO_2 分压下降并使地层水中溶解的酸性气体较多地逸出，地层水的 pH 值增高，造成 $CaCO_3$ 垢沉积在井眼附近地层的孔喉内，油管壁上或地面控制设备内，形成地层堵塞、产量下降等问题。碳酸钙垢的结垢趋势和结垢速度可在现场用公式或从诺模图获得。挤注抑制剂是作业简单、耗资少且效果好的防垢方法，选用的抑制剂种类和挤注程序应因井而异。挤注法应注意避免抑制剂与地层水在井眼附近起反应形成再沉淀堵塞。

（二）气井堵水

气井堵水技术是目前国内外应用较多的排水采气的方法，对这些出水气井的处理，能否采用油井常用的堵水方法呢？这是国内外气田工作者普遍想解决的问题。随着天然气在工业能源中的地位与日剧增，天然气的发展也已成为一个热点，中国石油天然气股份有限公司已将气田的大开发作为公司新的经济增长点，为此国内外石油和气田工作者也加大了对气田开发中提高采收率措施的研究力度。对一些出水气井，如果能用堵水技术直接解决的话，不仅可以降低处理成本，增加经济效益。而且还避免了排水采气工艺中大量产出水的处理，减轻了环境污染、地层出砂、管线腐蚀和结垢等现象。特别是对一些采用排水采气工艺技术成本

较高或现场不具备排水采气工艺技术条件的出水气井的处理，更有必要研究气井堵水技术。

气井堵水技术可能较油井麻烦，需要根据气井的具体特点，研究出气井专用的堵水剂和工艺技术而不能完全照搬油井常用堵水剂和工艺技术。特别是近年来随着人们对油田堵水剂认识上的不断改进和一些新型堵水剂的出现，国内外又重新掀起了对气井堵水技术的研究热潮．并取得了一些进展，包括室内岩心试验结果和现场应用。

1. 出水原因及水源识别

要进行堵水作业，必须先弄情出水原因和找到水源。一般来说，井内出水起因于水锥或管外窜槽。水锥是一种近井现象，当流体的流动压力梯度克服了油水重力梯度差后就会产生水锥，纵向渗透性高时加速了此效应。管外窜槽发生在裂缝或高渗透性的薄夹层中水源可能是地层水或注水井注入的水。此外井内大量出水的原因也可能是套管泄漏、水层被误射开、边水指进、压裂窜通水层等。水源的发现和识别，目前主要是通过生产测井技术结合其他资料进行综合分析，国外常用的找水方法有以下几种。

（1）温度测井。通过微差测温得到的井温梯度曲线变化，藉以判明生产层段或产水层段位置；管外窜槽情况，油管或套管渗漏点。

（2）转子流量计测井。藉以测定生产剖面或注水剖面，显示各层段的生产或注水情况评价为提高层段生产指数而进行的修井及增产措施；监测由液流和漏失层引起的产能损失；检测封隔器、油、套管或井底水泥塞有无漏失。

（3）放射性测井。通过监测液流中掺入的放射性微粒的运动速度及方向，来测定注水或生产剖面，定量分析各层段的吸水量或产液量；确定漏失层位；确定窜槽位置；确定油、套管或封隔器的渗漏位置。

（4）压差密度计和流体密度计测井。利用两点之间的压差或利用伽马射线源，测定井筒内流体的密度值。薪此测定两相或三相生产液流进入井筒的位置，与流量计一道共同测定两相或三相流的井下流速；测定引起多相流动的油、套管漏失位置，测定关井后的流体界面。

（5）声波测井。通过测定井下液体产生的频振幅来确定套管内、外液流的出现；确定窜槽位置；确定流体产出或吸入层段位置；测套管或油管漏失的位置。

2. 国内外气田堵水技术现状

在国外，前苏联在奥伦堡气田就进行了大量的常规堵水和选择性堵水试验研究工作，使用较多的方法是借鉴油井常用的堵水方法，如打水泥塞，甚至还使用了注硫酸、注树脂、注聚乙烯醇、注甲醇土、注甲醇水泥、注甲醇土和水玻璃等方法，用11种不同的堵水剂，对奥伦堡气田和加拿大平切尔溪克里克气田堵水的效果进行调查的结果，发现只是少数方法取得了暂时效果，多数令人失望，究其原因主要是：

（1）即使固井质量高，堵水成功，但也无法阻止气、水大面积接触的裂缝水窜；

（2）气流携水穿透堵水剂能力极强，使堵水效果持续的时间很短；

（3）对13口井固井质量检查结果发现，与套管胶结好的只占50%，而水泥与岩石和套管都胶结好的尚未发现。

由此可见，管外水窜是堵水效果差的原因之一。根据气藏的开发实践，专家们一致认为目前该技术在非均质砂岩气藏上取得一定成功，对于非均质裂缝型碳酸盐岩气藏，气井堵水成功率不高，因为这类气藏即使井底封堵质量很高，但也难以阻止大面积的层间裂缝水窜。

国内四川气田也曾设想和试验过堵水技术，但由于气田地质情况复杂，堵水工艺技术既不成熟，也没过关，效果不佳，未能达到预期的目的。究其原因，一方面，多系封闭的边底水活跃气藏，且储集层属裂缝－孔隙型碳酸盐岩；另一方面，对油井堵水剂概念认识上的影响，认为堵水剂强度越高越好，因此在选用的气井堵水剂时，也倾向于用油井常用堵水剂，选择一些强度较大的硬性堵剂，其结果往往不尽如人意，甚至带来一些不利后果。普遍认为，气井和油井二者含有非润湿相不同，应根据气井非润湿相，研究适合气井专用的堵水剂。目前国内外研究较多的是采用改进的聚合物交联技术、聚合物桥键吸附技术等。

3. 堵水工艺技术

（1）注水泥堵水

① 打水泥塞技术

水泥回堵作业是打水泥塞完全堵住下部产水层段，而不是将水泥注入套管外或射孔通道，所以此工艺不适于窜槽的修补或控制裸眼井段间的层间窜流。此外，在打水泥塞后应留有足够的空间以备后面的井内作业。当分隔间距很小时，最好使用挤水泥工艺，因为处理后可不清洗井筒。

有两种打水泥塞的方法：平衡注水泥法和倾卸筒法。一般用平衡注水泥法将水泥浆泵到指定位置，其作法是：将油管或钻杆下到需要打水泥塞深度；泵入水泥浆直到油管内外的水泥浆面高度相等；缓缓地提起油管至水泥浆面以上，待其凝固。特别重要的是算出所需要的替置量以确保水泥塞不过高或过低。

倾卸筒法一般借助于桥塞或其他固定物把水泥塞打到所需位置。尽管适当安设的桥塞能封隔住下部层段并防止流体流动，但大多数公司仍规定在桥塞上加注水泥盖（帽）作备用保险。实施步骤如下：用钢缆将挤塞下设于所需位置；用钢缆将盛有水泥浆的吊筒下到桥塞上面；将水泥浆倾卸在桥塞上；重复下入吊筒直至桥塞顶部的水泥达到需要的高度。

② 挤水泥技术

挤水泥的目的是用水泥封堵射孔通道、窜槽及其他任何腔穴，以隔离套管与地层。挤水泥，即利用泵压将水泥挤入空腔区域。

低压挤水泥工艺，就是将低失水的水泥浆挤注或循环到目的区并施以足够的压力使其在射孔窜槽中形成脱水滤饼。所达到的最高压力应低于裸露地层的破裂压力。如果处理后需要一个无阻碍的井筒，水泥浆的过量部分可被循环返出，这样便不用钻掉水泥塞。

注水泥是实现水控制的最常用的技术但不一定是最成功、最经济的技术。一旦水泥挤注错位，将带来严重后果。有调查资料表明，挤注水泥堵水，其成功率低于50%。

（2）化学堵水

化学堵水是成效大、有发展前景的油气井堵水工艺方法。根据苏联一项统计数字，每注入一吨化学堵剂，从水淹井中平均可增产原油143.7t，减少出水量可达4500m^3。

① 改进的聚合物交联技术

常规的聚合物交联技术在油井处理方面取得一定成功，但在气井处理方面存在一定的困难。如在油井中，聚合物选择性大幅度降低润湿相（水相）渗透率，而小幅度降低非润湿相（油相）渗透率的选择性机理较明显，因为聚合物是亲水性的，倾向于优先侵占含水多的水流通道，而避开含油区域；而对气井来说，非润湿相是气相，这种渗透率选择性降低机理不那么明显，而且非润湿相（气相）的其他性质如黏度、毛管压力、密度等对聚合物的选择性放置也有重要影响。已有试验发现在气井用常规的较强强度的聚合物凝胶处理有时既堵水又堵气，即同时降低了水和气的渗透率，导致产量降低究其原因，可能是处理井的水层与气层太相近，黏性的聚合物易将近井地带的气冲走，留下的是几乎不可动的凝胶夹杂有一些饱和气的小腔。而且聚合物驱过后的残余气饱和度较低（比残余油饱和度低）所以凝胶处理后，气相相对渗透率比相同可动水饱和度下的油相相对渗透率偏低。这些情况使得凝胶处理后，要想在气井中重新建立气流通道，流至井底变得更加困难。而且，对油井来说，注入的聚合物和非润湿相（油相）之间的排斥力有助于渗透率的选择性降低，因为这种排斥力可以使处于油通道中的凝胶收缩。而气井中没有发现这种排斥作用，所以总的结果使得气/水体系中渗透率选择性降低程度比油/水体系降低程度小。所以不能直接照搬油井常用的常规聚合物交联技术来对气井进行处理。

改进的聚合物交联技术是在凝胶形成的过程中生一些气的通道，在井底附近重新建立气的通道。首先注入含水99%的聚合物，将水从近井地带走，然后就地成胶，使原来的可动水饱和区被含气道的不可动聚合物凝胶代替，这些聚合物凝胶降低了井底附近的有效残余水饱和度，提高了气的相渗透率。文献还详细报导了三种产生气通道的方法，分别是用酸产生气通道法、就地产生气通道法和外部产生气通道法。

a. 用酸产生气通道法

加利福尼亚北部的一口气井曾用羟丙基瓜胶（HPG）与钛络合物交联来降低产水量，通过聚合物溶液中加入的碳酸氢钾与酸反应，生成 CO_2 来建立气通道，结果是水流通道堵住了，气产量也受到了影响。分析原因，可能是酸用量太大。这种方法存在的根本问题是无法准确控制好酸化步骤，或者凝胶与酸接触不充分，或者过分酸化，完全破坏凝胶，需要进一步加强试验研究。

b. 就地产生气通道法

加利福尼亚北部的另一口气井经过改进。采用了一种潜在酸的形式来就地生成 CO_2，不需要单独的酸化步骤。通过往含碳酸氢盐的聚合物溶液中加入酯，使酯在高温下水解生成酸，进一步生成 CO_2，试验结果是，该处理方法不仅稳住了产水速度，而且提高了产气速度（见图4-28）。从图4-28可得到启发，气井堵水的概念不完全等同于油井堵水概念，更准确的说法应该叫气井阻水，并不是完全堵死气井中产水，而是一定程度的阻挡或稳住气井产水，一些试验结果发现，有时只需稍稍阻挡或稳住一下产水量，气井中的气就会不完全被压死，而冲出来。

c. 外部产生气流通道法

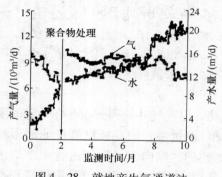

图4-28　就地产生气通道法的现场应用情况

既然在地层中就地生产气流通道的方法能成功控制气井产水，猜想外部产生气流通道法也能有效控制气井产水。室内用岩心试验进行验证，将 N_2 气和聚合物交联溶液的段塞交替注入贝雷岩心中测定气、水的相对渗透率的变化情况。试验中采用的聚合物交联体系包括：阴离子聚丙烯酰胺/铬（或铝）体系、阳离子聚丙烯酰胺/铬（或醛）体系、羟丙基瓜胶/钛体系、木质素磺酸盐/铬体系、硅酸钠/酸式盐体系等，试验结果发现，后两种体系降低水相相对渗透率最显著，但选择性不好，同时也降低了气的渗透率，其他交联体系均能选择性降低气、水相对渗透率，即较大程度降低水相相对渗透率，较小程度降低（实际试验结果甚至升高）气相相对渗透率。

用聚合物凝胶处理现场有成功的例子，如对海上一口气井的处理，处理前气井完全水淹，用聚合物凝胶处理后，气井恢复产量，日产气 $5.38 \times 10^4 m^3$，几乎保持了 3 年，产水从 $95 m^3/d$ 降到 $8 m^3/d$。

② 聚合物桥键吸附技术

法国石油研究院的 Zaitoun 博士报道了单独用不加交联剂的聚合物（主要是各种类型的聚丙烯酰胺），也得到了类似试验结果，主要是通过聚合物在地层孔喉中的桥健吸附来选择性地大幅度降低水相相对渗透率而较小幅度降低（实际试验结果甚至升高）气相相对渗透率，达到选择性堵水不堵气的目的。它主要是利用了聚合物吸附层的就地舒展特性，既能提高传统堵水方法的效果，又不至于交联作用而降低气井的产能，并根据地层的不同条件，选用不同类型的聚合物，研究了相适应的不同处理方法如国内所说的 A 法堵水、B 法堵水。近年来 Zaltoun 博士一直在从事这方面的室内研究，相继报道了许多室内岩心试验结果，大部分岩心试验结果均证明，聚合物处理后的气相相对渗透率确实比处理前的高。

Zaitoun 博士在现场有许多成功的例子，如对法国东部 VA48 气井的处理，该井渗透率为 $0.1\mu m^2$ 至几个 $0.1\mu m^2$，用 0.3% 的 HPAM（水解聚丙烯酰胺）处理后，使水/气降低，比同区块最好的未处理井的水/气比降低了一半，总产气量升高 2 倍以上（见表 4－14）。

表 4－14　聚合物处理前后的井与未处理井的比较结果

井　号	累积产气/$10^6 m^3$	累积产水/m^3	水/气比/($m^3/10^6 m^3$)
VA37	5.46	54.4	10
VA48	12.36	16.7	1.3
VA49	5.01	15	3
VA39	4.92	44.1	9
备注	VA37、VA49、VA39 为同区块未处理井		

③ VS/VA/AM 三元共聚物用于气井堵水

在高渗透层或裂缝性油气藏，若水流通道比高分尺寸大得多，可使堵水无效。针对这一现象，开发了交联剂的堵水方法，它可在孔道内产生一个聚合物络（见图 4－29），由于孔道中央被聚合物网络占据，从而会像堵水一样堵住非润湿相油的流动。这是油田用聚合物交联剂堵水的经验和结论，但是在气田却受到一些实验结果的强有力挑战。在产水的气井中，各岩层都具有同样的润湿性，没有特别亲和凝胶的地层。英国天然气公司通过长期研究表

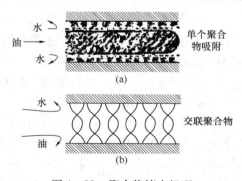

图 4－29　聚合物堵水机理

明，聚合物凝胶迅速流入产层，在水层中形成固体的非破碎层，而在气层中成一个破碎层。这样在注入凝胶的地层中气体可通，水却不能通过，即使在 100% 产水的气井里也可重新产生气流。

乙烯磺酸盐/乙烯酰胺/丙烯酰胺（VS/VA/AM）三元共聚物是由德国 HOECHST AG 制造的，其平均相对分子质量为 0.5×10^6 的称之为 Hostadrill，这种聚合物已作为钻井液抗温抗

盐降滤失处理剂，同时也是一种堵水剂。这种三聚物平均相对分子质量为 1×10^6 的叫做 Hostarner，是一种堵水剂，能抗微生物降解。作为堵水剂首先要考察的是其抑制水流动的能力，如地层水的矿化度、吸附能力、热稳定性等。

比如德国北部一砂岩气田，井深 3440m，井温 130℃，平均渗透率 0.01μm²，平均孔隙度 12.7%，开采 6 年后，产水由 2m³/d 升到 90m³/d，最终导致水淹弃井，1993 年用聚合物 Hostarner 进行了堵水作业，在井口压力不大于 5MPa 的情况下，顺利注入浓度为 1 kg/m³ 的 Hostarner 水溶液 200m³，开井投产，在长达一年零七个月（资料统计截止）的时间内，日平均产气 $10 \times 10^4 m^3$，产水由 90m³/d 降至不到 1m³/d。其施工步骤是：1992 年 10 月先把原生产层段进行凝固处理；1992 年 12 月在水层和气层之间射孔；1993 年 1 月在射孔段注入聚合物 Hostarner 水溶液 200m³；1993 年 1 月在气层重新射孔投产。1994 年又在德国西部一气库井里，用聚合物 Hostadrill 进行堵水作业，其效果比上述气井还好。

表 4-15 给出了这两种三元共聚物在不同矿化度的合成地下水、纯 NaCl 盐水以及地层水中的黏度。从表 4-15 可知，聚合物 Hostarner 在各种矿化度的水样里黏度比 Hostadrill 大将近一倍，并且它在各种矿化度的水中黏度几乎一样，Hostadrill 也是如此。这说明这两种聚合物对地层水矿化度几乎不敏感。

表 4-15　矿化度对三元共聚物黏度的影响

水的种类，TDS	25℃黏度/(cm³/g)	
	Hostadrill	Hostarner
合成地层水，51g/L	1243	2468
NaCl，51g/L	1245	2474
合成地层水，218g/L	1237	2443
NaCl，218g/L	1239	2428
地层水，300g/L	1221	2411
NaCl，300g/L	1229	2422

国内在借鉴国外经验的基础上，首先用聚合物处理的方法进行了试验，也取得了类似的岩心试验结果，并报道了现场应用的例子，如国内一砂岩气藏，平均渗透率为 0.023μm²，平均孔隙度 11.2%，井深 2300m，用聚合物处理后，水/气比从 92.5m³/10⁶m³ 降至 36.5m³/10⁶m³，产气速度在一年半内维持提高 10%，产水从 24.5m³/d 降至 10.5m³/d。

④（热固性）树脂堵水

它可以被注入地层孔隙并且具有足够的强度，能阻止孔隙、裂缝、孔洞、窜槽及射孔中的流体运移。在一般井下条件下，若泵注得当，可长期封堵住各种通道。不过相对而言，树脂堵水较为昂贵，用量常限于井筒径向 0.30m 内，必须验明并隔离开处理层段。黏度高，不易泵送。固化前对水表面活性剂、苛性碱和酸的污染敏感，涉及到危险化学品的安全。常用的树脂堵水剂有：酚醛树脂、环氧树脂、糠醇等。

⑤ 其他堵水方法

a. 油基水泥

将柴油或煤油和干水泥配成泥浆再泵入井内封堵窜槽、裂缝或射孔，一接触地层水水泥加水合硬化堵住孔道。但只有当水和水泥混合时才起作用，在不出水或预冲洗油注入过多层段，水泥浆在油井投产时就会返出井筒。

b. 泡沫体系堵水

这实际上属于注水泥堵水的范畴。在裂缝性和弱胶结的碳酸盐岩中，当地层压力低时，必须大大降低水泥浆的相对密度，以免压破地层和局部漏失堵水物质，因而采用充气的水泥浆会有效地解决这个问题。泡沫水泥浆是一种黏弹塑性体系，其密度靠充气程度调节。在注入井中以后，若在压力低于注入压力的条件下凝固时，由于空气泡膨胀，其凝固后的体积可增加到 $1.5 \sim 2$ 倍。

泡沫主要用于限制属于本产层的边水、底水和薄层水。因为泡沫系统有利于产层孔道疏松，从而可使过去未出油的渗透性差的地带投入开发，所以在油层非均质十分明显的油井中注泡沫，收效最佳。

4. 生产井堵水处理的评估

全面地说，堵水作业的成功不仅包括增油气产量和采收率、降低出水量，而且必须包括对作业的经济评价。作业后油气产量增幅度不大、持续时间不长或者短时间内产量大幅度地增加而其费用极高都不能说作业是成功的。生产井堵水作业真正的成功应该是在产值相当于作业费用 10 倍以上的一段时期内，能使油气井在正常递减曲线以上持续地增加油气产量。

5. 小结

① 从国内外气井堵水室内岩心实验结果和现场应用情况看，气井堵水技术对一些气田的开发是可行的，气井堵水技术有可能成为今后气田开发提高采收率措施的重要配套技术。

② 加强油气井堵水机理的基础理论研究。建议国内学者加大气井堵水技术研究力度，研究出气井堵水的不同机理及适合国内不同气田需要的有效堵水技术，特别是气井专用有效选择性堵水剂。

③ 除一般的聚合物凝胶、聚合物处理方法外，应优先发展"油水比和气水比控制剂"型选择性化学堵水剂。国外其他学者还采用了各种形式的泡沫凝胶或三元共聚物等进行了气井堵水技术研究，均得到类似试验结果。目前国内外学者都已充分认识到堵水采气工艺技术的重要性，并加大力度进行研究，国内外一些成功的例子也说明，堵水技术对某些气藏（如砂岩气藏）的开发是可行的，所以国内在发展排水采气工艺技术的同时，应当积极深入研究堵水技术，完善气藏开发的综合配套技术，完善堵水作业的地面配套设备。

④ 认真总结国外气井堵水经验，消化、吸收国外先进的油气井堵水工艺技术，加强与国外同行间的科研学术交流，加强气井堵水机理、药剂、工艺的研究，研制适合我国各油气田具体情况的堵水剂，开创我国气井堵水的新局面。

⑤ 加强与堵水工艺技术配套的找水技术研究工作，以取得事半功倍的效果。

第五章　复杂结构井采油工艺技术

一、复杂结构井人工举升技术

复杂结构井的采油(气)工艺技术不断地得到研究、改进和完善。现有的开采技术已不同程度地在世界各国的复杂结构井中获得了成功，并取得了巨大的经济效益。

我国目前用于复杂结构井的人工举升方法主要有：杆式泵和电潜泵。加拿大、美、英、苏、法、委内瑞拉和伊朗等国家用于复杂结构井的人工举升方式主要有以下几种：

(一) 气举

水平井生产中会遇到抽油泵必须通过造斜段和液体由水平段到垂直段出现的间歇流等问题。麦克默里石油工具公司(Mcmurry)在调研和深入研究的基础上，得出气举是解决这些问题的最佳方法。气举可用于高产、低产、高油气比、高含水、斜井、大位移井和水平井的开采，特别适用于深井和气井。气举法应用于复杂结构井的实例越来越多。据报道，在美国凡有天然气资源的情况下，特别是海上丛式井开发的油气田，优先选用气举开采法。

近年来，虽然我国用于直井的气举工艺效率不断提高，但在斜井、大位移井和水平井的应用还未见报道。

(二) 水力活塞泵

用水力活塞泵装置开采大斜度、大位移井和水平井是一个极有前途的人工举升方法。它在大斜度井中已使用多年，其操作和安装简便，适应性强，而且特别适用于海上平台及丛式井场内大斜度井。

前苏联曾在气候恶劣的西伯利亚各油田组织了水力活塞泵的矿场经验。1980年，在14号丛式井场开始采用美国科贝公司的E型泵。现场试验证明，水力活塞泵可成功地用于斜井和水平井；在井斜70°的情况下，泵仍能可靠地工作，起下容易，未对油管柱造成磨损。

(三) 水力喷射泵

水力喷射泵是近几年来才开始用于斜井、水平井开采的。据国外资料报道，喷射泵的下泵深度已达3252m，最高排量达$4769m^3/d$，一般日产$111m^3$的喷射泵，效率最高可达33%左右。

在西伯利亚油田的试验证明，水力喷射泵的效率可以达到甚至超过电潜泵的效率，其排量也比电潜泵、有杆泵和水力活塞泵要高。在一个油田或一丛式井场各井的产量可能相差很大，把水力喷射泵和活塞泵结合起来使用就可以满足不同的产量范围。多井水力活塞泵需要采用流量调节器，而喷射泵则不需要，注入压力可选定为丛式井都适合的通用值。

(四) 电潜泵

电潜泵机组应用于水平井、大位移井的水平段内，并不是电潜泵在直井中应用的简单改进，除了有直井开采所需的泵体、分离器、密封段及电机等部件外，还需配置地面操作的电机变速控制器以及可随时记录井下压力及温度的传感器。

电潜泵在水平井中的安装位置，一般可根据井底压力的大小来选择。如果造斜点上端的井液压力较高，那么机组可安装在垂直井段内。但在井底压力较低时，就必须将机组下至油井的造斜段或水平段内。一般来说，许多长曲率半径的水平井，可选用标准装置。对于短曲率半径的水平井，电潜泵就很难通过弯曲段，只能在垂直井段中使用，而对中曲率半径的水平井，目前已研制出能通过高达 12°/30.48m 的弯曲段而不会损坏的特殊电潜泵装置。

（五）杆式泵

杆式泵是最常见的人工举升方法，也是斜井、水平井中最常使用的开采技术。通常使用普通的杆式泵下到井的垂直段或垂直井段附近，当需要把泵下入或通过长曲率半径井的弯曲段时，也可采用杆式泵。多年来，杆式泵在斜井中弯曲段附近和从地面就开始造斜的"斜井"中的应用非常有效。在许多地区，这已成为标准的开采方式之一。

杆式泵应用于斜井和水平井中，抽油杆和油管的摩擦是影响免修期的主要因素，为了减轻杆、管的磨损，已采用了各种各样的方法，但在现场广泛应用的只有模压抽油杆导向器。它采用高强度聚合物制成，在抽油杆柱的每个接头处进行注模，通常间隔 1.5m 左右，采用这一防止抽油杆柱摩损的设备可降低磨损量 5/6。

二、复杂结构井开采技术

近年来，随着大斜度井、水平井、分支井和超大位移井的实施，国内外在复杂结构井的分采技术方面，取得了不少应用成功的研究成果。国外石油公司在一些复杂结构井，例如分支井中，已逐渐采用智能完井技术来提高油藏管理水平和实现井下多层的选择性开采。

（一）国外复杂结构井智能完井开采技术

智能完井系统（Intelligent Completion System）是近年来新崛起的一项先进技术，从地面通过电或光纤仪器测量井下流体、油藏压力和温度，通过水力式、电子式或者电子水力式操作井下阀或滑套，对每个生产层进行控制。即由技术人员通过地面监控系统，实时监测油井流动状态信息，根据油藏特性和动态生产条件优化油藏管理方案，并通过遥控井下各个不同油水层的开关，实现油嘴或水嘴尺寸的控制以及更高效、更科学和更灵活的油井管理。今后几年，智能井技术的研究开发重点仍将是通过模拟、计量和控制井下发生的情况来优化生产。虽然大多数用户乐于使用液压系统，电子智能完井系统也占据了市场重要的一角。以下将以贝克石油工具公司智能完井技术为例讲述智能完井技术在复杂结构井上如何实现选择性开采的。

1. 液压式智能完井（InForce）系统

贝克石油工具公司有几种智能完井工具和系统。液力控制开关的 Inforce 系统能遥控液控滑套、油井封隔器和井下监测仪表。该系统可控制 1~3 个层段，每一层需要 1 根 $\frac{1}{4}$ in 的控制管线和一根辅助管线，两根控制管线与液压平衡腔相连。利用油井封隔器，可在油层部位使用多个液控滑套。InForce 系统能够人工操作，也可以利用 SCADA 控制装置自动操作。井下石英仪表能向地面 PC 机系统实时输送压力和温度数据，对每一层段进行监测。一根电缆通过井口，向每个仪表提供电力。用电力控制井下控制阀和油嘴的 InCharge 系统，可以实时监测井底油管和环空的压力和温度。系统利用一根 $\frac{1}{4}$ in 控制电缆输送电力、传输指令和控制数据。采用一个地面控制系统，一口井可以控制 12 个层段。

贝克公司正在将其多层完井技术与 InForce 和 InCharge 系统相结合，新的智能砾石充填系统正在开发之中，正在设计的光模块系统可代替并简化水下光纤装置，此外公司还在开展声学、电磁、地震双向和单向通信等方面的研究。

InForce 液压式智能完井系统是利用地面的液控箱，通过液力开启标准液控滑套的进油口或调节油嘴式液控滑套的油嘴大小，进行流量控制和油藏管理。

该系统适用于海上或陆地的直井、斜井、定向井、大位移井或水平井；可进行 2~3 个油层监控；适用尺寸为 7in×3½in、9⅝in.×4½in 或 9⅝in.×5½in。截至 2006 年 7 月 1 日，贝克公司的液压式智能完井系统已在国外的多个油田现场应用 87 井次，液控滑套动作 568 次，施工成功率为 98%。

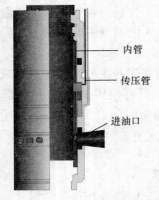

内管

传压管

进油口

图 5-1 液控滑套结构示意图

2. 液压式智能完井系统核心工具——液控滑套

液控滑套于 1999 年 11 月至 2001 年 6 月首次进入现场试验，承压 52MPa，滑套动作 50 多次无泄露。

液控滑套结构示意图见图 5-1。原始状态时，内管处于短轨道的上死点，液控滑套内管上的进油口与外管的进油口不连通。工具下井后，通过操作液控箱，压力经传压管传递到内管，在启动压差的作用下，内管向下移动到轨道的下死点，内管上的进油口与外管的进油口仍不连通，卸压，内管在弹簧力的作用下回到长轨道的上死点，内管上的进油口与外管的进油口连通，井内的流体进入滑套。再次打压，滑套会关闭。

液控滑套技术指标见表 5-1。

表 5-1 液控滑套技术指标

	3½in 滑套	4½in 滑套	5½in 滑套
密封段内径/mm	71	95	115
最大外径/mm	133.5	159	187.5
耐压/MPa	69	69	52
启动压力/MPa	10.5	10.5	10.5
耐温/℃	163		
使用寿命/年	10		

3. 液压式智能完井系统核心工具——油嘴式液控滑套

油嘴式液控滑套目前只有 3½in 一种规格，该工具于 2003 年 12 月首次进入现场试验，目前已现场推广几十个。

油嘴式液控滑套除轨道特殊外（油嘴式液控滑套轨道示意图见图 5-2），其结构与标准液控滑套结构相同。由图中可以看出，油嘴式液控滑套调节流量的量值共有 7 级。

油嘴式液控滑套技术指标见表 5-2。

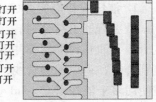

100%打开
20%打开
15%打开
12%打开
9%打开
6%打开
3%打开

图 5-2 油嘴式液控滑套轨道示意

表 5-2 油嘴式液控滑套技术指标

密封段内径/mm	最大外径/mm	适用套管/in	耐压/MPa	启动压差/MPa	耐温/℃	寿 命
65	146	7	69	10.5	163	120 次动作或 10 年

4. 典型井例

井例 1 Inforce 智能完井技术在 Oman 分支井上的应用

阿曼 Mukhaizna 油田利用分支井技术开发砂岩稠油油藏，该井主井眼尺寸为 9⅝in，两分支井眼尺寸为 8½in，两分支井眼长度分别为 703m 和 584m。2003 年 3 月，在该井上首次成功地配套应用了分支井 3 级完井与 Inforce 完井系统。如图 5-3 所示，上分支的液体通过管柱直接进入主井眼套管中，下分支的液体则经过管柱和液控滑套进入主井眼套管，与上分支的液体混合后，由电潜泵泵送到地面。若下分支见水，可通过地面加液压，关闭液控滑套，只生产上分支。需要时，再通过地面设备打开液控滑套。Inforce 完井系统的应用，减少了起下管柱次数，节约了作业费用，经济效益显著。

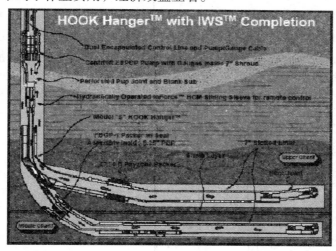

图 5-3　智能完井管柱在 Oman 现场应用管柱示意图

井例 2　采用智能完井在第 6 级分支井中应用

2002 年，斯伦贝谢油田服务公司与中国海洋石油有限公司成功地在印度尼西亚南爪哇海设计并实施了 TAMI 第 6 级分支井的智能完井。TAML 第 6 级是 TAML 分支井级别分类系统中的最高级。

NE Intan A-24 井是在印度尼西亚所钻的第一口 TAML6 级分支井，也是世界上第一次在第 6 级分支井中采用智能完井。期伦贝谢使用最先进的 Rapid-Seal 分支井系统成功地实施了这一项目，该系统是斯伦贝谢与埃尼集团阿吉普公司共同开发的。利用该系统可以实时测量井下温度和压力，并可选择性地优化每个分支的石油生产，尽量减少水浸。

（二）国内复杂结构井分采技术

1. 不动管柱换层开采工艺技术

国内在直井、大斜度井、分支井和水平井分采技术方面进行了大量的深入研究，研制了不动管柱分层开采工艺管柱。该管柱主要由液压封隔器、液压换层开关、液压丢手工具等六类十余种工具组成。该工艺管柱的工作原理是：先通过地面加液压，坐封各级封隔器，继续升压，液压丢手工具丢手，起出丢手以上管柱，进行分层开采。根据生产需要换层时，套管内加液压，打开或关闭换层开关，实现换层生产。

该工艺换层生产简单方便，只需要一台泵车和两个作业人员就可以进行换层作业，节约了作业成本；可以实现不动管柱和井口，就能进行 2~4 层任意换层生产。应用丢手管柱，节省油管。该工艺技术适用于 2~4 层的不出砂或出砂少的直井、斜井、大位移井和水平井中。

该技术已经在胜利油田的孤东、东辛、现河、滨南、河口等采油厂和辽河、新疆等油田进行了推广应用，从 2001 年 1 月至 2003 年 12 月，在直井、斜井、深井中应用 180 余井次，平均一次施工成功率为 95%，YK 液压换层开关换层成功率为 100%。据不完全统计，减少常规作业 300 余井次，有效减缓了层间矛盾，取得了显著的经济和社会效益。该工艺 2002 年在水平井上应用 1 井次，也获得了成功。

2. 分支井选择性生产工艺技术

胜利油田从 2000 年开始立项研究分支井开采技术，截至 2002 年 8 月，胜利油田已成功完成 2 口两分支水平井（桩 1 - 支平 1 井和梁 46 - 支平 1 井）的现场实施，同时研制了用于分支井的选择性生产工艺管柱，该选择性生产工艺管柱由悬挂封隔器、分层封隔器、丢手工具、液控分层开关等工具组成，通过地面打压来控制井下液控开关的开启和关闭，工艺简单，工作可靠。研制的悬挂封隔器、分层封隔器、丢手工具、液控分层开关等配套工具在室内模拟试验井中进行了中间试验并在现场选择了 2 口 4000m 的深井（多层系、直井）进行了先导试验均取得成功。试验表明：研制的的选择性生产管柱能够满足现场的工艺要求。

三、膨胀管技术

最近几年膨胀管技术发展迅速，该技术对石油工业将产生革命性的影响。例如等径井眼技术，一旦成熟，将极大地降低油井成本，并完全消除常规套管程序的缩径效应，井可以钻得更深，而总井深处的套管内径与常规井相比反而增大。

目前世界上提供膨胀管技术和膨胀产品的公司主要包括 Weatherford 公司、Enventure 环球技术公司、哈里伯顿公司、贝克石油工具公司、斯伦贝谢公司以及 READ 油井服务公司。另外，俄罗斯的鞑靼石油研究设计院的膨胀管技术也得到了广泛应用。

（一）国外膨胀管技术

1. Weatherford 公司

自 1998 年以来，Weatherford 公司一直在可膨胀防砂筛管（ESS）领域居于业界领先地位。该技术发展迅速，目前已经成为降低成本、提高产量的标准方法。该公司还对实体膨胀管技术进行了大规模研究与开发。该公司的膨胀管技术分为三类：可膨胀割缝管（EST）、实体膨胀管（STE）、膨胀系统。

（1）可膨胀割缝管

Weatherford 公司的可膨胀割缝管包括以下三种类型：可膨胀防砂筛管（ESS）、井下衬管系统（ABL）、可膨胀完井尾管（ECL）。

①可膨胀防砂筛管（ESS）

Weatherford 公司是可膨胀防砂筛管技术的主要供应商，目前已经在世界范围内进行了超过 225 次施工作业，膨胀筛管总长度达 3612 km，并成功进行了世界上最长的膨胀作业，膨胀筛管长度超过 1494 m。ESS 作为一种可靠高效的防砂方法应用日趋增多。ESS 应用范围广泛，其中在裸眼井中应用占 74%，在套管井中占 26%。与其他防砂方法相比可提高产量 70%，降低成本超过 20%。Weatherford 公司曾在北海的一口气井首次使用了 ESS。这口高产气井至今仍稳定生产四年，无出砂。另一个里程碑式的成果是在 2002 年末，Weatherford 公司成功地为康纳科菲利普斯（ConocoPhillips）公司在渤海湾的蓬莱油田安装了连接器经过加强的 φ139.7mm ESS，这是 ESS 在全球的第 150 次应用。首批 6 口井，其中 2 口是射孔完井，另外 4 口是预射孔套管，然后用 ESS 完井。

②井下衬管系统

井下衬管系统能代替技术套管柱，而且井眼直径不减小。要封固的井眼部分首先扩眼，然后利用衬管加强，并用纤维水泥封固。该技术能封固异常压力地层，以确保更深的钻进。

开发该技术的目的一是减少钻井成本，二是简化高温、高压深井的设计。在井身设计中考虑使用应急套管，这不仅增加了套管成本，而且还有许多其他不利因素。应急套管上部的井眼/套管的直径必须大于应急套管，这样，不管是否使用了应急套管，其上部的钻井费用也增加了。另外，钻大尺寸井眼费时费力。在海上，大尺寸的套管要求使用大尺寸的导管，因此平台也必须加大。用这种方式来设计钻井，费用很高。可膨胀衬管系统能够代替应急套管，且消除了井眼直径逐渐缩小的不利后果。

③可膨胀完井尾管

Weatherford 公司已经开发了可膨胀完井尾管技术，可以取代传统的割缝尾管或者注水泥射孔尾管。该技术增强了井眼稳定性，提高了选择性隔离和处理能力，并减小了井眼尺寸。该技术尤其适用于过油管侧钻完井，既可以到达油层段，同时也避免了因固井和射孔作业带来的难题。其他优点包括：a. 井眼增大，流通面积也增大，因此提高了产量；b. 可再进入油层进行修井作业，延长了油井寿命，也增强了老井的潜力；c. 重返油层灵活方便，通过插入封隔器或桥塞防止产水；d. 可适用于 $\phi88.9mm$ 到 $\phi241.3mm$ 的井眼。

（2）实体膨胀管

实体膨胀管包括可膨胀尾管悬挂器(ELH)和 MetalSkin 套管修补系统。

①可膨胀尾管悬挂器

ELH 系统不但可以悬挂 ESS 和其他不需注水泥的尾管，还可以悬挂 MetalSkin 套管修补系统。ELH 使用柔性旋转技术膨胀，与外层套管形成金属对金属密封，使井眼最大化，方便将来的重入作业。

②MetalSkin 套管修补系统

2003 年中期，在加拿大阿尔伯塔省的冷湖油田 Weatherford 公司成功地安装了 4 套 MetalSkin 实体可膨胀套管修补系统，使 4 口井恢复生产。该技术是一种金属对金属可膨胀套管系统，可以修补腐蚀或损坏的套管。作业使用了 Weatherford 公司的柔性旋转膨胀系统(CRES)。

（3）膨胀系统

传统 EST 膨胀锥是一种锥形工具，与膨胀心轴联合使用，用来膨胀各种割缝管。Weatherford 系统的根本优点是采用了柔性膨胀管技术。下面介绍两种系统：轴向柔性膨胀系统(ACE)和柔性旋转膨胀系统(CRES)。

①轴向柔性膨胀系统

轴向柔性膨胀系统用来膨胀割缝管，可以消除割缝管与井壁之间的环空，支撑井眼并防止颗粒运移。该系统包括一个由上向下膨胀的柔性膨胀工具、可回收系统、现场修整工具。柔性膨胀工具包括两部分：用于初始膨胀的固定尺寸滚轴鼻、柔性轴向滚轴。由于活塞可以随着井眼剖面的变化而伸出或缩回，使工具具有柔性。

②柔性旋转膨胀系统

柔性旋转膨胀系统是一种液压机械工具，用来膨胀实体管。当与可膨胀尾管悬挂器施工工具一起使用时，可用来膨胀 ELH。它也用来膨胀更长的 MetalSkin 实体管系统。如 PoroFlex 可膨胀筛管系统，该系统由上至下膨胀，轴向载荷小。由于是滚动摩擦，摩擦力也大大减小，对套管内径的不规则性具有很好的适应能力，可以最大限度地防止被膨胀套管破裂。该工具与膨胀前的套管匹配，很容易回收，并具有选择性膨胀能力。

（4）Weatherford 公司的发展动向

Weatherford 公司正在进行大量投资以使自己享有专利的膨胀管技术快速商业化。2003 年 4 月，Weatherford 公司在苏格兰的阿伯丁开设了一个全球可膨胀管技术中心。该中心每年可生产 7000 多根 ESS 筛管，拥有世界上唯一的四头激光切削机，以及世界上最大的研磨性水射流设备。在休斯顿和阿伯丁该公司还拥有两个世界上最大的研发、试验、培训设施。阿伯丁的井下技术有限公司是一家主要的研发/试验中心，主要为海上油井提供服务。Weatherford 公司还设计并建造了独特的膨胀钻机，为其所有的可膨胀管技术产品进行受控的台架试验。该装置拥有一整套数据采集系统，功率相当于全尺寸钻机。数据采集系统与 Weatherford 设计和工程办公室联网，通过视频系统可以实时传送实验进程。可以进行模拟实际条件的专门实验。研究团队可以使用休斯顿和阿伯丁的钻井装置进行现场试验以及最终产品评价。

新开发的项目如下：

Slimbore 裸眼尾管：尾管外径 193.7 mm，可以膨胀到 244.5 mm。

MetalSkin 套管修补系统：目前可用的是 $\phi139.7mm \times 177.8mm$ 系统，三种其他尺寸系统正在开发：$\phi108mm \times 139.7mm$、$\phi193.7mm \times 244.5mm$、$\phi152.4mm \times 193.7mm$。

Weatherford 公司新开发的柔性膨胀工具可提高 $\phi73mm$ 筛管膨胀作业效率，满足更小井眼的防砂要求。

一趟完成作业系统投入商业应用，增强了 $\phi101.6mm$ 和 $\phi114.3mm$ ESS 筛管作业的效率。在钻机费率高的地区，如西非、墨西哥湾、北海，可显著降低成本。

2. 哈里伯顿公司

哈里伯顿公司的膨胀管产品包括可膨胀筛管系统（PoroFlex）和可膨胀尾管悬挂器/封隔器系统（VersaFlex），这两种系统都经过大量的室内和现场试验。

（1）PoroFlex 可膨胀筛管系统

PoroFlex 可膨胀筛管系统由于性能可靠，该系统正在迅速被人们接受。该系统可用于套管井和裸眼井完井，主要有以下四方面特点：

①PoroFlex 可膨胀筛管系统以近乎实体管的多孔中心管作为流动管道，具有很高的抗挤能力，并可进行多种修井作业或附件安装。封隔器、桥塞以及智能完井设备都可可靠地安装在膨胀后的中心管内。另外，未穿孔管可以下入井内封隔页岩段或事故地层，以提高层段分隔。

②通过一层可膨胀筛网就实现了过滤功能。筛网是基于 Purolator - Facet 公司的 Poroplate 设计制造的，虽然膨胀时或膨胀后过筛网流动面积增大，但并不改变其微米额定值（过滤固体颗粒）。

③可膨胀筛管采用了一体式螺纹连接，可以像套管那样在钻台上连接，还允许筛管在井内旋转，这减少了安装所需的钻机时间。

④筛管通过液压膨胀，使整个膨胀过程不依赖重力，这对于大位移井或者水平井作业来说很理想。膨胀锥使整个筛管膨胀后内径一致。该系统自投入应用以来，没有发生中心管、筛网或者连接部件故障，也没有出砂。

PoroFlex 膨胀筛管可用尺寸为 155.6 mm 和 215.9 mm（均为膨胀后尺寸）。施工作业表明进行可膨胀筛管完井需要一整套系统方法。完井效率/性能比很大程度上与所钻井眼质量、钻井液、产层情况了解程度密切相关。哈里伯顿公司与斯派里森公司和白劳德公司合作开发了一套工艺新技术，使整个系统协调以提高膨胀筛管完井的效果。

（2）VersaFlex 尾管系统

VersaFlex 尾管系统采用了业界领先的实体膨胀管技术，以及哈里伯顿公司最好的固井设备、套管附件和浮动设备，可以形成可靠的尾管悬挂器系统。普通尾管悬挂器上部失效率高达 30%，由此导致的修补作业成本很高。失效的主要原因是尾管悬挂器机械失效或者上封隔器失效，或者是水泥环不能封隔套管重叠段。

与传统的尾管悬挂器/封隔器系统相比该系统在机械方面有很大优势，其中尾管悬挂器/封隔器没有活动部件或裸露的水力孔。为了进一步保证尾管顶部的完整性，一体的尾管悬挂器/封隔器还包括抛光回接器，采用 5 个独立的橡胶元件提供环空密封。膨胀工艺保证尾管悬挂器/封隔器不会提前坐放。

为了提高水泥环的可靠性，系统允许增大循环速率以获得紊流。另外，哈里伯顿公司还与 Enventure 环球技术公司合作开发了专用的注水泥设计，可以消除窜槽、气窜。

（3）近钻头扩眼器

哈里伯顿的 Security DBS 公司为可膨胀产品市场推出了一种近钻头扩眼器（NBR）。切削臂可以通过标准钻头将井眼尺寸扩大 20%。NBR 已经在世界范围内超过 500 个钻具组合上使用。

（4）哈里伯顿公司的发展动向

2003 年夏季，哈里伯顿公司生产出 ϕ215.9mmPoroFlex 可膨胀筛管系统，该系统使用了耐腐蚀合金，ϕ155.6mm 筛管在其后不久也生产推出，2003 年末实现了商业化生产。

2003 年三季度推出两种额外尺寸的"标准"VersaFlex 可膨胀尾管系统，适合深水作业的其他尺寸产品在 2004 年早期推出。

Security DBS 正在开发一种特殊尺寸钻头和附件以配合 Enventure 公司的一系列膨胀管产品，不久即可交付使用。

3. ENVENTURE 公司

世界上实体膨胀管 99% 的施工进尺是由 Enventure 公司实施的，该公司开发了三种实体膨胀管产品。

（1）可膨胀尾管系统

可膨胀尾管系统（OHL）主要解决井眼稳定以及地层压力（破裂压力）等产生的问题。在不减小井眼直径的情况下多下一层套管，可以钻达更深的储层，对于老油田挖潜增效有重要意义。目前该系统作业时最大泥浆密度为 118g/cm³，最大井斜超过 100°，膨胀深度大于 7925 m。

可膨胀尾管系统可以不需锻铣套管过窗口安装和膨胀。该系统最近在墨西哥湾进行了一次套管开窗膨胀管作业。ϕ193.7mm 可膨胀尾管系统安装在 ϕ244.5mm 套管内，共膨胀了 610m 的套管，其中窗口下方膨胀了 579m。作业商预计节约成本达 200 万美元。

（2）套管井衬管系统

套管井衬管系统（CHL）主要用于作业，尤其适合修补长井段套管。Enventure 公司于 2002 年 6 月在马来西亚沙捞越海上的 E11 气井安装并膨胀了 1373 m 的衬管。

（3）可膨胀尾管悬挂器系统

可膨胀尾管悬挂器系统（ELH）集传统的尾管悬挂器和尾管上封隔器的功能于一体，结构简单可靠，避免了环形空间可能发生的漏失，而且增加了悬挂器和尾管的内通径。

Enventure 公司目前正在大力开发等径井眼技术，该技术消除了目前油井设计中存在的缩径效应，使作业者可以在上部使用直径相对小的套管，而完钻井深处的井眼直径反而增大。2002 年 9 月，壳牌公司在南得克萨斯一口气井的部分井段成功地使用了该技术。随着实体膨胀管技术的逐步发展与应用，最终将实现使用一种直径的钻头钻进，并用同一种直径的套管完井。

（4）Enventure 环球技术公司的发展动向

Enventure 公司的 SlimWell 工艺可以减小套管缩径效应。MonoDiameter（等径）系统可以完全消除缩径效应，使井眼直径减小，但是总井深处的井眼直径反而增大。等径井眼技术的首次现场应用是在得克萨斯州的一口气井中进行的，合作单位包括 Enventure、壳牌勘探开发公司、壳牌国际勘探开发公司。为了进行此次作业，首先在井内下入 ϕ298.5mm 套管，后来又下入 ϕ244.5mm 可膨胀套管。套管膨胀到内径 251.5mm，可膨胀套管与外层套管通过橡胶元件实现悬挂与密封。然后钻掉套管鞋，使用由上至下膨胀工艺将套管膨胀至内径 264.2mm，随后将下段井眼扩眼至 311.2mm，然后下入另一段 244.5mm 可膨胀套管并膨胀。这两段膨胀套管经受了 27.6MPa 压力测试。

Envneture 公司将继续提高其基本的膨胀管技术（如裸眼尾管系统、套管井衬管系统、尾管悬挂器系统），延长膨胀套管长度，缩短作业时间；生产抗挤能力更强的套管、更高效的螺纹接头，进一步提高系统可靠性；还将提高套管的抗内压和抗外挤能力，新的螺纹连接将允许膨胀率超过 30%。

4. 贝克石油工具公司

贝克石油工具公司自 1994 年以来一直为业界提供膨胀管技术，其第一个商业化可膨胀产品是 ZXP 尾管封隔器系统，在全球已经应用了超过 12000 次，该系统可以承受 69 MPa 高压和 204 ℃高温。

（1）可膨胀尾管悬挂器系统

2002 年 4 月，FORMlock 可膨胀尾管悬挂器在阿拉斯加州普鲁霍湾的一口井中使用，悬挂器下入深度 3150m（测深），尾管长度 335 m。这是首次可膨胀尾管顶部完井，完井管柱插入尾管顶部。其后该系统又在巴西、印尼、马来西亚、北美等国家和地区使用十余口。

（2）六级分支井完井系统

1998 年在加利福尼亚州的 Belridge 油田，贝克公司使用 FORMation 叉口系统完成了世界上第一口 6 级分支井，随后该系统在世界范围内获得成功应用。迄今，在非洲、亚洲、欧洲、北美和南美已经应用了十多个 FORMation 叉口系统，使其成为应用最广泛的 6 级叉口系统。金属成形技术使叉口系统可通过标准尺寸套管，然后使用固定尺寸膨胀锥在井下将叉口的一个分支撑开。这样就可以形成水力密封，有了全套尺寸的分支井叉口系统就可以按传统方法固井、钻井、完井。

（3）可膨胀裸眼完井系统

EXPress 是一种可膨胀裸眼完井系统。它包括可膨胀防砂筛管，可以减小或消除环空间隙，其最大用途是水平井裸眼防砂。它结合了该公司 EXCLUDER2000 筛管的防砂能力和金属膨胀管技术。筛管的流动面积比膨胀前大，即使不膨胀也可作为一种优质筛管发挥作用。

可膨胀筛管包括带孔的中心管和渗滤膜结构。渗滤膜允许一定密度的泥浆固相通过，防止了筛管的堵塞，同时维持了有效的防砂能力。带孔中心管结构比割缝管具有更高的抗挤能力，尤其适合使用电潜泵的情况，电潜泵可以产生超过 619 MPa 的压降。

该系统在世界范围内进行了广泛应用。2002 年 3 月，贝克公司使用可膨胀裸眼完井系统为中国石油在印尼海上的 Intan 油田的三口井中实施了一趟作业完成的可膨胀完井，使用了可膨胀防砂筛管、FORMlock EXPress 可膨胀尾管悬挂器、EX2Press 实体可膨胀无眼管、FORMpac XL 裸眼封隔器。完井作业成功封隔了生产层，不再需要砾石充填。施工程序由于减少了几趟作业，因此与传统完井作业相比节省了钻机时间。三口井的生产指数远远高于相同储层的邻井。

2002 年 7 月，该公司再次使用了可膨胀裸眼完井系统，这是世界上首次在 ϕ155.6 mm 裸眼井的可膨胀防砂筛管内进行的分层开采完井。作业者希望首先开采油层，以后开采气层。2003 年 3 月，贝克石油工具公司在北美洲的一个浅层气田首次应用实体可膨胀管和 EX-Press 筛管系统以及变径涨管器。因为地层含砂不均匀，分选差，传统的防砂方法不成功。该气藏有两个储层，中间由薄的页岩层。下部砂岩附近有一水层，需要进行层位封隔。所有的设备都使用可变径涨管器膨胀，可膨胀完井装备和膨胀工具一起下井。膨胀前后经测量筛管按设计成功膨胀。该井一直生产稳定，没有出砂。

（4）EXPatch 套管补贴系统

EXPatch 套管补贴系统可用于套管井和裸眼井。在套管井中可以封隔射孔，减少进水量，也可以用来修补损坏或腐蚀的套管。在防砂完井中可以封堵进水，它可以放置在 FORMpac XL 裸眼封隔器之间，帮助封隔器产生一个机械的液流屏障以选择性隔离井段。该系统与外层套管形成一个锚定/密封段，其长度根据应用可精确调整。

（5）膨胀封隔器

FORMpac XL 膨胀封隔器可以防止裸眼尾管和筛管之间的环状流动和维持最大尺寸井眼内径。该封隔器使液流重新流过筛管，防止了腐蚀，可以承受 619 MPa 压差和 121 ℃的测试。与传统的管外封隔器不同，它不需要注水泥即可实现永久封隔。

（6）贝克石油工具公司的发展动向

LinEXX 可膨胀尾管系统于 2003 年三季度投入使用，可以有效封堵事故地层，隔离产层，新的尾管膨胀后保持与上方套管相同的内径，该系统可用来封堵事故地层。

贝克公司目前将研发重点放在防腐蚀合金、可靠的气密螺纹连接、提高实体管膨胀后的抗外挤强度等方面。

（二）国内膨胀管技术的研究与应用

目前，在国内有的油田已开始引进膨胀套管技术进行现场应用。我国的科技研究人员已经注意到了国外膨胀套管技术的发展，能够预测到膨胀管技术在钻井完井及修井方面的巨大潜力，已有个别研究单位开展了钻井膨胀套管技术的研究活动，发表了一些关于膨胀套管技术机理研究的文章，翻译介绍了一些国外关于膨胀套管技术商业应用的情况。其中，西南石油学院对膨胀套管技术的机理进行了大量的分析研究，首次成功地将坐标网格法运用于膨胀套管技术的机理研究，对管子材料进行金相分析，重点研究了存在壁厚不均度和不圆度的无缝管在膨胀后的金属流动行为和机械性能变化，得出了重要结论，为膨胀套管的选材提供了理论依据和指导思想。

为了推动膨胀套管技术在我国的研究和应用，2002 年，CNPC 科技发展部已经将"膨胀套管技术"列为四项前沿探索性研究项目之一。由于膨胀套管技术是一项新兴的钻井新技术，尽管该技术已在我国的个别油田进行了实际膨胀套管作业，但该项技术的机理研究还比较薄弱，对膨胀套管技术中的几个关键技术还在理论分析和试验当中，膨胀套管技术的国产化还有很长的路要走。

膨胀管技术可广泛应用于水平井的钻井、完井、采油及修井等作业中。膨胀管主要包括可膨胀割缝管、实体膨胀管、膨胀系统。目前，国内各大油田、研究机构造膨胀管技术方面的研究已取得阶段性成果，在膨胀管材、膨胀工具、钻井扩眼工艺技术等方面开展工作，争取早日实现配套技术。

通过对 2003 年由 Weatherford 公司在胜利油田海上 CB22A – 2 和 CB22A – 4 两口注水井上安装的可膨胀滤砂管的应用效果来看，该项技术是可行且有效的。这两口井的日注水量一直稳定在 $80m^3/d$。另外，胜利油田于 2003 年 12 月 6 日在现河采油厂通 61 – 侧 162 井上成功完成，这是该技术在中国进行的第一口实体膨胀管的现场试验。2006 年 7 月 9 日在因套损停产的辛 109 – 40 井成功实施膨胀管补贴施工，该次成功实施为膨胀管补贴技术的进一步推广应用打下坚实的基础。目前胜利成功实施了多口井的膨胀管补贴。

第六章　智能完井采油技术进展

一、智能井技术

（一）智能井定义

智能井也称智能完井，它实际上是一种多功能的系统完井方式，它允许操作者通过远程操作的完井系统来监测、控制和生产原油，这种操作系统在不起出油管的情况下，仅需一台地面调制解调器和一台个人专用计算机就能随时重新配置井身结构，它还可以进行连续、实时的油层管理，采集实时的井下压力和温度等参数。

一般来讲，智能完井的主要作用是优化油井的生产和在最大限度地降低作业费用与生产风险的同时最大程度地提高油层的采收率。目前已有各种不同的智能完井系统投入井下安装应用。虽然各种类型的电子类和电动—液压与光学—液压完井系统已经获得成功应用，但是目前液压动力智能完井系统仍占主导地位。

（二）智能井系统组成

智能完井一般包括以下几部分[1][2]：一是永久安装在井下的、间隔分布于整个井筒中的井下温度、压力、流量、位移、时间等传感器组（井下信息收集传感系统）；二是能在地面遥控井下的装置（井下生产控制系统；井下数据传输系统；地面数据收集、分析和反馈控制系统）。三是可以获取井下信息的多站井下数据采集和控制网络系统，主要由多种传感器构成，其中多相流流量测量采用普通传感器；井下温度和压力的测量采用光纤传感器；井筒和油藏中流体的粘度、组分、相对密度的评估采用微电子传感器。

该系统的主要特点是对多层和多分支井能够进行分层地面遥测遥控[3]，从而使测量更精确，油井管理更科学，减少作业次数，优化生产过程。智能完井系统（ICS）地面部分如图6-1所示，井下部分如图6-2所示[4]。

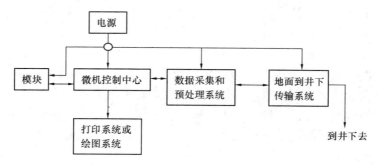

图 6-1　智能井完井系统（ICS）地面部分

井下生产控制系统主要由电力操作和液力操作两种。其中最简单的是井下节流阀，它可以在油藏中调整各层段之间的产量，是最直接控制井下流量的工具。智能井的节流器可以遥控操作，比原有完井方法有了很大提高。过去由于工具的耐用性和高压等因素限制，使得液

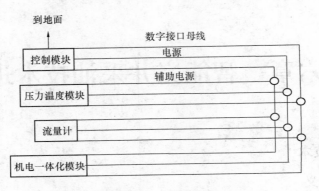

图 6 - 2 智能井完井系统的井下部分组成

压控制占据了主导地位，目前斯伦贝谢公司已开发研制出全电子控制井下操作系统。

井下数据传输系统是连接井下工具与地面计算机的纽带，这种传输系统能将井下数据和控制信号，通过永久安装的井下电缆中专用的双铰线，在井下与地面间进行数据传输，传输的数据即使在有井下电潜泵存在的情况下，信号也不会受影响。

地面数据收集[5]、分析和反馈系统包括一台计算机和分析数据用的软件包。计算机用来收集和储存生产数据；分析数据的软件包帮助使用者对数据进行分析，有利于使用者做出最佳决策。

（三）智能完井系统的发展历史与技术开发

20 世纪 80 年代之前[6]，遥控监测技术通常只局限于对采油树与节流器周围的生产设备应用地面传感器进行监测、对井下安全阀（SSSV）进行远程液压控制和对采油树控制阀[7]进行液压（电动）控制。第一套计算机辅助作业系统曾通过遥控采油树附近的节流阀来优化气举井的产状，并且曾监测与控制泵抽生产井的产状。随着相关工艺技术的开发应用、工艺设备的成功配置和各种永久性安装传感器可靠性的提高，油田经营者开始考虑对井下的液流流入状态进行控制，以求从中获取明显的经济效益。油田作业服务行业对此做出了积极的响应，相继设计出了可对整个井筒进行监测与功能控制的高效系统。

在初期阶段，智能完井井下液流控制装置[8]是基于常规的电缆起下滑套阀的工作机理而设计的。这种阀的构造设计具备了井下开关（on/off）和变位节流功能，这些功能一般都采用液压、电力或电动液压激活系统来完成。继而进行的新技术开发工作促成了具有抗冲蚀功能节流装置的问世，并且其结构可耐高的压差。基于常规井下安全阀技术研究推出的其他装置还有可用于井下生产管柱开关的在线球阀。

最初这些高度集成化的系统并不被油田经营者所接受，原因是这些系统的投资费用过高，而且油田经营者认为应用的成功率较低，往往收益不抵投资。当时这些系统的确不能达到油田经营者放心应用的标准。针对这方面问题，研制推出了低投资的液压系统，该系统将各种不同的传感器同液压控制装置组装在一起，形成一种复合式的智能完井系统，它具有最初高端系统的主要功能。

最初，智能完井的流量控制装置使用的是电缆操作的滑阀，为了使阀门能利用液压、电、和电子—液压进行开/关和变换节流位置，对滑阀进行了改进。随着技术的发展，使用了抗腐蚀和抗高压的节流装置，并利用井下安全阀进行开启和关闭。但是由于成本太高和风险性太大，而未被油田广泛采用。随后出现了成本较低的液压控制设备，把系列传感器聚集在一起形成综合智能完井设备。最近，又增置了以内联网或国际互联网为传输形式的井下压力温度测量装置。最后，用光导纤维系统把所有装置连接在一起，测量温度分布曲线、多点压力和声波信号。

智能完井系统的中远期研制开发目标如下[9]：

（1）从油藏管理出发避免频繁的修井作业。

（2）使一口油井中的多层或整个油藏被动用。

（3）实现油井的自身优化生产和自动化生产控制与工艺控制。

（4）对优化生产系统进行优化设计，而并非只对基本的生产单元进行优化设计如井下/海底生产设备同地面设备与基本设施实现良好的匹配。

（5）智能完井系统的可靠性应当大于95%，安装后的有效工作寿命为10年。

（四）智能完井的技术关键

（1）在井下高温高压环境下正常工作多年的传感器[10]，可测量井下管内外压力、温度、流量、流体组分的传感器。

（2）信息传输与处理技术，如光导纤维与微处理计算机等。能在井下高温高压条件下正常地长期使用，或者在工作一定时期后能够从井下提出来加以更换或维修。

（3）可自动控制的开关滑套或阀件。例如，当传感器测得某一井段已大量出水、需要将其关闭时，可以通过地面控制中心下达指令关闭出水井段。从而实现智能控制。也可以自动或依指令调节开关滑套的入孔流量、生产压差，达到优化各层的产量的目的。

（4）动力的提供与储存技术。无论是传感器还是滑套阀件的开关都需要动力——即电力。可以通过电缆传输的方式提供动力，也可以采用高能电池组安置在井下。

（5）匹配的完井工艺技术。比如，直井眼可以同时射开多个油层，也可以采用先在油层上部下套管固井、后钻开多套油层的裸眼完井。在每个油层之间安装井下地层封隔器、传感器和智能完井滑阀的完井管串。水平井采用多级管外封隔器与滑套的分段完井技术。

二、国内智能井的发展现状

2002年，斯伦贝谢油田服务公司与中国海洋石油有限公司成功地在印度尼西亚南爪哇海实施了一口6级分支井的智能完井[11]，是在水深75ft的海域从NE Intan A平台上钻井并完井的。NE Intan–24井是在印度尼西亚所钻的第一口TAML6级分支井，也是世界上第一次在6级分支井中采用智能完井。利用该系统可以实时测量井下温度和压力，并可选择性地优化每个分支的石油生产，尽量减少水侵。

目前，国内虽有初具智能系统模型的智能开关设备，但还不成系统，还没有自主研发的智能井系统设备，因此国内还没有真正意义上的智能井。

三、国外石油公司智能井技术

（一）油井动态公司SmartWell技术[12]

WellDynamics公司在智能完井技术市场上处于领先地位。该公司是Halliburton能源公司和Shell石油公司合资成立的风险投资公司。该公司为油田提供世界顶级的油藏监测和控制技术。

到目前为止，WellDynamics在世界智能井安装市场上的份额占到了60%，包括200套SmartWell系统和372套监测系统，安装范围涉及深海、墨西哥湾水下油井以及中东陆上油井。表6–1为2001年以来截止到2006年2月6日的智能井安装统计情况。

表6-1 智能井安装统计

系　　统	井　　数	层段数	生产井	注入井
SCRAMS®	29	89	22	7
Digital Hydraulics™	15	49	15	0
Direct Hydraulics	134	275	117	16
Mini Hydraulics™	22	35	20	2
总　计	200	448	174	25

SmartWell® 智能井系统包括：地面控制系统——能手动或自动监测和控制多口井的计算机系统，如 SDACS 井控制器；控制系统——控制和从井下设备获得信息，包括 Direct Hydraulics，Digital Hydraulics™，Mini Hydraulics 和 SCRAMS 系统；井下设备——层断控制阀（ICVs）封隔器和传感器。

SCRAMS（地面控制油藏分析与管理系统）是完全集成的控制与数据采集系统，SCRAMS 设计具有较高的可靠性，能够对油气生产进行较高水平的控制。SCRAMS 允许开发者远程控制井筒获得每层实时温度与压力数据，这些数据经过反馈能够进行精确的流动控制，使管理者优化油藏动态，提高油藏管理能力。

SCRAMS 系统具有代表性的工具是无级可调层段控制阀（ICV），该工具可以对油藏层段进行精确的流量控制。因为油井动态公司的工具都采用模块设计，因此间隔控制阀可通过 SCRAMS 系统进行控制。SCRAMS 完井管柱示意图如图6-3所示。

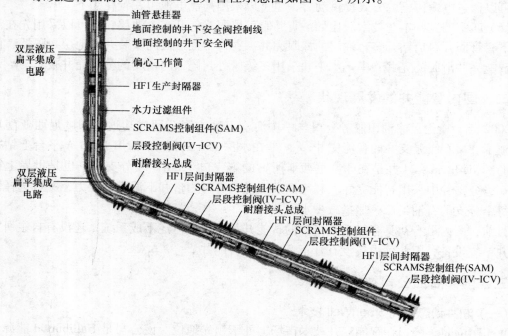

图6-3 SCRAMS 完井管柱示意图

1. SCRAMS 组成

（1）无级可调层段控制阀（IV-ICV），图6-4、图6-5所示。

在 SCRAMS 完井系统中，IV-ICV 与传感器驱动模块（SAM™）耦合在一起。SAM 工具通过位置传感器与 IV-ICV 调节器之间的电磁耦合来操作 IV-ICV 油嘴。这种方式可逐渐将节流阀状态控制到 100 个位置，能够实现高精度的井下流动控制。

（2）SAM（SCRAMS 控制组件）

SAM 为 SCRAMS 系统提供控制和数据采集功能。SAM 包含电力缆线、分配液压动力的液压总管以及用于压力/温度测量的传感器。

图 6-4　CV-ICV 截面
示意图

图 6-5　IV-ICV

图 6-6　HF-1 封隔器
示意图

SAM 是 SegNet 基础结构的活动组件。输入的电力和液压总线终止于 SAM，引出端为更下一级完井管柱上的其他 SAM 工具提供通讯。

在 SCRAMS 体系结构中，SAM 扮演着从属于油井控制器的角色。通讯以 WellDynamics 公司的专利约定 SegNet 为基础，该 SegNet 允许从井下传感器上取回数据、传递指令操作 ICV 或 SAM 内部的其他功能。SAM 液力总管/管汇具有以下功能：两条管线用于操作 ICV、两条管线为输出液压总线提供动力、一条主要用于封隔器坐封。

（3）HF-1 层间封隔器（图 6-6、图 6-7）

WellDynamics 公司的 HF-1 封隔器是一种单管柱、可回收式的、高性能管内封隔器。HF-1 封隔器是为 SmartWell® 智能完井应用而设计的产品，有专门的电子与液压控制线的旁通孔，没有必要再进行拼接。HF-1 封隔器既可被用作顶部生产封隔器，又可用作下部封隔器以隔离邻近层段。

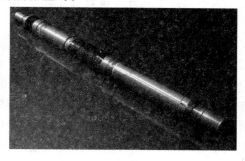

图 6-7　HF-1 封隔器

HF-1 封隔器设计的承受载荷和压力高于标准生产封隔器。通过它独有的卡瓦结构和额外的封隔器主体锁紧圈实现这种性能。通过控制管线或油管压力座封；提供数量多达 5 个的 1/4in 控制管线馈入接口；液压联锁装置防止过早坐封；特有的全保险卡瓦装置；带抗挤压系统的 NBR 元件；全部是高质量螺纹连接。

（4）扁平集成电路元件（图 6-8）

SCRAMS 扁平集成电路元件包括一条液压管线和一条电力缆线，具有机械"缓冲管线"

保护功能，SCRAMS 完井系统中下入了两组扁平集成电路元件。

液压控制管线为操作和控制 IV – ICV 提供所需的动力。低碳钢电缆穿过整个扁平集成电路元件，为防止挤压提供机械保护，并将扁平集成电路元件固紧在控制管线上。

图 6 – 8　SCRAMS 扁平集成电路元件

图 6 – 9　FMJ 液压接头和电接头

图 6 – 10　液压 FMJ 接头横截面示意图

（5）FMJ 接头（图 6 – 9，图 6 – 10）

SmartWell® 智能完井 FMJ 接头是一种高性能、完全测试验证的、三层金属 – 金属密封元件，与 1/4in 液压控制管线一起使用。

FMJ 是一种细长设计，这样使得多个配件能与各个完井组件相连接。FMJ 的外部轮廓被缩减到最小程度，利用特制的扭矩扳手就能完成组装。WellDynamics 公司 FMJ 接头采用了金属 – 金属密封，其可靠性远超过锁紧螺母接头设计。

FMJ 接头适合于高温、高压环境，并能与 WellDynamics 公司 SmartWell 智能完井设备一起结合使用。FMJ 同样还能用作油管挂旁路，并与大多数井下完井设备兼容。

（6）SDACS

地面数据采集和控制系统（SDACS）是 WellDynamics 公司的新一代地面控制设备，用于监测和控制 SmartWell 智能完井系统整个范围内的所有设备和工作状态。

SDACS 具有收集数据、综合和分配油藏管理以及分析数据的能力。SCRAMS 系统和所有其他在研 WellDynamics SmartWell 智能完井系统都能通过标准的 SDACS 系统来控制。SDACS 应用是一个基于程序的用户友好的计算机，通过这台独立的计算机就能够监测和控制整个油田。

SDACS 提供先进的数据存储功能和与数据管理服务（DMS）连接功能，数据管理服务是 WellDynamics 公司资产管理（AM）的一部分。

1）地面液压系统（SHS）（见图 6 – 11）

SHS 是任何一种 WellDynamics 公司 SmartWell® 智能完井的一个关键部件。该系统对操作 SmartWell 完井

图 6 – 11　标准两口井液压系统
操作台前视和侧视图

系统所需的液压控制液进行净化、增压并分配到各个井下设备。包括三部分：

> 液压系统操纵台（HSC）
> 液压扩展操作台（HEC）
> 井控模块（WCM）

①液压系统操作台（HSC）

液压系统操作台（HSC）放置操作 6 套 SmartWell 完井设备所需的所有液压泵、过滤器和井控模块（WCM）。HSC 对操作 SmartWell 完井设备所需的液压控制液进行净化、增压并将其分配给各个井下设备。

②液压扩展操作台（HEC）

液压扩展操作台在设计上与液压系统操作台相同，但没有液压供给部分。其功能是提供一个密封罩的作用，内部能够放置四个额外的井控模块和集中式液压供给和回流管汇。

③井控模块（WCM）

井控模块（WCM）为单井提供液压接头和电接头接口。每个 SmartWell 完井系统要求有一个 WCM。

图 6 - 12　标准两口井电子系统
操作台前视和侧视图

2）地面电子系统（图 6 - 12）

地面电子系统（SES）可以对井下压力计和工具（如层间控制阀）实现监测和控制。包括以下几部分：

> SDACS 服务器
> SDACS 应用软件
> SCRAMS® 332 油井控制器
> HCU - 332 油井控制器
> 水下/海底压力计接口（SSGI）

①SDACS 服务器

SDACS 服务器是 SDACS 应用软件运行的中央 PC。根据应用情况可以是台式的、膝上型的或机架式的。

②SDACS 应用软件

SDACS 应用软件提供 HMI 数据存储（SQL7.0 数据库）、数据汇集和数据分布（OPC 客户/Modbus）功能。这个应用软件用于所有 SmartWell 智能完井。

③SCRAMS® 332 油井控制器

对于地面控制油藏分析和管理系统（SCRAMS）完井，要求采用 332 油井控制器。

④HCU - 332 油井控制器

HCU - 332 通过一张 I/O 卡操作 Digital Hydraulics 和 Direct Hydraulics 管汇。从安装在管汇上的压力传感器反馈回来的信息能够使系统实现自动闭环控制以正确操作井下流动控制设备。这个元件目前还未在水下应用。

⑤水下/海底压力计接口（SSGI）

SSGI 是操作 WellDynamics 永久性井下压力计（PDG）所需的油井控制器。对于在水下、平台和陆上应用的 PDG，这个元件是相同的。

2. 简化系统示意图

图 6 – 13 是两层 SCRAMS 系统。

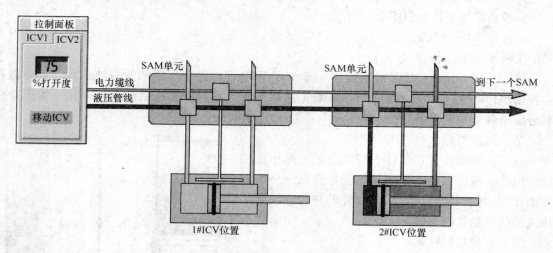

图 6 – 13　SCRAMS 两层示意图

SCRAMS 控制系统在每口井上使用了一条液压控制管线和一条电力控制管线。为了最终的可靠性，安装了第二条液压和电力控制管线，作为 SegNet 备用系统的一部分。

3. 井下传感器

永久性井下压力和温度计（PDG）系统与 SmartWell® 智能完井技术结合使用。图 6 – 14 为压力计示意图。PDG 以 WellDynamics 公司现场验证可靠的地面控制油藏分析与管理系统（SCRAMS®）技术为基础。SmartWell 智能完井技术允许操作者远程控制井下流动控制设备，并监测纪录油藏数据以优化油藏动态。

井下传感器能与直接液压系统（Direct Hydraulic）、数字液压系统（Digital Hydraulics）或微型液压系统（Mini Hydraulics）一起结合使用；具备与多种水下/海底控制阀接口能力；具有利用单根电线实现多站功能的能力，每口井可多达 15 个压力计。图 6 – 15 为带控制管线旁路的井下压力计工作筒。

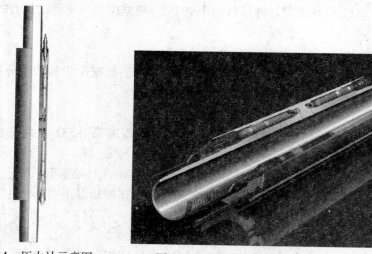

图 6 – 14　压力计示意图　　　　图 6 – 15　带控制管线旁路的井下压力计工作筒

（二）斯伦贝谢公司 IndexingSystem 技术

Schlumberger 公司已在 14 口井上安装了液压钢丝可回收流量控制器，其中 8 套在 Troll 油田，3 套在 Seberg 油田，3 套在 Wytch Farm 油田。

斯伦贝谢公司有几种液力和电动控制系统。分度系统(Indexing system)具有 6 或 11 个定位，包括开关。6 位系统使每个位置的开关程度按 20% 增减，11 位系统能够更精确地控制调节阀的开关程度。电动控制系统有内置传感器，能进行压力和温度监测，而且还有单线多点功能，可利用一根电缆安装并操作几个井下流量控制阀。

机电流量控制器可用钢丝绳或油管起下，油管起下的流量控制器能调节油嘴，而且有多个压力、温度、流量传感器，系统工作电流通过固定在油管外面的 635mm 电缆供给。控制阀的调节情况可在地面计量，从而优化油层注入或开采。

用电缆起下的流量控制器装在偏心工作筒内，控制阀靠近偏心工作筒内的油管段并由地面遥控，工作电流由外边装着套管的导线输送。这根细套管一头连着地面操作系统，一头连着偏心工作筒。环空压力、温度，油管压力、温度，控制阀的开启位置都通过这根导线传送到地面。

3.2.1　斯伦贝谢公司智能井专利技术[13]

下面介绍斯伦贝谢公司的专利"智能井系统与方法"。如图 6-16 所示，油井为套管完井，防砂方式为砾石充填。在防砂完井中，油井工具 20 包括管形构件 22，与生产封隔器 24、转换工具以及一个或更多的筛管组件相连。管形构件 22 可以是油管、连续油管、工作管柱。底部封隔器 30 位于射孔段 18 的下部。充填部件 24 确保管形部件 22 与套管 16 之间的密封，砂浆泵入管形部件 22，通过转换工具的入口进入环形空间 34。携砂液脱离砂浆发

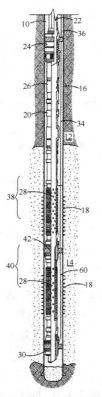
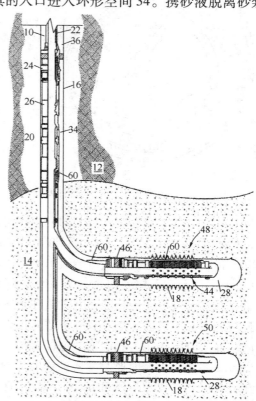

图 6-16　砾石充填及井下控制线示意图　　　图 6-17　砾石充填完井控制线进入每一个油井分支

生砂浆脱水，携砂液在射孔段 18 处脱离砂浆，使砂浆进入地层，携砂液在筛管 28 处脱离砂浆进入管形部件 22，携砂液向上运行通过管形部件 22 以及转换工具 26 进入位于生产封隔器 24 的上部环行空间 36 返至井口。通过砂浆脱水，砾石充填密实。该井上层 38 与下层 40 分别射孔进行砾石充填，层间封隔器 42 位于两层之间。

从图 6－16 到图 6－17，可以看出控制线 60 穿越油井，控制线可以是电子的、水力的、光纤的。

图 6－18 为具有大量转换装置的筛管剖视图，防砂筛管 28 包括基管 70、过滤介质 72、带孔护罩 74。分流管 78（转换通道）通过连接环 80 与基管 70 相连，分流管 78 在砾石充填过程中，作为砂浆传送的通道，可以减少形成砂桥的可能性，提高砾石充填率。

护罩 74 上至少包括一个通道 82，通道 82 是在护罩侧凹区域，延伸方式为直线型、螺旋型或其他方式，通道 82 要保证有一定的深度以容纳控制线 60，筛管上应该包括一个或更多的电缆保护罩。传感器 62a 放置在分流管内，传感器 62b 与护罩 74 相连。在基管 70 中可以包括通道 84 或槽，控制线 60c 穿过通道而且智能井部件 62c 也可以放置于该通道内。控制线可以沿着筛管直线分布或者沿着弧型分布，图 6－19 所示，控制线沿着筛管呈螺旋分布。

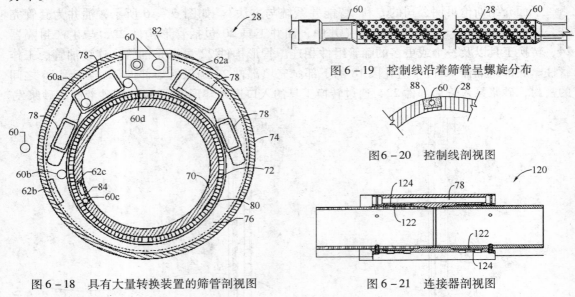

图 6－18　具有大量转换装置的筛管剖视图

图 6－19　控制线沿着筛管呈螺旋分布

图 6－20　控制线剖视图

图 6－21　连接器剖视图

图 6－20 所示，在控制线周围的充填物可以为环氧树脂或其他近似的物质，图 6－21 为连接器的示意图，连接器 120 有棘型咬合面 122 与棘型咬合面 124 相配合，筛管可通过连接器 120 连接在一起，连接器上有通道 128 可以比较容易的与连接工具的通道相连。

（三）贝克石油工具公司 Inforce & InCharge 技术

贝克石油工具公司的智能完井工具和系统（图 6－22）有：液力控制开关的 InForce 系统，能遥控液压滑套、层段封隔器和井下监测仪表。该系统可实施自动和手动控制操作。井下仪表可向地面实时传送压力和温度数据，对每一层段进行监测。用电力控制井下控制阀和油嘴的 InCharge 系统，可实时监测井底油管和环空的压力和温度。一口井可控制 12 个层段。贝克正在将多层完井技术与公司 InForce 系统（图 6－23）和 InCharge（图 6－24）系统结合起来，新的智能砾石充填系统正在开发之中，正在设计的光模块可以简化水下光纤装置的操作，该

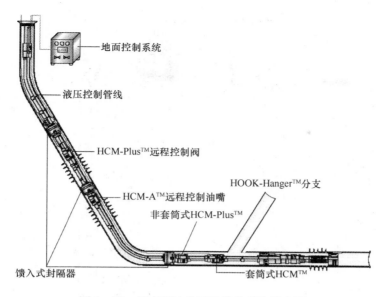

图 6 – 22　贝克石油公司智能井系统示意图

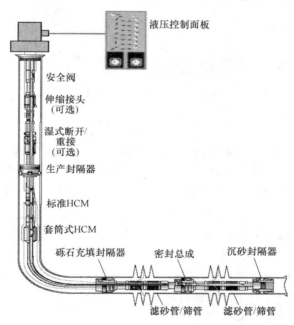

图 6 – 23　InForce™ 系统示意图

公司还在进行声学、电磁、地震双向和单项通讯等方面的研究。

　　贝克石油工具公司(Baker Oil Tool)的 InForce™ 系统是一种地面控制的、液力式的智能井完井系统,用于优化单一井筒中的多层生产问题。采用开/关式或节流式套筒来控制单层生产,控制管线连接到地面,整个系统由液压地面控制系统(HPUs)操作,控制系统类型的范围包括从手动液压控制面板型的系统到完全集成型的远程操作系统。InForce™ 系统可对所关心的四个不同层位进行了封隔和控制。最上部的射孔层位利用 HCM – Plus™ 远程操作滑阀进行控制,滑阀在该层段提供简单的打开/关闭功能。第二个层位通过 HCM – A™ 远程操作可调式节流器控制生产。HCM – A™ 可调节该层流量并提供打开/关闭功能。

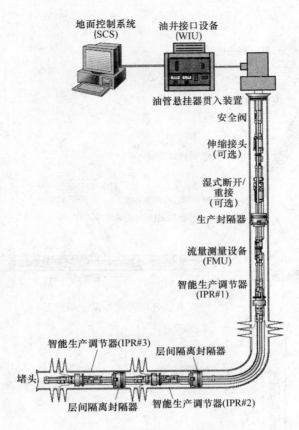

图 6 - 24　InCharge™ 系统示意图

在油井开采期内，在出现高气油比或含水的情况下，可调式节流方式是非常有价值的。HCM - A™可通过对该层的节流以优化全井生产。油井底部层段说明如何利用 InForce™ 系统以简单和稳固的方式来控制多分支和砾石充填完井。采用一套所谓的"套筒式/非套筒式"的阀尔结构来管理各井段的生产。分支流体进入主井筒，通过套筒式 HCM™，进入非套筒式 HCM - Plus™。最下面层位采用贝克模块 CK - FRAQ™ 系统完井，通过套筒式 HCM - Plus™控制油管流入。

InForce™ 系统主要组件如表 6 - 2 所示。

贝克石油公司智能完井技术的中期目标为：

（1）消除以油藏管理为目的例行干预；

（2）可对各井钻穿的多层或单层储层进行平衡采油；

（3）设备能自行优化，开发自动处理设施；

（4）智能完井设备运行 10 年后，其可靠性应超过 95%。

（四）森萨公司智能井技术

森萨（Sensa）技术是把一根连续光纤下入液力控制管线，从而可以提供全井的温度剖面。直径 6.35×10^{-4} m 的控制管线既可以装在套管外边也可以装在套管里面，经过特殊涂敷的光纤下入控制管线，并且与地面的光电读出装置相联接。在测量温度分布时，向光纤发出激光脉冲，与温度直接相关的分子振动就会产生微弱的反射信号，地面读出装置再将信号转换成温度值，各取值点间隔 1m，结果就能得到沿着光纤或井筒的温度分布情况。

表 6 - 2 InForce™系统组成及功能

组件(产品系列号)	功 能
HCM - Plus™ 远程阀 (H81030)	HCM™远程控制阀是一种简单、可靠的环空 - 油管流动控制设备,用于打开或关闭给定层位的生产或注入。HCM™采用现场已证实的、可靠的组件,如 T - Series™安全阀和 CM 滑套
套筒式 HCM™远程控制阀 (H81030)	虽然 SCHM™是基本 HCM™的套筒式改型,但提供油管 - 油管流动控制
HCM - A™可调式节流器 (H81031)	HCM - A™是一种远程控制井下节流器,用于优化多层合采。阀尔结构集成了 HCM™和 HCM - Plus™补偿式活塞设计与 InCharge™IPR™的节流器的特点。目前设计的阀尔具有 8 个独立状态:打开、关闭和 6 个中间状态
SHCM - ATM 可调式 节流器(H81031)	SHCM - A™是可调式节流器设计的套筒式改型,提供远程油管 - 油管流动控制
馈入式生产和隔离封隔器 (H78466 - Premier®) (H78128 - Neopack) (H78560 - D_ ESP™)	贝克石油工具公司提供不同范围的生产和隔离封隔器,各种设备是为特定应用而特别设计和生产的。涉及范围包括从标定用于 68900kPa(690bar)HP/HT 环境的 Premier® 封隔器到标定用于 13780kPa(139bar)低压环境的 D - ESP™封隔器
InForce™集成管汇 (H81503)	InForce™集成管汇被设计来增加能被控制的层段数量,同时减少来自控制系统的、必须穿过油管悬挂器和井口装置的管线数量。集成管汇需要三条管线作为输入,以控制数量多达七个的井下工作阀
InForce™单线 转换开关(H81503)	InForce™单线转换开关允许用一个单线输入来控制任意一个流动控制设备
液压止动螺母联接 (H78127)	各种液压管线终端是由贝克公司生产的外部可测试的止动螺母联接制成的。联接使用金属环式密封,外部测试端口便于金属 - 金属密封的双向测试以确保最大程度的可靠性
地面控制系统	现有地面控制系统的类型很多,范围从简单的手动控制 HPUs 系统到完全自动和远程控制的地面控制系统

据公司称,已经成功地在一口井中安装了长达 10007m 的控制线路。该系统还可用于监测流量剖面、注入剖面、套外流动、气举阀工作状况、套管漏失和串槽,发现漏失层段。

(五) Halliburton 公司

Halliburton 公司有全电控、平衡活塞液压、油藏平衡液压三种智能井控制系统。该公司已经安装了 14 套高端智能井系统,其中 8 套在北海、2 套在 Adriatic、2 套在墨西哥湾、2 套在西非。在其高端系统中,控制阀与压力温度传感器结合为一体,提供了一个无限变化的油层控制阀。该公司还有 38 套液压装置用于远东、中东及南美,这些装置系统提供了遥控的井下液压流量控制,但没有电子和压力温度传感器。

(六) Roxar 有限公司

该公司的全液压驱动智能井系统可控制 4 个油井层段。该公司的第一套智能井装置安装在委内瑞拉东部 Furrial 油田的 PDVSA 油井上,该装置包括放置在 4 个控制阀上的 12 个压力温度传感器,对油藏进行广泛监控。

（七）Norsk Hydro ASA 公司

该公司于 2002 年 8 月完成了业内第一口多光纤传感器智能井。光纤测量系统安装在北海挪威海域 Oseberg Ost（东）E - 11C 井，包括在井内安装多光纤压力计/温度计、分布式温度传感（DTS）光纤及地面操纵智能井流量控制装置。自设备安装以来，井下传感器阵列已经为日常油田生产管理提供测量数据，作业者能在整个油田生产寿命期间进行战略性油藏管理。E - 11C 井的井下压力计/温度计提供两个产层的连续监测数据；DTS 传感光纤提供整个井眼的温度数据，光缆把测量数据传输到地面。

（八）Weatherford 公司

Weatherford 公司是一个主要从事钻井、完井、人工举升等设备生产的公司。从 1999 年到目前，该公司在阿拉斯加、北海油田、墨西哥湾油田等世界范围内共安装了 50 多口智能井。该公司的主要产品是压力、温度、流量传感器，特别是光纤传感器。

在目前世界的智能井市场上，WellDynamics 占据了 50% 的市场份额，Baker Hughes 和 Schlumberger 公司各占了 20% ~ 25% 的份额，BJ 和 Weatherford 公司以及其他公司只占据了剩余部分的市场份额。

四、现场应用案例分析

（一）降低资本开支

油井动态公司在北海油田一个小型油气藏，油藏模拟结果显示，从单口生产井生产很短一段时间后，油藏压力将下降，为保持合理产量，需要进行注水。油田经济状况不支持采用一口生产井和一口注水井再加上相关水下基础设施来对该油田进行开发。钻专门的水下生产井和注水井，并安装注水基本设施，资本开支较大，不能实现经济开采。油井动态公司利用流动控制和监测技术，利用多分支技术，实现从上覆水层自流驱替，如图 6 - 25 所示，这个方案将大大缩减水下基础设施规模，资本开支节约了 50%。

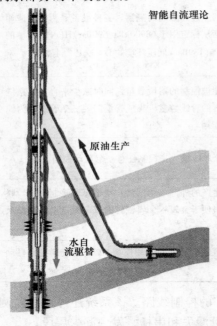

智能自流理论

原油生产

水自流驱替

图 6 - 25　智能自流完井示意图

（二）通过合采加速生产

中东的作业者正对一个层叠式的生产层系进行生产，该层系由多层砂岩组成，层间隔离状况良好。以前的生产方法是最初限制生产最底层，当产量下降时，封隔该层，射开紧挨着的上一层进行生产。

自油田投产以来，这个系统提供了安全、可靠的开采速度。作业者的看法是该油田能够实现更多的产量，因此要求进行筛选研究以确定在不影响分层配产（流量分布）的情况下采取合采措施的可能性。

利用作业者提供的生产剖面数据，经过简单研究，确定了合采产量和生产剖面。研究结果表明，合采不需要进行流动控制，维持常规生产程序和分层测试就能实现最佳分层配产（流量分布）。

进一步研究认为，利用专用的层间控制阀（ICV）控制裂缝型碳酸盐岩层进行间歇生产，使能够在关井期间保持油藏生产平衡，这样可进一步提高油藏产量。

安装了一个四层段电动－液压智能完井设备（SCRAMS™），使能够实现分层流入控制和压力/温度监测。完井以后，的确遇到了早期气窜，导致井底压力增加、产油量下降。关闭高产气层后，原油产量得以恢复。在油井工作过程中，通过持续的控制操作，就能优化原油生产。

作业者完成了一个研究，将未采用智能井技术的油井生产动态模拟结果与实际生产数据进行了对比。结果表明，在生产的前三个月，产量提高了大约 350 000bbl 原油。

第七章 油田污水处理技术

一、低渗透油田回注污水处理技术

近年来，我国探明的低渗透油田储量较大，约占总储量 70% 以上，全国未动用低渗透油藏储量约占总储量的 60% 以上。至 2007 年底，胜利油田低渗透探明储量 $7.31 \times 10^8 t$，占 15.4%。目前低渗透油藏的采收率为 18.8%，随着油田进一步开发，低渗透油田的开发比例会逐渐增加。所以，经济有效地开发低渗透油田是增储上产的有效途径。

在低渗透油田的开发中，注水工艺技术仍然是重要的采油措施。低渗油田具有油层物性差，孔喉小，非均质性强等特点，决定了注水开发具有很大难度，对注入水水质有较高的注水水质标准及水质控制技术。

胜利油田目前共有精细处理站 23 座，污水处理系统中低渗油田精细水处理量约为 $3 \times 10^4 m^3/d$，主要处理工艺采用预处理配套过滤和精细过滤的方式，精细过滤主要应用的是钛金属膜过滤器和改性纤维过滤。目前，低渗透污水精细处理后整体水质基本达到 A 级标准，低渗透水质符合率约为 90% 左右，但达到 A1 级水质的水量极少。从在用精细装置的现场运行情况分析，主要存在的共性问题是：对含油污水适应能力差，反冲不彻底；达标运行寿命短；同时处理好的水在输送过程中存在沿程水质污染恶化，至注水井井口水质严重超标问题，使回注水质严重达不到油藏要求。经过大量的分析和实践应用，污水含油对精细过滤器的过滤性能污染堵塞严重，保证精细过滤器正常运行的前提是必须尽可能的去除污水中的含油，同时应采取有效措施保持水质稳定，防止沿程恶化。本部分主要从注水水质标准、过滤工艺及与处理技术和水质稳定技术三方面进行调研。

（一）注水水质标准

不合格的注入水会对储层造成无法弥补的损失，因此必须有一个完善的注水水质标准以指导油田的注水工作，以保证油田持续有效地开发。

1. 国外注水水质标准的研究

对水质的要求和评价水质的依据是由产层结构及储集层性质决定的，国际上尚无统一标准。油田开发及注水专家以保护储层为目的，提出了一些原则性建议。前苏联一些专家认为，注入水的污染程度应根据对井底油层储集性质均一的注水井吸水动态分析而定，在注入压力稳定的情况下，注入井的吸水能力因堵塞造成的年下降率不超过 5%，每年只需洗一次井即可认为水质达到要求或有人认为吸水能力的年下降率低于 10% ~ 20% 为合乎要求或规定二项指标。美国则以滤膜系数评价水质，其标准是低渗透大于 20，高渗透在 10 左右。而对具体油田的注水指标，前苏联或美国都按储集层的渗透率大小分别确定。

美国多数石油公司认为，低渗透油田注入水悬浮固体含量应小于 0.1mg/L，颗粒粒径小于平均孔喉直径的 1/10；加拿大低渗透油田注入水水质的主要指标同美国完全相同；沙特阿拉伯加瓦尔油田要求回注低渗透油层的水中悬浮固体含量小于 0.2mg/L，颗粒粒径小于 $4.0\mu m$；前苏联要求注入水中含油量小于 0.5mg/L，悬浮固体含量小于 1mg/L，颗粒粒径小于 1.0μm；阿联酋要求回注低渗透油层的水中悬浮物固体含量小于 0.2mg/L，颗粒粒径小于 2.0μm。

2. 国内注水水质标准的研究

国内在参考国外标准及对各油田大量研究工作的基础上于 1988 年制定并于 1995 年重新颁布了中华人民共和国石油天然气行业标准 SY/T 5329—94《碎屑岩油藏注水水质推荐指标及分析方法》，目前国内普遍采用该标准（表 7 – 1）。

表 7 – 1 国内低渗透油藏注水水质控制指标

	悬浮固体/ (mg/L)	粒径中值/ (μm)	含油量/ (mg/L)	腐蚀速率/ (mm/a)	SRB/ (个/mL)	FB/ (个/mL)	TGB/ (个/mL)
A1	≤1.0	≤1.0	≤5.0	<0.076	0	$n \times 10^2$	$n \times 10^2$
A2	≤2.0	≤1.5	≤6.0		≤10		
A3	≤3.0	≤2.0	≤8.0		≤25		

何国健等人研究发现在低渗透油田开发中执行 SY/T 5329—94 这个标准时出现了很多问题，主要有两个方面：一是为了保证注入水水质达到注水水质标准，需采用精细过滤等污水处理技术，由此大大增加了污水处理费用；二是采用达到了注水水质标准的水注水反而使得油藏的非均质性更加严重，注水压力升高。在实验室主要对油和悬浮物两项指标进行研究的基础上，认为在制定注水水质标准时，可根据悬浮物粒径中值与储层孔喉的配伍程度，适当将以往的水质标准放宽，这样既能够节约处理水质达标的成本，还能够使悬浮物对储层的伤害降到最低。张燕等根据不同粒径注入水对储层伤害的实验评价技术，也认为低渗透油田注水水质标准应多根据油田的实际，在岩心试验的基础上制定切实可行的水质标准。胜利地质院在大量实验基础上，提出了胜利油田碎屑岩油藏注水水质指标（Q/SH 10201860—2008），对应水质见表 7 – 2。

表 7 – 2 胜利油田碎屑岩油藏注水水质指标

	注入平均空气 渗透率/μm²	<0.02	0.02 ~ 0.1	0.1 ~ 0.6	0.6 ~ 1.6	>1.6
控制指标	固体悬浮物含量/(mg/L)	<1.0	<5.0	<10.0	<10.0	<30.0
	悬浮物粒径中值/μm	<1.0	<1.5	<5.0	<5.0	<5.0
	含油量/(mg/L)	<5.0	<6.0	<15.0	<20.0	<40
	平均腐蚀率/(mm/a)	<0.076				
	点腐蚀	试片有轻微点腐蚀				
	SRB/(个/mL)	<25		<25		<25
	IB/(个/mL)	$n \times 10^2$		$n \times 10^3$		$n \times 10^4$
	TGB/(个/mL)	$n \times 10^2$		$n \times 10^3$		$n \times 10^4$

（二）低渗透油田回注水处理工艺

1. 低渗透油田回注水处理工艺（见图 7 – 1）

在低渗透油藏水处理技术研究中，国内外普遍采用常规采油污水处理流程辅以精细过滤技术。在运用精细过滤技术中使用的过滤器有预滤器和精滤器两种。如美国一般采用污水接收罐 – 气浮装置 – 双滤料过滤 – 精细过滤流程。得克萨斯州贝克斯油田的采出水就是采用这样的流程。该流程采用四级浮选机除油、悬浮物，经泵增压进入双滤料过滤器，再经滤芯过滤器进行过滤，处理后水中悬浮固体含量小于1mg/L，颗粒粒径小于1μm，符合该油田低渗透油层注入水水质要求。加拿大 Husky 油田，属于低渗透油田，注入水质要求高，采用除油、过滤、脱氧和杀菌的污水处理工艺。国内采出水用于回注处理工艺一般采用二级或三级处理，对低渗透油层再加一级深度处理，前段处理一般采用自然除油、混凝沉降、水力旋流、浮选。通过前面任意一种或两种工艺处理后，再根据不同要求加一级过滤或二级过滤过滤，对控制水中含油量和悬浮物颗粒粒径很有效。

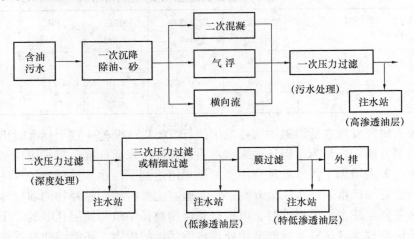

图 7 - 1　国内油田回注水处理工艺

2. 过滤技术

过滤技术是整个低渗透油田回注水处理过程中的关键技术，是去除悬浮物的主要手段，它决定了最终悬浮物含量和悬浮物粒径中值是否能达标，因而一直是油田采出水深度处理技术的研究重点。对低渗透油层，一般采用两级过滤，甚至三级过滤，其过滤级数与油层的渗透率相适应。精细过滤一般采用金属膜、陶瓷膜为代表的无机膜过滤和滤芯过滤、改性纤维过滤等有机膜过滤，但精细过滤难以达到 A1 水质。要达到 A1 水质需加膜分离，目前应用较多的超滤膜有管式膜、中空纤维超滤膜、震动膜等。

（1）管式膜过滤工艺

① 微生物和管式膜的组合工艺

管式超滤膜 TMBR 技术是一种高效的废水处理技术，它采用特种菌生化 + Berghof 管式膜相结合的处理方式，通过特种菌生化可去除大部分油等有机物，以膜分离代替活性污泥法中的二沉池，分离效率可大大提高，将微生物、胶体、SS 以及大分子有机物等物质完全截留，出水 SS、浊度几乎为零，分离效率可大大提高，解决了常规处理技术难以解决的难题。而且微生物反应器内活性污泥的浓度从 3～5g/L 提高到 15～20g/L，使微生物反应器体积减小，反应效率提高，出水中无菌体和悬浮物。采用高速交叉流过滤技术，污染物不易在膜表面结存，而使膜堵塞的污染物—油、有机物等大部分已通过微生物反应器进行了有效降解，通过膜时含量已经较低，膜元件不易堵塞，一般只需 3～6 个月进行一次清洗。系统水回收率高，几乎100%，只有化学清洗时损失部分超滤产水。其采用的流程见图 7－2。含油废水进行预处理后进入 TMBR 系统，生物反应器内的高的污泥浓度可使处理效率大幅度提高，主要污染物 CODCr、BOD 和氨氮得到有效降解，超滤产水中悬浮物、细菌、含铁量的去除

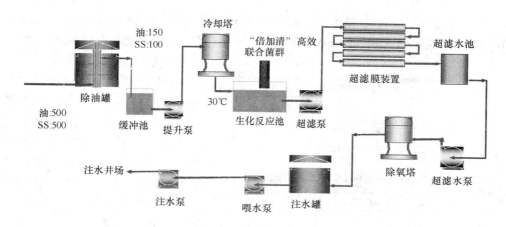

图 7-2 管式膜处理流程示意图

率基本达到100%，含油量的平均去除率达到96%，最高可达到98.6%。

台兴油田是苏北盆地溱潼凹陷低——特低渗细砂岩油藏的典型油田。油藏埋藏在2500~3000m，储层非均质为中等~较强，孔隙度分布区间14%~22%，渗透率分布区间$0.8 \times 10^{-3} \sim 138 \times 10^{-3} \mu m^2$，喉道直径为4~10μm。由于台兴油田联合站原设计流程污水处理后水质不达标，不能满足油田污水回注的需要。因此，2005年6月在原注水站的基础上按微生物与膜过滤复合处理工艺技术进行改进，12月26日投入运行，设计处理能力350m³/d。运行结果表明：处理能力达到设计要求，水质化验分析数据优于SY/T 5329-1994A1标准。

在台兴油田试验成功的基础上，此项技术于2006年6月在腰英台油田推广应用。腰英台油田储层岩性以粉砂岩为主，少量为泥质粉砂岩和细砂岩，单层砂岩厚度1~6m，孔隙度10%~15%，渗透率$0.1 \times 10^{-3} \sim 10 \times 10^{-3} \mu m^2$，属低孔、特低渗透油田。2006年12月腰英台油田联合站投入运行，采用德国Berghof公司的8寸管式超滤膜组件，共36支，6支一组。污水处理能力1500m³/d。现场运行结果表明，进水的CODcr、含油、悬浮物分别为1000~1500mg/L、50~200mg/L、100~500mg/L时，整个处理系统一直运行稳定，出水含油、SRB、硫化物检测不出，粒径小于1μm，悬浮物小于1mg/L，超出回注水的要求，实现了水的循环利用。

② 物化预处理与管式膜组合工艺

江阴金水膜技术公司在江苏油田开展了低渗透油田回注水管式膜处理试验，采用的沉降罐出口污水，处理规模240t/d，2007年9月开始运行，进水悬浮物含量20~30mg/L、油含量15~30mg/L、粒径中值2~5μm时，出水悬浮物小于0.9mg/L，含油小于5mg/L，粒径中值小于1μm，达到低渗透油田回注水标准。

该技术进膜含油量高，膜污染严重，通量下降快，运行期间一天清洗一次。

（2）中空纤维超滤膜

中空纤维超滤膜具有膜表面积大，占地面积小，过滤压力低，过滤精度高等优点。可有效截留水中的悬浮物、颗粒物、细菌、大肠杆菌、致病原生动物等，产水浊度<0.1NTU，SS<1mg/L。可反向清洗，清洗效果好。

① 榆树林油田中空纤维处理工艺

大庆油田东十四转油站经过改造处理后的水质无法满足榆树林油田特低渗透油层要求的回注水水质指标而被迫外排。大庆油田重新制定出了一套适合榆树林油田储层的水质标准。

该标准要求悬浮物粒径中值应控制在 $0.5\mu m$ 以下，悬浮物含量 $\leqslant 1.0mg/L$，含油 $\leqslant 5.0mg/L$，铁细菌 $< 1 \times 10^2$ 个/mL，腐生菌 $< 1 \times 10^2$ 个/mL，不能含有硫酸还原菌。

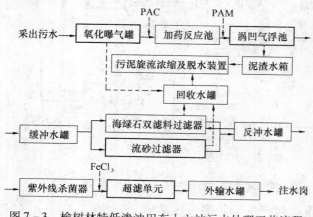

图7-3 榆树林特低渗油田东十六站污水处理工艺流程

根据水质标准确定了"氧化曝气+涡凹气浮+砂滤（流砂过滤器或海绿石过滤器）+PVC中空纤维超滤膜"为主的新型、简短、高效的含油污水处理工艺，并进行了处理量为 $500m^3/d$ 的工业化应用，用来处理整个油田的采出含油污水（见图7-3）。

该工程2006年10月建成，2007年4月投产，通过近1年多的运行，东16含油污水处理站来水水质在含油 $10\sim300mg/L$、含悬浮物 $20\sim200mg/L$、含硫化物 $20\sim90mg/L$ 的范围内波动，最后超滤膜出水平均含油 $0.3mg/L$、悬浮物平均含量 $0.7mg/L$、粒径中值平均 $0.954\mu m$，不含硫化物，达到了"5-1-1"水质标准。其运行费用（包括电费和药剂费）为 2.30 元/m^3，因处理规模小，各种设施配套齐全而增加了运行成本，如果放大处理规模，可相应降低运行成本。

② 大庆特低渗油田回注水处理工艺（见图7-4）

为达到特低渗透油田回注水标准，大庆油田第十采油厂在朝一污水站进行了新工艺技术现场试验。在试验基础上，大庆油田公司与第十采油厂组织实施了特低渗透油田含油污水处理工艺现场试验，其规模为日处理 $500m^3$。氧化除硫装置与衡压气浮装置形成连续好氧环境，不仅去除了来水中的硫化物，同时对硫酸盐还原菌起到了抑杀作用。衡压浅层气浮装置采用了先进的溶气技术，可产生直径 $20\sim40\mu m$ 气泡，能有效地去除水中的乳化油及溶解油。在进水指标为油含量 $\leqslant 300mg/L$、悬浮物固体含量 $\leqslant 200mg/L$ 时，出水指标可达到油含量 $\leqslant 8mg/L$、悬浮物固体含量 $\leqslant 25\sim50mg/L$。海绿石作为一级过滤装置，主要目的在于去除污水中的悬浮物，为膜处理提供水质保证。双层膨胀滤芯分离技术是微滤膜分离技术与弹性纤维绕制技术相结合的固液分离技术。污水首先经过下层的单层滤芯，为上部过滤提供水质保障。上部为保安部分，采用双层膨胀滤芯，滤芯内层为微滤膜，保证出水的精度，膜的过滤孔隙为 $0.5\mu m$。外层为特殊牵引技术缠绕的疏油改性纤维弹性丝，孔隙为 $2\mu m$，对大颗粒杂物和油起拦截作用。在高效前处理基础上，外压式PVDF中空纤维超滤膜装置对水中油及悬浮固体去除效果稳定，膜后出水油含量为痕迹，悬浮固体含量平均值为 $0.32mg/L$，粒径中值平均值为 $0.82\mu m$，达到特低渗透油田回注水标准。朝一联合站 $7000m^3/d$ 改扩建工程设计已采用了膜处理工艺流程。

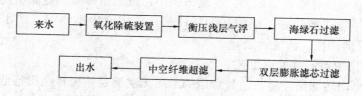

图7-4 特低渗油田回注水处理工艺流程图

（3）震动膜过滤技术

震动膜过滤可以有效地提高膜面的剪切速度，抵抗膜污染，提高回收利用率，同时能够节省大量的能源，在国外得到充足的开发和运用。其原理示意图见图7－5。而在国内对其研究较少，少数几家公司通过引进超频振动膜技术取得了良好的经济和社会效益。超频振动膜系统通过在膜面产生正弦切力波，有效阻止颗粒物质在膜面的沉积，而且强剪切力能够使沉积在膜面的物质返回到料液中去，从而保持较高的过滤通量。

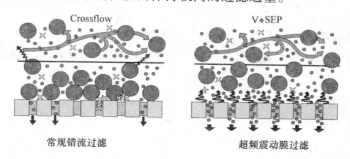

图7－5　震动膜抗污染原理示意图

华孚公司总承包建成的辽河油田欢喜岭采油厂欢7站精细注水站示范工程即采用的该膜工艺。基本流程是：经油田污水处理站处理后的油田采出水－加药反应后进入高效溶气气浮机－过滤前水箱（阻垢缓蚀）－双滤料过滤器－保安过滤器－过滤后水箱（化学杀菌）－超频振动膜处理装置－外输水箱（紫外线杀菌）。来自欢二联的采油污水，进入调节水罐，出水经提升泵送至快速混合装置，经加药混合反应后进入斜板溶气气浮，气浮去除水中的油、悬浮物、铁等物质，气浮出水经滤料过滤和保安过滤后，出水悬浮物粒径小于$1.5\mu m$，油和SS含量小于$2mg/L$，最后经气动膜处理，控制出水悬浮物粒径小于$0.8\mu m$。

本示范工程2005年2月投产，至今稳定运行4年多。处理各阶段水质见表7－3。该示范工程的建设和成功运行，为该区的8口注水井提供了稳定合格的回注水，解决了多年来欢北低渗透油田注水的"瓶颈"问题。减少含油污水排放量180 000m^3/年，节约油藏注水用清水120 000m^3/年，使低渗透油田增产原油1450吨/年。该工程吨水处理成本3.69元，规模扩大可以降低投资和运行费用。

表7－3　各段控制水质指标

	含油量	悬浮物	粒径中值	SRB
气浮进水	≤100	100～300		$n\times10^5$
保安过滤出水	≤2.0	≤2.0	≤1.5	$n\times10^2$
气动膜出水	≤1.0	≤1.0	≤0.3	≤10
注水水质要求	≤1.0	≤5.0	≤0.8	≤10

（三）水质稳定技术

要保证低渗透油田注入水的水质，不仅需要高效的预处理工艺和设备及可靠的精细水处理技术和装置，还必须对注入水水质进行水质稳定处理。否则，便会前功尽弃，经过深度处理的水还会受到二次污染，注入地层会造成油层损害。水质的稳定处理过程主要由脱氧、杀菌、防腐和阻垢等几个环节组成。

1. 除氧技术

除氧技术主要措施有机械脱氧和化学脱氧。

机械脱氧主要有真空脱氧和逆流脱氧两种方法。真空除氧是利用低温水在真空下达到沸腾，从而达到除氧目的。基于亨利定律机理设计的真空除氧，在脱氧装置内一方面应尽量降低压力（提高真空度）；另一方面设法扩大水体表面积，让水变成细的颗粒，在降低装置内压力的同时使溶解气有更多的机会逸出。当除氧器内真空度保持在 -0.089MPa 以上时，常温下的溶解氧含量低于 0.05mg/L，达到油田注水要求。真空除氧在常温下除氧，能耗低，对水质无影响，在除去水中溶解氧的同时也可去除 CO_2 等各种溶解气体，目前国内外油田注水除氧多采用这种形式。逆流脱氧多用天然气或氮气作为气提气对水进行逆流冲刷，可除去水中的氧，主要有真空旋流水除氧和超重力脱氧。

化学除氧常用的除氧剂有亚硫酸盐、联氨、肟类除氧剂、喹啉化合物等，宜根据脱氧效果和成本进行筛选。

2. 杀菌技术

目前油田采用的杀菌技术有投加杀菌剂杀菌、电解盐水杀菌技术、紫外线杀菌、微电流杀菌、生物抑制等。

（1）投加杀菌剂杀菌

由于投加杀菌剂的方法具有经济性，见效快、操作方便等优点，在油田上被广泛使用。我国注水系统杀菌剂的研究起步于 20 世纪 60 年代，广泛使用则从 20 世纪 80 年代初期开始，经过 20 多年的研究，现已形成一定规模。

按杀菌剂的化学成分可将其分为无机杀菌剂和有机杀菌剂两大类，其中无机杀菌剂有氯、臭氧、次氯酸盐等；有机杀菌剂有季铵盐、有机氯类、二硫氰基甲烷、戊二醛等。按杀菌剂的作用机理又可将其分为氧化性杀菌剂和非氧化性杀菌剂。氧化性杀菌剂是通过氧化作用破坏细菌的细胞结构，或氧化细胞结构中的一些活性基团而发挥杀菌作用，如氯、次氯酸盐等。非氧化性杀菌剂是通过选择性地吸附在菌体上，破坏其细胞膜，从而抑制细胞生长繁殖，如季铵盐、戊二醛等。

杀菌剂杀菌也存在一些缺点，如菌类易产生抗药性，在含油污水中长期使用杀菌效果会降低，而且杀菌剂的加药成本高。开发具有良好的配伍性、一剂多用性、对注水环境（如温度、压力、pH 值等）要求低的杀菌剂是今后发展的主要趋势。

（2）紫外线杀菌技术

紫外线杀菌原理：微生物细胞中的核糖核酸（RNA）和脱氧核糖核酸（DNA）吸收光谱的范围在 $240 \sim 280\text{nm}$，对波长 $255 \sim 260\text{nm}$ 的紫外线有最大吸收。而紫外线杀菌灯所产生的光波的波长恰好在此范围内。紫外光被微生物的核酸所吸收，一方面可使核酸突变阻碍其复制、转录，封锁蛋白质的合成。另一方面，产生自由基，可引起光电离，从而导致细胞的死亡，由此达到高效杀菌的目的。

紫外线杀菌技术由于其处理成本低以及对菌类杀灭强的特点近年来在油田上得到推广应用。但其在含油污水中应用要求来水水质稳定，在现场应用中发现：紫外线杀菌装置安装初期杀菌效果相对较好，装置出口细菌含量基本上能达到回注污水指标要求。运行一段时间后杀菌效果明显变差。导致这种后果的主要原因是油田污水含油量大、含悬浮固体含量大、浊度大，减弱了紫外线的透光率，降低了杀菌效果；油田污水高矿化度、高水温，造成石英管结垢，导致杀菌效果降低；紫外线杀菌只是瞬时、局部杀菌，不能杀灭管壁附着的细菌，而且在后续流程细菌会再繁殖。因此紫外线杀菌工艺的长期稳定性和持续杀菌效果还有待于进一步观察和完善。

（3）电解盐水杀菌技术

电解盐水的杀菌原理是利用次氯酸钠发生装置，通过电解粗盐水产生次氯酸钠溶液，通入回注污水中直接杀菌。次氯酸钠是一种氧化剂，对细菌的细胞壁有很强的吸附和穿透能力，能快速地抑制微生物蛋白质的合成而破坏微生物，达到杀灭细菌的目的，而且长期使用不产生抗药性。

在大庆油田南一、南三、官一联等站进行的现场试验表明：该技术杀菌效果较好，持续杀菌能力强，杀菌后至配水间各点的细菌含量都能达到注水指标要求。对于矿化度低、还原性物质含量较低的北部油田污水杀菌，次氯酸钠的最佳浓度为12mg/L；对于矿化度高、还原性物质含量高的南部油田，次氯酸钠的加量还需加大。在庄一污水站一年多的电解盐水杀菌现场先导试验也得出结论：只要在设备正常运转时保证污水中次氯酸钠质量浓度，杀菌效果较好，而且次氯酸钠在后续流程中可以持续起到杀灭细菌的作用。该技术用于油田污水处理在技术上是可行的，但这种技术对设备的性能要求较高，管理相对比较复杂。

（4）生物抑制

生物抑制利用反硝化作用抑制SRB活性，利用微生物的生物竞争淘汰法，将油田微生物问题转变为有利因素，以达到除去硫化物的方法。反硝化抑制的方法不是杀灭SRB，而是抑制SRB的活性，长期抑制之后SRB菌群优势地位会逐渐下降，SRB的相对数量也会逐渐减少。该方法具有安全环保、作用时间长和波及范围广等优点。反硝化抑制技术解决了物理杀菌技术由于作用区域的限制，对远距离的SRB或附着型的SRB难以达到杀灭效果的问题，也避免了化学杀菌法中菌剂产生耐药菌以及由于杀菌剂的大量使用给环境带来的污染负荷问题。

（5）组合技术

将杀菌技术进行组合应用，可以提高联合杀菌效果。

2004年在大庆中十四联污水站试验了变频器杀菌器和紫外线杀菌器的组合杀菌技术。即通过变频器杀菌对污水进行细菌控制，抑制和减弱细菌在水处理系统的繁殖以及硫化物的产生；利用紫外线杀菌装置对过滤出水进行细菌杀灭，以保证滤后水中细菌含量达到注水水质指标要求。试验认为：物理杀菌组合每年折算费用21.08万元，低于化学杀菌年药剂费用156.4万元，具有可观的经济效益。目前，已在大庆油田70多座污水站推广应用。

郑永哲将超声波技术与紫外线杀菌技术相结合，通过超声波的振动清洗、振动剪切和空化作用可以分别实现对石英防水套管的动态清洗、分割破碎悬浮颗粒和产生大量空化气泡，提高紫外线透射率和杀菌率。在大港油田进行的试验表明，硫酸盐还原菌SRB数量从10^5个/mL减少到6个/mL，杀灭率达到99.9%以上。

LEMUP杀菌技术是采用多相催化氧化技术并结合紫外线技术等为一体的水处理技术，利用紫外线独立杀菌的同时，向光触媒提供光源，使其产生光催化作用，产生大量的羟基自由基，杀灭SRB。在喇340污水站的滤后水外输流程进行现场试验。来水指标要求：含油≤30mg/L，悬浮固体≤20mg/L，SRB≤10^5个/mL；出水指标要求：SRB≤100个/mL，杀菌效果延缓24h。装置投运以来，化验数据表明，细菌含量达到回注要求，运行成本为0.03元/m³。

3. 防垢技术

国内外对油田注水系统结垢的防治技术有多种，主要分为化学技术、工艺技术和物理技术。

（1）化学防垢技术

化学防垢技术是将化学防垢剂注入合适的注水系统部位，通过防垢剂的低限抑止机理或晶格畸变机理破坏和毒化已形成的垢晶体，达到抑制垢生长的目的；也可通过防垢剂的螯合作用使其和游离的钙、镁离子结合，形成稳定的可溶于水的五元化合物或六元化合物，减少水中的钙、镁离子浓度。因此，即使水中有很多 CO_3^{2-} 或 SO_4^{2-} 离子，也不再容易形成结垢。

针对各个低渗透油田的条件和结垢类型，目前国内已经研制出品种繁多的防垢剂，主要是有机膦酸型防垢剂和聚合物型防垢剂两类。化学防垢技术可以涉及到结垢生成过程的各个层面，对结垢部位也没有太多的限制，目前已经发展成为一种相对有效的防垢技术。

防垢剂在实际应用中也有一定的局限性：它的使用效果取决于化学防垢剂是否均匀分散在水中，在某些工况下如斜井和定向井中，防垢剂分散不均匀，防垢效果较差；它需要额外的设备来添加药剂，同时药效较短也导致了药剂费用较高；此外，使用化学防垢剂还会对油层造成一定的污染。

（2）工艺防垢技术

工艺防垢技术基本上是通过过滤塔、加药罐、加药泵、氮气密封系统和搅拌系统这一整套设备实现的，经过一系列的化学物理方法，对注入污水进行沉淀、过滤、除氧以及杀菌等措施，改善注入水水质，降低注入水中钙、镁等离子的含量，从而降低出现大量结垢的风险。

孟庆标等针对桩 74 块特低渗油藏由于注入污水硬度高，导致地层结垢堵塞严重，注水井吸水能力下降问题。在污水结垢机理和软化处理研究的基础上，确定了氢氧化钠沉淀法进行水质软化处理的工艺。污水处理后，水质指标达到了桩 74 低渗油藏的注水要求，防止了地层结垢，改善了油层吸水能力。

各个油田都为注水系统尤其是注水井油管的防结垢做了许多努力，目前，通过在管道表面涂层处理技术，利用具有特殊性能的涂层来阻止垢在涂层表面上的形成，也能起到一定的防垢效果。表面防垢涂层油管技术有化学镀镍磷涂层、渗氮渗铝涂层、不锈钢衬里、玻璃钢涂层和环氧树脂涂层等。

（3）物理防垢技术

目前低渗透油田注水系统常用的物理防垢技术有磁场、超声波、射频电场、电磁场等技术，主要将物理设备形成的超声波和电磁波作用于成垢晶核上，这些被声电磁作用过的垢的晶核在水中就保持弥散或胶体的形式，在后续碰到管体表面时，很难再长大形成垢。

物理防垢技术目前研究应用较多的是电子防垢技术、高频及射频防垢技术、量子管通环和超声波防垢技术等。

二、采油污水深度处理资源化利用技术

（一）胜利油田目前现状

随着油田开发进入高含水期开采阶段，生产开发过程中产生大量的采油污水。由于油田污水差异性和特殊性，目前油田污水处理仍面临着许多问题和矛盾，一方面由于油田污水处理水质达不到使用要求，油田开发过程中的油田注水用水、热采生产用水、三次采油配置聚合物用水等要消耗大量的清水，另一方面，油田整体污水富余，需要处理后达标外排，或者回灌。

目前胜利油田每年约有 $5876.5 \times 10^4 m^3$ 富余污水，其中，无效回灌污水量 $3358 \times 10^4 m^3/a$，回

灌成本高达 7 元/m³ 以上；外排 $2518.5 \times 10^4 m^3/a$，达标外排费用 2 元/m³。另一方面，胜利油田每年要耗用 3285 万方清水，大量清水消耗和富余污水处置之间的矛盾在一定程度上影响了油田的开发和持续性发展，出于环境保护和节约资源考虑，如何经济、有效地处理这部分未能回注的污水，使其得到资源化利用是目前油田可持续发展的关键，也是含油污水处理的一个研究热点。

本部分主要从采油污水回用途径及深度处理资源化利用技术两方面进行了调研，以其对胜利油田富余污水的资源化利用提供借鉴与参考。

（二）采油污水回用途径

在我国，油田富余污水深度处理回用的主要途径有：作为低渗透油田注水、用作注汽锅炉给水、三采配聚用水及灌溉用水等。

采出水回注低渗透油层，水质要符合 SY/T 5329—94《碎屑岩油藏注水水质推荐指标》水质标准；采油污水深度处理用作注蒸汽锅炉给水，则要严格控制 Ca^{2+}、Mg^{2+} 等易结垢离子含量、油脂、二氧化硅及总矿化度等指标，处理后水质应满足中国石油天然气总公司在稠油集输及蒸汽系统设计规范（SY 0027—94）中规定的热采锅炉给水的水质指标或锅炉制造厂家规定的水质要求。用作三采配制聚合物用水，则要去除污水中导致配制聚合物溶液黏度降低的离子及其他污染物。

此外，用作灌溉用水也是一条途径。大庆采油二厂南四联合站采用电渗析处理联合站出水。所产淡水的含盐量 431.17mg/L，满足了非盐碱土地区灌溉水的含盐量小于 1000mg/L 的要求。通过综合危害系数（K）法对处理后的油田采出水评价发现，经过膜法处理的采油污水由不适宜灌溉的四级水变成能够进行常年灌溉的一级水。

在国外除以上回用途径外，作为恢复牧场和野生动物栖息地用水、河流排放以补充地表水域、家畜用水、甚至生活饮用水及补充地下水层以备将来只需等都是可行的回用途径。

（三）采油污水资源化处理方法

采油污水含有油、有机物、盐、微量元素等污染物，要实现资源化回用，必须采用合适的工艺手段去除其中的 TDS 及其他污染物，达到相应的用水标准。目前国内外采用的淡化工艺主要有蒸发法、膜处理和冰冻法等。

1. 蒸发工艺

蒸馏法通过把污水加热到沸点或降低蒸汽压两种途径实现，可产生 TDS 在 2～50mg/L 的高品质产水。目前主要采用多效蒸馏、多级闪蒸和蒸汽压缩三种方法。目前国外采出水资源化利用实施案例中应用较多的是机械蒸汽压缩工艺，即 MVC（Mechanical Vapor Compressor）工艺。

（1）GE 蒸发器

采用蒸发法处理废水，必须使用特殊的蒸发设备和专用技术以产出满足汽包锅炉给水水质要求的蒸馏水。降膜蒸发器（见图 7-6）是目前使用较多的蒸发设备。该工艺采用的垂直管式薄膜蒸发器，热交换效率高，单独的垂直管布流器又能保证含盐水始终布满在垂直管内壁形成均匀的薄膜，不结垢。

蒸发法处理稠油废水始于 1999 年，目前，在加拿大阿尔伯达和其他国家大约有 14 套运行和在建的稠油废水蒸发装置。至少有 12 套新的蒸发器处于计划阶段并将在未来几年陆续投用。以蒸发法采油废水处理工艺代替传统石灰软化结合弱酸离子交换工艺是 SAGD 技术和经济可行性提升的标志。

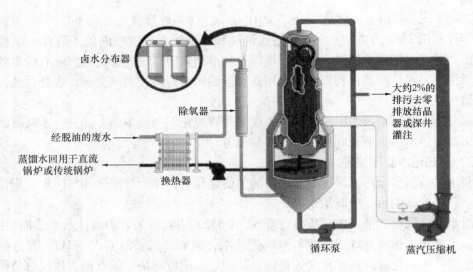

图 7-6　蒸汽压缩降膜蒸发器系统示意图

阿尔伯特油田 SAGD(Steam Assisted Gravity Drainage)采用机械压缩蒸发工艺分 3 个阶段：

1999~2002 年，起初将蒸发器引入 SAGD 工艺时，主要与石灰软化加弱酸离子交换系统结合来处理稠油废水，将蒸发器与结晶器相结合，可有效处理直流蒸汽锅炉汽水分离器的排污。采用该工艺处理 SAGD 直流锅炉从汽水分离器分出来的浓缩水，实现污水零排放，蒸发后的水进直流锅炉。装置中所有水资源重复循环利用，只有固体排放。装置的成功运行，证明了蒸发法处理稠油废水是可行的，且可靠性高。期间，在 JACOS 和 Petro - Canada Mac-Kay River 安装了最早的两套 SAGD ZLD 系统。

2002~2003 年，采用该工艺替代了传统的石灰软化结合弱酸离子交换工艺直接处理除油后的 SAGD 采出水，蒸馏液被用作直流蒸汽锅炉的补水，极大地改善了系统的稳定性。应用的工程有：KuwaitOil 工程，处理量为 245m³/d；Tengizchevroil(TexacoChevron)工程，处理量为 1080m³/d；2005 年，投产的 SuncorFirebag 油田(SAGD 二期工程)处理规模已达到 15000m³/d，处理后的 SAGD 采出水，直接作为直流注汽锅炉的给水。

2004 年以后，基于蒸发法在上述装置及其他系统的成功经验和数据，直接处理除油后的 SAGD 采出水，将蒸发后的水进汽包式锅炉，产生 100% 干度的过热蒸汽直接进行 SAGD 油田的注汽。2004 年 Deer Creek 能源公司决定进一步发展稠油废水蒸发工艺，在 Joslyn 油砂层项目第二期装置中(设计处理规模 10000bpd)采用废水蒸发系统接常规汽包锅炉的工艺，代替直流蒸汽锅炉生产注汽用蒸汽。并计划进一步采用零液体排放结晶系统，将蒸发器排渣处理为干固体，即实现所有废液的零排放。蒸发法产出的高品质蒸馏水完全满足汽包锅炉对给水水质的更高要求，同时汽包锅炉排污量很少(通常为 1%~3%)，能效高，生产 100% 干度蒸汽，不需外部汽水分离器，因此此工艺包的设备造价更经济，同时生产效率更高、能耗更低(见图 7-7)。

根据对 2005 年投运的阿尔伯达(两套)和其他国家(共四套)废水蒸发装置的运行参数和经济性分析表明：加热管没有结垢和传热系数降低的迹象，蒸发系统实际可运行的负荷为设计负荷的 116%；压缩蒸发工艺要求进水中油含量小于 20mg/L，实际运行中，出现过油含量 100mg/L 的采出水进入压缩蒸发系统的工况，但未影响蒸发系统出水的水质；蒸发系统

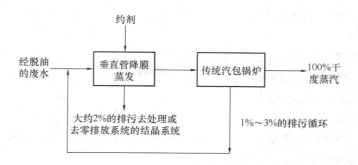

图 7-7　SAGD 废水蒸发回收处理和蒸汽生产工艺

出水的水质能满足 ASME 汽包锅炉的进水水质要求；采用压缩蒸发系统处理采出水的单位电耗为 $16 \sim 17 \mathrm{kW \cdot h/m^3}$。如设计包括零排放操作，电耗达 $18 \mathrm{kW \cdot h/m^3}$ 以上。

（2）Aqua Pure 蒸发器

针对降膜式蒸发器安装费用高、维护困难等缺点，Aqua Pure 对蒸发器做了许多改进，使结构紧凑，重量轻，模块化（安装费用低），高效，降低结垢，运行稳定耐用。Aqua Pure 的专利蒸发器设计，采用宽间隙板蒸发器代替了传统的壳管式蒸发器，升膜设计，沸腾发生在湿表面，抑制了结垢。即使结垢两个人在一到两班时间内即可清理完成。

NOMAD2000 蒸发器（图 7-8）是 Aqua Pure 设计的移动式油田污水处理装置。装置可使经处理后污水销售，重复利用或环保排放。模块化设计便于运输，减少安装和场地费用。NOMAD 2000 装置由三个模块组成：预处理模块，蒸发器模块和压缩机模块。装置全自动化可以实现远程监控和关停。装置处理量进水 $397 \mathrm{m^3/d}$，蒸馏水产量 $318 \mathrm{m^3/d}$，最大进水 TDS80000mg/L，动力可由电或天然气提供。预处理模块 40ft 长，重 25000 磅；蒸发器模块 37ft 长，重 42000bbl；压缩机模块 30ft 长，重 96000bbl。

图 7-8　NOMAD 2000 移动式油田污水蒸发器

应用实例：在某干旱地区气田，需要大量的水进行压裂提高产量。由于当地水资源缺乏，需要花费高额费用拉水，并且由于产出水含有大量溶解盐，需采用深井注入方式处置。安装 NOMAD 2000 后，85% 的产水作为蒸馏水回用压裂。过剩浓缩液可采用结晶器处理。

（3）国内蒸发技术研究

国内蔡钊荣等采用以低温多效蒸发技术为核心的处理工艺，在郑王庄油田稠油进行了处理量规模为 $50 \mathrm{m^3/d}$ 的中试试验，将矿化度为 12000mg/L、总硬度 1100mg/L、$SiO_2$250mg/L 的污水处理后达到热采锅炉供水标准。由于试验采用 4 效蒸发装置，故运行成本较高达

25.79 元/吨水，如果采用增加效数、利用廉价热能等措施，处理费用可降至 10 元/吨水以下。

胜利油田设计院与加拿大爱德摩环保集团开展了蒸发技术科研攻关及前期试验研究。爱德摩环保集团采用机械压缩蒸发处理技术，在美国 RCCI 实验室对孤岛油田的孤五、孤六以及垦西污水进行试验，取得小试成功。

2. 反渗透淡化技术

反渗透技术是当今最先进的膜分离技术，利用反渗透膜选择性地只能透过溶剂（通常是水）的性质，对溶液施加压力，克服溶剂的渗透压，使溶剂通过反渗透膜从溶液中分离出来的过程。反渗透适用于高含盐采油污水的深度处理，其结构示意图如 7-9。

① 国外反渗透技术在油田的应用进展

国外反渗透装置第一次大规模应用于油田采出水处理是 1989 年加利福尼亚的贝克斯油田，其水处理装置包括除油、澄清、过滤、反渗透脱盐装置，处理后

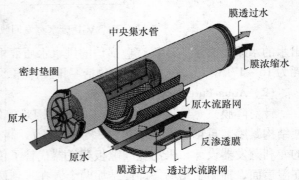

图 7-9 反渗透膜结构示意图

的水用于电站锅炉给水。这套水处理装置成功地将含盐 3000mg/L，硅 62mg/L，油 3.5mg/L，总有机碳（TOC）16～23mg/L 的采出水处理到锅炉用水水质。

1997 年，美国在加利福尼亚州的 Santa Clarita 进行了以反渗透单元为核心的采油污水深度处理工艺中试。采油污水经核桃壳过滤、澄清、生物滤池、压滤、离子交换、反渗透处理。石油类、TDS、TOC、硬度分别由原来的 20mg/L、6000mg/L、120mg/L 和 1～5mg/L 降到 <0.1mg/L、145mg/L、2mg/L 和 <1mg/L（以 $CaCO_3$ 计），出水达到美国环保局（EPA）饮用水标准，可用于锅炉给水、农业灌溉和饮用水。但其成本较高，达到 16 美分/桶（同期饮用水为 5.2 美分/桶）。

2003～2006 年美国能源部、国际能源技术实验室和得克萨斯 A&M 大学 GPRI 共同资助了一个从油气田产出水回收淡水的项目（No. DE-FC26-03NT15427）。一个联合攻关小组对油田产出盐水和巴涅特叶岩压裂返排液的深度膜过滤工艺及回收淡水的资源化利用进行了研究。项目的目的是开发处理油气生产产出废水的反渗透过滤膜和评价利用液-液离心分离机、有机黏土吸附、微滤及评估不同的跨膜压差和回收率，以优化工艺流程设计。其工作包括将新工艺、材料与现有的处理装置集成，改进预处理效果及开发耐油的反渗透膜，开展大规模的长期和短期试验，获得长期运行的膜除盐效率和膜污染特征。项目对将油田污水处理达到灌溉用水标准的集成工艺进行了技术经济可行性评价。实验结果显示：将现有的技术如离心分离、有机黏土吸附、微滤、超滤及反渗透等集成优化，可将 TDS 为 45000mg/L 的污水处理达到灌溉水标准（TDS 小于 500mg/L，TOC 小于 2mg/L）。实验认为：有机黏土吸附可将污水中含油量从 200mg/L 降至 29mg/L 以下，这部分残余油如果采油膜过滤方式去除，虽然能达到反渗透进水要求，但是膜污染严重，因此不被认为是除油的有效方式。

为了使得克萨斯 A&M 大学 GPRI 开发的适合油田污水净化的独特的预处理和反渗透处理的方法技术商业化，得克萨斯 A&M/GPRI 将这套淡水回收技术转让给 GeoPure 水技术，

LLC。GeoPure 在得州中部的巴涅特叶岩带安装了一套 200gal/h（约 45.43m³/h）商业化系统。系统包括机械过滤、微滤、Mycelex 专利除油装置和反渗透装置，配有远程监控和自动起停装置。2007 年 1 月始，成功的从压裂返排液回收了淡水，试验认为运行成功的关键在于预处理，特别是去除钡、锶、铁等结垢离子、聚合物、有机物及胶体物质等对反渗透膜造成伤害的物质。同时认为有效的在线膜清洗可以避免严重的膜维护问题。反渗透系统处理结果见表 7-4。

表 7-4 反渗透系统处理结果

巴涅特叶岩压裂液测试				
分析项目	原　水	预处理后	微　滤	反渗透产水
碱度	160	58	57.4	4.69
重碳酸盐	195	70.7	70.1	5.72
碳酸盐	<1.2	<1.2	<1.2	<1.2
OH	<1	<1	<1	<1
pH	6.86	6.82	6.15	6.28
悬浮固体总量	4200	54	<4	<4
钾	77.4	39.3	39.2	1.13
镁	72	43	40.3	0.094
钙	676	472	448	0.662
钠	4504	2934	2876	63.6
硼	9.29	6.5	6.15	3.18
TPH	1.87	0.59	1.2	<1.1
TDS	14590	10429	9990	191
氯	7830	5386	5412	105
硫酸根	396	597	584	1.2
溴	77	52	55	1.33
磷	56	<1.5		<0.1
铁	173	12.2	0.934	0.017
锰	3.7	2.4	2.34	0.0023
铝	106	0.44	0.115	<0.03
钡	936	0.874	1.08	0.0007

2006 年 Aera Energy LLC 提交的能源部项目（DE-FC26-02NT15463）的最终报告中称其在 SanArdor 油田开展了采出水资源化利用研究。采用的工艺流程为：来水经加酸、聚合物等化学剂进行沉淀处理后，经冷却后，进行反渗透淡化，反渗透产水回用。得出的结论是：进水 TDS 为 7000mg/L 时，经沉淀、软化、反渗透处理后，产水 TDS 小于 400mg/L，回收率为 75%；配合氯化镁等化学处理，硅含量可降至 60mg/L 以下；通过控制合适的 pH 值，反渗透可降硼含量达到 1mg/L，要达到更低水平需配合其他处理工艺；尽管取得了示范试验成功，但要进行大规模应用仍有很大的障碍和不确定性，如不确定的用户需求、用水标准和规章及过程的长期稳定性运行等。

2004~2008 年美国能源部资助项目（DE-FC26-04NT15548）利用 MFI 沸石膜处理煤层天然气产出水并回用，针对目前聚合物反渗透膜由于结垢、物料不稳定和效率不高问题，旨在通过分子筛过滤沸石膜开发一种反渗透新工艺来净化高 TDS 的 CBM 产出水。建成了膜面积为 0.3m² 的管状沸石膜装置，研制的膜具有良好的化学稳定性，高操作压力（>10MPa）和强湍流有效抑制了有机物结垢和浓差极化。在 SanJuanBasin 开展的处理 CBM 产出水的长期试验显示，对离子的去除率大于95%，膜表面垢沉积速度为0.15μm/d，小分子溶解性有机物同样会引起通量下降，采用10%的H_2O_2进行约10分钟的处理即可将膜通量恢复至90%以上。研究同时认为在海水淡化方面与聚合物膜相比，沸石膜并不具有优势，因其费用较高。但在特殊的工况下，如处理采出水、强溶剂及放射性环境中，沸石膜却可以是传统有机膜的有效替代。

Los Alamos National Laboratory（LANL）研发的反渗透处理采出水系统。包括四部分：改性沸石反应器、气相生物反应器、MBR和反渗透。改性沸石用于吸附有机物和滤除铁锰，饱和后用气冲洗再生，洗脱气体进入气相生物反应器，靠生物转化为无害物质。MBR用来去除有机酸。最后进入反渗透脱盐。该工艺在Farmington进行了中试，考察采用SMZ和MBR作为反渗透预处理的可行性，试验用水TDS为10717mg/L，TOC为571mg/L、油脂含量45.4mg/L，试验结果显示SMZ吸附柱对TOC的去除率达40%，进水BTEX浓度为70mg/L，SMZ处理后浓度降为5mg/L，再经MBR降为2mg/L。实验发现MBR膜结垢严重，建议通过控制pH和加大反系频率等方式预防膜污染。反渗透产水可作为工业农业用水或排入地表水系统。40加仑/分的处理规模下，处理成本为0.13~0.20美元/桶。

N. A. Water Systems，一家Veolia水解决方案和技术公司2008年宣布在San Ardo油田成功的示范了OPUS技术处理油田采出水。处理规模50000桶/d，产出水排放补给平原地下水。$OPUS^{TM}$（Optimized Pretreatment and Unique Separation）技术是一种处理高含硅、有机物、硬度、硼和微粒的进水的淡化工艺。工艺由多种处理过程组成：脱气、化学软化、过滤、离子交换软化、保安过滤和反渗透。产出水首先经过引气气浮和核桃壳过滤除油，降低油含量至1mg/L以下，然后经冷却降温，再加酸取出特定溶解气体（如二氧化碳、硫化氢等），脱气过程可以降低后续化学软化过程的固体废物产生量及碱用量，脱气水经多级化学软化过程除硬度和悬浮固体，该过程约产生重量比为6%~10%的固体废物，软化出水经多介质过滤、弱酸阳离子交换树脂和保安过滤进一步除硬、悬浮物等污染物，预处理的污水进两级反渗透处理。RO过程在高pH条件下操作，以有效抑制生物、有机物和微粒污垢，消除硅结垢，提高硅和硼的去除率。RO产水一部分作为冷却塔补给水，另一部分用氯化钙控制钠吸附比（判断是否满足农业用水的指标）。RO出水经湿地处理后排入含水层补给区。整个处理过程产生的液体废弃物（软化器再生废水、反渗透浓水等）注入Ⅱ级注入井，固体废物到商业垃圾掩埋场处理。进水TDS、硅、硼、总有机碳、含油量分别为5500~7000、0~300、0~330、0~80、0~60mg/L时，经处理后出水到达废弃物处置指标WDR要求的标准。San Ardo油田污水反渗透处理效果见表7-5。

表7-5 San Ardo油田污水反渗透处理效果

	原 水	反渗透产水	最终排放	WDR 要求
TDS	7000	76	180	600
钠	2300	43	50	100
氯	3400	检测不出	11	150
硫酸盐	133	检测不出	125	150
硝酸盐	10	检测不出	检测不出	5.0
硼	26	0.10	0.10	0.75

Ionics Inc 研发了一种 HERO 高效反渗透系统与传统的反渗透相比：运行稳定、运行成本低(一般比传统的 RO 要低 15% ~ 20%)、投资费用低(一般比传统的 RO 要低 30%)。主要的流程是通过软化去处水中的硬度，然后再通过脱气去处水中的二氧化碳，再加碱将 RO 进水的 pH 调到 8.5 以上。在这种模式下运行，RO 的回收率通常能够突破极限达到 90% 以上，且高 pH 运行可有效去除硼并预防膜结垢。

② 国内油田反渗透技术应用进展

国内对油田污水反渗透淡化技术仍处于探索研究和小规模现场试验阶段，并未见大规模工程应用。冯悦刚等针对油田稠油热采锅炉给水反渗透水处理方面存在的问题，对 22.5t/h 燃煤锅炉反渗透水处理工艺流程方案、反渗透水处理膜的清洗及维护技术进行了研究。

胜利油田采油院针对油田富余污水处置难度大，注汽锅炉、三采配聚耗用清水量大的矛盾，开展了反渗透淡化技术研究。并在陈庄集油站和孤三联合站进行了现场中试。采用的工艺为生化除油 + 超滤/反渗透双膜淡化，其中陈庄集油站处理规模 360m³/d 产水，孤三联合站处理规模 50m³/d。中试结果显示，生化出水含油量低于 2mg/L，保证了反渗透的稳定运行，反渗透产水水质均达到了注汽锅炉用水及配制聚合物用水标准。为胜利油田污水资源化利用开辟了新途径。

胜利油田设计院针对孤东污水处理站采用氧化塘处理出水硬度较高，盐份严重超标，难以满足污水回用要求的问题，为实现其资源化利用，在孤东污水站建立了"超滤 + 反渗透"中试双膜系统，试验发现，孤东污水站生化出水经过双膜工艺处理后，矿化度去除效率达到 92%。采用双膜处理工艺出水配制聚合物与清水配制聚合物的粘度相比黏度保留率达到了 91.4%，基本达到替代清水资源的目的。

3. 电渗析

电渗析处理的核心是具有选择透过性与良好导电性的阴阳离子交换膜。在外加电场作用下，当被处理的水通过离子交换膜时，阴阳离子发生迁移，阴阳离子分别通过阴、阳离子交换膜进入浓水室，被浓水带走，而淡水室排出处理的水就被淡化了。电渗析与近年引进的另一种膜分离技术反渗透相比，TDS 小于 3000 时，采用电渗析比反渗透更经济。

美国天然气技术研究所 GTI 在怀俄明州 Lysite 附近的 Wind River Basin 开展了 65 天的电渗析处理油田采出水试验，该水质 TDS 为 8300 ~ 10000mg/L，油脂含量 65mg/L，COD 为 330mg/L，设计处理后的水质达到地表排放的 NPDES 标准和灌溉及牲畜用水标准。目的是验证电渗析的性能和产水水质及评估经济性。采用的工艺是采出水经引气气浮除油、颗粒活性炭流化床反应器(GAC – FBR)除溶解性有机物预处理后，进入电渗析除盐。试验结果显示采用引气气浮(加入 5mg/L 絮凝剂)和生化处理可将天然气井产水的含油量由 100mg/L 降至 4mg/L 或更低，可溶性有机物去除率大于 90%，预防膜结垢；将 TDS 为 9000mg/L 采出水按需要降至 5000、2500 或 1000mg/L，动力消耗为 $ 0.01/bbl 到 $ 0.03/bbl。

国内大庆油田对该技术研究较多，王北福等采用超滤/电渗析工艺处理大庆采油二厂聚南八污水站污水，经自然沉降、混凝、两次压力过滤工艺初步处理后，管式超滤和电渗析的组合使用可以把含聚合物污水处理为配液用水。在大庆油田采油二厂进行了处理能力为 300m³/d 的含油污水超滤/电渗析中试验研究，主要考察超滤出水水质及其作为电渗析预处理的可行性、联用设备长期运行的稳定性和可靠性，同时分析了该工艺所能达到的技术经济指标，掌握放大规律，为万吨级工业装置和系统的设计提供基础数据。进水水质为含油 9.23 ~ 37.35mg/L、TDS3500 ~ 5620mg/L、COD300 ~ 1200mg/L。采用的工艺流程如图7-10,超滤采用美国KOCH的PVDF管式膜,电渗析水回收率80%,采用立式结构,4级4段模式电渗析膜堆,离子交换膜为上海化工厂生产的33612BW阳膜和33622BW阴膜。

处理出水的矿化度比清水高,但Ca^{2+}、Mg^{2+}含量显著低于清水,其配液黏度及抗剪切性能都超过了清水,可代替清水配制聚合物溶液进行驱油。据报道用产出水配制的聚合物黏度增加了63.5%,采收率提高了4.5%。电渗析的运行参数:脱盐率>80%,出水TDS<1000mg/L,淡水产率>80%,电渗析能耗为0.95(kW·h)/m^3清水,生产低矿化度出水的总成本为2.15元/m^3,低于现场购买清水费用。

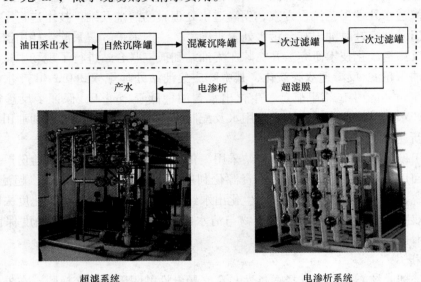

超滤系统 电渗析系统

图7-10 大庆油田电渗析处理流程及装置

4. 纳滤

纳滤膜(Nanofiltration membrane,NF)又称"疏松型"反渗透膜,它是介于反渗透与超滤之间的一种膜分离技术。纳滤过程所需操作压力一般低于1.0MPa,操作压力低意味着对系统动力设备要求降低,有利于降低整个分离系统的设备投资费用。由于纳滤膜多为复合膜及荷电膜,因而其耐压密性和抗污染能力强。但由于膜成本较高和应用经验不足,国内在此领域还刚刚起步。

胜利设计院在滨一污水站开展了纳滤膜污水深度处理回用注汽锅炉的现场试验,采用的流程为:滨一外输污水-除油器-杀菌剂-保安过滤器-超滤-纳滤-产水,处理能力2m^3/h,试验期间,来水含油、矿化度、COD、悬浮物、总硬度分别在0.85~24.57、15473.7~16379.1、134.31~452.05、4.87~51.79、2813.93~3134.61mg/L间波动时,NF产水对应指标为0.0、1297.53~1716.58、29.16~62.91、0.29~0.95、25.65~46.69mg/L,装置运行稳定。

5. 离子交换技术

离子交换软化是将水通过阳离子树脂时,使水中的硬度成分钙、镁离子与树脂中的阳离子相交换,从而使水中的钙、镁离子浓度降低,使水得到软化。该技术主要应用于软化矿化度较低的采出水作为注汽锅炉给水,适合于低矿化度(小于7000mg/L)、低硬度(小于300mg/L)的稠油污水深度处理。在美国、加拿大等一些国家已采用这种处理方式,其成功应用已有 20 多年的历史。

我国科研人员从 1988 年以来先后在胜利油田、辽河油田、新疆油田进行了污水回用试验研究。胜利油田于 1999 年 12 月建成投产了国内第一座油井采出水回用于热采锅炉的大型泵站乐安污水深度处理站，日处理 15000m³ 稠油污水，处理工艺流程主要包括原水混凝气浮、机械搅拌澄清、多介质过滤、弱酸离子交换。辽河油田于 2002 年也建成了欢三联稠油污水深度处理工程站，日处理稠油污水 20000m³，处理后污水回用热采锅炉，处理工艺流程为：原水外输水罐、提升泵、混凝沉降罐、溶气浮选机、机械加速澄清池、多介质过滤罐、核桃壳过滤罐、过滤泵、一级弱酸软化器、二级弱酸软化器、外输泵、调节水罐、进热采锅炉。截至 2007 年 6 月，辽河油田已建成稠油污水深度处理站 5 座，总设计规模为 $5.8 \times 10^4 m^3/d$，实现了稠油污水循环利用的目标。在建的有 1 座，计划规模为 $2 \times 10^4 m^3/d$。通过 6 项工程的规模化推广应用，年经济效益可达 4.1 亿元。每年可为油田所在地盘锦市节约 $2847 \times 10^4 m^3$ 的清水，缓解该地区日益严重的缺水问题。同时，稠油污水的循环利用实现了零排放，每年可减少排放到辽河流域的 COD_{cr} 11388t，BOD52847t，石油类 570t。

河南油田稠油开发方式采用的是注蒸汽开发产出污水部分用于生产注水，部分生化处理达标排放，但仍有 4000m³/d 左右剩余污水简单处理后超标排放，造成环境污染；而稠油开发注汽系统每天消耗清水资源 5600m³/d（仅井楼油田稠油热采在用就有注汽锅炉 8 台，每天需消耗清水 4000m³ 左右）。根据强化除油、逐步处理、分段控制、全面达标原则，采用除油、溶气浮选、过滤、软化工艺实现稠联污水深度处理回用锅炉，每方污水可以创效 3.75 元，年污水替代清水资源为 $146 \times 10^4 m^3$。年利用污水热熔降低注汽锅炉燃料消耗约为 6900tce。河南油田稠油污水回用锅炉处理流程示意图见图 7 – 11。

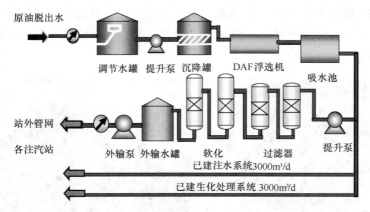

图 7 – 11　河南油田稠油污水回用锅炉处理流程示意图

6. 冻 – 融/蒸技术

冻 – 融/蒸是一种环境友好、经济可行的水处理技术，利用自然气候条件变化，通过冷冻和解冻分离出去除油采出水中的溶解固体、金属、化学物质和其他污染物。净化后的水达到 EPA 规定的如钻井、灰尘控制和灌溉有效利用的水质标准，或 NPDES 允许的地面排放标准。

1992~1995 年，BC 公司和美国北达科他州大学的能源与环境研究中心，完成了室内模拟实验及经济分析，证实该工艺是经济可行的。之后阿莫科在圣胡安盆地开展的现场试验表明，FTE 工艺可以经济地降低 80% 的采出水处置量。TDS 浓度由 11600mg/L 降至 200~1500mg/L，降低 92%。此外，有机物质和金属含量也明显下降。1997~2004 年怀俄明州油气储藏委员会在 Jonah 油田开展了商业规模的 FTE 工艺试验，产水被用于钻井和消除道路雾尘。1999 年至今，怀俄明州环境质量和法规部在 GreatDivide 盆地开展了商业规模的 FTE 应用。产水被用于土壤压塑、消除建设过程的灰尘及钻井用水。2000～2001 年间水质分析见表 7－6。

表 7－6　2000～2001 年 Great Divide 盆地 FTE 处理水质

参数	来水	产水	盐水（浓缩水）
TDS	9790	1000	44900
总碱度	1580	177	7390
油脂	39.1	3.1	63.2
pH	7.9	8.4	8.2
钡	7.2	0.5	4.2
氯化物	4720	472	19900
钠	3340	342	14100
硫酸盐	38.1	7.8	247

该技术的缺陷就是对气候要求严格，必须有一定的天数温度在冰点以下，再就是占地大，1000 桶的处理规模占地 35 英亩。

7. Solar Dew 技术

Solar Dew 技术原理如图 7－12。主要由膜管、收集系统和外层金属箔片组成。采用的 Akzo Nobel 研发的新型聚合物膜。收集系统由放置在水槽内的膜管组成，外面由金属薄片密封。系统吸收太阳能，使水蒸发并选择性的通过膜管，蒸发的水分在覆盖薄片和水槽的冷端凝结。系统安装时保持微小斜度，凝结水汇集到斜坡底部。该系统需要利用干旱气候和持续充足的光照，工作时，经过除油的采出水流经膜管，盐分和杂质留在里面。该工艺不需要额外的能量。

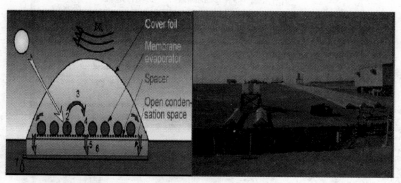

Sloar Dew 工作原理图　　　　　　　Nimr Sloar Dew 现场试验图

图 7－12　Sloar Dew 工作原理及现场试验

2001 在沙漠地带及气候条件更温和的 Canary Islands 验证了该工艺的可行性。并于 2002 年开始，在 Nimr 开展了扩大规模的试验。试验用水为经过湿地处理除油后的采油废水。试验表明：产水水质不受进水影响，如处理直接从污水处置管线取水（盐含量 7000mg/L）和经芦苇湿地处理后蒸发塘内污水（盐含量达 30000mg/L）时，产水水质基本相似，达到了 WHO 饮用水标准。只是为了防止膜管结垢，降低处置量控制在 60%。处理成本约 0.5～2.0 美元/m³。

三、油田外排污水处理技术

（一）胜利油田外排污水现状及存在的问题

1. 胜利油田石油开采污水治理情况

胜利油田是开发40多年的老油田，已进入中后开发期，采油含水率高，注采不平衡的矛盾，剩余污水矛盾突出。目前油田每天产生污水约70万吨，回注回灌约63万吨，10个采油厂有7个实现污水回注不外排，3个采油厂外排全部达标。油田建成处理能力为 $8.4 \times 10^4 t/d$ 的3个外排采油污水处理工程，实际处理量约为 $7.5 \times 10^4 t/d$。分别是桩西长堤外排采油污水处理厂、电厂粉煤灰采油污水处理厂、孤东外排采油污水处理厂，工程投产以来，COD稳定在 $90 \sim 120 mg/L$ 左右，污水处理能够稳定达到国家外排标准。

桩西长堤外排污水处理厂：该厂于1999年建成投产，并先后进行了两次改、扩建，设计处理能力 $3.6 \times 10^4 t/d$，目前实际处理量为 $3.0 \times 10^4 t/d$，主要工艺为：二级平流除油、生物氧化塘处理。外排污水中主要污染物为COD、石油类和挥发酚等，外排污水夏季CODcr在 $80 \sim 110 mg/L$ 之间，冬季在 $90 \sim 120 mg/L$ 之间，各项指标全部达标。排入山东省和东营市审批的纳污河神仙沟，没有对周环境和近海水体产生不良影响。

孤东外排采油污水处理厂：该厂于2006年10月底建成投产。经过调试运行，2007年5月达到 $2 \times 10^4 t/d$ 的处理规模。主要处理工艺为：平流隔油、气浮选和二级生物氧化塘处理。目前处理后排水COD值在 $75 \sim 120 mg/L$ 之间，其余指标也都全部达标。排入山东省和东营市审批的纳污河神仙沟，没有对周围环境和近海水体产生不良影响。

电厂粉煤灰采油污水处理厂：该厂是在胜利发电厂粉煤灰场基础上改造而成，主要处理现河首站剩余污水，工程于2001年底建成投入使用，2006年底进行扩建后，调入了现河王岗采油污水，设计处理能力 $2.8 \times 10^4 t/d$，目前实际处理采油污水约 $2.5 \times 10^4 t/d$。主要处理工艺为：现河首站和现河王岗污水站内除油、电厂灰场三级生物氧化塘处理。现河采油污水中主要污染物为COD、石油类、氨氮和挥发酚，处理后排水COD夏季在 $80 \sim 110 mg/L$ 之间，冬季在 $110 \sim 120 mg/L$ 之间，其他指标也全部达到现标准要求。

2. 胜利油田外排污水处理面临的主要问题

近年以来，国家和各级地方政府加大了节能减排的工作力度，山东省和东营市制定了多项环保新标准、新制度，《山东省半岛流域水污染物综合排放标准》规定2010年1月1日后各污水排放口外排污染物浓度为CODcr $\leqslant 100 mg/L$，石油类 $\leqslant 5 mg/L$，氨氮 $\leqslant 15 mg/L$。

油田目前日排放污水约7.50万吨，采油污水回注率只能达到86%左右。集团公司给油田下达的采油污水回注率到2009年为95%以上（至少92%）。目前胜利油田86%的采油污水回注率与要求相比差距较大。按照95%的回注率计算，油田需增加回注（回灌）能力日减少外排污水约3.88万吨。按照92%的最小回注率计算，油田也需增加回注（回灌）能力，日减少外排污水约1.71万吨。

根据开发预测，"十一五"后三年采出液每年增加约2万吨，回注能力基本不变，因此，若要保持排放量不变，回灌能力也需逐步提高。总体而言，胜利油田污染减排工作不仅需要消减现有外排污水量，还需同步解决因开发而新增的剩余污水，困难很大。

（二）国内外采油污水外排处理典型工程

目前国内外采油污水外排处理工程基本采用生化处理为主，物化处理为辅的工艺。采用的主要工艺类型分为：厌氧＋好氧生物膜工艺、氧化塘处理工艺和实地处理工艺等。

1. 厌氧 + 好氧生物膜工艺

该工艺的特点是占地面积小、处理效率高、抗冲击负荷能力强，但是投资和维护费用高、管理复杂。河南油田稠油联合站（规模 3000m³/d）、双河联合站、冀东油田柳一联生化处理（1×10^4m³/d）、高一联生化处理（2×10^4m³/d）、大庆油田长垣污水外排处理站（规模 30000m³/d）、大港油田南一站均采用该工艺。

（1）大庆油田污水外排处理工程

大庆油田共下属采油厂九个，分别为采油一厂~采油九厂，所产生的采油废水经处理后回注，部分采油废水不达标直接排放于水泡中。

自 1996 年开始，长垣油田进入大规模注聚开采阶段。到 2004 年底，喇萨杏油田共安排注聚区块 23 个，为大庆油田保持原油稳产、减缓产量递减速度，作出特殊贡献。为了避免高矿化度水中的阳离子对聚合物产生降解，提高驱油效果，目前工业生产中，大多采用低矿化度清水配制、清水稀释聚合物的工艺，从而导致污水产注的区域不平衡。随着聚驱规模的不断扩大，产注平衡的矛盾日益突出。

为解决剩余采油废水的达标排放问题，大庆油田决定在采油一厂采油五矿建设含油污水达标排放站，即大庆油田长垣含油污水达标排放站，解决采油一厂和采油二厂的剩余采油废水达标排放的问题。并确定由清华紫光环保有限公司编制大庆油田达标外排处理站工艺初步方案，并负责工程调试。

本工程采用"气浮 + 生物接触氧化"工艺（见图 7-13），处理含聚采油废水，处理后达到国家《污水综合排放标准》（GB 8978—1996）的二级排放标准。工程于 2006 年 8 月 6 日施工建设，2007 年 8 月 1 日开始投产试运行，总投资 1.71 亿元，总占地面积 3.71 公顷，设计日处理能力 30000m³/d。

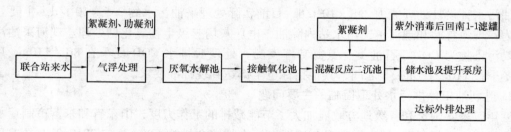

图 7-13　大庆油田外排污水处理工艺

根据大庆油田排水系统规划，油田各类排水的接纳水体为安肇新河的库里泡。根据《大庆市地表水环境质量功能区划分》，库里泡目前为地表水 V 类水域，远期规划发展为地表水 IV 类水域，应达到国家《污水综合排放标准》（GB 8978—1996）国家二级排放标准。出水水质指标见表 7-7。

表 7-7　长桓污水处理站设计出水指标

项　目	指　标	去除率/%	项　目	指　标	去除率/%
COD	≤150mg/L	75.00	BOD$_5$	≤30mg/L	45.45
挥发酚	≤0.5mg/L	50.00	硫化物	≤1.0mg/L	—
石油类	≤10mg/L	90.00	悬浮物	≤150mg/L	—
pH	6~9	—			

（2）冀东油田污水外排处理工程

1）工程概况

冀东油田共有高一联和柳一联两个污水处理工程。高一联采油废水生化处理系统设计处理能力为4000m³/d，于2002年8月投产运行，采用悬浮、附着厌氧—好氧生物处理工艺。从高一联污水处理生化处理一期工程顺利投产后，2003年在柳一联建成投产处理能力为$1 \times 10^4 m^3/d$的生化处理站，2006年在高一联建成投产处理能力为$2 \times 10^4 m^3/d$的污水生化处理二期工程。其中，高一联实际处理量为$3.25 \times 10^4 m^3/d$，柳一联实际处理量为$0.5 \times 10^4 m^3/d$。

2）工程运行进出水指标

① 进水水质及预处理。

高一联污水处理站和柳一联污水处理站2001年改造后采用一次隔油罐、二次隔油罐、核桃壳过滤和精细过滤，水质指标达到《碎屑岩油藏注水水质指标推荐标准》A3标准，在新建压紧式改性纤维球以及旋流反应器，方案实施后污水处理水质指标提高到A2标准，使得进入污水外排工程的采油废水中的石油类浓度较低。柳一联污水中平均含油0.706mg/L，悬浮物为1.3mg/L，粒径中值为0.85μm，特别是含油下降幅度较大。

② 生化处理效果及出水水质。

采用悬浮、附着厌氧－好氧生物处理工艺对采油废水进行处理。高一联各处理单元处理效果见表7-8。

表7-8 高一联生化处理站各单元处理效果一览表　单位：mg/L

处理单元	项目	pH	CODcr	石油类	硫化物	挥发酚	水温
冷却塔	进水	7.15	528	28.3	2.32	0.357	55
中沉池	出水	7.18	285	9.2	0.27	0.212	45
	去除率/%	—	46.00	67.50	88.40	40.60	—
二沉池	出水	7.05	65.0	2.1	0.025	0.017	31
	去除率/%	—	77.2	77.0	90.60	92.00	—
总去除率/%		—	87.70	85.60	98.90	95.20	—
控制标准/(mg/L)		6~9	100	5	1.0	0.5	
排放标准/(mg/L)		6~9	150	10	1.0	0.5	

（注：pH无量纲，水温单位为℃）

该污水处理工艺技术成熟、可靠、运行稳定，正常工况下，废水中CODcr、石油类、硫化物、挥发酚、总去除率分别为85.6%、93.5%、99.1%、94.8%。污染物排放浓度均满足《污水综合排放标准》（GB 8978—1996）中的二级标准。

2. 氧化塘处理工艺

该工艺的特点是投资小、维护费用低、运行稳定，缺点是占地面积大、受气候影响大，因此，适合于场地开阔（盐碱地）、周围环境适宜、污染负荷不是特别大的油田污水处理。胜利油田桩西长堤、电厂粉煤灰场、孤东外排站、大港油田港东联合站、印尼Arun油田、美国能源部NPR-3采出水生物处理、阿曼Nimr湿地处理工程及苏丹1/2/4油田均采用该工艺。

（1）大港油田污水外排处理工程

1）工程概况

大港油田港东联合站（东二污）采油废水外排处理工程建于 1999 年 10 月，2002 年进行改扩建，经过试运行稳定后，于 2006 年正式投产。该工程采用生物接触氧化 – 氧化塘工艺，占地面积 $14 \times 10^4 m^2$，设计处理能力 $15000 m^3/d$，实际处理量约 $10000 m^3/d$。

2）工程运行情况

① 进水水质情况。

就大港油田整体情况而言，采油废水 CODcr 一般为 210～750mg/L。

港东联合站外排水处理工程进水指标见表 7 – 9。该外排处理工程进水时采油废水经过净化过滤的预处理水，达到《碎屑岩油藏注水水质推荐指标及分析方法 SY/5329—1994》回注水要求。外排水质标准执行《污水综合排放标准 GB 8978—1996》二级标准。

表 7 – 9　大港油田港东联合站进水水质情况

名称	pH 值	COD	挥发酚	硫化物	石油类	铬（六价〕	砷	悬浮物
2005 年进水	8.10	420～490	0.48	0.89	8～23	0.053	0.011	28
2006 年进水	7.68	458～507	0.64	8.12	8～23	0.143	0.024	21

目前港东联合站预处理水水温 45℃ 左右，水中的污染物以 COD 为主，石油类次之，COD 约在 400～500mg/L，石油类 20mg/L 左右。

② 出水水质的情况。

根据大港油田公司污水外排口水质监测结果显示，港东联合站外排处理工程运行效果稳定，出水水质始终好于国家规定的二级水质，进水 CODcr 一般为 210～500mg/L，出水 CODcr 一般为 50.0～79.0mg/L（标准中规定 CODcr 小于 150mg/L），pH 在 7～8 之间，石油类小于 1mg/L，参照《山东省半岛流域污水综合排放标准》（DB37/676 – 2007）的标准要求亦能满足，可作为胜利油田污水外排工程之借鉴。

（2）苏丹 1/2/4 油田污水生物处理系统

苏丹 1/2/4 项目自 1999 年投产以来，在油田污水处理上，根据油田开发的具体情况，采取了不同的污水处理工艺。

1999 年油田投产初期，污水产量较低，未形成污水处理规模，大尼罗石油作业公司采取在 CPF 和 FPF 附近建造 $1.5 \times 10^4 m^2$ 的土池作为污水蒸发池，使污水在池内得以蒸发。2000 年后，大尼罗石油作业公司采取了提液增产措施，ESP 技术得以广泛采用，污水产量迅速提高，CPF 污水产量达到了 15 万桶/天左右，处理后的污水含油量 200 – 5000mg/L，单一的污水蒸发池已不能满足要求。

2001 年，大尼罗石油作业公司就污水处理问题着手进行调查研究，邀请国外环保公司进行技术论证咨询，并根据 1/2/4 区有关油田的地理环境，采用了污水生物处理技术。该技术主要利用自然生物和植物对生产污水中的原油进行降解，使水中的原油含量和有害元素的含量达到灌溉标准，用于植物灌溉，改善当地自然环境。2003 年 10 月，一期污水处理系统完工，灌溉面积达 4km²。2004 年 5 月，大尼罗石油作业公司完成了二期工程的设计施工，并对系统运行效果进行监测，经持续检测，处理过的污水均达到或超过国际排放标准，并通过了 ISO 14001 认证。自 2005 年开始，该项工程已在 1/2/4 区项目所有油田推行。

（三）油田污水外排处理技术新进展

随着国家环保政策的要求严格及油田污水的日趋复杂，国内外也在积极探索外排污水处理新技术和新工艺。

1. 生物处理技术

生物处理技术用于油田污水处理技术比较成熟，为进一步提高其处理效果，目前主要研究集中在：(1)高效菌种选育及生物处理系统中微生物种群的优化调控。将传统技术与分子探针等技术相结合，选育高效降解有毒有害难降解有机物的菌种，采用基因工程技术对优势菌种进行改造，提高其降解效率、扩大降解物范围，保证高效能的稳定遗传。利用分子生物学技术，建立种群结构的调整与控制方法等。(2)高效生物反应器的研制。开发各种具有高生物相浓度、高传质速度的反应器，以及能够维持高负荷条件的运转方式；氧与厌氧过程在同一反应器中进行的工艺，提高生物处理法去除污染物的广谱性等。(3)加强工艺间的组合。发展各种耐水量、水质、毒物、pH 等冲击能力强的工艺，提高出水水质的稳定性；与物理、化学方法相结合，提高生物法的适用性；发展多单元组合工艺；改善废水生物处理的微生态系统，寻求高效争性菌及其生长和发挥作用的环境。

2. 高级氧化处理技术

高级氧化技术（简称 AOPs）又称深度氧化技术，是运用氧化剂、电、光照、催化剂等在反应中产生活性极强的自由基（如 OH 等），再通过自由基与有机化合物间的加合、取代、电子转移、断键、开环等作用，使废水中难降解的大分子有机物氧化降解成为低毒或者无毒的小分子，甚至直接分解成为 CO_2 和 H_2O，达到无害化的目的。主要包括光化学催化法、超声化学氧化法、电催化氧化法、超临界氧化法、Fenton 试剂法等。

夏福军等在不改变目前油田现场/沉降/过滤传统污水处理工艺的条件下，在沉降前增加超声波处理，发现超声波对大庆油田聚合物驱含油污水中的油珠有聚结作用，可加速油珠聚并当超声波功率为 1000W 时，除油率可达到 85.8%，功率为 600W、沉降时间为 18min 时，除油率比空白平均提高 17.9%，超声波可明显改善聚合物驱含油污水的处理效果；胡松青发现，单纯的超声波处理对油田含油污水中 CODcr 的去除效果有限，但若与纳米 TiO_2 光催化联合处理，可明显提高污水中 CODcr 的去除率，一般超声/TiO_2 联合处理的效率可比单独光催化处理提高 15%，处理 65min 的 CODcr 去除率大于 46.18%；刘金库等用光 Fenton 试剂法对含弱凝胶油田污水进行氧化处理，在体系 pH 值为 3.10、H_2O_2 浓度 1500mg/L、$FeSO_4 \cdot 7H_2O$ 浓度 700mg/L、反应温度 30~40℃反应时间 90min 时，COD_{cr} 去除率达 95% 以上，该法处理后的污水可达到油田污水排放标准。

目前高级氧化技术在油田废水处理中的应用研究尚处于起步阶段，加强开展油田废水高级氧化技术的研究显得十分重要。

四、三次采油污水处理技术

我国已有某些油田现已进入三次采油阶段，聚合物驱和三元复合驱是最重要的三次采油技术，目前在大庆、大港和胜利等油田得到大面积的推广。随着上述技术的推广，三次采油污水量也在不断增加。

（一）除油技术研究

三次采油污水的油珠粒径小、乳化程度高，导致污水油水分离时间变长。如果仍然用传统的自然沉降或混凝沉降进行油水分离，就必须延长沉降时间，但过长的停留时间将使沉降设备过于庞大。为此需通过对传统的沉降设备进行改进和采用新技术，来提高油水分离效率。

1. 新型设备的研制

（1）气携式水力旋流器

气携式水力旋流器具有旋流与气浮的协同效应，与常规旋流器相似，但在外部增加了一个壳体以形成注气腔，注气腔内壁由一种高强度微孔材料制成，空气由空压机增压进入注气腔，通过微孔进入旋流器内部，形成均匀分布的微气泡(直径约 $21\sim25\mu m$)。具有处理水质好，停留时间短，工艺简单，建设投资与运行成本低等优点。在大庆油田某聚驱污水处理站进行了现场实验表明：在原水油的质量浓度为 1000 mg/L 左右、聚合物的质量浓度为 $400\sim500$ mg/L 的条件下，最佳分流比为 30%、气液比为 0.45，出水油的质量浓度在 100 mg/L 以下。与常规旋流器相比，气携式水力旋流器提高除油效率约 10%，在油田聚驱采出污水处理中具有良好的推广应用前景。

（2）旋流气浮聚结装置

旋流气浮聚结装置是胜利油田设计院自主开发的高梯度流场物理聚结技术。试验初期研发的高梯度流场物理聚结器，在不投加任何药剂的情况下除油率可达到 60% ~ 70%。在高梯度流场物理聚结器的基础上开发的旋流气浮聚结装置，由于增加了气浮功能，除油效率进一步提高到 85% ~ 95%。坨一污水站现场试验取得圆满成功。

2. 处理工艺的改进

（1）改进沉降设备提高油水分离效率

将润湿聚结技术引进沉降处理，提高沉降效率。润湿聚结技术是让污水通过装有润湿聚结材料的装置，在污水流经润湿聚结材料时，由于它们之间的润湿、吸附和聚结等作用，使水中油珠粒径变大，最终聚结成大油滴，使之容易分离去除。夏福军等采用横向流聚结除油器和 DTH 聚结除油器为主体除油设备，配合二次过滤，对聚合物驱采油污水进行处理，在聚合物质量浓度为 $254.6\sim286.8$ mg/L、进水油质量浓度为 1301 mg/L、悬浮固体平均为 68.9 mg/L 的条件下，处理后出水油质量浓度平均为 3.3 mg/L，悬浮固体平均为 14.1 mg/L，粒径中值平均 ≤3 μm，达到回注中、高渗透层的注水水质要求。邱辉等对横向流聚结除油器的运行方式进行了研究。结果表明，采用两台横向流聚结除油器串联运行，在进水油质量浓度平均为 1535mg/L、悬浮固体平均为 102.5mg/L 的条件下，经二级处理，除油率可达到 88.4%、悬浮固体去除率达到 23.4%。陈雷对不同类型聚结材料的聚结性能进行了探讨，结果发现波纹板状聚结材料的聚结除油效果好于粒状材料，亲油性材料好于疏油性材料。他采用波纹板状聚丙烯板作填料的聚结反应器，结合横向流斜板沉降罐和二级过滤，处理油质量浓度大于 3000 mg/L 的聚驱采油污水，其出水可达到油田中、高渗透层注水水质标准。此外，在润湿聚结和斜板除油工艺的基础上，发展起来了压力组合除油技术。有人采用三段式压力组合除油技术处理含聚合物、碱、表面活性剂和油平均质量浓度分别为 350 mg/L、2750 mg/L、90 mg/L、1935 mg/L 的三元复合驱采油污水。第一段采用间隙大的交叉流斜板，自上而下配水，去除浮油和大颗粒的泥砂；第二段采用网状交叉流聚结元件，把剩余的小颗粒油珠聚结为大油珠；第三段采用缝隙小的交叉流斜板，去除第二段聚结后的剩余油和悬浮物，除油率平均可达 96.4%。润湿聚结技术用于处理三次采油污水，取得了较好除油效果。但是润湿聚结技术对油滴只起聚结作用，没有破乳作用。

（2）引入气浮处理

胜利油田技术检测中心自 2006 年 10 月开始至 2007 年 8 月，先后在孤岛采油厂孤四联合站和孤五联合站开展了以百乐克工艺为基础，气浮预处理工艺为辅助的含聚采油废水现场处理试验，处理规模50m³/d，取得了显著的效果。具体工艺流程为：孤岛来水加药进入二级气浮选，去除大部分PAM、石油类和部分CODcr，后进入均衡池。在均衡池内进行混合和酸化水解，并去除部分污染物，其活性污泥在水质稳定时可以自身生长，水质波动大造成污泥活性降低时可由后续工段回流活性污泥补充。均衡池出水进入生化池，采油废水在生化池内完成生化处理，实现采油废水达标排放。COD浓度<100mg/L，石油类浓度<5mg/L。

河南油田针对下二门联合站的污水低矿化度、高含硫特点，引入压力溶气（空气）浮选，油去除率达到80%以上，采用体外搓洗再生核桃壳过滤罐技术。通过改变反洗方式，可以解决滤料由于聚合物吸附机械杂质等造成的滤床表面板结、堵塞，过滤能力下降的问题。

（3）引入磁分离技术

胜利油田采油研究院于2007年1月至2007年3月采用"磁分离+生物接触氧化"工艺在孤五联合站进行了含聚采油废水外排处理试验，工艺流程为：含油污水进入OPS处理装置后，首先进入旋流平铺分离，同时通入定量的气液混合物，气液混合物中的气体膨胀形成大量微小的气泡（直径30μm），在旋流气浮作用下携带部分油滴及悬浮物上浮到水面，剩余的油和悬浮物随污水向下进入正弦形集聚出油系统，在运动过程中微小乳化油珠（直径1~30μm）经反复碰撞、摩擦，击破油包水或水包油的表面张力，使油水更进一步分离出来，当油粒聚集直径增大到一定程度后（直径>25μm）被小气泡携带上浮至水面，从而被收集送至集油池中，悬浮物（机杂）则沉积在处理槽底部送至集污池中。经过OPS处理装置后的出水流入反应混合罐，并投加絮凝剂、聚合物及超细磁粉，在混合罐中絮凝剂、聚合物和磁性加载物混合产生高密度的磁嵌合絮状体，水力停留时间约为2min。混合物然后流入锥形底的澄清罐中，巨大的密度差使得磁体沉降速度很快，在澄清罐中磁性絮状物夹带着所有固体颗粒迅速沉淀，包括残油，进入系统的污泥层，总水力停留时间约为8min。然后澄清罐的上清液流入磁过滤器中，利用高梯度磁过滤进一步去除水中的悬浮物颗粒物，出水进入生物接触氧化装置进行处理。经过"磁分离+生物接触氧化工艺"进行处理后，孤岛含聚采油废水亦能实现达标排放，但是综合考虑，还需进一步优化，以提高处理效率来降低污水处理能耗和成本。CoMag工艺示意图见图7-14。

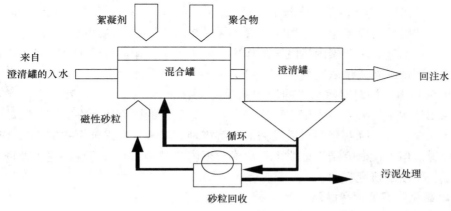

图7-14　CoMag工艺示意图

3. 新型药剂的研制

所有采出水处理新工艺开发中，最为简便的方法是，在现有的工艺系统的基础上，研究出针对聚合物污水的高效处理药剂，从而可以避免耗费大量资金筹建新的处理站或增设新的处理设备，目前在这方面已有一些进展。

辽河油田设计院针对辽河油田锦16块二元复合驱（碱/聚合物）采出液、兴28块二元复合驱采出液研究了各组分、溶液黏度、聚合物浓度、温度和加药量对含水率和沉降时间等因素的影响规律以及加酸、加盐和反洗等处理方式的处理效果，优选并研制出高效复合破乳剂SH-88（AR型和SP型破乳剂的一种复配物）和JQ-66净水剂，并进行了矿场试验，现场试验结果表明，采用适宜的破乳剂、污水净化剂及配套的处理工艺，可以使二元复合驱矿场采出液处理后达到净化原油含水不大于0.5%，污水含油不大于30 mg/L的技术指标。

在水处理领域，以往聚丙烯酰胺都被用作絮凝剂使用，因此有研究者针对三次采油污水中存在的大量聚丙烯酰胺，研究新型絮凝剂，处理此种污水。针对聚丙烯酰胺为阴离子型高分子物质，李大鹏等研制出了新型改性聚合铝（HPAC），用于处理含聚污水，实现了污水中的油、颗粒物和聚丙烯酰胺的同步去除。李桂华等研制了由无机高分子和有机低分子共聚物组成的絮凝剂LN-A，可有效去除污水中的聚丙烯酰胺和油。温青等研究的JCS-2新型净水剂，实验研究结果发现其除油效果明显。目前处理三次采油污水的高效絮凝剂的研究尚处在实验室小试阶段，能否实现工业性应用还需要深入研究。

（二）除聚合物方法研究

上述研究主要着眼于提高油水分离效率，解决传统技术处理三次采油污水沉降时间过长、出水水质不达标的问题。对于污水中大量存在的聚丙烯酰胺，其处理效果甚微或根本就没有作用。但随着含聚合物污水的大量回注，聚丙烯酰胺对回注油层的影响也日益引起人们的关注。有研究表明，聚丙烯酰胺会对低渗透率油层产生明显的堵塞。所以污水中聚丙烯酰胺的去除也日渐成为三次采油污水处理研究的一个热点。目前，去除三次采油污水中聚丙烯酰胺的研究主要集中在生物法和化学法上。

1. 生物法降解聚丙烯酰胺

关于聚丙烯酰胺的生物降解研究，以往的结果多表明聚丙烯酰胺的可生化降解性很差或几乎不能被生物降解。但近期的研究成果发现，硫酸盐还原菌对聚丙烯酰胺有一定的降解能力。黄峰等对硫酸盐还原菌降解聚丙烯酰胺的情况进行了研究。结果发现，在接种量为3.6×10^4 mL^{-1}，温度为30 ℃下培养7 d后，1000 mg/L的聚丙烯酰胺溶液的黏度减低了19.6%。程林波等认为硫酸盐还原菌能以聚丙烯酰胺为碳源，以硫酸根为最终电子受体进行生长、繁殖，从而起到降解聚丙烯酰胺的作用。宋永亭等采用高效降解聚丙烯酰胺菌和烃类氧化菌处理聚丙烯酰胺质量浓度为56.3～163.4 mg/L的采油污水，60 h后聚丙烯酰胺的去除率达到92%以上。同时对污水中的油和悬浮物也有非常好的去除效果可达到国家一级排放标准和油田注水水质要求。采用生物法降解聚丙烯酰胺的研究还处在刚刚起步的阶段，关于硫酸盐还原菌、高效降解聚丙烯酰胺菌的降解机理，处理三次采油污水的中试或工业性应用都未见报道。但上述研究结果证明生物法降解聚丙烯酰胺具有可行性，这为处理三次采油污水提供了一个新的研究方向。

2. 化学氧化降解聚丙烯酰胺

采用化学法氧化降解聚丙烯酰胺的研究多集中在化学氧化、光化学氧化和光催化氧化。朱麟勇等研究以污水中的溶解氧为氧化剂，在不同温度下聚丙烯酰胺的降解情况。他指出聚丙烯酰胺在污水中的降解主要是水解作用和氧化作用共同所致，在没有多价金属离子的情况下，溶液黏度的降低主要是由氧化作用所致。商品聚丙烯酰胺中含有少量残余过氧化物，还原性物质可以降低过氧化物分解聚丙烯酰胺降解过程中的活化能，从而促进了聚丙烯酰胺的降解；研究还发现当温度升高时，溶液黏度损失增大。吴迪等的研究发现，对含聚污水进行曝气处理，污水黏度也会明显下降，而且在污水中加入少量亚铁盐后，污水黏度下降幅度更大。高建平等研究了过硫酸钾、过氧化氢和过硫酸钾/硫代硫酸钠等氧化还原条件下聚丙烯酰胺的降解规律，研究结果表明，在反应温度为 40 ℃时，以过硫酸钾/硫代硫酸钠对聚丙烯酰胺的降解效果最为明显。南玉明等的研究发现，在 45 ℃下，质量浓度分别为 10 mg/L 和 70 mg/L 的 Fe^{2+} 和 $S_2O_8^{2-}$，可以使质量浓度为 200 ～ 2 000 mg/L 的聚丙烯酰胺溶液的黏度降低 90%以上。陈颖等研究高铁酸钾对聚丙烯酰胺的氧化降解，也取得了良好效果。但从污水处理后用于回注的角度来看，添加过硫酸盐和含铁盐氧化降解聚丙烯酰胺，反应后硫酸根和铁离子留在污水中，硫酸盐含量增加会引起硫酸盐还原菌的滋生，造成注水设备结垢；铁离子含量增加，将导致注水设备的腐蚀。所以上述方法并不是采油污水回注处理的理想方法。光化学氧化和光催化氧化以其可在常温、常压下进行，可彻底去除有机污染物，无二次污染等优点，而被广泛用于难降解有机物处理上。陈颖等以纳米二氧化钛为催化剂，对三次采油污水中的聚丙烯酰胺进行了光催化氧化可行性研究，研究结果表明以中压汞灯为光源的条件下，污水的聚丙烯酰胺的降黏率可达 90%以上。

（三）采油污水不脱盐配制聚合物处理技术

国内外研究及现场试验表明，污水配制聚合物对聚合物的黏度存在着不同程度的降解，污水对聚合物降解降黏的主要原因，不但是污水的含盐量高的问题，更主要的是现场高压密闭污水中的活性物质对聚合物产生的严重降解，导致了注入液黏度达不到要求，降低了聚合物驱的效果。

大港油田针对污水配制聚合物对聚合物溶液黏度存在着不同程度的降低问题，开展了减少污水中的 Fe^{2+}、溶解氧等活性物质的方法研究。研发出一种新型的注聚污水处理技术：来水（污水）→除油过滤器→曝气催化反应池→催化反应滤池→除氧水箱、除氧器→杀菌器→配制聚合物干粉所用水。注聚污水处理装置主要设备包括催化曝气池、催化过滤罐、除氧装置、杀菌器。该装置于 2004 年 6 月底投运。处理后的污水中二价铁离子的含量为 0.1mg/L，溶解氧含量为 0.05mg/L。用处理后的污水与未处理的污水配制相同浓度的聚合物溶液，其最终黏度增加近 1 倍，达到了清水配制相同聚合物溶液浓度下的黏度（浓度为 1500mg/L 时，黏度为 66mPa·s），满足了污水聚合物驱的需要。

河南油田设计院近期也研制出了污水配制聚合物母液地面工艺配套技术，处理规模 5000m³/d 的污水催化氧化除硫装置投运，水处理后硫化物和溶解氧含量都达到每升 0.1 毫克以下，优于设计指标，室内模拟试验表明，完全采用该污水配制聚合物母液并稀释，与目前的清水配制母液、新鲜污水稀释相比，井口黏度可以提高 30%以上。

2009 年胜利油田采油院在河口油田埕东西区开展了泡沫驱后污水配制聚合物溶液保黏技术的中试，处理规模为 1000m³/d。该技术针对于泡沫驱后污水中增加的还原性物质特别是还原态二价硫和二价铁等对聚合物黏度影响较大的特点，利用生物氧化除还原态硫和铁结合生物竞争抑制 SRB 技术处理该区污水，处理后污水配制的聚合物溶液黏度保持率在 65%以上，同时经过该方法处理后的聚合物溶液不但井口黏度较高，在模拟 70℃油藏条件下还能保持黏度长期稳定。

（四）结论和建议

三次采油污水是一种水量非常大，水质非常复杂的工业污水。靠单一的处理技术很难解决污水达标回注的问题。针对胜利油田三次采油污水处理提出如下几条建议：（1）将三次采油污水与常规区块驱油污水分离，实行难处理污水单独处理。（2）根据开发需要针对性地进行三次采油污水处理，需要回注污水可以保留污水中的聚丙烯酰胺，这样可以降低处理难度和成本。（3）选取高效破乳剂或复配破乳剂以及优化工艺加强三次采油污水的破乳，尽量回收大量残留在污水中的乳化油。

五、海上油田污水处理技术

（一）注水水源及处理工艺

海上油田注水水源主要有三个：海水、处理后的地层水和浅层水，另外，根据油田的具体情况可以采取海水、地层水、浅层水混注方式。无论采取何种水源都必须在充分研究注水对油层是否能造成伤害以及是否配伍后才能决定。

1. 注海水

海水矿化度高，含有溶解氧、细菌、藻类及海生物、悬浮固体颗粒。这些有害物质的存在，会给注水工艺流程、地层，造成结垢、腐蚀、堵塞等伤害，为此，注海水必须对海水进行处理，达到注水标准以后才能注入油层。

（1）注海水处理工艺

国外注水技术起步较早，其海水处理系统基本由海水提升供给、过滤和脱氧组成。视要求的水质不同，常规过滤采用双滤料过滤或双滤料与滤芯过滤组合系统。脱氧主要采用真空或气提塔脱氧，但必须借助脱氧剂才能达到注水水质要求。注水系统主要采用增压泵和卧式注水泵。如英国北海海区的福蒂斯油田位于阿伯丁东北180km的海上，油田水深104～128m。其海水处理工艺流程为海水提升泵——粗滤器——换热器——脱氧塔——储水罐——增压泵——精滤器——注水泵——回注，加药装置可同时投加4种药剂。尼日利亚梅伦油田位于尼日利亚本代尔州海上19km，油层渗透率为0.5～2 μm^2。是大西洋海上率先注海水油田之一，海水处理流程为海水——海水提升泵——双层滤料滤器——脱氧塔——增压泵——注水泵——注水井。我国埕岛油田2000年开始注水开发，采用的是海水粗过滤、压力斜板沉降、细过滤、超重力脱氧、电解氯化杀菌、药剂投加等海水处理工艺技术。

（2）控制油藏变酸技术

注海水由于采用脱氧处理，厌氧环境导致SRB滋生，产生有毒硫化氢气体，引起油藏变酸及管道腐蚀。消除SRB影响的方法有注水中去处硫酸盐、使用杀菌剂减缓或杀除SRB、曝氧、采用高势能电子接受剂如硝酸盐减缓SRB等。其中采用杀菌剂难以100%灭菌，难以抑制细菌在地层中增殖，曝氧容易引起腐蚀，采用注入硝酸盐/亚硝酸盐抑制SRB成为一种经济、环保、有效的技术。北海油田20世纪90年代就开始采用该方法，Veslefrikk和Gullfaks油田连续注入0.25～0.33mm的硝酸盐代替戊二醛控制腐蚀和变酸。跟踪监测发现SRB数量和活性均得到抑制，SRB活性分别被控制在0.3和0.9微克 $H_2S/cm^2/d$。但是也有研究报导注硝酸盐只会延迟并不会完全阻止油藏酸化。但更多的是认为对于不同的物化条件，难以优化合适剂量的硝酸盐加入量（目前加入量为34～200mg/L），这导致了部分应用没起到效果。尽管如此，墨西哥湾和西非海上新注水油田仍把注硝酸盐作为控制油藏变酸的有效手段。

如果地层水含有特定数量的钡、锶离子，注海水会产生硫酸钡锶垢，引起地层渗透性下降。这就需要去除海水中的硫酸根，硫酸盐的去除同时抑制了SRB生长。目前采用较多的是纳滤技术，纳滤膜可选择性的去除海水中的硫酸根离子，而不会截留氯离子等低价离子，有利于地层黏土的稳定性。目前 Siemens、Westgarth、Kvaemergency 和 Marathon 等有超过 50 套的除硫酸盐装置应用于现场或处于设计建设阶段，总处理量超过 500 万桶/d。Kizomba A 油田采用 DOWS 公司的 Filmtec™ SR90－400 膜组件处理海水，可将硫酸根含量由 2904mg/L 降至 44mg/L。其采用的工艺如图 7－15 所示。

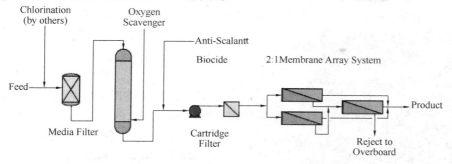

图 7－15　注海水纳滤处理流程

西门子公司也开发了一套 SRS 膜系统，在去除硫酸根离子的同时，还可去除细菌（SRB）生长所需营养，抑制了油藏酸化。可将硫酸根离子由 2750mg/L 降至 45mg/L 以下。2008 年在巴西的 Petrobras Generic FPSO 建成了 30，000 桶/d 的系统，包括给水泵、除硫装置、膜清洗模块和 Simens S7 控制系统。

（3）海底海水注入技术

随着运行可靠的海底泵的出现，在海底进行水处理和就地注入工艺也成为现实。主导该技术市场的是 Framo Engineering AS 、Aker Kvaerner 和 Well Processing 三家公司。康菲石油和挪威科研理事会共同资助研发了 SWIT 系统（Subsea Water Injection & Treatment）。SWIT 是一种将目前工艺集中到一个电驱动的海底装置中的系统（见图 7－16），其中的海水处理过程采用模块化设计，主要处理包括固相控制、油层变酸、结垢防治。其海水吸入口采用专利设计，不会吸入砂子、淤

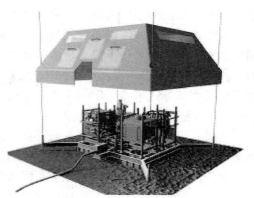

图 7－16　SWIT 系统

泥等固体，因此不需要精细过滤，吸入装置充分利用 Stokes 定律采用低流速、长流程设计，颗粒在抵达泵前可以充分沉降。采用电氯化器产生氯和游离羟基发生器两套独立装置杀菌，抑制细菌对油层的伤害。靠加入化学药剂控制生物粘泥，化学剂采用固体棒或高活性组分的凝胶体形式，以达到长效目的。

2009 年 5 月，挪威国家石油在 Tyrihans 油田安装了 Aker Kvaerner 海底海水注入系统（SRSWI），预计可以提高石油产量 10%。系统包括两台 LiquidBooster® 多级离心泵、带自动清洗的过滤装置及氧化杀菌装置。安装深度 270m，处理量 14000 桶/d。

2. 采出水回注

起初采出水回注（PWRI）很少在海上油田应用，原因是大部分平台采出水经过处理后都可以排放入海，另一方面在某些开发阶段，采出水量满足不了水驱用水量，再就是海上有取之不尽的海水作注入水，而且海水比采出水更容易处理。但是随着环保要求的严格，OSPAR 新要求海上外排污水最大含油小于 30mg/L，且 2000～2006 年要减少 15% 的总烃排放量。在

北海和挪威海域提出了零伤害排放目标，即减少或杜绝可能对环境造成影响的物质的排放。挪威政府在 Barents 和 Lofoten 海域确立的环境目标包括"无采出水排放"，这都迫切需要PWRI。

当平台现有的处理设备产水符合油田回注水标准时，不需再增设深度处理的流程和设备，来自污水处理系统的污水只要通过缓冲罐由注水泵加压输送至注水管汇后再分配给单井，其流程简单。否则，就需增设深度污水处理设施，对经污水处理系统处理后的污水进行再处理，以满足回注水水质要求。如英国北海 ULa 油田采出水回注的工艺流程为：采出水→油水分离器→（加乳化剂）→水力旋流器→与处理后的海水混合→回注。ConocoPhillips 在其北海油田的采出水回注采用就是在现有的外排处理流程后加精细过滤设备，然后经注入泵回注（图7-17）。目前我国海上油田有埕北油田实施了污水回注，中心一号平台污水处理系统的主要流程为：高效三相分离器—污水接收罐—污水提升泵—水力旋流油水分离器—双亲可逆纤维球过滤器—储水罐—注水泵—海底注水管网。

图7-17　ConocoPhillips 海上平台精细过滤和泵模块

采出水处理后回注是一种经济、环保的方法，但同时也存在许多不确定因素，如由于结垢等因素引起的注入量下降、硫酸盐还原菌导致的地层变酸等。挪威2005~2006年环境报告中称有20个平台正在实施 PWRI，之后一平台因为油层变酸停止了回注，另两平台因为油滴包覆固体原因减少了 PWRI 的正常运行时间。

3. 注地下水

当海水与地层流体严重不配伍导致注海水难以实现时，可选择注入地下水。海上油田的地下水，采取于所在油田区域内浅层水，这取决于油田所在位置是否存在足够量的可采浅层水。采于地层的水作为注入水水源，其水质一般都具有矿化度较高，含有一定量的铁、锰等离子，以及带有一定量的悬浮固体颗粒等，不同地域，不同层系，其对作为注入水的各种有害物质含量不同。

地下水的处理方法，取决于水源中所存在的有害于注水流程及油层等物质的存在，处理目的是除去这些有害物质。同时由于地层水开采出来后，由于外界条件变化本身就有结垢趋势，需进行必要的预防结垢的措施。注地层水一般采用除砂、粗滤器、细滤器，进行逐级过滤的方式。

4. 混注

采取混注方式可以有海水、浅层水和污水三种水源混注，包括海水与浅层水混注、海水与污水混注、浅层水与污水混注等组合。经处理的采出水与选择性除硫酸盐的海水混注，不仅可减少除硫酸盐海水的用量，减少了除硫费用，而且增加了回注污水量，由于污水与海水混合得到稀释，因此处理后污水含油量可放宽要求（小于40mg/L）。地层水充足的情况下，将地层苦咸水与采出水混注可以提供不结垢水源，是比较理想的混注方式。

混注要求混注水之间的相容性和混注水与地层水之间的相容性。采用化学试验分析、结垢的判断方法或通过计算机结垢预测软件确定混注水之间及混注水和地层水之间是否会发生沉淀及结垢。通过地面岩心试验，确定混注水与地层岩石是否会发生盐敏、酸敏、碱敏、速敏、水敏效应以及确定是否有粘土膨胀和颗粒运移等问题。

（二）海上油田污水处理技术

为减轻采出水对环境的影响，在国外海上油田污水综合管理一般实行"三层次污染防治法"，主要包括：减少产水量、采出水回注和处理后达标排放。

1. 减量化技术

减量化技术也称源头控制技术，主要包括防止水流进入生产井和防止水流进入平台技术。

（1）减少污水进入井孔技术

防止水流进入井孔技术，主要包括机械封堵和化学堵水，前者主要依靠各种机械工具和完井技术防止水流进入井筒，后者则依靠注入化学药剂，通常是聚合物凝胶。该技术一般被看作油藏或采油生产领域的工作，而不被看作是环保方法。

（2）减少污水升至平台技术

该技术包括在井筒中处理或海底处理，不会减少流入井筒的液量，但是会减少流入平台的水量。在生产井中安装分离装置，分离出的水经液压泵注入地层，包括井下油水分离技术、海底分离技术及双油管完井技术。

为节省平台空间，ABB 公司研制了海底分离和注入系统（SUBSIS），利用坐落在海底的分离装置模块，对油井产出液进行分离，油气被举升到平台或浮式采油储罐，水直接由注入井回注。该装置是目前运转时间最长的水下分离系统，2001 年开始在距离 Troll C 平台 4Km 的 Hydro's Troll 油田运行，装置 400t 重，17m 长，6m 高，位于水下 350m。一年的运行结果显示，SUBSIS 最大处理量 60000 桶/d，一般为 20000 桶/d，分离产水的含油量从600mg/L 降至 15mg/L。由于采油污水不需要举升至平台进行处理，平台每年可多生产 250 万桶原油。

2007 年，在 Tordis 安装了一套海底分离、增压和回注设备（SSBI），包括 CDS 海底分离设备、多相泵和产出水回注泵。装置将油井产出液分离成油、气和水，多相泵将油气增压举升到平台，水回注至 Utsira 油层。

2. 海上油田采出水处理技术

（1）气浮技术

气浮技术是将空气或其他气体以微小气泡形式注入水中，使微小气泡与在水中悬浮的油粒粘附，因其密度小于水而上浮，形成浮渣层从水中分离。气浮设备因其结构紧凑、停留时间短，在海上油田污水处理中得到了广泛应用。

① 紧凑型气浮装置（CFU）。

国外近十年来在气浮与低强度旋流离心力场组合应用方面取得了较大进展，出现了一批紧凑型组合处理设备，如 Epcon 公司的紧凑型气浮装置（CFU）、CETCO 公司的 Crude – Sep、Cyclotech 公司的 DeepSweep™、Opus Maxim 公司的紧凑型气浮装置、Monosep 公司的 Cyclosep™、中国石油大学提出的移动式喷射气浮 – 旋流分离装置等。下面就部分气浮旋流装置进行简单介绍。

a. EPCON 紧凑型气浮装置。

Epcon CFU 是一个垂直的压力容器，是油、水和气的三相分离器（见图 7 – 18），体积一般只有传统采油废水处理装置的1/3。这就使 CFU 特别适合安装于空间限制较严格的领域，如安装于海上作业的石油生产平台或浮式生产储卸油轮（FPSO）。

采油废水从切向入口进入罐中，经由入口导片在容器内形成旋流。由于旋转而产生的离心力作用，密度较大的水将向罐壁移动，而油滴和气泡等较轻成份将被压向罐中间，到达内同心筒壁，油滴和气泡因密度小于周围的水而结合并上升，通过气泡的上升对油滴进行浮选。砂子和其他较重颗粒压至罐壁并落到罐底，以油泥的形式由罐底部的油泥出口排出。所以，在罐和内同心壁之间、入口及其上方就形成了一个旋流、脱气和浮选区。由气泡吸附的较小油滴逐渐凝聚，结合产生较大的油滴，最终在气浮室中液体的上层形成油或乳状液的连续层，产生的油气堆积物通过分离管道出口连续不断的被清除。处理过的水由入口导片与内筒之间的间隙流至罐底部，经过水平圆板的缓流后，由罐底部的水出口排出。

2000～2008 年，在挪威的 Brage、Troll B、Snorre/Vigdis、Snorre/Vigdis Ext.、Heidrun、Heidrun Ext、Ekofisk J，英国的 Alba Nort hern、Beryl Alpha、Mont rose、Brae，巴西的 Garoupa 等油田共安装应用 CFU 气浮装置 20 余套，处理污水总量 200 万桶/d。在 Brage 上应用的 Epcon CFU 处理能力为 $200m^3/h$。经过 Epcon CFU 处理后的采油废水中的含油量一直低于 20 mg/L，符合采油废水排海标准，可直接排放入海；在 Alba Northern 平台的应用可将含油量降至 5mg/L 以下。

b. VORSEP™ 紧凑式气浮装置(见图 7-19)。

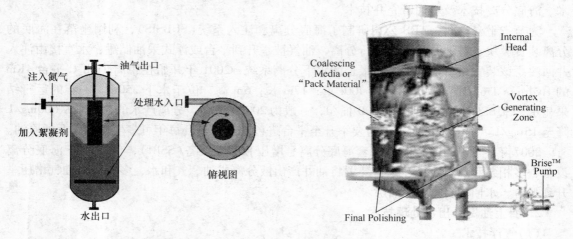

图 7-18 CFU 结构示意图　　　　　图 7-19 VORSEP™ 紧凑式气浮装置结构示意图

西门子水技术开发的 VOSEP 紧凑式气浮设备独有的 DGF 技术采用 Brise™ 泵产生微细气泡，系统采用双面叶轮将水和气推入泵内混合，微细气泡加速释放。DGF 技术可以瞬间调整气泡大小，对化学性质改变的污水具有更强的适应性。

其分离过程：含油污水沿切线进入内部涡流带壁面，经气浮充气后，在成一定角度的管道内加速，产生诱导涡流分离，改变进口角度，可以加大分离力，提高分离效率。由于旋涡运动油滴聚集，微细气泡将其黏附并升至液面，撇去在液面凝聚的油滴，产水可以外排、回注或者进一步处理。

c. DeepSweep™ 紧凑式气浮装置(见图 7-20)。

沙克特公司开发的深涡旋紧凑式气浮分离器，结合现代旋流约束涡流(CCSF)理论，确保分离效果不受设备摇摆影响，实现高效油水分离，出水含油在 5～25mg/L。其特点是采用强化气浮分离工艺，充分利用溶解气和导入气，采用独特的外部可调气/液接触和导入系统，使得导入气以"微气泡"的形式进入设备，这些微气泡由涡流带动流经整个设备，然后汇集

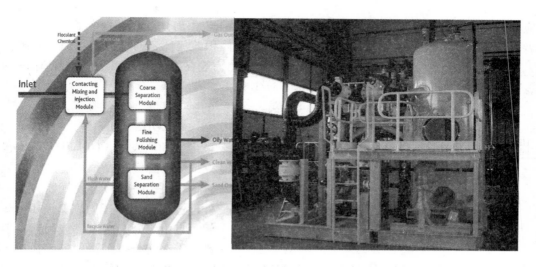

图 7 – 20 DeepSweep^{TM} 紧凑式气浮原理图及装置图

至中心液面。采用循环水泵提供动力用于导入气体。

d. CrudeSep 引气气浮装置。

CETCO 的 CrudeSep 装置是一种紧凑型气浮分离器，通过引气浮选和旋流运动增强重力分离效果（见图 7 – 21、图 7 – 22）。含油废水在一定压力下由切向入口进入容器，经由入口导向板在容器内形成旋流。与此同时，通过位于容器中上部的喷射器来注入气泡。因此，在低位导向板上方就形成了一个气浮、旋流区，气泡与油滴相结合吸附并上升至液面，落入容器中心的油槽内排出。处理后的水流至低位导向板下方，由位于装置下半部的出水口排出并用来驱动喷射器。工作时一般采用的停留时间是 40 ~ 80s，离心加速度是 30m/s²。在 Stag 平台试验表明：当采用循环泵且在入口加入 RBM24362 药剂条件下，进水含油 200 ~ 9000mg/L 时，出水含油低于 10mg/L，油回收率大于 96%。

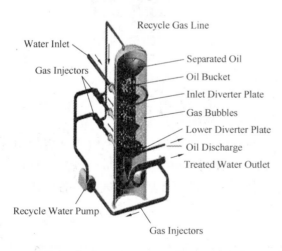

图 7 – 21 CrudeSep 分离装置示意图　　　　图 7 – 22 Cophase^{TM} 紧凑式气浮装置示意图

② 微气泡气浮（MBF^{TM}）装置。

气泡大小对气浮效果影响较大，大量微细气泡增大了气泡与油滴的接触机会，甚至可以黏附粒径较小的乳化油，将其带至表面撇除。有两种技术可以产生微米级气泡：GLR 气液

261

反应器和ONYX泵。前者依靠专利的液流动力学设计产生剪切、压缩等从而制造微气泡，后者则依靠泵的多级离心设计，混入进泵液流20%体积的气体，通过剪切、加压产生微气泡，而不会产生气蚀。产生的气泡直径在 5～50μm（一般在 10μm），可去除粒径 3μm 的油滴，除油效率大于 95%，出水含油可降至 5mg/L 以下。

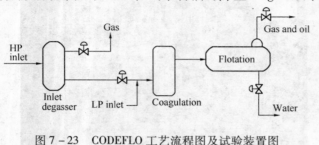

图7-23　CODEFLO 工艺流程图及试验装置图

③ 絮凝-气浮技术。

a. CODEFLO 系统。

ABB 研发的 CODEFLO 系统包括三部分：脱气装置、絮凝过程和气浮过程（见图 7-23）。脱气装置是一预处理过程，操作压力在 2～10barg 之间，自由气分离后点燃或回用，液体进入下级絮凝过程，砂等固体进入收集系统并移除。脱气装置出水经水平控制阀释压，使溶解气体变为微气泡，然后加入絮凝剂，再经特殊的流动模式混匀，检测的油滴粒径中值可由 10μ 增至 70～300μ。絮凝过程出水经可选择的二级加药点进入气浮装置，气浮装置由混合空间和薄片填料区域组成，油滴在此聚集去除。在北海油田开展的试验结果显示出水含油低于 10mg/L。

b. Sorbfloc + GFU 技术（见图 7-24）。

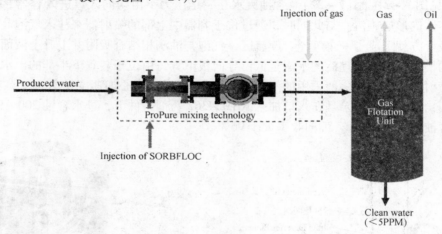

图 7-24　Sorbfloc + GFU 技术工艺流程图

Sorbfloc 是 ProPure 研制的一种可生物降解、环境友好的絮凝剂，将其与气浮装置连用，可有效去除溶解性石油类、重金属、纳米级颗粒和芳香族化合物等。Sorbfloc 絮凝剂通过特殊的注入混合装置混入采出水中，引起油滴等污染物聚结，进而在后续的气浮装置中去除，出水含油可低于 5mg/L。

（2）旋流分离技术

油水分离水力旋流器是 20 世纪 80 年代开发的一种离心式油水分离器，因其重量轻、体积小、处理速度快等优点，已成为海上油田采出水处理的通用工艺。其原理是将液体动能转化为离心力，密度较轻的油相在液流中间形成漩涡从较重的水相中分离出来。旋流分离器可以去除大部分脂肪族烃类，出水含油量 25～40mg/L。随着水质复杂性增加、水量增大及排放标准更加苛刻，目前研究热点在优化旋流器几何尺寸和开发低剪切泵以减小剪切提高效率、对小油滴分离能力更好的新型旋流器的开发及提高旋流分离效率的配套工艺。

① 旋流分离技术基础研究

为了揭示旋流分离器中的流动与分离规律，进而对其流场特性和分离性能进行较为科学的预测或评价，对旋流器进行优化设计，提高性能，降低能耗，许多研究人员在实验研究、理论研究和数值模拟三方面做了大量的研究工作。

对旋流器的实验研究内容主要分为两类：一类是确定旋流器的直径、锥度、溢流管直径以及插入深度等结构参数和压降、进口流量、浓度、粒径与分流比等主要操作参数对旋流器分离性能的影响；另一类是对旋流器内流场的试验测试。为尝试提高旋流器分离效率，研究人员提出了各种新型入口形式，如涡线形曲面、收缩的矩形断面切线形、不收缩的矩形横、螺旋线形、渐开线形、同心圆圆环形、三角形入口、阿基米德螺旋线形等。内流场测试多采用显微镜光学测量法、激光多普勒测速法（LDV）系统及示踪剂法等。

水力旋流器的结构相对简单，但内部流动十分复杂，而且影响其分离效率的结构参数和操作参数很多，这些参数的最优值要通过实验确定，工作量非常大，耗时耗力，而且有些参数目前还无法通过实验手段准确测量。随着计算计算机技术和湍流理论的发展，数值模拟（CFD）已成为研究流体流动的主要方法之一。利用数值模拟技术研究水力旋流器内部流体的流动规律，对优化旋流器结构、提高分离性能具有重要的理论研究和工程应用价值。目前采用标准 $k-\varepsilon$ 模型、RNGk $-\varepsilon$ 模型和雷诺应力模型（RSM 模型）模拟结果最优。

② 优化几何尺寸或形状

a. B20 系列除油旋流器（见图 7 - 25）

Cyclotech 的 B20 系列除油旋流分离器采用第三代几何尺寸设计结构，优化旋流器长度和直径比例，使除油率和处理能力得以平衡和优化，在确保满足设计要求的条件下进一步降低成本，提高效率。设计的 B20 系列超细外形旋流子可实现高密度安装，可用于对原有水力旋流设备进行生产能力和性能改造。通常可提升 80% 的处理能力和 50% 的分离效率。而整个改造过程不需要增加任何其他设备或对原有设备系统进行任何改造与焊接。适用于对任何现有水力旋流器的改造。

图 7 - 25　B20 系列旋流分离器

B20 系列可用于处理含油高达 5000mg/L 的产出水，并且满足 30mg/L 的排放要求。在更高要求的场合，特殊设计的 B20 可同增强性絮凝技术 PECT - F 和"深涡流"DeepSweep 结合在一起使用，达到完美的分离效果。

b. 轴流式水力旋流器

传统的水力旋流器依靠含油污水进入一个或多个切线入口时产生高切线力，其缺点在于这可能导致油滴被剪切，粒径变小，使其更难于分离。传统的旋流器油溢出口较小，容易堵塞。CDS 轴向流旋流分离器在内部安装了一个静止的涡流元件（导向涡轮）代替切线入口，产生涡流，消除入口处剪切，降低了压力损失。同时加大了油溢出口口径，以防止堵塞。

VWS 油气公司最近发布一款流线型 STREAMLINER™ 去油水力旋流分离器（见图 7 - 26），该类生产水处理产品，大大的改进了稳定性能，效率也得以提升。环形轴向入口降低

图 7 - 26　VWS STREAMLINER™水力旋流器

了液体紊流，圆锥状的流线管，能够加速分离油水，涡流产生元件拆卸方便，节省现场作业时间。消除油水处理时的波动现象，入口的压力保证旋流充分。

c. 气携式水力旋流器

气携式水力旋流器的结构与常规水力旋流器相似，但在旋流器的外部增加了一个壳体以形成注气腔，注气腔内壁由一种高强度的微孔材料制成，空气由空压机增压进入注气腔，通过微孔进入旋流器内部，形成大量均匀分布的的微气泡（直径 21 ~ 25μm）。水中的油滴与气泡相互碰撞和吸附，在离心力作用下进入中心的泡沫柱。进而垂直向上流入溢流管形成溢流。而靠近器壁的大部分液流则流入底流管形成底流。

③ 与其他工艺相结合

给定一个旋流器设计它能分离的液滴粒径是一定的，一般在 15 ~ 20μm，旋流器越小，其所能分离的粒径愈小，但是处理能力低，处理同样体积的污水需要更多的旋流器。由于在平台上增加旋流器费用较高，故考虑增大进旋流器的油滴粒径提高旋流分离器除油效率。目前多采用聚结旋流结合工艺。

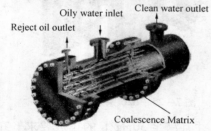

图 7 - 27　沙克特公司 PECT - F

沙克特公司开发的水力旋流器絮凝性能增强技术 PECT - F（见图 7 - 27），将一种纤维聚结材料，采用滤芯形式安装在旋流器的进口室或上游的容器中。污水流经 PECT - F 时，微小油滴通过直接截留、惯性碰撞或内部分子力作用在填料表面聚并形成大油滴，聚集到一定程度油滴便从纤维脱离，和污水一并进入旋流器，实现油水分离。BP Amoco 在北海某海上平台的应用表明，经 PECT - F 系统后，油滴粒径增至 30μm，经旋流器处理后出水含油低于 5mg/L。

Opus Plus Ltd 的专利技术 Mares Tail（见图 7 - 28），目的是使污水中的小分散油滴聚结，提高现有分离装置（如旋流分离器、脱气装置等）的除油效率。Mares Tail 是一种在线聚结器，油滴在聚丙烯纤维介质表层聚结并沿水流方向流动，当冲刷力大于油滴在纤维表面的吸附力时，聚结的大油滴脱离。截至目前，Mare's Tail 聚结器已在 13 个不同的石油公司如壳牌、BP、斯伦贝谢等安装了 20 套工业化装置。英国知识转移伙伴计划（KTP）资助 Robert Gordon 和 Opus 共同研发新一代 MT，以确定影响该技术的因素，提高其工作效率，满足更加严格的排放标准对污水含油的要求。

图 7 – 28   Mare's Tail 聚结器

（3）萃取技术

① MPPE 技术

在 MPPE 工艺中，含烃的水流经一个装满 MPPE 颗粒的塔（见图 7 – 29）。这种颗粒是多孔隙聚合物小球，颗粒尺寸 1000μm，孔隙尺寸 0.1~10μm，孔隙度为 70%~80%。聚合物小球作为载体，其中含有一种特殊的提取液，这种稳定的提取液可从水中脱除烃组分，被脱除的烃组分对提取液具有高的亲和力。净化后的水可以重复利用或排放掉。通过采用低压蒸汽提取烃，可以长期就地再生提取液，提取的烃经过冷凝后通过重力从水相中分离出来。实际上，纯烃相回收后从系统中脱除，以备循环利用或处置。凝析水相再循环回系统中。采用两座提取塔，可以连续运作，同时进行提取和再生。典型的周期为一个小时提取，一个小时再生。

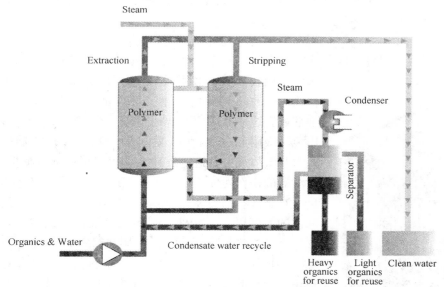

图 7 – 29   MPPE 工艺流程

2001~2008 年共有 9 套 MPPE 装置用于处理海上油气田产出水，应用结果显示对溶解油和分散油的去除率大于 99%，进水苯、多环芳烃及脂肪族化合物含量分别为 300~800mg/L、0.2~2mg/L、10~200mg/L 时，MPPE 对其去除率均大于 99%。该工艺与浮选等重力分离技术相结合可将污水对环境的影响降到最小。

② CTour 技术（见图 7-30）

ProPure 研制的 C-Tour 工艺工作原理：气体压缩过程产生的液体冷凝物作为溶剂萃取剂，按 1%~2%（体积比）注入产出水中，在线混合 3 到 5 秒，污水中的溶解性和分散烃类经液/液萃取过程进入冷凝物相，依靠下游的水力旋流器将冷凝物从污水中分离，并回至主流程。在优化操作条件下，Ctour 处理出水含油小于 3mg/L，同时可以去除 90%~95% 的有毒的溶解性 PAH。

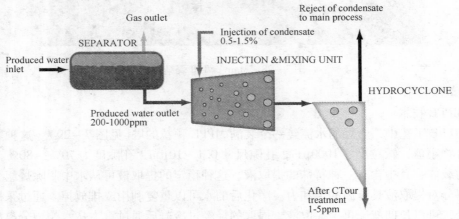

图 7-30　Ctour 工艺流程图及试验装置

截止 2007 年，CTour 工艺在北海 6 个平台开展了大规模应用，总处理水量 180 万桶/d；在挪威大陆架有 2/3 的外排采出水都是采用 Ctour 处理的，处理后出水含油低于 5mg/L。

（4）过滤技术

① 滤料过滤

美洲山核桃、胡桃壳具有较好的聚结、过滤表面特性，耐磨，是目前海上油田采出水处

图 7-31　脉冲核桃壳过滤器

理中应用较广泛、效果较好的过滤器滤料，在进水含油、悬浮物小于 50mg/L 时，可使产水含油小于 3mg/L。如西门子脉冲核桃壳过滤器采用 100% 的黑核桃壳深床结构，该结构具有出色的吸附和过滤特性（见图 7-31）。该过滤器采用原始工艺水和气体或空气进行反冲洗，代替了外部机械擦洗的方式。过滤器的操作速度可以达到传统过滤器在同类系统中速度的 2 倍，在 2 次清洁设备之间所处理的固体物数量达到了传统过滤器的 3 倍以上。此外，它还通过某种方式加入空气或工艺气体，产生气提作用。气提作用将带有污染物的介质提升到过滤器顶部，通过反冲洗水和气体的湍流将油和悬浮固体从核桃壳介质的表面分离。使用气反冲，可以显著降低反冲洗水量。

2008 年，在 BP Valhall 平台进行的实验表明进水含油在 55~65mg/L 波动时，过滤器除油率大于 92%，出水含油 2~5mg/L。

② 聚结过滤

根据斯托克斯定律，油滴上升速率取决于油滴直径和液

体黏度，提高油滴直径可以加快其上升速度。聚结过滤器，采用疏水材料作为滤料，将细小的油滴聚结增大，利于分离。聚结过滤器多采用玻璃纤维、聚酯、金属或聚四氟乙烯介质，布置成网状或不规则的戎状。

EARTH（Canada）公司研发了 TORR（Total Oil Remediation and Recovery）技术，基于过滤、聚结和重力分离过程，其创新之处是将这三个过程合并成一个过程，从而形成一种自洁式污水过滤体系。它的自洁式系统分离和维修成本都很低，并能不断分离油及回收油。完全实现自动化操作，并且不需要加入化学添加剂来破乳。采用的吸附介质是加拿大的 EARTH公司开发并获专利的可重复使用的石油吸收剂（RPA），是一种亲水、憎油、无毒的热固性聚合物材质。作为过滤剂和聚结剂，它的亲油憎水性强，能够吸收小到 $2\mu m$ 的乳状液；而且可以在完全饱和油时继续吸收微小乳状液，可像吸收自由浮油一样吸收聚结油。

TORRTM 系统包括分成几个空间的设计好的包络（见图 7－32）。每隔两个小间充填RPA，其他空间是空的，用作回收容器来盛放已解析的聚结油。当 RPA 完全饱和油时，将分离出多余的油但继续吸附进来的分散油。达到平衡状态时，即 RPA 完全饱和，它分离的聚结油的数量和吸附的分散油的数量相等。RPA 释放的油分离到回收室，然后收集到一个连接容器待再次使用。回收的原油质量很好。当 TORRTM 系统在设计参数下运行，更换频率是 12 个月一次。

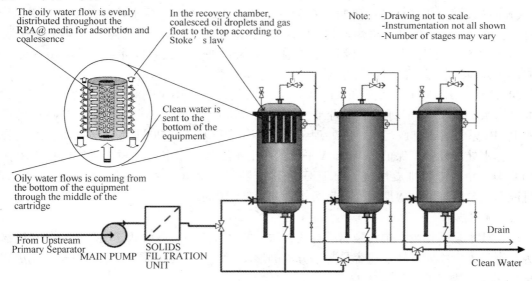

图 7－32　TORR 聚结过滤流程图

在北海油田某浮式生产储油船开展的实验表明：用该技术处理旋流分离器出水，进水温度 65℃，平均流速 1.36m³/h，进水平均含油量 98.2mg/L，经处理后平均含油量 2.9mg/L。

③ 吸附过滤

吸附是用于去除溶解性烃类的技术。吸附柱中填充多孔渗水的固体吸附介质，污水流经吸附柱时，烃类污染物在吸附剂表面黏附并存留于多孔结构中。吸附剂一般具有高表面积，油田采出水中常用的吸附材料是活性炭，由于其吸附容量有限，且成本高，再生困难，使用受到一定的限制，故一般只用于含油废水的深度处理。活性炭、改性粘土等都是用于污水处理常见的吸附剂。近年开展了寻找新的吸油剂方面的研究，研究主要集中在两点上：一是把具有吸油性能的无机填充剂与交联聚合物相结合，提高吸附容量；二是提高吸油材料的亲油性，改善其对油的吸附性能。

a. Hi – Flow™工艺

CETCO 开发的 Hi – Flow™工艺采用新一代聚合物介质，主要依靠分离/吸附作用去除产出水中的小油滴，减少污水含油量。油田产出水进入装有 Hi – Flow 介质的分离装置前，首先流经一高效过滤装置去除固体悬浮物，出水达到排放标准。Taylor Energy 在墨西哥湾进行的 10 个月的实验表明，Hi – Flow 可去除污水中 99% 以上的石油类。

b. RM25

针对乳化油粒径分布在 $0.5 \sim 7 \mu m$ 之间，采用油水分离、聚结过滤难以达标的问题，OPS 设计了一种吸附介质 – RM25，是一种直径 $2 \sim 8mm$，由高效表面活性剂化学包覆的黏土或淀粉基颗粒。主要用于处理溶解油、乳化油、BTEX、PAH 和酚类等污染物，其功能和颗粒活性炭一样，其吸油能力是活性炭的 5 倍，每去除 1kg 油的操作费用比活性炭低 30%。

在北海油田某平台，采用水力旋流器处理污水，由于油分散严重，旋流器出水含油高达 60mg/L。采用 RM25 试验，出水含油低于 5mg/L，PAH 和 BTEX 低于 0.1mg/L。在 Malampaya 平台进行的试验，处理量 $15m^3/h$，设计压力 12.5bar，出水含油低于 15mg/L，滤料更换周期为 6 个月。

c. Crudesorb 吸附

CrudeSorb® 是 CETCO 公司研制的一种基于树脂、聚合体和黏土技术的专利吸附介质，可有效去除油脂和溶解性有机物。其 RFV 吸附撬装装置，包括两个滤袋过滤器和两个装有 Crudesorb 吸附介质的容器。处理污水首先流经滤袋过滤器，去除固体悬浮物，出水分两股从底部进入吸附装置，流经吸附介质，进入中间集水管，经排放口排出。

2001 年，CETCO 在 BP 公司 Foinaven FPSO 安装了一套 RFV4000 装置，两个星期的试验共处理污水 $12000m^3$，产水含油量小于 40mg/L。2006 年，BP 公司又采用 RFV4000 装置处理其 PWRI 系统富余排放污水，经处理含油量小于 30 mg/L。2007 年，马拉西亚石油公司需要一套水处理设备，保证其 Pulai A 平台的产出水达到马来群岛环境部规定的污水中含油量的要求，并且遵照排放法规。CETCO 给其提供了一套 RFV400Crudesorb 吸附撬装装置，并且配套人员管理。试验期间处理后污水含油量低于 2mg/L。

（5）氧化技术

氧化技术是转化废水中污染物的有效方法，能将废水中呈溶解状态的无机物和有机物转化为微毒、无毒物质或转化成容易与水分离的形态。该法分为化学氧化法、电解氧化法和光化学催化氧化法三类。

① 臭氧氧化

臭氧氧化利用强氧化剂 O_3 氧化分解废水中油和 COD 等污染物质以达到净化废水的方法。臭氧处理技术的发展分两方面：一是臭氧作为预处理或后处理与其他处理方法的联合使用，如絮凝、气浮、生化等；二是臭氧处理单元自身的发展，如光催化、金属催化氧化等。臭氧与其他处理方法联合的工艺流程有很多形式，如：O_3 + 絮凝 + 膜处理、O_3 + 气浮、O_3 + 活性炭吸附、O_3 + 絮凝等。臭氧处理单元自身有以下几种形式：O_3/H_2O_2、$O_3/H_2O_2/UV$、O_3/UV、$O_3/$固体催化剂（如活性炭、金属及其氧化物）。

Aberdeen 的 CWSL 公司开发的 AquaPurge® 系统基于高级氧化（AOP）原理，利用臭氧和紫外光的协同作用产生羟基离子，把污水中的油和有机物氧化为水、二氧化碳和矿物离子。2005 年 8 月在 ConocoPhillips 的 Judy 平台完成的现场实验表明，在进水含油 $40 \sim 50mg/L$ 时，系统可降低污水含油量的60%，不需要加入化学剂，而且可以降低污水的化学需氧量。该装置占地少，动力消耗低，一套处理规模66m³/h的设备，尺寸为3m长1m宽2m高，动力消耗为25kW。

②光催化氧化法

光催化氧化法是指以半导体材料（如TiO_2、Fe_2O_3等）利用太阳光能或人造光能（如紫外灯、日光灯等）使废水中的油和COD等污染物质降解以达到净化废水的一种方法。处理过程为：有机污染物$+O_2$半导体材料，$h\nu$ $CO_2+H_2O_2+$无机酸。

2007年，Morgan Adams等人利用半导体光催化技术作为污水的最后处理步骤进行了试验，采用了简单的固定式平盘薄膜反应器和转鼓式光催化反应器（见图7-33）。实验表明两种反应器均具有较好的烃去除率。污水连续流经三个以二氧化钛为基板、紫外光辐射的转鼓式反应器时，10min内可去除90%的烃。实验同时指出该方法仅可作为目前已存在流程的补充技术，用于去除传统污水处理技术不能去除的残留污染物，不能用于处理高污染污水。

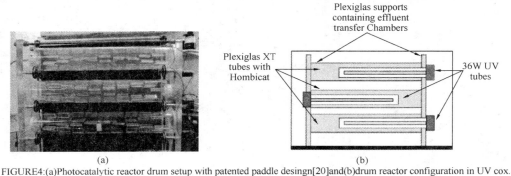

FIGURE4:(a)Photocatalytic reactor drum setup with patented paddle desingn[20]and(b)drum reactor configuration in UV cox.

图7-33 光催化反应器实验装置

③电催化氧化

Electro-catalytic oxidation（ECO）电催化氧化依靠注入合适的生物和化学催化剂使污染物进一步分离和絮凝，经过催化处理的液流经过一带有可控制氧浓缩器的文式喷管，预氧化和预催化出水进电极接触室，通可控的直流电场。其处理机理表现在：（1）聚结作用：ECO压制包覆液滴的电荷，使其快速聚结，这适用于重烃和芳烃。（2）化学氧化：ECO产生的羟基与油滴、微粒和溶解性化合物结合，并使其氧化。（3）生物灭活：ECO产生的羟基像臭氧一样可破坏细菌、病毒及巨噬细胞。

ECO没有移动部件，可以制造成紧凑结构，也可制成撬装式（集装箱结构或拖车），适用于海上油田污水处理。应用时，用在水力旋流器、撇油器等设备之后，作为必要的控制措施使污水达标排放。

（三）结论及建议

海上油田注水水源主要有海水、地层水、采出水及混注等，其中注海水是普遍采用的水源。随着环保要求的苛刻，采出水回注是减少环境污染的有效措施。

海上污水水质管理一般分三个步骤：控水、回注及处理后排放。

处理排放污水的工艺技术主要有气浮、旋流分离器、过滤和氧化等，目前研究热点在对现有技术的优化改进以及工艺的优化组合，以提高分离效率，提高排放水质。

对我国海上油田污水处理的建议：

（1）采出水回注是首选处理措施，但应掌握回注目的层的发育规模、分布范围以及水文地质资料，尤其是对水质类型、矿化度等具体参数的了解，以确定其与污水各项指标的配伍性，而且要分析储水层与储油气性的关系，确定注水过程中可能形成的不利条件，如对油气田开发的影响、可持续注入的稳定性等。

（2）吸收、引进、优化改进国外的先进技术，并与我国污水水质相结合，形成适合我国海上油田注水及污水排放处理的技术路线。

第八章　新材料在采油工程技术中的应用

目前现场井下工具、完井工具、机采工具、分采、注水工具器材(如：封隔器、配水器、井下打捞工具、防偏磨装置、油管管材等)所用的材质大都为中碳钢、中碳合金钢，热处理后的性能指标是影响工具质量好坏的重要因素之一。据调研，以上工具在井内的工作温度一般是在120℃内，高温时在180℃左右，压力在20MPa左右，介质是含硫、蜡、砂的油水混合物，高温、高压、高腐蚀条件容易使工具产生磨损、老化、腐蚀、氧化等破坏形式，由此看来环境因素对工具的材料性质影响很大，而普通材质不能起到防腐、耐高温、高压的作用，此外工具的加工和处理工艺也制约着其设计与更新。因此调研和开发具有强度高、弹性好、耐高温、耐腐蚀、抗磨损，成本低等综合性能优良，满足现场需要的工具新材质具有十分重要的意义。

针对以上情况，我们通过对近年来国内外一些新材质进行调研，新材质有高弹性材料，高强度材质，防腐、耐磨材质，纳米、功能性合成材料。利用调研结果，选择具有高强度，高弹性，抗磨，抗腐蚀，耐热，耐油，价格合理的材质用来加工油田工具器材，提高工具的整体机械性能，从而提高油井生产效率和工艺技术水平。

一、纳米材料

纳米技术和纳米材料是近十几年科技发展的前沿技术，它是由原子和分子来构造出具有特定功能物质的技术，纳米微粒指采用纳米"精度"微加工技术产生的粒径在 1～100nm 之间的微小粒子。它的一个重要特性是表面的原子占相当大的比例，大大增强了纳米粒子的活性。纳米材料的这一特性可以极大的提高金属材料的强度、硬度和耐磨性。在橡胶中添加微量纳米材料可使其具有耐热性、高强度可耐磨。纳米材料的这些独特性能使其在环保、航天、信息产业、陶瓷、涂料、制药等方面得到了广泛的应用。日本、美国等西方国家的应用技术比国内发展快。在石油开发领域，近年来纳米材料的相关研究和试验成果已经见到报道。中原油田和胜利油田涉及该领域较早，进行了研究攻关，取得了一些成果。主要的研究是纳米材料在油田增注和堵水中的应用、纳米材料对支撑剂的性能改善技术研究和纳米材料改进封隔器性能技术研究等。根据检索和调研的结果，纳米材料在石油行业的应用主要集中在以下几方面。

1. 钻井工程方面

在钻井工程方面，我国在 20 世纪 90 年代初期攻关解决了混合金属氢氧化物制备过程中的正电性增数、干粉的重新分散和界面膜保护等关键性技术，率先研究成功了平均粒径 100nm 的正电纳米钻井液，并且在胜利油田首次试用中取得明显的效益。

2. 调剖堵水方面

胜利油田研究了一种纳米级的堵水材料，室内研究表明该纳米堵水材料可以与聚合物形成强度较高的冻胶体系。2002 年，现场试验 2 口井，均取得成功，注水压力分别上升了 1.2MPa 和 3.8MPa，3 个月后，累计增油分别为 458t 和 600t。但是该体系的耐温和耐盐性能较差，仅适用于 30～80℃、矿化度低于 5 000m/L 的地层，有进一步研究的需要。从原理上讲，一般材料是以大分子聚合物为主，常规石英很难和丙烯胺发生聚合反应，而纳米石英则容易与其形成高分子聚合物。而且与纳米材料结合形成的聚合物会产生耐温耐盐等有利特性。

3. 驱油、增注方面

在注采开发方面，有 MD 膜驱和聚硅纳米增注技术。纳米 MD 膜驱是在水驱油的基础上，注入低浓度纳米级有机分子 MD 膜水驱替液，通过小分子化合物作用于岩石表面，使原油从岩石表面剥离下来，形成纳米级 MD 超薄膜来提高驱替效率和原油采收率。室内试验表明，该方法比常规技术可提高采收率 5%～20%，而成本则比化学驱低得多。在室内试验中，采用 150mg/L 的 MD 膜驱剂溶液连续驱替，可将驱油效率提高 10%，采用 1000mg/L 的 MD 膜驱剂溶液连续驱替，可将驱油效率提高 16.5%。

辽河油田 1999 年开始在兴 53 井组注入 MD 膜驱剂，共注入膜驱剂 72t，到 2000 年底，已累积增油 7 092t，投入产出比已经达到 1：5.23。无论从室内试验还是现场试验看，MD 膜驱增油效果都是很显著的。

活性纳米增注技术是纳米材料在石油开发中一个成功应用的代表，俄罗斯很早就开始了该技术的研究，技术相对成熟。胜利油田和中原油田于 2000 年从俄罗斯引进该技术，共处理了 12 口井，有效率达 75%，日增注达 40～100m³。之后中原油田利用进口试剂，开展了室内研究和现场试验，在文东油田对 9 口严重欠注井实施了聚硅纳米增注剂综合处理，措施有效率 88.9%，平均注水压力下降 2.7MPa，单井日增注 51m³，累计增注 41860m³。从现场试验来看，活性纳米试剂能够提高低渗油田注水井的吸水能力，起到平衡注水井之间的压力差异的作用，在中、低渗透油田开发中将会发挥重要的作用。

目前胜利油田正在进行国产纳米（粒径为 30～50nm）增注试验，并在渤南、樊家等油田进行了 5 口井的现场增注试验，计划进一步进行产业化应用。

4. 利用纳米材料提高封隔器胶筒的力学性能

中原油田针对井下封隔器胶筒高耐压、高耐温、密封时间长的要求在橡胶中添加纳米金刚石材料。纳米金刚石粒径小，比表面积大，并且表面含有原子基团，与胶混炼时机械作用可使纳米金刚石粒子与大分子链段的自由基组合，提高力学性能。中原油田经过室内试验和现场试验表明：丁晴橡胶添加了纳米金刚石材料后，拉伸强度增大，扯断伸长率增大，橡胶性能得到了提高。

5. 纳米材料在油管中的应用

油田生产中油、水井管柱存在三大问题：腐蚀问题、结垢问题、结蜡问题。临盘采油厂开发研制的纳米金属复合材料可使上述问题迎刃而解。主要利用卟啉络合物与纳米金属及纳米金属化合物复合形成稳定的复合体材料，通过卟啉络合物可实现将纳米材料与树脂及各种助剂均匀混合成为一种用途广泛的新型的纳米金属树脂复合材料——NKF 金属纳米高分子聚合物涂层材料。它具有耐酸、耐碱、耐盐、耐油等极好的防腐功能，同时具有在地层水介质中耐高温、高压的优良性能。由于对地层水的不亲和性，该材料还具有良好的防垢、防蜡功能，是一种多功能防腐材料。临盘采油厂经过两口井，八个月的井下实验表明 NKF 材料涂装的油管防腐、防垢的效果良好，防腐涂层表面光滑，无变质、无脱落、无起泡及裂纹现象，NKF 材料完全适用于油、水井综合防护性能的特殊要求。

二、功能性合成材料

功能性合成材料有形状记忆合金材料和橡胶合成材料。

形状记忆合金是 20 世纪 60 年代发展起来的功能材料，它以特殊的形状记忆效应和优良的机械性能备受人们的关注。形状记忆合金的记忆效应机制是热弹性马氏体与母相的可逆转换，它能在一小体积内产生较大的应力和快速响应变形，有着诱人的应用潜力。由其制作的工具结构简单，动作可靠，可在恶劣环境下工作，在油田有广泛的应用前景。

检索到的资料显示记忆合金在油田主要应用于输送管线的连接与修复、完井作业、油井密封、井下安全阀、采油生产中的温控阀等领域。

1. 形状记忆合金材料用于管道连接

形状记忆合金材料用于管道连接的基本原理是预先在被连接管的外端表面上涂敷强化剂，然后将两管分别从两端插入扩孔后的形状记忆合金接头中，低温加热管接头，管接头受热恢复记忆形状。加热停止后，自然冷却收缩固紧管道，即达到管道永久性可靠性连接的目的。常用的记忆合金材料为铁基形状记忆合金。它的特点是：①使用界面综合强化工艺，装配公差裕度大，安装十分方便；②具有防腐功能，避免管子连接处的局部腐蚀；③在记忆连接过程中，管道内壁温度低于 180℃ 且持续时间短，保证管道内涂层完好无损；④施工速度快，改善工人劳动强度。这里举两个在油田应用的实例。

胜利油田于 1992 年 9 月采用 $\phi60$ 规格的铁基形状记忆合金管接头，装配长为 45m 的管线，耐压试验压力 40MPa，保压 1h 无渗漏，然后模拟石油管线下沟操作，从 1m 高处推下，在经 40MPa 耐压试验仍无渗漏。此管线自 1992 年封住 35MPa 水压至今无渗漏。1994 年 7 月，在中原油田铺设 $\phi76 \times 7mm$ 高压注水管线 160m，工作压力 16MPa，使用至今，情况良好。

2. 形状记忆合金材料用于采油生产中的温控阀

在油田采油生产过程中，为了实现特定的操作或保障生产的正常进行，往往需要对流体温度进行自动控制。目前，已有的温控装置大多采用电子—机械系统，这些装置虽然能比较精确地控制温度，但整个系统均需电信联络，设备比较复杂，在油田恶劣的工作环境中使用较为困难，因此需要一种简单实用的温控装置。

以电解铜、高纯锌和铝按一定的比例在氩气的保护下熔炼得到合金铸锭，经均匀化处理和锻造、轧制、热拔等工序，加工成直径 2mm 的合金丝，再通过特定的热机械处理制成具有双程记忆效应的弹簧。将两个这样的弹簧套叠在一起，再加一个丝径和簧径都大于内部记忆合金簧的同样材质的弹簧。此套叠的记忆合金弹簧组作为温控阀的弹簧组，用以保证克服阀杆动作时的摩擦阻力和平衡弹簧的反作用力而正常工作。其工作原理是当流体的温度不高于设定温度时，记忆合金弹簧处于收缩状态，阀杆和阀母有一定的距离，工质从螺旋管的两个入口进入中心管后，通过阀杆和阀母的间隙流入药物腔内，然后从出口流出。当流体的温度超过设定的温度时，内外层记忆合金弹簧和伸长并压缩平衡弹簧到紧密状态。同时带动阀杆向前移动，由于存在对称结构，阀杆和阀母同时相对运动直至闭合。当流体温度再次降低时，记忆合金弹簧和开始收缩，平衡簧迫使阀杆和阀母各自后退，阀门重新进入开始的状态，如此循环，达到自动控温的目的。此阀门结构简单、紧凑、可靠性强，适于在油田中应用。

形状记忆合金在完井、油管封隔器、防井喷用的密封装置、井下安全阀等方面都发挥着它特殊的作用，这方面的研究工作，美国、日本、俄罗斯、加拿大一直走在前面。已经批露的有关专利达数十多项。但国内油田在这方面的应用不多见，相关报道也很少。

3. 橡胶合成材料的研究动态

近年来国内油田在合成橡胶功能性材料的研究方面有进展，这主要是因为普通液压封隔器在多套油水层封隔方面存在下入个数有限，验封困难，急需解决多个封隔器的井下密封问题。国内主要针对封隔器胶筒的材质进行研究，研究的吸油橡胶＋吸水树脂合成材料能使井下封隔器遇油/水能自行膨胀而达到密封环空。目前，国外一些公司已经具有较成熟的遇油膨胀封隔器，已在国外油田应用 50 井次，应用封隔器 207 套，一口井最多的一次应用了 10 套，主要在分层裸眼防砂完井和筛管完井中应用。国内现已成功进行了室内遇水试验，目前正在进行遇油试验，该合成功能性材料的研制成功能大大简化完井施工程序，降低施工风险，使完井技术的推广得到进一步发展。

三、高强度、高弹性材料

目前油田完井、分采、注水、机采等井下工具主体所用的材质主要是普通中碳钢和中碳合金钢，热处理工艺为调质处理，硬度可达 HB220～250；以上工具的关键部件(例如封隔器的卡瓦牙、油管锚、水力锚的锚爪、防偏磨装置的摩擦块)所用材料大都为普通低碳合金钢，如 20Cr、18CrMoTi、20CrMoTi 等，热处理工艺为表面渗碳、淬火，表面硬度可达 HRC52～55。这些材质的特点是：材料成本低、热处理工艺成熟，易操作。存在的问题有：①材料的形状不一，所购的圆钢不圆，管材壁厚不均；②少量国产管材有微裂纹，影响强度；③关键部件的表面渗碳、淬火工艺做不到位，出现渗碳层偏薄，淬火淬不上等缺陷，使工具强度降低导致过早失效，针对这些情况，我们对国内外近年来的高强度、高弹性、耐磨性金属材料进行调研，掌握新材料的综合性能，使其适用于井下工具的研制、技术改进、完善以及提高工具的整体机械性能和使用寿命。

1. 高强度钢

近年来，钢铁材料主要发展方向是强韧化、节能、低耗和满足某些特殊性能要求。已生产应用的有新型微合金钢、超高强度钢。目前应用最广泛的微合金钢有低碳微合高强度钢和中碳微合金非调质结构钢。近 30 年来，通过微合金化与控制轧制、锻造相结合，利用细晶强化和沉淀强化作用所获得的微合金钢，比一般碳素钢的强度和韧性要高得多，且具有良好的冷热加工性能和焊接性能。目前此类钢种多向超低碳方面发展，近年来美国采用含 0.02% 的低碳经微合金化处理，获得高强韧性钢。目前国内的低合金高强度钢的强度已达到 1500～2000MPa，主要是应用于大型设备受力结构件。由于其热处理工艺与普通钢材的热处理工艺相同，只是温度要求不同罢了，它的价格比普通钢材贵一倍多，可用于制造石油器材的关键部件。

中碳微合金非调质结构钢，可用来代替传统的需调质处理的碳素、合金结构钢，它具有与相应调质钢相当的力学性能，同时具有尺寸效应小、使用性能均匀、切削和耐磨性优良、省工时(省去热处理工序)及成本低等优点。目前研究的重点是进一步提高钢的韧性，通过改善合金化、控制轧制及形变热处理，在析出强化的同时，充分发挥形变、相变和细晶强化的综合作用，提高钢的综合力学性能，以取代更多的传统调质结构钢。此类钢材可用作石油工具的主体部件。

50 年代以来，以结构钢为基础发展了超高强度钢，它具有很高的强度和比强度($Rb \geq$

1400MPa，$Rs \geqslant 1200MPa$）。这类钢大多由调质钢转化而来，所不同的是最终热处理采用淬火加低温回火，使用组织多为回火马氏体或利用等温淬火得到下贝氏体组织。我国低合金超高强度钢的研制是以我国富产资源 Si、Mn 为主，集中发展 Si - Mn - Mo 系钢，目前健全了低合金高强度钢系列。中合金超高强度钢是由热锻模具钢改进而得，这种钢除具有高淬透性外，还可通过回火过程中的二次硬化获得所需的强度。高合金超高强度钢除了满足强度要求外，还具有某些特殊性能，如抗氧化、耐腐蚀、成型性和焊接性能等。典型代表是马氏体时效钢，这类钢是以铁、镍为基体的高合金超高强度钢，主要利用金属间化合物在含碳极低的马氏体中沉淀析出来强化，它的突出优点是在保持较高强度水平上仍具有良好的抗脆断能力。目前高合金超强度钢主要用于国防尖端领域重要构件和压铸模具材料。

2. 高弹性材质

弹性材料主要用来制造仪器、仪表、电器工业中的各种弹性元件、石油各种弹簧、片簧等。我国现在研究的高弹性材料有铜基高弹性材料和高弹性导电合金，它们具有高弹性、高导电性、高强度、耐腐蚀，抗强磁场等特殊性能，被广泛用于航天、航空及电子等工业部门，用以制作精密开关、连接器、接插件、高导电弹簧及片簧等。石油用工具的弹簧材料主要为 60Si2Mn、65Mn、50# 高碳钢，这些钢材属于普通常见的中碳钢，其热处理工艺成熟，强度能满足现场需要，价格低廉，适合石油矿山等部门批量生产。而新材料铜基高弹性材料和高弹性导电合金从成分设计到加工工艺和热处理工艺都极为复杂，价格比普通的弹性钢材高很多，所以在石油工具方面的使用是不经济的。

四、耐腐蚀、耐磨材料

油田进入后期开发，原油含水量增加，注水系统和采油系统的介质组分复杂特殊，具有明显的"三高一低"的特点，即矿化度高，pH 值低，致使设备严重腐蚀。尤其是井下工具及管柱，除了上述因素外，加之在高温、冲刷、磨损等严酷环境下腐蚀更快，平均腐蚀速率 1.5 ~ 3.0mm/年，点蚀速率 6 ~ 15mm/年，最高达 60mm/年，这些点蚀逐渐扩大发展，造成油水井油管管壁变薄导致漏失，抽油杆变细或者抽油杆接箍腐蚀穿透发生断脱等事故。在实际生产中，偏磨与腐蚀往往不是独立发生的。当一口油井存在偏磨现象时，腐蚀性液体就会通过管杆的外部损伤部位，加速对管杆的腐蚀破坏。同样的，对于腐蚀较严重的部位，偏磨的破坏程度也会大幅度的提高。这样会导致油水井停产、减产，生产周期缩短。同时，抽油机井管杆偏磨也严重影响着油井的正常生产。从而降低生产效率，影响原油产量，造成大量浪费，严重地干扰了油田正常的生产秩序。针对这些情况我们对国内外耐腐蚀、耐磨材料进行了调研，调研的结果如下：国内耐腐蚀和耐磨性较好的材料为 MH 合金、司太立、哈氏、蒙内尔等合金，其硬度 $\geqslant 52HRC$，主要用于各种浓度及温度的强酸碱中，如做容器、法兰、阀、阀杆、轴、轴套等常温及高温耐腐蚀构件，但它们的价格比普通钢材贵几十倍。热处理工艺也比普通钢材复杂，从经济上看这些耐腐蚀、耐磨合金不适应石油工具的大批量使用。为了经济合理的解决油田的腐蚀和偏磨问题，科技人员采用表面防护措施（如镀层、粘贴硬化层、堆焊、热渗镀、热喷涂等工艺）延缓和控制表面的破坏，成为解决工具和管柱腐蚀和磨损的有效方法，收到了较好的效果。

目前油田的工具和井下管柱所用钢材大都为中碳钢和中碳合金钢，在工具的加工成型过程中通过对钢材进行表面氧化处理和发黑处理，可用于普通油井的防腐、防垢，但对于腐蚀和偏磨严重的油井，以上的处理工艺就不起作用。而对井下工具和管材全部采用纯防腐、耐磨材料是不现实和不经济的。经过调研分析得知，采油厂在治理这类腐蚀和偏磨严重的油井方面采用对井下局部管柱和工具的外表增加一层硬度极高的涂层（镀硬铬、渗碳、氮化等），其组织结构、硬度与油管本体相差很大，起到阻止和延迟磨损的发生。再配加化学长效缓蚀剂共同作用以提高油井的免修期。这里有两个应用较好的实例。

中原油田的做法是在注水井中加环空保护液保护套管及油井加缓蚀剂以防腐蚀。采用高磷化学镀镍技术对井下工具进行表面防腐处理，即在井下工具表面增加一层含有磷、镍、铬的高硬度涂层，如在注水用偏心配水器的主体镀铬或发黑处理；水嘴局部施镀镀层；注水井用封隔器的上接头、下接头、中心管等配件腐蚀较快，对旧件施镀高硬度涂层 $30 \sim 40 \mu m$；泄油器与凡尔球接触面严重腐蚀，漏油失效，对其表面进行施镀镀层处理等等，经现场试验和应用收到了令人满意的效果。应用表明，含有磷、镍、铬的高硬度涂层具有明显的耐油田介质腐蚀性能，同时具有良好的耐磨性能，对井下工具及配件进行表面处理后，能大大地提高其可靠性，延长使用寿命，降低材料消耗，提高生产效率。

孤东油田东营组与馆下段油藏产出液矿化度高，在开发过程中，该部分区块单元的油水井管杆腐蚀严重。采油厂采取以双向保护接箍＋化学长效缓蚀剂为核心的工艺模式进行综合治理。双向保护抽油杆接箍是在普通接箍上涂覆一层 AOC－160 耐磨蚀减摩涂层，经过特殊表面处理工艺加工而成。AOC－160 涂层是根据金属合金学原理设计，AOC 粉末的重要成分是铬及镍。两元素同时存在并配合重熔工艺可以得到微晶单相奥氏体，具有优异的防腐蚀性能。此外，由于铬的存在，重熔后的涂层表面形成一层很薄的富集了铬的致密钝化膜，这层膜也具有优异的抗氧化腐蚀的能力。镍和铬组成的基体还不足以抗磨粒磨损。适量加入的硅和硼等元素和镍铬形成坚硬的硅化物和硼化物，这些硬质点弥散在软的镍铬基体上，起到了弥散强化的作用，整体上提高了涂层的硬度，也提高了涂层抗磨粒磨损的性能。抽油杆接箍经以上改进后，与化学长效缓蚀剂配合使用，使油井平均生产周期已经达到了 155 天，超过措施前 154 天的平均检泵周期。

五、新型耐磨材料调研

1992 年，位于得克萨斯州的 ARNCOTECH—NoLOGY TRUST 公司首次推出了新型耐磨带材料 ARNCO 00XT。新材料的设计从设计思路、设计原理、材料选取和焊接工艺等方面进行了突破和改进。敷焊 ARNCO200XT 的钻杆在降低钻杆接头本身磨损的同时，有效地降低了套管的磨损。随着技术的发展，2000 年 6 月 ARNCO 公司又推出新产品——ARNCO100XT 钻杆接头耐磨带。美国权威机构 MAURERENGINEERDEA－42 套管磨损探究中证明了 100XT 具有对井下套管磨损程度为最低的优点。此外，由于 100XT 还具有在裸眼钻井中的抗磨特点，在裸眼井中，它的耐磨性与碳化钨相当。由于这种耐磨材料有超级耐磨特性，可用在钻杆、加重钻杆、钻铤、扶正器、减震器，以及其他各种井下工具。

2001 年塔里木油田针对本油区套管和钻具的磨损情况开始使用这种新型耐磨材料。它的耐磨机理是通过在钻杆的公接头或母接头上敷焊 $50.8 \sim 76.2 mm$ 宽的硬质合金材料，钻杆接头本体与套管壁或井壁隔离，避免钻杆与套管壁或井壁直接接触，达到保护钻杆接头和套管的目的。ARNCO100XT 耐磨材料的特点：①耐磨带上无龟裂；②在钻井过程中，对套管的磨损降为最低；③在裸眼井工作中，其耐磨性与碳化钨相当；④提高钻杆接头的寿命 300%；⑤套管与钻杆接头同时得到保护；⑥可在原先残存的碳化钨耐磨带上继续加焊 100XT；⑦可在钻杆原有的 100XT 耐磨带上重新补焊；⑧可用于新、旧不同尺寸的钻杆；

⑨适用于各种钻井工具。使用前，塔指工程技术服务公司专门把敷焊有新型耐磨材料的钻杆接头委托西安管材研究所作磨损试验。根据塔里木探区泥浆体系的特点，选用了三种不同的介质进行试验。试验结果是新型耐磨材料对钻杆和套管都具有良好的保护作用，敷焊了新型耐磨材料的钻杆接头在三种不同的介质中均明显降低了对套管的磨损。随后这种新型耐磨材料在塔里木油田的钻井工程中得到了推广。

以上可看出，对钻井钻具接头、井下工具及管柱采用表面防护措施后，其抗腐蚀和抗磨损能力大幅增加，这样虽然单井的生产成本有所增加，但这与作业频繁，每次钻井、作业时都需要更换大量的钻具、油管和抽油杆，钻井、作业费用大大提高相比就显得更加经济合理，此外它还延长了油井的平均检泵周期，同时节电，是降本增效的有效方法之一。

六、橡胶材料

橡胶材料主要用于石油工具的各种密封圈、盘根、封隔器胶筒、封井器和防喷器胶芯，国内大都采用丁腈橡胶（NBR），其性能是耐油、耐温（100℃）、弹性、扯断撕裂强度高，生产成本较低。随着油田采用新技术进行深井开采作业，要求应用于油田的橡胶制品具有更高的耐温性能，同时要经受住泥浆和其他腐蚀物质的破坏，而原有的橡胶制品已达到了极限、不再适用。高饱和丁氰橡胶（HNBR）的问世解决了这一问题。

高饱和丁氰橡胶（HNBR）是 20 世纪 80 年代开发的丁氰橡胶新产品，它的结构是一种由亚甲基链，侧氰基和少量或不含碳双键组成的新型弹性体，其饱和的亚甲基链赋予聚合物以优异的弹性、耐热、耐氧化性，化学稳定性以及低温曲挠性，少量双链式聚合物有可能用于硫化。由于 HNBR 的特殊结构，赋予了 HNBR 以特殊性能，它具有优异的耐热性（HNBR 使用温度 $-50℃ \sim 160℃$；NBR $-60℃ \sim 120℃$）、耐油性（是 NBR 的 $4 \sim 5$ 倍）、耐寒性（脆点比氟橡胶低 20℃）及其他综合性能，HNBR 在 150℃ 下耐热空气老化至少 1000 小时，而 NBR 在 120℃ 上下迅速老化。高饱和丁氰橡胶（HNBR）在国外的研究报道比国内多，德国、日本自 20 世纪 70 年代起就开始生产氢化丁腈橡胶（HNBR），其后加拿大也相继投产。目前 HNBR 生产总能力约为 7500t/a。国内近几年也开始生产使用 HNBR。经测验，用 HNBR 做胶筒，在达到通用要求的硬度的情况下，HNBR 的强度已达 25MPa 左右，其耐 H_2S 性能远好于普通 NBR，耐高温可达到 160℃，现在油田许多耐高温、耐腐蚀的密封件和胶筒都采用氢化丁腈橡胶（HNBR），但由于其抗撕裂强度不如丁腈橡胶（NBR），而且价格昂贵，不利于做大的密封件例如自封胶芯等（做一只胶芯需 6000 元，而普通丁腈橡胶只需 500 元）。